概率论与数理统计习题精选精解

主　编　张天德　叶　宏
主　审　刘建亚　吴　臻
副主编　郑修才

GAILÜLUNYUSHULITONGJIXITIJINGXUANJINGJIE

山东科学技术出版社

图书在版编目（CIP）数据

概率论与数理统计习题精选精解/张天德,叶宏主编.—济南：山东科学技术出版社,2011.9（2020.10重印）
ISBN 978-7-5331-5695-4

Ⅰ.概… Ⅱ.①张… ②叶… Ⅲ.①概率论—高等学校—解题 ②数理统计—高等学校—解题 Ⅳ.①O21-44

中国版本图书馆CIP数据核字（2010）第205387号

概率论与数理统计习题精选精解
GAILVLUN YU SHULI TONGJI XITI JINGXUAN JINGJIE

责任编辑：宋 涛

主管单位：山东出版传媒股份有限公司
出 版 者：山东科学技术出版社
　　　　　地址：济南市市中区英雄山路189号
　　　　　邮编：250002　电话：（0531）82098088
　　　　　网址：www.lkj.com.cn
　　　　　电子邮件：sdkj@sdcbcm.com
发 行 者：山东科学技术出版社
　　　　　地址：济南市市中区英雄山路189号
　　　　　邮编：250002　电话：（0531）82098071
印 刷 者：济南万方盛景印刷有限公司
　　　　　地址：济南市文化东路59号B座1-201
　　　　　邮编：250014　电话：（0531）88985701

规格：16开（168mm×240mm）
印张：18.75
版次：2011年9月第1版　2020年10月第13次印刷
定价：26.00元

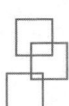

前言
QIANYAN

  2007 年,我们编写了高等数学同步辅导及考研复习用书——Б. П. 吉米多维奇《高等数学习题精选精解》。此书出版后,得到了广大读者的喜爱。许多同行告诉我们,他们那里的学生几乎人手一册,成为许多高校"指定"的必备参考书,短短 12 年的时间就重印了 23 次。

  概率论与数理统计同样是理工类专业的一门重要基础课,是硕士研究生入学考试的重点科目。许多读者与我们联系,希望我们也能编写一本概率论与数理统计的辅导书。为帮助读者更好地学习这一科目,我们编写了《概率论与数理统计习题精选精解》作为《高等数学习题精选精解》的姊妹篇。

  本书涵盖了概率论与数理统计的知识要点、典型习题、考研真题以及难度稍大的综合习题,汇集了概率论与数理统计的基本解题思路、方法和技巧,融入了编者多年讲授概率论与数理统计课程、辅导考研数学的经验和体会。相信本书会成为读者学习概率论与数理统计的良师益友。本书出版后十年内已 9 次重印,作为编者,我们为这本书能够获得大家的喜爱感到由衷欣慰。

  本书共分八章,每章又分若干节。在章节划分和内容设置上与最新版硕士研究生入学考试大纲完全一致。每章除最后一节外每节包括两大板块:

  知识要点:简要对每节涉及的基本概念、基本定理和公式进行了系统的梳理。

  基本题型:对每节常见的基本题型进行归纳总结,便于读者理解和掌握基本知识,有利于提高读者的解题能力和数学思维水平。

  每章最后一节是综合提高题型,这一节的题目综合性较强,有一定的难度及灵活性,其中相当一部分是考研真题。通过本节的学习,可以提高读者的应变能力、思维能力和分析问题、解决问题的能

前言

力,把握知识重点、掌握考查规律、了解考研动向。

本书由张天德、叶宏主编。山东大学刘建亚教授、吴臻教授对全书作了仔细的审校,并对部分习题提出了更为精妙的解题思路。本书的出版还得到了山东大学泰山学堂的支持,在出版后的数年中,泰山学堂的刘纯彰等同学对本书进行了仔细演算和校对,并对原书中的不足之处进行了改进,这也使得本书日臻完善。

本书可作为在校大学生同步学习的优秀辅导书,也可作为广大教师的教学参考书,还可以为考研复习和成人学员自学提供富有成效的帮助。读者在使用本书时,宜先独立求解,然后再与本书作比较,这样一定会获益匪浅,掌握更多的有用知识。

本书出版十年来广受好评,本次重印经过认真修订,对部分内容加以调整,补充了最新的考研真题。

限于编者水平,书中存在的不足之处,欢迎广大专家、同行和读者批评指正。

编 者
2019 年 2 月

目 录
MULU

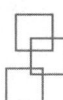

第一章 随机事件及其概率 (1)
- §1. 随机事件及其运算 (1)
- §2. 随机事件的概率 (3)
- §3. 概率基本运算法则 (7)
- §4. 全概率公式与贝叶斯公式 (11)
- §5. 独立性 (14)
- §6. 综合提高题型 (20)

第二章 随机变量及其分布 (37)
- §1. 随机变量与分布函数 (37)
- §2. 离散型随机变量及其分布 (39)
- §3. 连续型随机变量及其分布 (47)
- §4. 随机变量函数的分布 (55)
- §5. 综合提高题型 (60)

第三章 多维随机变量及其分布 (81)
- §1. 二维随机变量及其分布 (81)
- §2. 边缘分布 (86)
- §3. 条件分布 (91)
- §4. 随机变量的独立性 (94)
- §5. 多维随机变量函数的分布 (99)
- §6. 综合提高题型 (110)

第四章 随机变量的数字特征 (139)
- §1. 数学期望 (139)
- §2. 方差 (147)
- §3. 协方差与相关系数 (154)
- §4. 综合提高题型 (164)

第五章 大数定律与中心极限定理 (190)

第六章 数理统计基本概念 (205)

目录
MULU

第七章 参数估计 ……………………………………… (234)
    §1. 点估计 ……………………………………………… (234)
    §2. 估计量的评选标准 ………………………………… (240)
    §3. 区间估计 …………………………………………… (245)
    §4. 综合提高题型 ……………………………………… (253)

第八章 假设检验 ……………………………………… (272)
    §1. 假设检验基本概念 ………………………………… (272)
    §2. 正态总体参数的假设检验 ………………………… (274)
    §3. 综合提高题型 ……………………………………… (282)

第一章 随机事件及其概率

§1. 随机事件及其运算

知识要点

1. 随机事件的相关概念

(1) 随机试验　在概率论中将具备下列三个条件的试验称为随机试验,简称试验:

1° 在相同条件下可重复进行;

2° 每次试验的结果具有多种可能性;

3° 在每次试验之前不能准确预言该次试验将出现何种结果,但是所有结果明确可知.

(2) 样本空间　随机试验的所有可能结果构成的集合,常用 Ω 表示.

(3) 随机事件　随机试验的每一种可能的结果称为随机事件,常用 A,B,C,D 表示.

(4) 基本事件　不能分解为其他事件组合的最简单的随机事件.

(5) 必然事件　每次试验中一定发生的事件,常用 Ω 表示.

(6) 不可能事件　每次试验中一定不发生的事件,常用 $\varnothing$ 表示.

2. 事件的关系及运算

(1) 包含　A 发生必然导致 B 发生,则称 B 包含 A(或 A 包含于 B),记为 $B \supset A$(或 $A \subset B$).

(2) 相等　若 $A \supset B$ 且 $B \supset A$,则称 A 与 B 相等,记为 $A = B$.

(3) 事件的和　A 与 B 至少有一个发生,称为 A 与 B 的和事件,记为 $A \cup B$.

(4) 事件的积　A 与 B 同时发生,称为 A 与 B 的积事件,记为 $A \cap B$(或 AB).

(5) 事件的差　A 发生而 B 不发生,称为 A 与 B 的差事件,记为 $A - B$.

(6) 互斥事件　在试验中,若事件 A 与 B 不能同时发生,即 $A \cap B = \varnothing$,则称 A、B 为互斥事件.

(7) 对立事件　在每次试验中,"事件 A 不发生"的事件称为事件 A 的对立事件. A 的对立事件常记为 $\bar{A}$.

3. 事件的运算律

(1) 交换律　$A \cup B = B \cup A$, $AB = BA$.

(2) 结合律　$(A \cup B) \cup C = A \cup (B \cup C)$, $(A \cap B) \cap C = A \cap (B \cap C)$.

(3) 分配律　$(A \cup B)C = (AC) \cup (BC)$, $A \cup (BC) = (A \cup B)(A \cup C)$.

(4) 摩根律　$\overline{A \cup B} = \bar{A} \cap \bar{B}$, $\overline{A \cap B} = \bar{A} \cup \bar{B}$.

基 本 题 型

题型 1：事件的表示

方法与技巧　任意一个随机事件均可以表示为一个或几个与其等价的形式.在概率的计算中,可以根据条件的不同而选用不同的等价形式,大家在做关于随机事件的关系及运算的题目时,应该注意下面几个结论的应用：

(1) $A = AB + A\bar{B}$, AB 与 $A\bar{B}$ 互不相容；

(2) 当 A,B 互不相容时, $A - B = A$; $AB = \varnothing$; $(A+B) - B = A$；

(3) 当 $B \subset A$ 时, $A + B = A$; $AB = B$; $(A-B) + B = A$；

(4) $A - B = A - AB = A\bar{B}$.

【1.1】设 A,B,C 为三事件,用 A,B,C 的运算关系表示下列各事件.

(1) A 发生, B 与 C 不发生；　　　　　(2) A 与 B 都发生,而 C 不发生；

(3) A,B,C 中至少有一个发生；　　　　(4) A,B,C 都发生；

(5) A,B,C 都不发生；　　　　　　　　(6) A,B,C 中不多于一个发生；

(7) A,B,C 中不多于两个发生；　　　　(8) A,B,C 中至少有两个发生.

解　(1) $A\bar{B}\bar{C}$　　　　(2) $AB\bar{C}$　　　　(3) $A \cup B \cup C$

(4) ABC　　　　(5) $\bar{A}\bar{B}\bar{C}$

(6) $\bar{A}\bar{B}\bar{C} \cup A\bar{B}\bar{C} \cup \bar{A}B\bar{C} \cup \bar{A}\bar{B}C$ 或 $\overline{AB} \cup \overline{AC} \cup \overline{BC}$

(7) $\overline{ABC}$ 或 $\bar{A} \cup \bar{B} \cup \bar{C}$　　(8) $AB \cup BC \cup AC$.

【1.2】在电炉上安装了 4 个温控器,其显示温度的误差是随机的.在使用过程中,只要有两个温控器显示的温度不低于临界温度 t_0,电炉就断电.以 E 表示事件"电炉断电",而 $T_{(1)} \leqslant T_{(2)} \leqslant T_{(3)} \leqslant T_{(4)}$ 为 4 个温控器显示的按递增顺序排列的温度值,则事件 E 等于(　　).

(A) $\{T_{(1)} \geqslant t_0\}$　　(B) $\{T_{(2)} \geqslant t_0\}$　　(C) $\{T_{(3)} \geqslant t_0\}$　　(D) $\{T_{(4)} \geqslant t_0\}$

解　$\{T_{(1)} \geqslant t_0\}$ 表示四个温控器显示温度均不低于 t_0

$\{T_{(2)} \geqslant t_0\}$ 表示至少三个温控器显示温度均不低于 t_0

$\{T_{(3)} \geqslant t_0\}$ 表示至少二个温控器显示温度均不低于 t_0

$\{T_{(4)} \geqslant t_0\}$ 表示至少一个温控器显示温度均不低于 t_0

故应选(C).

题型 2：判断事件的关系及运算

【1.3】指出下面式子中事件之间的关系：

(1) $AB = A$；　　(2) $A \cup B = A$；　　(3) $ABC = A$；　　(4) $A \cup B \cup C = A$.

解　(1) 表明 A 包含于 B,即 $A \subset B$；　　(2) 表明 B 包含于 A,即 $B \subset A$；

(3) 表明 A 包含于 BC,即 $A \subset BC$；　　(4) 表明 $B \cup C$ 包含于 A,即 $B \cup C \subset A$.

【1.4】设 A 和 B 是任意两个随机事件,则与 $A \cup B = B$ 不等价的是(　　).

(A) $A \subset B$　　(B) $\bar{B} \subset \bar{A}$　　(C) $A\bar{B} = \varnothing$　　(D) $\bar{A}B = \varnothing$

解　根据题干的信息, $A \cup B = B \Leftrightarrow A \subset B \Leftrightarrow \bar{B} \subset \bar{A} \Leftrightarrow A\bar{B} = \varnothing$

所以选项(D) 不正确.

【1.5】 设任意两个随机事件 A 和 B 满足条件 $AB = \overline{A}\,\overline{B}$,则( ).

(A) $A \cup B = \varnothing$ (B) $A \cup B = \Omega$ (C) $A \cup B = A$ (D) $A \cup B = B$

解法一 排除法.

注意到 $AB = \overline{A}\,\overline{B}$,那么 A,B 的地位是"对等"的,从而(C),(D) 均不成立. (A) 不正确是显然的. 故(B) 正确.

解法二 直接法.

运用摩根律,$AB = \overline{\overline{A} \cup \overline{B}} = \overline{A \cup B}$,那么
$$A \cup B = (A \cup B) \cup \overline{A \cup B} = (A \cup B) \cup \overline{A \cup B} = \Omega.$$
故应选(B).

点评 对于较复杂的事件运算,除了熟练运用定义及运算规律判断,还可采用集合论中的文氏图帮助分析和理解.

§2. 随机事件的概率

知 识 要 点

1. 概率的统计定义 在相同的条件下,重复进行 n 次试验,事件 A 发生的频率稳定地在某一常数 p 附近摆动. 且一般说来,n 越大,摆动幅度越小,则称常数 p 为事件 A 的概率,记作 $P(A)$.

2. 概率的公理化定义 设 Ω 是一样本空间,称满足下列三条公理的集函数 $P(\cdot)$ 为定义在 Ω 上的概率:

(1) 非负性 对任意事件 $A, P(A) \geqslant 0$;

(2) 规范性 $P(\Omega) = 1$;

(3) 可列可加性 若两两互不相容的事件列 $\{A_n\}$ 是可列的,则 $P(\sum\limits_{i=1}^{\infty} A_i) = \sum\limits_{i=1}^{\infty} P(A_i)$.

3. 古典概型 具有下列两个特点的试验称为古典概型.

(1) 每次试验只有有限种可能的试验结果;

(2) 每次试验中,各基本事件出现的可能性完全相同.

对于古典概型,事件 A 发生的概率为
$$P(A) = \frac{A \text{ 中基本事件数}}{\Omega \text{ 中基本事件数}} = \frac{m}{n}.$$

4. 几何概型

如果随机试验的样本空间是一个区域(例如直线上的区间、平面或空间中的区域),而且样本空间中每个试验结果的出现具有等可能性,那么规定事件 A 的概率为
$$P(A) = \frac{A \text{ 的测度(长度、面积、体积)}}{\text{样本空间的测度(长度、面积、体积)}}$$

基 本 题 型

题型1：古典概型

方法与技巧　计算古典概率 $P(A)$ 的关键是找出 A 中的基本事件数，在计算过程中常常用到排列组合的知识，有时也需要用列举法逐一分析 A 中的基本事件.

【2.1】　设一个袋中装有 a 个黑球，b 个白球，现将球随机地一个个摸出，问第 k 次摸出黑球的概率是多少？（$1 \leqslant k \leqslant a+b$）

解法一　令 A 表示事件"第 k 次摸到黑球".

将这 $a+b$ 个球编号，并将球依摸出的先后次序排队，易知基本事件总数为 $(a+b)!$. 事件 A 等价于在第 k 个位置上放一个黑球，在其余 $a+b-1$ 个位置上放余下的 $(a+b-1)$ 个球，则 A 包含的基本事件数为 $a(a+b-1)!$. 那么所求概率为

$$P(A)=\frac{a(a+b-1)!}{(a+b)!}=\frac{a}{a+b}.$$

解法二　本题也可以只考虑前 k 个位置，则 $P(A)=\dfrac{C_a^1 \cdot P_{a+b-1}^{k-1}}{P_{a+b}^k}=\dfrac{a}{a+b}.$

【2.2】　一袋中装有 10 个号码球，分别标有 1～10 号，现从袋中任取 3 个球，记录其号码，求：

(1) 最小号码为 5 的概率；

(2) 最大号码为 5 的概率；

(3) 中间号码为 5 的概率.

解　(1)，(2)，(3) 有同一样本空间且所含元素个数为 C_{10}^3.

(1) 记 $A=$ "最小号码为 5"，A 的有利事件数为 C_5^2，故 $P(A)=\dfrac{C_5^2}{C_{10}^3}=\dfrac{1}{12}.$

(2) 记 $B=$ "最大号码为 5"，则 B 的有利事件数为 C_4^2，故 $P(B)=\dfrac{C_4^2}{C_{10}^3}=\dfrac{1}{20}.$

(3) 记 $C=$ "中间号码为 5"，则利用乘法原理，C 的有利事件数为为 $C_4^1 \cdot C_5^1$，故

$$P(C)=\frac{C_4^1 \cdot C_5^1}{C_{10}^3}=\frac{1}{6}.$$

【2.3】　有 n 个人，每人都有同等的机会被分配到 $N(n \leqslant N)$ 间房中的任一间去，试求下列各事件的概率.

(1) $A=$ "某指定的 n 间房中各有一人"；

(2) $B=$ "恰有 n 间房各有一人"；

(3) $C=$ "某指定的一间房中恰有 $m(m \leqslant n)$ 人".

解　(1) 基本事件总数为 N^n. 将 n 个人分到某指定的 n 间房中，相当于 n 个元素的全排列，所以事件 A 包含的基本事件数为 $n!$，故

$$P(A)=\frac{n!}{N^n}.$$

(2) n 间房中各有 1 人是指任意的 n 间房中各有 1 人，这共有 C_N^n 种情况，所以事件 B 包含的基本事件数为 $C_N^n n!$，故

$$P(B) = \frac{C_N^n n!}{N^n} = \frac{N!}{N^n(N-n)!}$$

(3) 从 n 个人中选 m 个分配到指定的一间房中,有 C_n^m 种选法;而其余的 $n-m$ 个人分到其余 $N-1$ 间房,有 $(N-1)^{n-m}$ 种方法,所以事件 C 包含的基本事件数为 $C_n^m(N-1)^{n-m}$,故

$$P(C) = \frac{C_n^m(N-1)^{n-m}}{N^n} = C_n^m \left(\frac{1}{N}\right)^m \left(\frac{N-1}{N}\right)^{n-m}$$

这实际上是第二章将要介绍的二项分布的特殊情形.

【2.4】考虑一元二次方程 $x^2 + Bx + C = 0$,其中 B,C 分别是将一枚骰子接连掷两次先后出现的点数.求该方程有实根的概率 p 和有重根的概率 q.

解 一枚骰子掷两次,其基本事件总数为 36.令 $A_i (i=1,2)$ 分别表示"方程有实根"和"方程有重根",则

$$A_1 = \{B^2 - 4C \geqslant 0\} = \left\{C \leqslant \frac{B^2}{4}\right\}, \quad A_2 = \{B^2 - 4C = 0\} = \left\{C = \frac{B^2}{4}\right\}$$

注意到表 1-1.

表 1-1

B	1	2	3	4	5	6
A_1 的基本事件个数	0	1	2	4	6	6
A_2 的基本事件个数	0	1	0	1	0	0

由此易知 A_1 的基本事件个数为

$$0 + 1 + 2 + 4 + 6 + 6 = 19$$

则由古典型概率计算公式得

$$p = P(A_1) = \frac{19}{36}$$

A_2 的基本事件个数为

$$0 + 1 + 0 + 1 + 0 + 0 = 2$$

由古典型概率计算公式得

$$q = P(A_2) = \frac{2}{36} = \frac{1}{18}.$$

【2.5】一部五卷的文集,按任意次序排放到书架上,试求下列概率:
(1) 第一卷出现在两边;
(2) 第一卷及第五卷出现在两边;
(3) 第一卷或第五卷出现在两边;
(4) 第一卷或第五卷不出现在两边.

解 (1) 记 A 为"第一卷出现在两边",则 A 中样本点数为 2,故 $P(A) = \frac{2}{5}$.

(2) 记 B 为"第一卷及第五卷出现在两边",则 B 中样本点数为 2,而 (2),(3),(4) 中样本空间中所含样本点数都为 $5 \cdot 4 = 20$,

故 $P(B) = \dfrac{1}{10}$.

(3) 记 C 为"第一卷或第五卷出现在两边",则 C 中样本点数为 $2 \cdot 4 + 2 \cdot 4 - 2 = 14$,

故 $P(C) = \dfrac{7}{10}$.

(4) 记 D 为"第一卷或第五卷不出现在两边",则 D 中样本点数为 $3 \cdot 4 + 3 \cdot 4 - 3 \cdot 2 = 18$,

故 $P(D) = \dfrac{9}{10}$.

另外,也可以利用 B 与 D 的互逆性,$P(D) = 1 - P(B) = \dfrac{9}{10}$.

【2.6】 设袋中有红、白、黑球各 1 个,从中有放回地取球,每次取 1 个,直到三种颜色的球都取到时停止,则取球次数恰好为 4 的概率为_____.

解 设 A 为"取球次数恰好为 4 时三种颜色齐全",样本空间所含基本事件数 $n = 3^4$,

A 意味着第 4 次单独一种颜色,前 3 次出现两种颜色,其中一种颜色出现一次,另一种颜色出现两次,故 A 所含基本事件数为

$$m = C_3^1 (C_3^1 C_2^1)$$

则 $\quad P(A) = \dfrac{m}{n} = \dfrac{2}{9}$.

题型 2:几何概率

方法与技巧 根据题意建立正确的几何概型往往是解题的关键,另外,几何概率的计算中往往需要利用定积分及重积分求面积或体积,因此要求考生对微积分知识要熟悉.

【2.7】 在区间 $(0,1)$ 中随机地取两个数,则这两个数之差的绝对值小于 $\dfrac{1}{2}$ 的概率为_____.

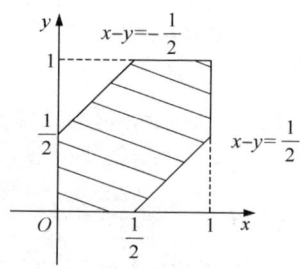

图 1-2.7

解 设 x, y 为所取的两个数,则 $0 < x < 1, 0 < y < 1$,x, y 所有可能取值结果对应的集合记为 S,事件"两个数之差的绝对值小于 $\dfrac{1}{2}$"记为 A. 则样本空间 $S = \{(x,y) \mid 0 < x < 1, 0 < y < 1\}$,事件 $A = \left\{ (x,y) \,\middle|\, (x,y) \in S, \left| x - y \right| < \dfrac{1}{2} \right\}$(如图 1-2.7 中阴影部分),故

$$P(A) = \dfrac{\Omega(A)}{\Omega(S)} = \dfrac{3/4}{1} = \dfrac{3}{4}.$$

其中,$\Omega(A)$ 与 $\Omega(S)$ 分别表示 A 与 S 的面积.

【2.8】 有一根长 l 的木棒,任意折成三段,恰好能构成一个三角形的概率为_____.

解 设折得的三段长度为 x,y 和 $l-x-y$,那么,样本空间 $\Omega = \{(x,y) \mid 0 \leqslant x \leqslant l, 0 \leqslant y \leqslant l, 0 \leqslant x+y \leqslant l\}$,而随机事件 A:"三段构成三角形"相应的子区域 G 应满足"两边之和大于第三边"的原则,从而

$$\begin{cases} l-x-y < x+y \\ x < (l-x-y)+y \\ y < (l-x-y)+x \end{cases}$$

即 $G = \left\{(x,y) \mid 0 < x < \dfrac{l}{2}, 0 < y < \dfrac{l}{2}, \dfrac{l}{2} < x+y < l\right\}$.

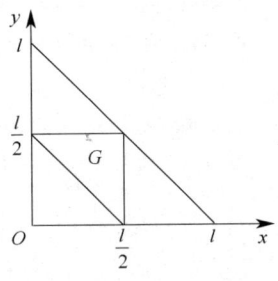

图 1－2.8

从图 1－2.8 中可以得到相应的几何概率:$P(A) = \dfrac{1}{4}$.

§3. 概率基本运算法则

知 识 要 点

1. 概率的性质

(1) 对任何事件 A,$0 \leqslant P(A) \leqslant 1$

(2) $P(\Omega) = 1$,$P(\varnothing) = 0$

(3) 设 A 为任一随机事件,则 $P(\bar{A}) = 1 - P(A)$

(4) 设 $A \subset B$,则 $P(B-A) = P(B) - P(A)$

(5) 设事件 $A_1, A_2, \cdots, A_n$ 两两互斥,则

$$P(A_1 + A_2 + \cdots + A_n) = P(A_1) + P(A_2) + \cdots + P(A_n)$$

(6) 设 A, B 为任意两个随机事件,则 $P(A \cup B) = P(A) + P(B) - P(AB)$

上式还能推广到多个事件的情况。例如,设 A_1, A_2, A_3 为任意三个事件,则有

$$P(A_1 \cup A_2 \cup A_3)$$
$$= P(A_1) + P(A_2) + P(A_3) - P(A_1 A_2) - P(A_1 A_3) - P(A_2 A_3) + P(A_1 A_2 A_3)$$

一般,对于任意 n 个事件 $A_1, A_2, \cdots, A_n$,

$$P(A_1 \cup A_2 \cup \cdots \cup A_n)$$
$$= \sum_{i=1}^{n} P(A_i) - \sum_{1 \leqslant i < j \leqslant n} P(A_i A_j) + \sum_{1 \leqslant i < j < k \leqslant n} P(A_i A_j A_k) + \cdots + (-1)^{n-1} P(A_1 A_2 \cdots A_n).$$

2. 条件概率

在事件 A 已经发生的条件下,事件 B 发生的概率,称为事件 B 在给定条件 A 下的条件概率,记作 $P(B \mid A)$.

$$P(B \mid A) = \dfrac{P(AB)}{P(A)}, \qquad P(A) > 0$$

3. 乘法公式

设 A, B 是任意两个随机事件，$P(A) > 0, P(B) > 0$，则
$$P(AB) = P(A \mid B)P(B) = P(B \mid A)P(A).$$
一般地，设 $A_1, \cdots, A_n$ 是 n 个随机事件，且 $P(A_1 \cdots A_{n-1}) > 0$，则
$$P(A_1 \cdots A_n) = P(A_n \mid A_1 \cdots A_{n-1}) \cdots P(A_3 \mid A_1 A_2) P(A_2 \mid A_1) P(A_1).$$

基 本 题 型

题型1：利用性质求概率

【3.1】 设随机事件 A, B 及其和事件 $A \cup B$ 的概率分别是 $0.4, 0.3, 0.6$. 若 $\overline{B}$ 表示 B 的对立事件，那么积事件 $A\overline{B}$ 的概率 $P(A\overline{B}) = $ _____.

解 因为 $A\overline{B} = A(\Omega - B) = A - AB$，

所以 $P(A\overline{B}) = P(A - AB) = P(A) - P(AB) = P(A \cup B) - P(B) = 0.6 - 0.3 = 0.3$.

点评 充分运用减法公式的各种变形，特别注意以下方法在解决此类问题中的应用.

设 A, B 是任意两个随机事件，$A - B = A - AB = A(\Omega - B) = A\overline{B}$. 事实上，这是一个很容易理解的变形，不妨按下列方式理解：$A - B$ 表示事件"A 发生 B 不发生"，$A - AB$ 表示事件"在 A 发生的事件中除掉 AB 一起发生的事件"，$A\overline{B}$ 表示事件"A 发生 B 不发生"，很明显这三个事件是一样的.

【3.2】 设 A, B 为随机事件，$P(A) = 0.7, P(A - B) = 0.3$，则 $P(\overline{AB}) = $ _____.

解 先求 $\overline{AB}$ 的对立事件 AB 发生的概率 $P(AB)$.

由题意
$$P(A - B) = P(A - AB) = P(A) - P(AB) = 0.3$$
则
$$P(AB) = P(A) - 0.3 = 0.7 - 0.3 = 0.4$$
那么
$$P(\overline{AB}) = 1 - P(AB) = 1 - 0.4 = 0.6$$

【3.3】 已知 $P(A) = P(B) = P(C) = \dfrac{1}{4}, P(AB) = 0, P(AC) = P(BC) = \dfrac{1}{6}$，则事件 A, B, C 全不发生的概率为 _____.

分析 应用摩根律，加法法则，对立事件的概念.

解 因为 $P(AB) = 0$，所以 $P(ABC) = 0$.
$$P(\overline{A}\overline{B}\overline{C}) = P(\overline{A \cup B \cup C}) = 1 - P(A \cup B \cup C)$$
$$= 1 - [P(A) + P(B) + P(C) - P(AB) - P(AC) - P(BC) + P(ABC)]$$
$$= 1 - \left(\dfrac{1}{4} + \dfrac{1}{4} + \dfrac{1}{4} - 0 - \dfrac{1}{6} - \dfrac{1}{6} + 0\right) = \dfrac{7}{12}.$$

【3.4】 设当事件 A 与 B 同时发生时，事件 C 必发生，则( ).

(A) $P(C) \leqslant P(A) + P(B) - 1$ (B) $P(C) \geqslant P(A) + P(B) - 1$

(C) $P(C) = P(AB)$ (D) $P(C) = P(A \cup B)$

解 由题意"当 A,B 发生时, C 必然发生"从而 $AB \subset C$,所以 $P(AB) \leq P(C)$,那么
$$P(C) \geq P(AB) = P(A) + P(B) - P(A \cup B) \geq P(A) + P(B) - 1$$
故应选(B).

点评 此题考查概率"单调性",即若 $A \subset B$ 是两个随机事件,则
$$0 \leq P(A) \leq P(B) \leq 1$$
事实上,因为 $A \subset B$,所以 $B-A$ 与 A 互不相容,并且满足 $B = (B-A) + A$,由概率的非负性和加法公式得
$$P(B) = P(B-A) + P(A)$$
从而 $0 \leq P(A) \leq P(B)$.

【3.5】 设 A,B 是任意两个随机事件,则 $P\{(\overline{A}+B)(A+B)(\overline{A}+\overline{B})(A+\overline{B})\} = $ _____.

解 注意到
$$(A+B)(\overline{A}+\overline{B}) = A(\overline{A}+\overline{B}) + B(\overline{A}+\overline{B}) = A\overline{B} + \overline{A}B$$
$$(\overline{A}+B)(A+\overline{B}) = \overline{A}(A+\overline{B}) + B(A+\overline{B}) = \overline{A}\,\overline{B} + AB$$
那么
$$(\overline{A}+B)(A+B)(\overline{A}+\overline{B})(A+\overline{B}) = (A\overline{B}+\overline{A}B)(\overline{A}\,\overline{B}+AB) = \varnothing$$
则
$$P\{(\overline{A}+B)(A+B)(\overline{A}+\overline{B})(A+\overline{B})\} = P(\varnothing) = 0.$$

点评 在有关事件运算或者是化简的问题中,要学会熟练应用事件的运算法则.

题型 2:条件概率的计算

方法与技巧 计算条件概率 $P(B \mid A)$ 的方法有两种:① 按条件概率的含义,直接求出 $P(B \mid A)$.注意到,在求 $P(B \mid A)$ 时已知 A 已发生,样本空间 S 中所有不属于 A 的样本点都被排除,原有的样本空间 S 缩减成为 S'.在 S' 中计算事件 B 的概率就得到 $P(B \mid A)$.② 在 S 中计算 $P(AB)$ 及 $P(A)$,再按 $\dfrac{P(AB)}{P(A)}$ 式求得 $P(B \mid A)$.

【3.6】 设 A,B,C 是随机事件,A 与 C 互不相容,$P(AB) = \dfrac{1}{2}$,$P(C) = \dfrac{1}{3}$,则 $P(AB \mid \overline{C}) = $ _____.

解 由条件概率的定义,$P(AB \mid \overline{C}) = \dfrac{P(AB\overline{C})}{P(\overline{C})}$,因为 A,C 互不相容,

所以 $A\overline{C} = A$,因此 $P(AB\overline{C}) = P(AB)$,从而原式 $= \dfrac{P(AB)}{1-P(C)} = \dfrac{\frac{1}{2}}{1-\frac{1}{3}} = \dfrac{3}{4}$.

另外,除了用互斥定义得到 $P(AB\overline{C}) = P(AB)$,还可以用性质 —— 减法公式:
$$P(AB\overline{C}) = P(AB) - P(ABC),$$
由 $P(AC) = 0 \Rightarrow P(ABC) = 0$,
从而 $P(AB\overline{C}) = P(AB)$.

【3.7】 设某种动物由出生算起活20年以上的概率为0.8,活25年以上的概率为0.4.如果现在有一只20岁的这种动物,问它能活到25岁以上的概率是多少?

解 设事件 $B=$ "能活 20 年以上", $A=$ "能活 25 年以上".

按题意, $P(B)=0.8$, 由于 $A \subset B$, 所以 $BA=A$, 因此 $P(AB)=P(A)=0.4$.

由条件概率的定义, 得 $P(A|B)=\dfrac{P(AB)}{P(B)}=\dfrac{0.4}{0.8}=0.5$.

【3.8】设 A,B 为两个随机事件, 且 $0<P(A)<1, 0<P(B)<1$, 如果 $P(A|B)=1$, 则_____.
(A) $P(\overline{B}|\overline{A})=1$. (B) $P(A|\overline{B})=0$. (C) $P(A\cup B)=1$. (D) $P(B|A)=1$.

解 因为 $P(A|B)=\dfrac{P(AB)}{P(B)}=1$, 所以 $P(AB)=P(B)$

则 $P(\overline{B}|\overline{A})=\dfrac{P(\overline{A}\,\overline{B})}{P(\overline{A})}=\dfrac{1-P(A\cup B)}{1-P(A)}$

$$=\dfrac{1-[P(A)+P(B)-P(AB)]}{1-P(A)}$$

$$=\dfrac{1-P(A)}{1-P(A)}=1.$$

故应选 (A).

题型 3: 利用乘法公式求概率

【3.9】100 件产品中有 10 件次品, 用不放回的方式从中每次取一件, 连取三次, 求第三次才取得次品的概率.

解 设 A_i 表示第 i 次取得正品, 其中 $i=1,2,3$.

由题意, 所求概率应为 $P(A_1 A_2 \overline{A_3})$, 根据乘法公式,

$$P(A_1 A_2 \overline{A_3})=P(A_1)P(A_2|A_1)P(\overline{A_3}|A_1 A_2)$$

$$=\dfrac{90}{100}\cdot\dfrac{89}{99}\cdot\dfrac{10}{98}=0.0826.$$

【3.10】甲袋中装有 9 个乒乓球, 其中 3 个白球, 6 个黄球, 乙袋中也装有 9 个乒乓球, 5 个白球, 4 个黄球. 首先从甲袋中任选一球放入乙袋, 再从乙袋中任取一球放入甲袋, 则甲袋中白球数目不会发生变化的概率为_____.

解 令 A 表示事件 "经过两次交换球后, 甲袋中白球数目不变",

  B 表示事件 "从甲袋中取出并放入乙袋的是白球",

  C 表示事件 "从乙袋中取出并放入甲袋的是白球",

那么 $A=BC+\overline{B}\,\overline{C}$

$$P(A)=P(BC+\overline{B}\,\overline{C})=P(BC)+P(\overline{B}\,\overline{C})=P(B)P(C|B)+P(\overline{B})P(\overline{C}|\overline{B})$$

$$=\dfrac{3}{9}\times\dfrac{6}{10}+\dfrac{6}{9}\times\dfrac{5}{10}=\dfrac{8}{15}$$

【3.11】袋中有 a 个白球 b 个黑球, 随机取出一个球, 然后放回, 并同时再放进与取出的球同色的球 c 个, 再取第二个, 这样连续三次. 问取出的三个球中前两个是黑球, 第三个是白球的概率是多少?

解 设 A_i 表示取出的第 i 个球为白球, 则所求的概率为

$$P(\overline{A_1}\,\overline{A_2}A_3)=P(\overline{A_1}\,\overline{A_2})(A_3|\overline{A_1}\,\overline{A_2})=P(\overline{A_1})P(\overline{A_2}|\overline{A_1})P(A_3|\overline{A_1}\,\overline{A_2})$$

$$=\dfrac{b}{a+b}\cdot\dfrac{b+c}{a+b+c}\cdot\dfrac{a}{a+b+2c}.$$

§4. 全概率公式与贝叶斯公式

知 识 要 点

1. 完备事件组

设 Ω 为试验的样本空间,$B_1,B_2,\cdots,B_n$ 为试验的一组事件,若有

(1) $B_i B_j = \varnothing \ (i \neq j; i,j = 1,2,\cdots,n)$

(2) $\bigcup\limits_{i=1}^{n} B_i = \Omega$

则称 $B_1,B_2,\cdots,B_n$ 为 Ω 的一个分划或完备事件组.

由定义可见,若 $B_1,B_2,\cdots,B_n$ 为 Ω 的一个分划,则在一次试验中,$B_1,B_2,\cdots,B_n$ 必有且仅有一个发生.

2. 全概率公式

设事件 $B_1,B_2,\cdots,B_n$ 是样本空间 Ω 的一个分划,$P(B_i) > 0 (i=1,2,\cdots,n)$,$A$ 是试验的任一事件,则有

$$P(A) = \sum_{i=1}^{n} P(B_i) P(A \mid B_i)$$

3. 贝叶斯公式

设事件 $B_1,B_2,\cdots,B_n$ 是样本空间 Ω 的一个分划,$P(B_i) > 0 (i=1,2,\cdots,n)$,$A$ 为试验的任一事件,且 $P(A) > 0$,则有

$$P(B_i \mid A) = \frac{P(B_i) P(A \mid B_i)}{\sum\limits_{j=1}^{n} P(B_j) P(A \mid B_j)} \quad (i=1,2,\cdots,n)$$

基 本 题 型

方法与技巧 对于全概率公式和贝叶斯公式,我们可以按如下方式理解:设 A 是一个随机事件,有 n 个因素 $B_1,B_2,\cdots,B_n$ 导致它发生,并假定 $P(B_i)$ 已知,$i=1,2,\cdots,n$,而且每个因素 B_i 对 A 的影响程度 $P(A \mid B_i)$ 也可知,$i=1,2,\cdots,n$,全概率公式是计算"结果"A 发生的概率 $P(A)$;而贝叶斯公式则是已知"结果"A 发生了,要计算这个"结果"受"第 i 个因素的影响"的概率 $P(B_i \mid A)$,$i=1,2,\cdots,n$,应用这两个公式的关键是找到一个完备事件组.

寻找完备事件组的两个常用方法:

① 从第一个试验入手,分解其样本空间,找出完备事件组.

如果所求概率的事件与前后两个试验(两个工序)有关,且这两个试验(或工序)彼此关联,第一个试验(工序)的各种结果直接对第二个试验产生影响,而问第二个试验(工序)出现结果的概率.这类问题是属于使用全概率公式的问题.第一个试验的各种结果就是所求的一个完备事件组.

② 从事件 A 发生的两两互不相容的诸原因找完备事件组.

如果事件能且只能在"原因"$B_1,B_2,\cdots,B_n$下发生,且$B_1,B_2,\cdots,B_n$是两两互不相容,那么这些"原因"$B_1,B_2,\cdots,B_n$就是一个完备事件组.

题型1:全概率公式的应用

【4.1】(1) 设甲袋中装有n只白球,m只红球;乙袋中装有N只白球,M只红球. 今从甲袋中任意取一只球放入乙袋中,再从乙袋中任意取一只球,问取到白球的概率是多少?

(2) 第一只盒子装有5只红球,4只白球,第二只盒子装有4只红球,5只白球. 先从第一盒中任取2只球放入第二个盒子中,然后从第二个盒子中任取一只球,求取到白球的概率.

解 (1) 设$A=$"从乙袋中取到白球",

$$B=\text{"从甲袋中取出的是白球"},则 A=BA+\overline{B}A$$
$$P(A)=P(B)P(A\mid B)+P(\overline{B})P(A\mid \overline{B})$$
$$=\frac{n}{m+n}\cdot\frac{N+1}{N+M+1}+\frac{m}{m+n}\cdot\frac{N}{M+N+1}$$

(2) 设$A=$"从第二盒中取得白球",$B_i=$"从第一盒中取出两球恰有i个白球",$i=0,1,2$,则

$$P(A)=P(B_0)P(A\mid B_0)+P(B_1)P(A\mid B_1)+P(B_2)P(A\mid B_2)$$
$$=\frac{C_5^2}{C_9^2}\cdot\frac{5}{11}+\frac{C_5^1 C_4^1}{C_9^2}\cdot\frac{6}{11}+\frac{C_4^2}{C_9^2}\cdot\frac{7}{11}=\frac{53}{99}.$$

【4.2】从数1,2,3,4中任取一个数,记为X,再从$1,\cdots,X$中任取一个数,记为Y,则$P\{Y=2\}=$ _____.

解 令$A_i=\{X=i\},i=1,2,3,4$,则A_1,A_2,A_3,A_4构成一个完备事件组,且

$$P(A_i)=\frac{1}{4},\quad i=1,2,3,4$$

而 $P\{Y=2\mid A_1\}=0, P\{Y=2\mid A_i\}=\frac{1}{i},\quad i=2,3,4,$

那么由全概率公式得

$$P\{Y=2\}=\sum_{i=1}^{4}P(A_i)P\{Y=2\mid A_i\}=\frac{1}{4}\left(0+\frac{1}{2}+\frac{1}{3}+\frac{1}{4}\right)=\frac{13}{48}.$$

题型2:利用贝叶斯公式求概率

【4.3】对以往数据分析表明,当机器调整得良好时,产品的合格率为0.9,否则,产品的合格率为0.3,每天早上机器开动前调整得良好的概率为0.75. 若某日早上第一件产品是合格品,试求机器调整得良好的概率.

解 设事件$B=$"产品合格",$A=$"机器调整良好". 则$A,\overline{A}$是一完备事件组,所需求的概率为$P(A\mid B)$. 由贝叶斯公式知

$$P(A\mid B)=\frac{P(A)P(B\mid A)}{P(A)P(B\mid A)+P(\overline{A})P(B\mid \overline{A})}$$

由题设条件得

$$P(A)=0.75,\quad P(\overline{A})=0.25,\quad P(B\mid A)=0.9,\quad P(B\mid \overline{A})=0.3$$

所以

$$P(A\mid B)=\frac{0.75\times 0.9}{0.75\times 0.9+0.25\times 0.3}=0.9$$

【4.4】 设一个仓库里有十箱同样规格的产品,已知其中的五箱,三箱,二箱依次是甲、乙、丙厂生产的,且已知甲、乙、丙厂生产的该种产品的次品率依次为 $\frac{1}{10}, \frac{1}{15}, \frac{1}{20}$. 从这十箱产品中任取一箱,再从中任取一件产品. 试求取得正品的概率.

如果已知取出的产品是正品,问它是甲厂生产的概率是多少?

解 设事件 $A =$ "取得产品为正品",

$\quad\quad B_1 =$ "取得产品是甲厂生产的",

$\quad\quad B_2 =$ "取得产品是乙厂生产的",

$\quad\quad B_3 =$ "取得产品是丙厂生产的",

那么,事件 B_1, B_2, B_3 是一完备事件组. 所以

$$P(A) = P(B_1)P(A \mid B_1) + P(B_2)P(A \mid B_2) + P(B_3)P(A \mid B_3)$$

而

$$P(B_1) = \frac{5}{10}, \quad P(B_2) = \frac{3}{10}, \quad P(B_3) = \frac{2}{10}$$

$$P(A \mid B_1) = 1 - \frac{1}{10} = \frac{9}{10}$$

$$P(A \mid B_2) = 1 - \frac{1}{15} = \frac{14}{15}$$

$$P(A \mid B_3) = 1 - \frac{1}{20} = \frac{19}{20}$$

所以

$$P(A) = \frac{5}{10} \cdot \frac{9}{10} + \frac{3}{10} \cdot \frac{14}{15} + \frac{2}{10} \cdot \frac{19}{20} = \frac{92}{100} = 0.92$$

$$P(B_1 \mid A) = \frac{P(AB_1)}{P(A)} = \frac{P(B_1)P(A \mid B_1)}{P(A)} = \frac{\frac{5}{10} \cdot \frac{9}{10}}{\frac{92}{100}} = \frac{45}{92} = 0.4891.$$

【4.5】 玻璃杯成箱出售,每箱 20 只,假设各箱含 0,1,2 只残次品的概率相应为 0.8, 0.1 和 0.1,一顾客欲购一箱玻璃杯,在购买时售货员随意取一箱,而顾客开箱随机地查看 4 只,若无残次品,则买下该箱玻璃杯,否则退回. 试求:

(1) 顾客买下该箱的概率 α;

(2) 在顾客买下的一箱中,确实没有残次品的概率 β.

解 令 A 表示事件"顾客买下所查看的一箱玻璃杯",B_i 表示事件"箱中恰有 i 件残次品",$i = 0, 1, 2$.

根据题意

$$P(B_0) = 0.8, \quad P(B_1) = P(B_2) = 0.1$$

$$P(A \mid B_0) = 1, \quad P(A \mid B_1) = \frac{C_{19}^4}{C_{20}^4} = \frac{4}{5}, \quad P(A \mid B_2) = \frac{C_{18}^4}{C_{20}^4} = \frac{12}{19},$$

(1) 由全概率公式

$$\alpha = P(A) = \sum_{i=0}^{2} P(A \mid B_i) P(B_i) = 0.8 \times 1 + 0.1 \times \frac{4}{5} + 0.1 \times \frac{12}{19} = 0.94.$$

(2) 由贝叶斯公式

$$\beta = P(B_0 \mid A) = \frac{P(A \mid B_0)P(B_0)}{P(A)} = \frac{1 \times 0.8}{0.94} \approx 0.85.$$

§5. 独 立 性

知 识 要 点

1. 两事件相互独立

如果事件 A 发生的可能性不受事件 B 发生与否的影响,也就是 $P(A \mid B) = P(A)$,则称事件 A 对于事件 B 相互独立. 若 A 对于 B 独立,则 B 对于 A 也独立,那么就称事件 A 与事件 B 相互独立.

基本性质:

(1) A 与 B 独立 $\Leftrightarrow P(AB) = P(A)P(B)$;

(2) 若 A 与 B 独立,则 A 与 $\overline{B}$、$\overline{A}$ 与 B、$\overline{A}$ 与 $\overline{B}$ 中的每一对事件都相互独立.

2. n 个事件相互独立

$n(n > 2)$ 个事件 $A_1, \cdots, A_n$ 中任意一个事件发生的可能性都不受其他一个或多个事件发生与否的影响,则称 $A_1, \cdots, A_n$ 相互独立.

基本性质:

(1) 如果事件 $A_1, \cdots, A_n$ 相互独立,则对于任意 $k(1 < k \leq n)$ 和任意 $1 \leq i_1 < i_2 < \cdots < i_k \leq n$,$P(A_{i_1} A_{i_2} \cdots A_{i_k}) = P(A_{i_1})P(A_{i_2}) \cdots P(A_{i_k})$ 成立.

(2) 如果事件 $A_1, \cdots, A_n$ 相互独立,则将 $A_1, \cdots, A_n$ 中任意多个事件换成它们的逆事件,所得的 n 个事件仍相互独立.

(3) 如果事件 $A_1, \cdots, A_n$ 相互独立,则 $P(\sum_{i=1}^{n} A_i) = 1 - \prod_{i=1}^{n} P(\overline{A_i})$

3. 重复独立试验

在 n 次试验中,若任意一次试验的诸结果是相互独立的,则称这 n 次试验为重复独立试验或独立试验序列.

(1) 伯努利概型:假定一次试验中只有事件 A 发生或 $\overline{A}$ 发生,每次试验的结果与其他各次试验结果无关,这样的 n 次重复试验,称为 n 重伯努利试验或伯努利概型.

(2) 二项概率公式:设一次试验中事件 A 发生的概率为 $p(0 < p < 1)$,则在 n 重伯努利试验中,事件 A 恰好发生 k 次的概率为 $p_k = C_n^k p^k q^{n-k}$, $k = 0, 1, \cdots, n$. 其中 $q = 1 - p$.

基 本 题 型

题型 1:独立性的判断

【5.1】设 $0 < P(A) < 1$, $0 < P(B) < 1$, $P(A \mid B) + P(\overline{A} \mid \overline{B}) = 1$,那么下列正确的选项是( ).

(A)A 与 B 相互独立　　　　　　　　　(B)A 与 B 相互对立
(C)A 与 B 互不相容　　　　　　　　　(D)A 与 B 互不独立

解法一　因为 $P(A\mid B)=\dfrac{P(AB)}{P(B)}$，$P(\overline{A}\mid\overline{B})=\dfrac{P(\overline{A}\,\overline{B})}{P(\overline{B})}=\dfrac{1-P(A\bigcup B)}{1-P(B)}$，

所以　　　　　　　　$1=\dfrac{P(AB)}{P(B)}+\dfrac{1-P(A\bigcup B)}{1-P(B)}$，

整理得 $P(AB)[1-P(B)]=P(B)[P(A)-P(AB)]$，

从而 $P(AB)=P(B)[P(AB)+P(A\overline{B})]=P(B)P[A(B+\overline{B})]=P(B)P(A)$.

故应选择(A).

解法二　注意到 $P(\overline{A}\mid\overline{B})=1-P(A\mid\overline{B})$，又 $P(A\mid\overline{B})=\dfrac{P(A\overline{B})}{P(\overline{B})}$，

由题意知 $1=P(A\mid B)+P(\overline{A}\mid\overline{B})=P(A\mid B)+1-P(A\mid\overline{B})$，即
$$P(A\mid B)=P(A\mid\overline{B})$$

那么　　　　　　　$\dfrac{P(AB)}{P(B)}=\dfrac{P(A\overline{B})}{P(\overline{B})}=\dfrac{P(A)-P(AB)}{1-P(B)}$

下同，故略.

点评　本例的解答过程实质上意味着：当 $0<P(A)<1,0<P(B)<1$ 时,事件 A 与 B 相互独立 $\Leftrightarrow P(A\mid B)+P(\overline{A}\mid\overline{B})=1\Leftrightarrow P(A\mid B)=P(A\mid\overline{B})$.

【5.2】设 A,B,C 三个事件两两独立,则 A,B,C 相互独立的充分必要条件是_____.
(A)A 与 BC 独立　　　　　　　　　(B)AB 与 $A\bigcup C$ 独立
(C)AB 与 AC 独立　　　　　　　　　(D)$A\bigcup B$ 与 $A\bigcup C$ 独立

分析　两两独立和相互独立是两个容易混淆的概念，相互独立则两两独立，反之不真，若 A,B,C 是两两独立的三个事件，则当还需满足条件
$$P(ABC)=P(A)P(B)P(C)$$
时才相互独立.

解　由题意，$P(ABC)=P(A)P(B)P(C)=P(A)P(BC)$，即当 A 与 BC 独立时,A,B,C 相互独立，故选(A).

【5.3】对于任意二事件 A 和 B,(　　)
(A) 若 $AB\neq\varnothing$，则 A,B 一定独立　　　　(B) 若 $AB\neq\varnothing$，则 A,B 有可能独立
(C) 若 $AB=\varnothing$，则 A,B 一定独立　　　　(D) 若 $AB=\varnothing$，则 A,B 一定不独立

分析　"独立"与"互斥"是两个不同的概念，本题利用独立的充要条件 $P(AB)=P(A)P(B)$ 判断,可得正确选项(B).

解　若 $AB=\varnothing$,当 $P(A),P(B)$ 中至少有一个等于 0 时,(D) 不成立;
当 $P(A),P(B)$ 均大于 0 时，(C) 不成立;
若 $AB\neq\varnothing$,如果 $P(AB)=P(A)P(B)$，则 A 与 B 独立，否则 A 与 B 不独立.
故应选(B).

【5.4】将一枚硬币独立地掷两次,引进事件:$A_1=\{$掷第一次出现正面$\}$，$A_2=\{$掷第二次出现正面$\}$，$A_3=\{$正、反面各出现一次$\}$，$A_4=\{$正面出现两次$\}$，则事件(　　).

(A) A_1, A_2, A_3 相互独立 (B) A_2, A_3, A_4 相互独立
(C) A_1, A_2, A_3 两两独立 (D) A_2, A_3, A_4 两两独立

解 按照相互独立与两两独立的定义进行验算即可,注意应先检查两两独立,若成立,再检验是否相互独立.

因为 $P(A_1) = \dfrac{1}{2}$, $P(A_2) = \dfrac{1}{2}$, $P(A_3) = \dfrac{1}{2}$, $P(A_4) = \dfrac{1}{4}$

且 $P(A_1 A_2) = \dfrac{1}{4}$, $P(A_1 A_3) = \dfrac{1}{4}$

$$P(A_2 A_3) = \dfrac{1}{4}, \quad P(A_2 A_4) = \dfrac{1}{4}$$

$$P(A_1 A_2 A_3) = 0$$

可见有 $P(A_1 A_2) = P(A_1)P(A_2)$

$$P(A_1 A_3) = P(A_1)P(A_3)$$

$$P(A_2 A_3) = P(A_2)P(A_3)$$

$$P(A_1 A_2 A_3) \neq P(A_1)P(A_2)P(A_3)$$

$$P(A_2 A_4) \neq P(A_2)P(A_4)$$

故 A_1, A_2, A_3 两两独立但不相互独立;A_2, A_3, A_4 不两两独立更不相互独立.

故应选(C).

点评 本题用排除法更简便:因为 A_3, A_4 互斥,故 A_3, A_4 不相互独立,从而(B)、(D)排除.如果(A)正确,则(C)也正确,作为单项选择题必选(C).

题型 2:独立性的应用

【5.5】 三人独立地去破译一份密码,已知各人能译出的概率分别为 $\dfrac{1}{5}, \dfrac{1}{3}, \dfrac{1}{4}$,问三人中至少有一个能将此密码译出的概率是多少?

解法一 设 A, B, C 分别表示三人各自能够译出密码,根据题意 A, B, C 相互独立,且

$$P(A) = \dfrac{1}{5}, \quad P(B) = \dfrac{1}{3}, \quad P(C) = \dfrac{1}{4}$$

则所求概率为

$$P(A \cup B \cup C) = P(A) + P(B) + P(C) - P(AB) - P(AC) - P(BC) + P(ABC)$$
$$= P(A) + P(B) + P(C) - P(A)P(B) - P(A)P(C) - P(B)P(C) + P(A)P(B)P(C)$$
$$= \dfrac{1}{5} + \dfrac{1}{3} + \dfrac{1}{4} - \dfrac{1}{5} \times \dfrac{1}{3} - \dfrac{1}{5} \times \dfrac{1}{4} - \dfrac{1}{3} \times \dfrac{1}{4} + \dfrac{1}{5} \times \dfrac{1}{3} \times \dfrac{1}{4} = 0.6.$$

解法二 $P(A \cup B \cup C) = 1 - P(\overline{A \cup B \cup C}) = 1 - P(\overline{A}\,\overline{B}\,\overline{C})$

$$= 1 - P(\overline{A})P(\overline{B})P(\overline{C}) = 1 - \dfrac{4}{5} \cdot \dfrac{2}{3} \cdot \dfrac{3}{4} = \dfrac{3}{5}.$$

【5.6】 一实习生用一台机器接连独立地制造 3 个同种零件,第 i 个零件是不合格品的概率 $p_i = \dfrac{1}{1+i}(i = 1, 2, 3)$,以 X 表示 3 个零件中合格品的个数,求 $P\{X = 2\}$.

解 设 A_i 表示第 i 个零件是不合格品,则

$$P(A_i) = p_i = \frac{1}{i+1} \quad (i = 1, 2, 3)$$

$$P\{X = 2\} = P(A_1\overline{A}_2\overline{A}_3 + \overline{A}_1A_2\overline{A}_3 + \overline{A}_1\overline{A}_2A_3)$$

$$= P(A_1)P(\overline{A}_2)P(\overline{A}_3) + P(\overline{A}_1)P(A_2)P(\overline{A}_3) + P(\overline{A}_1)P(\overline{A}_2)P(A_3)$$

$$= \frac{1}{2}(1-\frac{1}{3})(1-\frac{1}{4}) + \frac{1}{2} \cdot \frac{1}{3}(1-\frac{1}{4}) + \frac{1}{2}(1-\frac{1}{3})\frac{1}{4} = \frac{11}{24}.$$

【5.7】 人的血型为 O, A, B, AB 型的概率分别为 $0.46, 0.40, 0.11, 0.03$，今任意挑选五人，求下列事件的概率：

(1) 恰有两人为 O 型；

(2) 三人为 O 型，二人为 A 型；

(3) 没有 AB 型.

解 本题可利用独立性解决，其中(1)、(3)可视为伯努利概型.

(1) 两人为 O 型，三人为非 O 型，其中每人为 O 型的概率为 0.46，为非 O 型的概率为 $1-0.46 = 0.54$.

故 $p_1 = C_5^2 \cdot (0.46)^2 \cdot (0.54)^3 = 0.333$.

(2) 三人为 O 型，二人为 A 型，共有 C_5^3 种情形，

故 $p_2 = C_5^3 \cdot (0.46)^3 \cdot (0.4)^2 = 0.156$.

(3) 没有 AB 型，即五人都非 AB 型，而每个人非 AB 型的概率为 $1-0.03 = 0.97$，

故 $p_3 = (0.97)^5 = 0.859$.

【5.8】 设随机事件 A 与 B 相互独立，且 $P(B) = 0.5, P(A-B) = 0.3$，则 $P(B-A) = $ （　）

(A) 0.1.　　　　　(B) 0.2.　　　　　(C) 0.3.　　　　　(D) 0.4.

解 $P(A-B) = P(A) - P(AB) = P(A) - P(A)P(B) = P(A) - 0.5P(A)$

$$= 0.5P(A) \xrightarrow{\text{令}} 0.3$$

得 $P(A) = 0.6$，

则 $P(B-A) = P(B) - P(AB) = P(B) - P(A)P(B) = 0.2$.

故应选 B.

点评 本题也可以利用独立的性质：

当 A 与 B 相互独立时，A 与 $\overline{B}$、$\overline{A}$ 与 B 也相互独立.

则 $P(A-B) = P(A\overline{B}) = P(A)P(\overline{B})$，可求出 $P(A)$.

同理 $P(B-A) = P(B\overline{A}) = P(B)P(\overline{A})$，从而得到结论.

【5.9】 设两个相互独立的事件 A 和 B 都不发生的概率为 $\frac{1}{9}$，A 发生 B 不发生的概率与 B 发生 A 不发生的概率相等，则 $P(A) = $ _____.

解 只需计算 $P(\overline{A})$，注意到 A, B 相互独立，$P(A\overline{B}) = P(\overline{A}B)$，$P(\overline{A}\overline{B}) = \frac{1}{9}$，显然 $P(A) = P(AB) + P(A\overline{B}) = P(AB) + P(\overline{A}B) = P(B)$，那么 $P(\overline{A}) = P(\overline{B})$，又 $\overline{A}$ 与 $\overline{B}$ 相互独立，则

$$\frac{1}{9} = P(\overline{A}\overline{B}) = P(\overline{A})P(\overline{B}) = [P(\overline{A})]^2,$$

即
$$P(\bar{A}) = \frac{1}{3}, \quad P(A) = \frac{2}{3}.$$

点评 本题也可直接使用独立的性质,$\bar{A}$ 与 $\bar{B}$、A 与 $\bar{B}$、$\bar{A}$ 与 B 都独立,则得到
$$P(\bar{A}\bar{B}) = P(\bar{A})P(\bar{B})$$
$$P(A\bar{B}) = P(A)P(\bar{B})$$
$$P(\bar{A}B) = P(\bar{A})P(B)$$
方法更加简便.

题型 3:关于独立重复试验的题目

【5.10】 一射手对同一目标独立地进行四次射击,若至少命中一次的概率为 $\frac{80}{81}$,则该射手的命中率为_____.

解 这是一个 4 重伯努利试验,设该射手的命中率为 p,则由伯努利概型计算公式得
$$C_4^0 p^0 (1-p)^4 = 1 - \frac{80}{81}, \quad 即 \; p = \frac{2}{3}.$$

点评 在 n 次独立重复试验中,记 A = "试验成功",$\bar{A}$ = "试验失败",$P(A) = p$ ($0 < p < 1$),$P(\bar{A}) = 1 - p$,则至少成功一次的概率为 $1 - (1-p)^n$,至少失败一次的概率为 $1 - p^n$,恰好成功 r 次的概率为 $C_n^r p^r (1-p)^{n-r}$.

【5.11】 某种日光灯使用 3000 小时以上的概率为 0.8,求 3 个日光灯在使用 3000 小时以后,
(1) 都没有坏的概率;
(2) 坏了一个的概率;
(3) 最多只有一个坏了的概率.

解 本题可视为三重伯努利试验,利用二项概率公式可得:
(1) $p_3(3) = 0.8^3 = 0.512$.
(2) $p_3(2) = C_3^2 \cdot 0.8^2 \cdot 0.2 = 0.384$.
(3) $p_3(3) + p_3(2) = 0.896$.

【5.12】 假设一厂家生产的每台仪器以概率 0.7 可以直接出厂,以概率 0.3 需进一步调试,经调试后以概率 0.8 可以出厂,以概率 0.2 定为不合格品不能出厂,现该厂新生产了 $n(n \geq 2)$ 台仪器(假设各台仪器的生产过程相互独立).求
(1) 全部能出厂的概率 α;
(2) 其中恰好有两件不能出厂的概率 β;
(3) 其中至少有两件不能出厂的概率 θ.

解 设 A = {仪器需进一步调试},B = {仪器能出厂},则
$$P(B) = P(\bar{A} + AB) = P(\bar{A}) + P(AB)$$
$$= 1 - P(A) + P(A)P(B|A) = 0.94.$$

由二项概率公式可知:
(1) $\alpha = 0.94^n$
(2) $\beta = C_n^2 \cdot 0.94^{n-2} \cdot 0.06^2$

(3) $\theta = 1 - C_n^1 \cdot 0.94^{n-1} \cdot 0.06 - 0.94^n$.

【5.13】 甲、乙两个乒乓球运动员进行单打比赛,如果每赛一局甲胜的概率为 0.6,乙胜的概率为 0.4. 比赛既可采用三局两胜制,也可采用五局三胜制,问采用哪种赛制对甲更有利?

解 (1) 采用三局两胜制. 设 A_1 = "甲净胜二局",A_2 = "前两局甲、乙各胜一局,第三局甲胜",A = "甲胜",则 $A = A_1 + A_2$,而

$$P(A_1) = 0.6^2 = 0.36$$
$$P(A_2) = (0.6^2 \times 0.4) \times 2 = 0.288$$

所以,有

$$P(A) = P(A_1 + A_2) = P(A_1) + P(A_2) \quad (A_1 \text{ 与 } A_2 \text{ 互斥})$$
$$= 0.36 + 0.288 = 0.648$$

(2) 采用五局三胜制. 设 B = "甲胜",B_1 = "前三局甲胜",B_2 = "前三局甲胜两局,乙胜一局,第四局甲胜",B_3 = "前四局中甲、乙各胜两局,第五局甲胜",则 B_1, B_2, B_3 互不相容,且 $B = B_1 + B_2 + B_3$,由题设知

$$P(B_1) = 0.6^3 = 0.216$$
$$P(B_2) = C_3^2 \times 0.6^2 \times 0.4 \times 0.6 = 0.259$$
$$P(B_3) = C_4^2 \times 0.6^2 \times 0.4^2 \times 0.6 = 0.207$$

所以,甲胜的概率为

$$P(B) = P(B_1 + B_2 + B_3) = P(B_1) + P(B_2) + P(B_3)$$
$$= 0.216 + 0.259 + 0.207 = 0.682$$

由于 $P(B) = 0.682 > P(A) = 0.648$,也就是说,采用五局三胜制时甲胜的概率,要大于采用三局两胜制时甲胜的概率,所以,采用五局三胜制对甲更有利.

题型 4:可靠性问题

【5.14】 某电路系统由相互独立的 n 个元件 $A_1, A_2, \cdots, A_n$ 组成,已知每个元件的可靠性(正常运行的概率)为 $p(0 < p < 1)$,在元件串联连接或并联连接的情形下,试分别求系统的可靠性.

解 设事件 A = "系统正常运行",A_i = "第 i 个元件正常运行" $(i = 1, 2, \cdots, n)$,则 $P(A_i) = p$.

在串联连接情形(图 1-5.14-1),"系统正常"相当于"每个元件都正常",即 $A = A_1 A_2 \cdots A_n$,因诸 $A_i (i = 1, 2, \cdots, n)$ 独立,故

$$P(A) = P(A_1) P(A_2) \cdots P(A_n) = p^n.$$

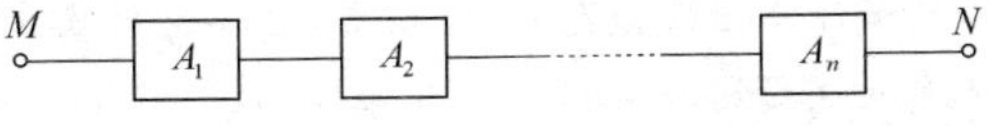

图 1-5.14-1

在并联连接情形(图 1-5.14-2),"系统正常"相当于"至少有一元件正常",即 $A = \bigcup_{i=1}^{n} A_i$,由公式得

$$P(A) = 1 - (1 - p)^n.$$

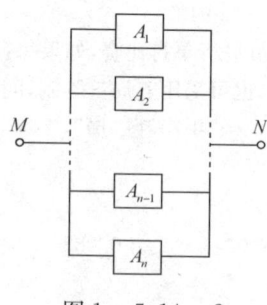

图 1-5.14-2

若选择 $n=10$，$p=0.99$，代入以上表达式，可算得：在串联连接时 $P(A)=0.99^{10}=0.904$；在并联连接时，$P(A)=1-(1-0.99)^{10}\approx 1$. 可见在题设条件下，并联连接优于串联连接法.

§6. 综合提高题型

题型 1：关于事件关系及概率的判断

【6.1】 设 A 和 B 是任意两个概率不为零的不相容事件，则下列结论中肯定正确的是（　）.
(A) $\bar{A}$ 与 $\bar{B}$ 不相容
(B) $\bar{A}$ 与 $\bar{B}$ 相容
(C) $P(AB)=P(A)\cdot P(B)$
(D) $P(A-B)=P(A)$

解 根据题意，A 和 B 是任意两个不相容事件，$AB=\varnothing$，从而 $P(AB)=0$. 又 $A=(A-B)\cup(AB)$，且 $(A-B)\cap(AB)=\varnothing$，故 $P(A)=P(A-B)+P(AB)=P(A-B)$. 所以 (D) 项一定成立.

另外，由于 $P(A)\neq 0$，$P(B)\neq 0$，(C) 项不可能成立.

值得注意的是 (A) 项和 (B) 项，有读者可能认为 (A) 项与 (B) 项是互逆的，总有一个是正确的. 实际上，若 $AB=\varnothing$，$A\cup B\neq\Omega$ 时，(A) 不成立；

$AB=\varnothing$ 且 $A\cup B=\Omega$ 时，(B) 项不成立.

故应选 (D).

点评 选择题主要考查基本概念、性质、定理，一般来说难度并不太大. 选择题大致可分为两类：概念性、理论性选择题和计算性选择题. 对于前者，主要运用基本概念、定理、公理、公式、法则及逻辑关系等基本工具对问题进行分析和逻辑推理，从而确定正确答案. 对于计算性选择题，需要经过计算才能选出正确选项. 而有些问题的处理，则需要采用概念和计算相结合的方法.

【6.2】 对于任意两个随机事件 A 与 B，其对立的充要条件为（　）.
(A) A 与 B 至少有一个发生
(B) A 与 B 不同时发生

(C) A 与 B 至少必有一个发生,且 A 与 B 至少必有一个不发生

(D) A 与 B 至少必有一个不发生

解 A 与 B 对立 $\Leftrightarrow A \cup B = \Omega$ 且 $AB = \varnothing \Leftrightarrow \overline{A} \cup \overline{B} = \Omega$ 且 $\overline{A}\overline{B} = \varnothing$,由此不难判定 (C) 正确.

【6.3】 设 A, B 为随机事件,且 $P(B) > 0, P(A \mid B) = 1$,则必有( ).

(A) $P(A \cup B) > P(A)$ (B) $P(A \cup B) > P(B)$

(C) $P(A \cup B) = P(A)$ (D) $P(A \cup B) = P(B)$

解 因为 $P(A \mid B) = 1$,故 $\dfrac{P(AB)}{P(B)} = 1$,即 $P(AB) = P(B)$

则 $P(A \cup B) = P(A) + P(B) - P(AB) = P(A)$.

故应选(C).

【6.4】 设 A, B, C 为随机事件,$P(ABC) = 0$,且 $0 < P(C) < 1$,则一定有( ).

(A) $P(ABC) = P(A)P(B)P(C)$

(B) $P((A+B) \mid C) = P(A \mid C) + P(B \mid C)$

(C) $P(A+B+C) = P(A) + P(B) + P(C)$

(D) $P((A+B) \mid \overline{C}) = P(A \mid \overline{C}) + P(B \mid \overline{C})$

解 $P((A+B) \mid C) = \dfrac{P(AC+BC)}{P(C)} = \dfrac{P(AC)+P(BC)}{P(C)} = P(A \mid C) + P(B \mid C)$

故应选(B).

【6.5】 若 A、B 为任意两个随机事件,则( ).

(A) $P(AB) \leqslant P(A)P(B)$.   (B) $P(AB) \geqslant P(A)P(B)$.

(C) $P(AB) \leqslant \dfrac{P(A)+P(B)}{2}$.   (D) $P(AB) \geqslant \dfrac{P(A)+P(B)}{2}$.

解 对于 A,B 选项

当事件 A 与 B 独立时,$P(AB) = P(A)P(B)$.

而当 A, B 不独立时,$P(AB)$ 与 $P(A)P(B)$ 没有确定的关系,所以 A,B 选项错误.

对于 C,D 选项:

由概率性质

$$P(A) \geqslant P(AB),$$
$$P(B) \geqslant P(AB),$$

两式相加,得

$$P(A) + P(B) \geqslant 2P(AB),$$

即 $P(AB) \leqslant \dfrac{P(A)+P(B)}{2}$.

故应选(C).

点评 本题考查概率的性质,解法多样,常见思路有:

① 利用概率单调性.

因为 $AB \subset A$,所以 $P(AB) \leqslant P(A)$.

同理,$P(AB) \leqslant P(B)$.

因此,$P(A)+P(B) \geqslant 2P(AB)$,即 $P(AB) \leqslant \dfrac{P(A)+P(B)}{2}$.

② 利用广义加法分式.

因为 $P(A \cup B) = P(A) + P(B) - P(AB)$,

所以 $P(A) + P(B) - 2P(AB) = P(A \cup B) - P(AB) \geqslant 0$,

即 $P(A)+P(B) \geqslant 2P(AB)$,故 $P(AB) \leqslant \dfrac{P(A)+P(B)}{2}$.

【6.6】 设 $A、B$ 为任意两个事件且 $A \subset B, P(B) > 0$,则下列选项必然成立的是( ).

(A)$P(A) < P(A \mid B)$ (B)$P(A) \leqslant P(A \mid B)$

(C)$P(A) > P(A \mid B)$ (D)$P(A) \geqslant P(A \mid B)$

解 因为 $A \subset B, 0 < P(B) \leqslant 1$,所以 $A = AB$,那么
$$P(A) = P(AB) = P(B)P(A \mid B) \leqslant P(A \mid B)$$
故应选(B).

【6.7】 设事件 A 与事件 B 互不相容,则( ).

(A)$P(\overline{A}\overline{B}) = 0$ (B)$P(AB) = P(A)P(B)$

(C)$P(A) = 1 - P(B)$ (D)$P(\overline{A} \cup \overline{B}) = 1$

解 因为 $A、B$ 互不相容,所以 $P(AB) = 0$,则
$$P(\overline{A} \cup \overline{B}) = 1 - P(AB) = 1.$$
故应选(D).

题型 2:利用公式求概率

【6.8】 从 $0,1,2,\cdots,9$ 十个号码中随机取出四个号码,排成一个四位数,求这个四位数能被 5 整除的概率.

解法一 因为要构成四位数,故首位不是零,而能被 5 整除,则末位数是 0 或 5.
$$P(A) = \dfrac{P_9^3 + (P_9^3 - P_8^2)}{P_{10}^4 - P_9^3} = \dfrac{17}{81}.$$

解法二 利用乘法原理
$$P(A) = \dfrac{9 \cdot 8 \cdot 7 + 8 \cdot 8 \cdot 7}{9 \cdot 9 \cdot 8 \cdot 7} = \dfrac{17}{81}$$

【6.9】 将 3 个球随机地放入 4 个杯子中去,求杯子中球的最大个数分别为 1,2,3 的概率.

解 把 3 个球放入 4 只杯中共有 4^3 种.

记 A = "杯中球的最大个数为1",事件 A 即为从 4 只杯中选出 3 只,然后将 3 个球放到 3 只杯中去,每只杯中一个球,则 A 所含的样本点数 $C_4^3 \cdot P_3^3 = 24$,则
$$P(A) = \dfrac{24}{4^3} = \dfrac{3}{8}.$$

记 B = "杯中球的最大个数为2". 事件 B 即为从 4 只杯中选出 1 只,再从 3 个球中选中 2 个放到此杯中,剩余 1 球放到另外 3 只杯中的某一个中,则 B 所含的样本点数为 $C_4^1 \cdot C_3^2 \cdot C_3^1 = 36$.
$$P(C) = \dfrac{36}{4^3} = \dfrac{9}{16}.$$

记 C = "杯中球的最大个数为3",类似地,C 所含的样本点数 $C_4^1 \cdot C_3^3 = 4$,从而

$$P(C) = \frac{4}{4^3} = \frac{1}{16}.$$

【6.10】 在区间$(0,1)$中随机地取两个数,则事件"两数之和小于$\frac{6}{5}$"的概率为_____.

解 这是一个几何概率问题,以x,y表示$(0,1)$中随机地取得两个数,则(x,y)点的全体是如图1-6.10所示的正方形,而事件$\{$两数之和小于$\frac{6}{5}\}$发生的充要条件为$(x+y)<\frac{6}{5}$,即落在图中阴影部分的点(x,y)的全体. 根据几何概率的定义,所求的概率即为图中阴影部分面积与边长为1的正方形面积之比,即

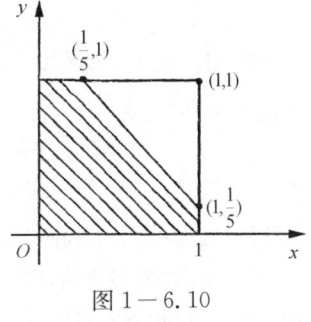

图1-6.10

$$P\left\{x+y<\frac{6}{5}\right\} = 1 - \frac{1}{2} \cdot \left(\frac{4}{5}\right)^2 = \frac{17}{25}$$

故应填$\frac{17}{25}$.

【6.11】 在某城市中发行三种报纸$A、B、C$,经调查,订阅A报的有45%,订阅B报的有35%,订阅C报的有30%,同时订阅A及B报的有10%,同时订阅A及C报的有8%,同时订阅B及C报的有5%,同时订阅$A、B、C$报的有3%. 试求下列事件的概率:

(1) 只订A报的;(2) 只订A及B报的;(3) 只订一种报纸的;(4) 恰好订两种报纸的;(5) 至少订阅一种报纸的;(6) 不订阅任何报纸的;(7) 至多订阅一种报纸的.

解 (1) $P(A\overline{B}\overline{C}) = P(A-B-C) = P(A-(B\cup C)) = P(A-A(B\cup C))$
$= P(A) - P(A(B\cup C)) = P(A) - P(AB) - P(AC) + P(ABC)$
$= 0.45 - 0.1 - 0.08 + 0.03 = 0.30$

(2) $P(AB\overline{C}) = P(AB-C) = P(AB-ABC) = P(AB) - P(ABC)$
$= 0.10 - 0.03 = 0.07$

(3) $P(A\overline{B}\overline{C} \cup \overline{A}B\overline{C} \cup \overline{A}\overline{B}C) = P(A\overline{B}\overline{C}) + P(\overline{A}B\overline{C}) + P(\overline{A}\overline{B}C)$
$= 0.30 + P(B - B(A\cup C)) + P(C - C(A \cup B))$
$= 0.30 + P(B) - P(AB) - P(BC) + P(ABC) + P(C) - P(CA) - P(CB) + P(ABC)$
$= 0.30 + 0.35 - 0.10 - 0.05 + 0.03 + 0.30 - 0.08 - 0.05 + 0.03 = 0.73$

(4) $P(AB\overline{C} \cup A\overline{B}C \cup \overline{A}BC) = P(AB\overline{C}) + P(A\overline{B}C) + P(\overline{A}BC)$
$= P(AB) - P(ABC) + P(AC) - P(ABC) - P(BC) - P(ABC)$
$= P(AB) + P(AC) + P(BC) - 3P(ABC)$
$= 0.10 + 0.08 + 0.05 - 3\times 0.03 = 0.14$

(5) $P(A\cup B\cup C) = P(A) + P(B) + P(C) - P(AB) - P(AC) - P(BC) + P(ABC)$
$= 0.45 + 0.35 + 0.30 - 0.10 - 0.08 - 0.05 + 0.03 = 0.90$

(6) $P(\overline{A}\overline{B}\overline{C}) = 1 - P(A\cup B\cup C) = 1 - 0.90 = 0.10$

(7) $P(\overline{A}\overline{B}\overline{C} + A\overline{B}\overline{C} + \overline{A}B\overline{C} + \overline{A}\overline{B}C) = P(\overline{A}\overline{B}\overline{C}) + P(A\overline{B}\overline{C}) + P(\overline{A}B\overline{C}) + P(\overline{A}\overline{B}C)$
$= 0.10 + 0.73 = 0.83.$

【6.12】 在1500个产品中有400个次品,1100个正品,任取200个,(1) 求恰有90个次品的

概率;(2) 求至少有2个次品的概率.

解 (1)产品的所有取法构成样本空间,其中所含的样本数为 C_{1500}^{200},用 A 表示取出的产品中恰有 90 个次品,则 A 中的样本数为 $C_{400}^{90} \cdot C_{1100}^{110}$,因此

$$P(A) = \frac{C_{400}^{90} \cdot C_{1100}^{110}}{C_{1500}^{200}}$$

(2) 用 B 表示至少有 2 个次品,则 $\overline{B}$ 表示取出的产品中至多有一个次品,$\overline{B}$ 中的样本点数为 $C_{400}^{1} C_{1100}^{199} + C_{1100}^{200}$,从而 $P(\overline{B}) = \frac{C_{400}^{1} C_{1100}^{199} + C_{1100}^{200}}{C_{1500}^{200}}$,因此

$$P(B) = 1 - P(\overline{B}) = 1 - \frac{C_{400}^{1} C_{1100}^{199} + C_{1100}^{200}}{C_{1500}^{200}}$$

【6.13】 从 5 双不同的鞋子中任取 4 只,这 4 只鞋子中至少有 2 只配成一双的概率是多少?

解 由题意,样本空间所含的样本点数为 C_{10}^{4},用 A 表示"4 只鞋子中至少有 2 只配成一对",则 $\overline{A}$ 表示"4 只鞋中没有 2 只配成一双",$\overline{A}$ 的样本点数为 $C_{5}^{4} \cdot 2^{4}$(先从 5 双鞋中任取 4 双,再从每双中任取一只). 则 $P(\overline{A}) = \frac{C_{5}^{4} \cdot 2^{4}}{C_{10}^{4}} = \frac{8}{21}$,从而 $P(A) = 1 - \frac{8}{21} = \frac{13}{21}$.

【6.14】 设 $P(A) = a$,$P(B) = 0.3$,$P(\overline{A} \cup B) = 0.7$. 若事件 A 与 B 互不相容,则 $a = $ _____. 若事件 A 与 B 相互独立,则 $a = $ _____.

解 由概率的加法公式和概率的包含可减性知

$$P(\overline{A} \cup B) = P(\overline{A}) + P(B) - P(\overline{A}B) = P(\overline{A}) + P(B) - [P(B) - P(AB)]$$
$$= 1 - P(A) + P(AB)$$

由题设可知

$$0.7 = 1 - a + P(AB) \qquad ①$$

(1) 若事件 A 与 B 互不相容,则 $AB = \emptyset$,$P(AB) = 0$,代入上式得 $a = 0.3$;

(2) 若事件 A 与 B 相互独立,则有

$$P(AB) = P(A) \cdot P(B) \qquad ②$$

将②式代入①式右端,可得

$$0.7 = 1 - a + 0.3a$$

于是解得 $a = \frac{3}{7}$.

【6.15】 一批产品共有 10 个正品和 2 个次品,任意抽取两次,每次抽出一个,抽出后不再放回,则第二次抽出的是次品的概率为 _____.

解 设 A 表示事件{第一次抽取的是正品},B 表示事件{第二次抽取的是次品},则

$$P(A) = \frac{5}{6}, \quad P(\overline{A}) = \frac{1}{6}$$

且

$$P(B \mid A) = \frac{2}{11}, \quad P(B \mid \overline{A}) = \frac{1}{11}$$

由全概率公式知

$$P(B) = P(A)P(B \mid A) + P(\overline{A})P(B \mid \overline{A}) = \frac{5}{6} \cdot \frac{2}{11} + \frac{1}{6} \cdot \frac{1}{11} = \frac{1}{6}.$$

§6. 综合提高题型

【6.16】 假设一批产品中一、二、三等品各占 $60\%,30\%,10\%$，从中随意抽取出一件，结果不是三等品，则取到的是一等品的概率为_____.

解 设 $A_i = \{$取到 i 等品$\}, i=1,2,3$，则根据题意知，
$$P(A_1) = 0.6, \quad P(A_2) = 0.3 \quad P(A_3) = 0.1,$$
由条件概率公式易知，
$$P(A_1 \mid \overline{A}_3) = \frac{P(A_1 \overline{A}_3)}{P(\overline{A}_3)} = \frac{P(A_1)}{1-P(A_3)} = \frac{0.6}{0.9} = \frac{2}{3}.$$

【6.17】 已知 $P(\overline{A}) = 0.3, P(B) = 0.4, P(A\overline{B}) = 0.5$，求 $P(B \mid A \bigcup \overline{B})$.

解 由于 $A = AB \bigcup A\overline{B}$，且 $(AB) \bigcap (A\overline{B}) = \emptyset$

从而 $P(A) = P(AB) + P(A\overline{B})$

所以 $P(AB) = P(A) - P(A\overline{B}) = 0.7 - 0.5 = 0.2$

又 $P(A \bigcup \overline{B}) = P(A) + P(\overline{B}) - P(A\overline{B}) = 0.7 + 0.6 - 0.5 = 0.8$

故 $P(B \mid A \bigcup \overline{B}) = \dfrac{P(B \bigcap (A \bigcup \overline{B}))}{P(A \bigcup \overline{B})} = \dfrac{P(AB)}{P(A \bigcup \overline{B})} = \dfrac{0.2}{0.8} = 0.25$

【6.18】 已知 $P(A) = \dfrac{1}{4}, P(B \mid A) = \dfrac{1}{3}, P(A \mid B) = \dfrac{1}{2}$，求 $P(A \bigcup B)$.

解 $P(AB) = P(B \mid A) \cdot P(A) = \dfrac{1}{3} \times \dfrac{1}{4} = \dfrac{1}{12}$,

$$P(A \mid B) = \frac{P(AB)}{P(B)} = \frac{1}{2}, \text{则} P(B) = \frac{1}{6},$$

$$P(A \bigcup B) = P(A) + P(B) - P(AB) = \frac{1}{6} + \frac{1}{4} - \frac{1}{12} = \frac{1}{3}.$$

【6.19】 (1) 设 A,B,C 是三事件，且 $P(A) = P(B) = P(C) = \dfrac{1}{4}, P(AB) = P(BC) = 0$, $P(AC) = \dfrac{1}{8}$，求 A,B,C 至少有一个发生的概率.

(2) 已知 $P(A) = \dfrac{1}{2}, P(B) = \dfrac{1}{3}, P(C) = \dfrac{1}{5}, P(AB) = \dfrac{1}{10}, P(AC) = \dfrac{1}{15}, P(BC) = \dfrac{1}{20}$, $P(ABC) = \dfrac{1}{30}$，求 $A \bigcup B, \overline{A}\overline{B}, A \bigcup B \bigcup C, \overline{A}\overline{B}\overline{C}, \overline{A}\overline{B}C, \overline{A}\overline{B} \bigcup C$ 的概率.

(3) 已知 $P(A) = \dfrac{1}{2}$，① 若 A,B 互不相容，求 $P(A\overline{B})$；② 若 $P(AB) = \dfrac{1}{8}$，求 $P(A\overline{B})$.

解 (1) $P(A \bigcup B \bigcup C) = P(A) + P(B) + P(C) - P(AB) - P(BC) - P(AC) + P(ABC)$
$$= \frac{5}{8} + P(ABC).$$

由 $ABC \subset AB$，已知 $P(AB) = 0$，故 $0 \leqslant P(ABC) \leqslant P(AB) = 0$，得 $P(ABC) = 0$.

所求概率为 $P(A \bigcup B \bigcup C) = \dfrac{5}{8}$.

(2) $P(A \bigcup B) = P(A) + P(B) - P(AB) = \dfrac{1}{2} + \dfrac{1}{3} - \dfrac{1}{10} = \dfrac{11}{15}$.

$P(\overline{A}\overline{B}) = P(\overline{A \bigcup B}) = 1 - P(A \bigcup B) = \dfrac{4}{15}$.

$$P(A \cup B \cup C) = P(A) + P(B) + P(C) - P(AB) - P(AC) - P(BC) + P(ABC)$$
$$= \frac{1}{2} + \frac{1}{3} + \frac{1}{5} - \frac{1}{10} - \frac{1}{15} - \frac{1}{20} + \frac{1}{30} = \frac{17}{20}.$$

$$P(\overline{A}\,\overline{B}\,\overline{C}) = P(\overline{A \cup B \cup C}) = 1 - P(A \cup B \cup C) = \frac{3}{20}.$$

$$P(\overline{A}\,\overline{B}C) = P(\overline{A}\,\overline{B} - \overline{A}\,\overline{B}\,\overline{C}) = P(\overline{A}\,\overline{B}) - P(\overline{A}\,\overline{B}\,\overline{C}) = \frac{4}{15} - \frac{3}{20} = \frac{7}{60}.$$

$$P(\overline{A}\,\overline{B} \cup C) = P(\overline{A}\,\overline{B}) + P(C) - P(\overline{A}\,\overline{B}C) = \frac{4}{15} + \frac{1}{5} - \frac{7}{60} = \frac{7}{20}.$$

(3) ① $P(A\overline{B}) = P(A(S-B)) = P(A-AB) = P(A) - P(AB) = \frac{1}{2}.$

② $P(A\overline{B}) = P(A(S-B)) = P(A-AB) = P(A) - P(AB) = \frac{1}{2} - \frac{1}{8} = \frac{3}{8}.$

题型 3：概率的综合及应用

【6.20】某人忘记了牡丹卡密码的最后一位数字,因而他随机按号,求他按号不超过三次而选正确的概率,若已知最后一个数是偶数,那么此概率是多少?

解法一 设 $A_i = \{$第 i 次按号按对$\}, i=1,2,3, A = \{$按号不超过 3 次而按对$\}$,则 $A = A_1 + \overline{A_1}A_2 + \overline{A_1}\,\overline{A_2}A_3$,且三者互斥,故有

$$P(A) = P(A_1) + P(\overline{A_1})P(A_2 \mid \overline{A_1}) + P(\overline{A_1})P(\overline{A_2} \mid \overline{A_1})P(A_3 \mid \overline{A_1}\,\overline{A_2}),$$

于是

(1) $P(A) = \frac{1}{10} + \frac{9}{10} \times \frac{1}{9} + \frac{9}{10} \times \frac{8}{9} \times \frac{1}{8} = \frac{3}{10}.$

(2) $P(B) = \frac{1}{5} + \frac{4}{5} \times \frac{1}{4} + \frac{4}{5} \times \frac{3}{4} \times \frac{1}{3} = \frac{3}{5}.$

解法二 $\overline{A} = \{$按号三次都不对$\}$,故
$$P(A) = 1 - P(\overline{A}) = 1 - P(\overline{A_1}\,\overline{A_2}\,\overline{A_3}) = 1 - P(\overline{A_1})P(\overline{A_2} \mid \overline{A_1})P(\overline{A_3} \mid \overline{A_1}\,\overline{A_2})$$
$$= 1 - \frac{9}{10} \times \frac{8}{9} \times \frac{7}{8} = \frac{3}{10}.$$

同理 $P(B) = 1 - \frac{4}{5} \times \frac{3}{4} \times \frac{2}{3} = \frac{3}{5}.$

【6.21】一学生接连参加同一课程的两次考试,第一次考试及格的概率为 p,若第一次及格,则第二次及格的概率也为 p;若第一次不及格则第二次及格的概率为 $\frac{p}{2}$.

(1) 若至少有一次及格他能取得某种资格,求他取得该资格的概率.

(2) 若已知他第二次已经及格,求他第一次及格的概率.

解 (1) 设 $A = $"他取得该资格"，$B_i = $"第 i 次及格"，$i = 1,2.$

则 $A = B_1 + B_2, B_2 = B_1B_2 + \overline{B_1}B_2$

$$P(A) = P(B_1) + P(B_2) - P(B_1B_2) = p + P(B_1B_2) + P(\overline{B_1}B_2) - P(B_1B_2)$$
$$= p + P(\overline{B_1})P(B_2 \mid \overline{B_1}) = p + (1-p)\frac{p}{2} = \frac{1}{2}(3p - p^2)$$

(2) 所求概率为

$$P(B_1 \mid B_2) = \frac{P(B_1 B_2)}{P(B_2)} = \frac{P(B_1)P(B_2 \mid B_1)}{P(B_1)P(B_2 \mid B_1) + P(\overline{B_1})P(B_2 \mid \overline{B_1})}$$

$$= \frac{p^2}{p^2 + (1-p)\frac{p}{2}} = \frac{2p^2}{p^2 + p} = \frac{2p}{p+1}$$

【6.22】 盒中有 12 个乒乓球,其中 9 个是新的,第一次比赛时从盒中任取 3 个,用后仍放回盒中,第二次比赛时再从盒中任取 3 个.求第二次取出的球都是新球的概率.若已知第二次取出的球都是新球,求第一次取到的球都是新球的概率.

解 设 $A_i =$ "第一次取出 i 个新球", $i = 0,1,2,3$.
$B_j =$ "第二次取出 j 个新球", $j = 0,1,2,3$.
由于 A_0, A_1, A_2, A_3 是完备事件组,且

$$P(A_i) = \frac{C_9^i C_3^{3-i}}{C_{12}^3}, \quad P(B_3 \mid A_i) = \frac{C_{9-i}^3}{C_{12}^3} \quad (i = 0,1,2,3)$$

由全概率公式可得:

$$P(B_3) = \sum_{i=0}^{3} P(A_i) P(B_3 \mid A_i) = \sum_{i=0}^{3} \left(\frac{C_9^i C_3^{3-i}}{C_{12}^3} \times \frac{C_{9-i}^3}{C_{12}^3} \right) = \frac{441}{3025}$$

由贝叶斯公式得:

$$P(A_3 \mid B_3) = \frac{P(A_3) P(B_3 \mid A_3)}{P(B_3)} = 0.238$$

【6.23】 已知 100 件产品中有 10 件正品,每次使用这些正品时肯定不会发生故障,而在每次使用非正品时均有 0.1 的可能性发生故障.现从这 100 件产品中随机抽取一件,若使用了 n 次均未发生故障,问 n 为多大时,才能有 70% 的把握认为所得的产品为正品.

解 设 $A_1 = \{$取出正品$\}$, $A_2 = \{$取出非正品$\}$, $B = \{$使用 n 次均无故障$\}$, 则

$$P(A_1) = \frac{10}{100}, \quad P(A_2) = \frac{90}{100},$$

按题设应有 $P(A_1 \mid B) \geqslant 0.70$, 而

$$P(A_1 \mid B) = \frac{P(A_1) P(B \mid A_1)}{P(A_1) P(B \mid A_1) + P(A_2) P(B \mid A_2)} = \frac{0.1 \times 1}{0.1 \times 1 + 0.9 \times (0.9)^n}$$

所以应是 $\frac{0.1}{0.1 + 0.9^{n+1}} \geqslant 0.7$, 得 $n \geqslant 29$.

【6.24】 将两信息分别编码为 A 和 B 传递出去,接收站收到时,A 被误收作 B 的概率为 0.02, 而 B 被误收作 A 的概率为 0.01, 信息 A 与信息 B 传递的频繁程度为 $2:1$, 若接收站收到的信息是 A, 问原发信息是 A 的概率是多少?

解 设 B_1, B_2 分别表示发报台发出信号"A"及"B",又以 A_1, A_2 分别表示收报台收到信号"A"及"B". 则有

$$P(B_1) = \frac{2}{3} \qquad P(B_2) = \frac{1}{3}$$

$$P(A_1 \mid B_1) = 0.98 \qquad P(A_2 \mid B_1) = 0.02$$

$$P(A_1 \mid B_2) = 0.01 \qquad P(A_2 \mid B_2) = 0.99$$

从而
$$P(B_1 \mid A_1) = \frac{P(B_1) \cdot P(A_1 \mid B_1)}{P(B_1)P(A_1 \mid B_1) + P(B_2)P(A_1 \mid B_2)} = \frac{\frac{2}{3} \times 0.98}{\frac{2}{3} \times 0.98 + \frac{1}{3} \times 0.01} = \frac{196}{197}$$

【6.25】 甲、乙、丙三门高射炮向同一架飞机射击,设甲、乙、丙炮射中飞机的概率分别是 $0.4, 0.5, 0.7$. 又设若只有一门炮射中,飞机坠毁的概率为 0.2;若有两门炮射中,飞机坠毁的概率为 0.6;若三门炮都射中,飞机必坠毁. 试求飞机坠毁的概率.

解 设 B = "飞机坠毁", A_i = "i 门炮射中飞机"($i=1,2,3$). 显然, A_1, A_2, A_3 构成完备事件组. 三门高射炮各自射击飞机,射中与否相互独立,按加法公式及乘法公式,得

$$P(A_1) = 0.4 \times (1-0.5) \times (1-0.7) + (1-0.4) \times 0.5 \times (1-0.7) + (1-0.4) \times (1-0.5) \times 0.7 = 0.36$$

$$P(A_2) = 0.4 \times 0.5 \times (1-0.7) + 0.4 \times (1-0.5) \times 0.7 + (1-0.4) \times 0.5 \times 0.7 = 0.41$$

$$P(A_3) = 0.4 \times 0.5 \times 0.7 = 0.14$$

再由题意知

$$P(B \mid A_1) = 0.2, \quad P(B \mid A_2) = 0.6 \quad P(B \mid A_3) = 1$$

利用全概率公式,得

$$P(B) = \sum_{i=1}^{3} P(A_i) P(B \mid A_i) = 0.36 \times 0.2 + 0.41 \times 0.6 + 0.14 \times 1 = 0.458$$

【6.26】 设有来自三个地区的各 10 名,15 名和 25 名考生的报名表,其中女生的报名表分别为 3 份、7 份和 5 份. 随机地取一个地区的报名表,从中先后抽出两份.

(1) 求先抽到的一份是女生表的概率 p;

(2) 已知后抽到的一份是男生表,求先抽到的一份是女生表的概率 q.

解 令 A_i 表示事件"第 i 次取出的是女生表", $i=1,2$.

B_j 表示事件"报名表来自第 j 个地区的考生", $j=1,2,3$.

根据题意

$$P(B_1) = \frac{1}{3}, \quad P(B_2) = \frac{1}{3}, \quad P(B_3) = \frac{1}{3},$$

$$P(A_1 \mid B_1) = \frac{3}{10}, \quad P(A_1 \mid B_2) = \frac{7}{15}, \quad P(A_1 \mid B_3) = \frac{5}{25}$$

(1) 由全概率公式

$$p = P(A_1) = \sum_{i=1}^{3} P(B_i) P(A_1 \mid B_i) = \frac{1}{3}\left(\frac{3}{10} + \frac{7}{15} + \frac{5}{25}\right) = \frac{29}{90}.$$

(2) 由条件概率公式

$$q = P(A_1 \mid \overline{A_2}) = \frac{P(A_1 \overline{A_2})}{P(\overline{A_2})}, 只需计算 P(\overline{A_2}) 和 P(A_1 \overline{A_2})$$

由题意

$$P(\overline{A_2} \mid B_1) = \frac{7}{10}, \quad P(\overline{A_2} \mid B_2) = \frac{8}{15}, \quad P(\overline{A_2} \mid B_3) = \frac{20}{25},$$

$$P(A_1\overline{A}_2 \mid B_1) = \frac{C_3^1 C_7^1}{P_{10}^2} = \frac{7}{30}, \quad P(A_1\overline{A}_2 \mid B_2) = \frac{C_7^1 C_8^1}{P_{15}^2} = \frac{8}{30},$$

$$P(A_1\overline{A}_2 \mid B_3) = \frac{C_5^1 C_{20}^1}{P_{25}^2} = \frac{5}{30},$$

那么 $P(\overline{A}_2) = \sum_{i=1}^{3} P(B_i) P(\overline{A}_i \mid B_i) = \frac{1}{3}\left(\frac{8}{15} + \frac{20}{25} + \frac{7}{10}\right) = \frac{61}{90},$

$$P(A_1\overline{A}_2) = \sum_{i=1}^{3} P(B_i) P(A_1\overline{A}_2 \mid B_i) = \frac{1}{3}\left(\frac{7}{30} + \frac{8}{30} + \frac{5}{30}\right) = \frac{20}{90},$$

所以 $q = \dfrac{P(A_1\overline{A}_2)}{P(\overline{A}_2)} = \dfrac{\frac{20}{90}}{\frac{61}{90}} = \dfrac{20}{61}.$

【6.27】设根据以往记录的数据分析, 某船只运输的某种物品损坏的情况共有三种: 损坏 2%（这事实记为 A_1）, 损坏 10%（事件 A_2）, 损坏 90%（事件 A_3）, 且知 $P(A_1) = 0.8, P(A_2) = 0.15, P(A_3) = 0.05$, 现在从已被运输的物品中随机地取 3 件, 发现这 3 件都是好的（这一事件记为 B）, 试求 $P(A_1 \mid B), P(A_2 \mid B), P(A_3 \mid B)$（这里设物品件数多, 取出一件后不影响后一件是否为好品的概率）.

解 从三种情况中取得一件产品为好产品的概率分别为 98%, 90%, 10%, 于是有

$$P(B \mid A_1) = (0.98)^3, \quad P(B \mid A_2) = (0.90)^3, \quad P(B \mid A_3) = (0.1)^3,$$

又因为 A_1, A_2, A_3 是 S 的一个划分, 且

$$P(A_1) = 0.8, \quad P(A_2) = 0.15, \quad P(A_3) = 0.05,$$

由全概率公式

$$P(B) = P(B \mid A_1)P(A_1) + P(B \mid A_2)P(A_2) + P(B \mid A_3)P(A_3)$$

$$= (0.98)^3 \times 0.8 + (0.90)^3 \times 0.15 + (0.1)^3 \times 0.05 = 0.862336,$$

由贝叶斯公式

$$P(A_1 \mid B) = \frac{P(B \mid A_1)P(A_1)}{\sum_{i=1}^{3} P(B \mid A_i)P(A_i)} = \frac{0.752936}{0.862336} = 0.8731.$$

同理 $P(A_2 \mid B) = 0.1268, P(A_3 \mid B) = 0.0001.$

【6.28】将 A, B, C 三个字母之一输入信道, 输出为原字母的概率为 α, 而输出为其他一字母的概率都是 $\dfrac{1-\alpha}{2}$, 今将字母串 $AAAA, BBBB, CCCC$ 之一输入信道, 输入 $AAAA, BBBB, CCCC$ 的概率分别为 p_1, p_2, p_3 ($p_1 + p_2 + p_3 = 1$), 已知输出为 $ABCA$, 问输入的是 $AAAA$ 的概率是多少?（设信道传输每个字母的工作是相互独立的）.

解 用 A 表示输入 $AAAA$ 的事件, 用 B 表示输入 $BBBB$ 的事件, 用 C 表示输入 $CCCC$ 的事件, 用 H 表示输出 $ABCA$, 由于每个字母的输出是相互独立的, 于是有

$$P(H \mid A) = \alpha^2 \left(\frac{1-\alpha}{2}\right)^2 = \frac{\alpha^2(1-\alpha)^2}{4},$$

$$P(H \mid B) = \alpha \left(\frac{1-\alpha}{2}\right)^3 = \frac{\alpha(1-\alpha)^3}{8},$$

$$P(H\mid C)=\alpha\left(\frac{1-\alpha}{2}\right)^3=\frac{\alpha(1-\alpha)^3}{8},$$

又 $P(A)=p_1$, $P(B)=p_2$, $P(C)=p_3$,由贝叶斯公式得

$$P(A\mid H)=\frac{P(H\mid A)\cdot P(A)}{P(H\mid A)\cdot P(A)+P(H\mid B)\cdot P(B)+P(H\mid C)\cdot P(C)}$$

$$=\frac{\dfrac{\alpha^2(1-\alpha)^2}{4}\cdot p_1}{\dfrac{\alpha^2(1-\alpha)^2}{4}\cdot p_1+\dfrac{\alpha(1-\alpha)^3}{8}\cdot p_2+\dfrac{\alpha(1-\alpha)^3}{8}\cdot p_3}$$

$$=\frac{2\alpha p_1}{(3\alpha-1)p_1+1-\alpha}.$$

【6.29】 A,B,C 三人在同一办公室工作,房间里有三部电话.据统计知,打给 A,B,C 电话的概率分别为 $\frac{2}{5},\frac{2}{5},\frac{1}{5}$,他们三人常因工作外出,$A,B,C$ 外出的概率分别为 $\frac{1}{2},\frac{1}{4},\frac{1}{4}$,设三人的行动相互独立,求

(1)无人接电话的概率; (2)被呼叫人在办公室的概率;

若某一段时间打进 3 个电话,求

(3)这 3 个电话打给同一个人的概率; (4)这 3 个电话打给不相同的人的概率;

(5)这 3 个电话都打给 B 而 B 却都不在的概率.

解 以 A,B,C 表示电话打给 A,B,C,A_1,B_1,C_1 表示 A,B,C 在办公室.

(1) 设 $D_1=$ "无人接电话",则

$$D_1=\overline{A_1}\overline{B_1}\overline{C_1},$$

$$P(D_1)=P(\overline{A_1}\overline{B_1}\overline{C_1})=P(\overline{A_1})P(\overline{B_1})P(\overline{C_1})=\frac{1}{2}\cdot\frac{1}{4}\cdot\frac{1}{4}=\frac{1}{32}$$

(2) 设 $D_2=$ "被呼叫人在办公室",则

$$D_2=AA_1+BB_1+CC_1$$

$$P(D_2)=P(AA_1)+P(BB_1)+P(CC_1)=\frac{2}{5}\cdot\frac{1}{2}+\frac{2}{5}\cdot\frac{3}{4}+\frac{1}{5}\cdot\frac{3}{4}=\frac{13}{20}$$

(3) 设 $D_3=$ "3 个电话打给同一个人"

3 个电话都打给 A 的概率为 $[P(A)]^3=\frac{8}{125}$

3 个电话都打给 B 的概率为 $[P(B)]^3=\frac{8}{125}$

3 个电话都打给 C 的概率为 $[P(C)]^3=\frac{1}{125}$

所以

$$P(D_3)=\frac{8}{125}+\frac{8}{125}+\frac{1}{125}=\frac{17}{125}.$$

(4) 设 $D_4=$ "3 个电话打给不同的人".第一个电话打给 A,第二个打给 B,第三个打给 C 的概率为

$$P(ABC)=\frac{2}{5}\cdot\frac{2}{5}\cdot\frac{1}{5}=\frac{4}{125}$$

这样的事件有 $3! = 6$ 个,所以
$$P(D_4) = \frac{4 \times 3!}{125} = \frac{24}{125}.$$

(5) 设 D_5 = "3 个电话都打给 B 但 B 都不在",则
$$P(D_5) = [P(\overline{B_1} \mid B)]^3 = \left(\frac{1}{4}\right)^3 = \frac{1}{64}.$$

题型 4:关于事件独立性与独立重复试验的问题

方法与技巧 事件的独立性是概率论中的一个非常重要的概念. 概率论与数理统计中的很多内容都是在独立的前提下讨论的. 应该注意到,在实际应用中,对于事件的独立性,我们往往不是根据定义来判断而是根据实际意义来加以判断的. 根据实际背景判断事件的独立性,往往并不困难.

伯努利概型是独立重复试验的一个重要概率模型,其特点是:一次试验中只有事件 A 发生与不发生两种情况;各次试验中事件 A 发生的概率都相同;各次试验是相互独立的. 利用二项概率公式,可以计算 n 次重复试验中某个事件 A 恰好发生 $k(0 \leq k \leq n)$ 次的概率,也可以计算 A 至少发生 k 次或 A 最多发生 k 次的概率. 此部分可以与第二章的二项分布合并记忆.

【6.30】 设 A, B 是任意二事件,其中 A 的概率不等于 0 和 1,证明 $P(B \mid A) = P(B \mid \overline{A})$ 是事件 A 与 B 独立的充分必要条件.

证 由于 A 的概率不等于 0 和 1,知题中两个条件概率都存在.

(1) 必要性. 由事件 A 与 B 独立,知事件 $\overline{A}$ 与 B 也独立. 因此 $P(B \mid A) = P(B)$, $P(B \mid \overline{A}) = P(B)$,从而 $P(B \mid A) = P(B \mid \overline{A})$.

(2) 充分性. 由 $P(B \mid A) = P(B \mid \overline{A})$,可见
$$\frac{P(AB)}{P(A)} = \frac{P(\overline{A}B)}{P(\overline{A})} = \frac{P(B) - P(AB)}{1 - P(A)},$$
$$P(AB)[1 - P(A)] = P(A)P(B) - P(A)P(AB),$$
$$P(AB) = P(A)P(B).$$

因此 A 与 B 独立.

【6.31】 加工某一零件共需经过四道工序,设第一、二、三、四道工序的次品率分别为 0.02, 0.03, 0.05 和 0.03. 假设各道工序是互不影响的,求加工出来的零件的次品率.

解 设 A_i = "第 i 道工序出次品", $i = 1, 2, 3, 4$; A = "零件为次品",则 $A = A_1 \cup A_2 \cup A_3 \cup A_4$.

由题设,A_1, A_2, A_3, A_4 相互独立,故 $\overline{A_1}, \overline{A_2}, \overline{A_3}, \overline{A_4}$ 也相互独立,从而
$$P(A) = P(A_1 \cup A_2 \cup A_3 \cup A_4) = 1 - P(\overline{A_1 \cup A_2 \cup A_3 \cup A_4})$$
$$= 1 - P(\overline{A_1}\overline{A_2}\overline{A_3}\overline{A_4}) = 1 - P(\overline{A_1})P(\overline{A_2})P(\overline{A_3})P(\overline{A_4})$$
$$= 1 - 0.98 \times 0.97 \times 0.95 \times 0.97 = 0.124.$$

【6.32】 设随机事件 A 与 B 相互独立,A 与 C 相互独立,$BC = \Phi$,若 $P(A) = P(B) = \frac{1}{2}$,$P(AC \mid AB \cup C) = \frac{1}{4}$,求 $P(C)$.

解 $P(AC \mid AB \cup C) = \dfrac{P[AC(AB \cup C)]}{P(AB \cup C)}$

$= \dfrac{P(ABC \cup AC)}{P(AB) + P(C) - P(ABC)} = \dfrac{P(AC)}{P(AB) + P(C)}$

$= \dfrac{P(A)P(C)}{P(A)P(B) + P(C)} = \dfrac{\frac{1}{2}P(C)}{\frac{1}{4} + P(C)} = \dfrac{1}{4}.$

得 $P(C) = \dfrac{1}{4}.$

【6.33】今有甲、乙两名射手轮流对同一目标进行射击,甲命中的概率为 p_1,乙命中的概率为 p_2,甲先射,谁先命中谁得胜,分别求甲、乙二人获胜的概率.

分析 一般假定甲、乙二人射击命中与否是相互独立的,问题在于如何表示出事件"甲获胜"、"乙获胜",若令 A,B 分别表示"甲获胜"、"乙获胜",$A_i, B_i (i=1,2,\cdots)$ 分别表示"甲第 i 次射击命中"、"乙第 i 次射击命中",则有

$A = A_1 \cup \overline{A}_1 \overline{B}_1 A_2 \cup \overline{A}_1 \overline{B}_1 \overline{A}_2 \overline{B}_2 A_3 \cup \cdots$
$B = \overline{A}_1 B_1 \cup \overline{A}_1 \overline{B}_1 \overline{A}_2 B_2 \cup \overline{A}_1 \overline{B}_1 \overline{A}_2 \overline{B}_2 \overline{A}_3 B_3 \cup \cdots$

再注意到 A,B 表示式中的诸事件互不相容,剩下的问题是利用加法公式和独立性计算 $P(A), P(B)$.

解 令 A,B 分别表示"甲获胜"、"乙获胜",$A_i, B_i (i=1,2,\cdots)$ 分别表示"甲第 i 次射击命中"、"乙第 i 次射击命中",则有

$A = A_1 \cup \overline{A}_1 \overline{B}_1 A_2 \cup \overline{A}_1 \overline{B}_1 \overline{A}_2 \overline{B}_2 A_3 \cup \cdots$
$B = \overline{A}_1 B_1 \cup \overline{A}_1 \overline{B}_1 \overline{A}_2 B_2 \cup \overline{A}_1 \overline{B}_1 \overline{A}_2 \overline{B}_2 \overline{A}_3 B_3 \cup \cdots$

因而 $P(A) = P(A_1) + P(\overline{A}_1 \overline{B}_1 A_2) + P(\overline{A}_1 \overline{B}_1 \overline{A}_2 \overline{B}_2 A_3) + \cdots$

$= P(A_1) + P(\overline{A}_1)P(\overline{B}_1)P(A_2)$
$\quad + P(\overline{A}_1)P(\overline{B}_1)P(\overline{A}_2)P(\overline{B}_2)P(A_3) + \cdots$
$= p_1 + (1-p_1)(1-p_2)p_1 + (1-p_1)^2(1-p_2)^2 p_1 + \cdots$
$= \dfrac{p_1}{1-(1-p_1)(1-p_2)} = \dfrac{p_1}{p_1 + p_2 - p_1 p_2}$

$P(B) = P(\overline{A}_1 B_1) + P(\overline{A}_1 \overline{B}_1 \overline{A}_2 B_2) + P(\overline{A}_1 \overline{B}_1 \overline{A}_2 \overline{B}_2 \overline{A}_3 B_3) + \cdots$
$= P(\overline{A}_1)P(B_1) + P(\overline{A}_1)P(\overline{B}_1)P(\overline{A}_2)P(B_2)$
$\quad + P(\overline{A}_1)P(\overline{B}_1)P(\overline{A}_2)P(\overline{B}_2)P(\overline{A}_3)P(B_3) + \cdots$
$= (1-p_1)p_2 + (1-p_1)^2(1-p_2)p_2 + (1-p_1)^3(1-p_2)^2 p_2 + \cdots$
$= \dfrac{(1-p_1)p_2}{1-(1-p_1)(1-p_2)} = \dfrac{(1-p_1)p_2}{p_1 + p_2 - p_1 p_2}$

另外,由 A 与 B 互为逆事件,则 $P(B) = 1 - P(A)$,也可得到结论.

【6.34】甲、乙两人投篮命中率分别为 0.7 与 0.8,每人投篮 3 次,求:
(1) 两人进球数相等的概率;
(2) 甲比乙进球多的概率.

解 甲、乙各投篮 3 次，分别为 3 重伯努利概型.

设 $A_i = \{$甲在 3 次投篮中投入 i 个球$\}, i = 0, 1, 2, 3,$

$B_i = \{$乙在 3 次投篮中投入 i 个球$\}, i = 0, 1, 2, 3,$

$C = \{$甲、乙两人进球数相等$\},$

$D = \{$甲比乙进球多$\}.$

又知 A_i 与 $B_i (i = 0, 1, 2, 3)$ 是独立的，所以

$$P(A_0) = 0.3^3 = 0.027, \qquad P(A_1) = C_3^1 \times 0.7 \times 0.3^2 = 0.189,$$

$$P(A_2) = C_3^2 \times 0.7^2 \times 0.3 = 0.441, \qquad P(A_3) = 0.7^3 = 0.343$$

同理可得

$$P(B_0) = 0.008, \quad P(B_1) = 0.096, \quad P(B_2) = 0.384, \quad P(B_3) = 0.512$$

(1) 因为 $A_0 B_0, A_1 B_1, A_2 B_2, A_3 B_3$ 两两互不相容，所以

$$P(C) = P(A_0 B_0 + A_1 B_1 + A_2 B_2 + A_3 B_3)$$
$$= P(A_0 B_0) + P(A_1 B_1) + P(A_2 B_2) + P(A_3 B_3)$$
$$= P(A_0)P(B_0) + P(A_1)P(B_1) + P(A_2)P(B_2) + P(A_3)P(B_3)$$
$$= 0.36332$$

(2) $P(D) = P(A_1 B_0 + A_2 B_0 + A_3 B_0 + A_2 B_1 + A_3 B_1 + A_3 B_2)$
$$= P(A_1)P(B_0) + P(A_2)P(B_0) + P(A_3)P(B_0) + P(A_2)P(B_1)$$
$$+ P(A_3)P(B_1) + P(A_3)P(B_2)$$
$$= 0.21476.$$

【6.35】 某人向同一目标独立重复射击，每次射击命中目标的概率为 $p(0 < p < 1)$，则此人第 4 次射击恰好第二次命中目标的概率为( ).

(A) $3p(1-p)^2$ (B) $6p(1-p)^2$ (C) $3p^2(1-p)^2$ (D) $6p^2(1-p)^2$

解 设 $A = $ "第 4 次射击恰好第二次命中目标"，则 A 表示共射击 4 次，其中前 3 次只有 1 次击中目标，且第 4 次击中目标. 因此

$$P(A) = [C_3^1 p(1-p)^2] \cdot p = 3p^2(1-p)^2$$

故应选 (C)

【6.36】 (1) 设有四个独立工作的元件 1, 2, 3, 4. 它们的可靠性分别为 p_1, p_2, p_3, p_4，将它们按图 1－6.36－1 方式联接;

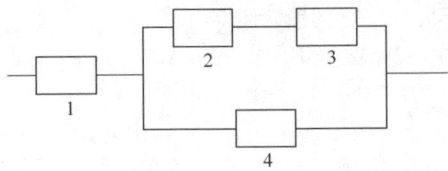

图 1－6.36－1

(2) 设有五个独立工作的元件 1, 2, 3, 4, 5，它们的可靠性分别均为 p，将它们按图 1－6.36－2 的方式联接，试分别求这两个系统的可靠性.

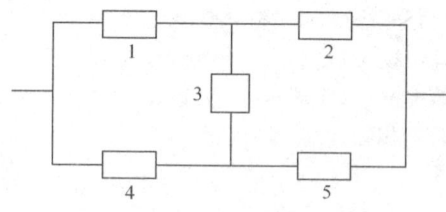

图 1－6.36－2

解 设系统正常工作为事件 A，$B_i=$ "第 i 个元件正常工作"，$i=1,2,3,4,5$.

(1) $A = B_1B_2B_3 + B_1B_4$

$P(A) = P(B_1B_2B_3) + P(B_1B_4) - P(B_1B_2B_3B_4) = p_1p_2p_3 + p_1p_4 - p_1p_2p_3p_4$

(2) $A = B_1B_2 + B_1B_3B_5 + B_4B_5 + B_4B_3B_2$

$P(A) = P(B_1B_2) + P(B_1B_3B_5) + P(B_4B_5) + P(B_4B_3B_2) - P(B_1B_2B_3B_5)$
$\quad - P(B_1B_2B_4B_5) - P(B_1B_2B_3B_4) - P(B_1B_2B_3B_4B_5) - P(B_1B_3B_4B_5)$
$\quad - P(B_2B_3B_4B_5) + P(B_1B_2B_3B_4B_5) + P(B_1B_2B_3B_4B_5) + P(B_1B_2B_3B_4B_5)$
$\quad + P(B_1B_2B_3B_4B_5) - P(B_1B_2B_3B_4B_5)$
$= 2p^2 + 2p^3 - 5p^4 + 2p^5.$

【6.37】 如果一危险情况 C 发生时，一电路闭合并发出警报，我们可以借用两个或多个开关并联以改善可靠性，在 C 发生时这些开关每一个都应闭合，且若至少一个开关闭合了，警报就发出，如果两个这样的开关并联，它们每个具有 0.96 的可靠性(即在情况 C 发生时闭合的概率)，

(1) 这时系统的可靠性(即闭合电路的概率)是多少？

(2) 如果需要有一个可靠性至少为 0.9999 的系统，则至少需要用多少只开关并联？这里各开关闭合与否都是相互独立的.

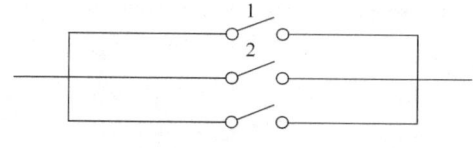

图 1－6.37

解 (1) 设 A_i 表示第 i 个开关闭合，A 表示电路闭合，于是 $A = A_1 \cup A_2$. 由题意当两个开关并联时 $P(A_i) = 0.96$. 再由 A_1，A_2 的独立性得：

$P(A) = P(A_1 \cup A_2) = P(A_1) + P(A_2) - P(A_1A_2) = P(A_1) + P(A_2) - P(A_1) \cdot P(A_2)$
$\quad = 2 \times 0.96 - (0.96)^2 = 0.9984$

或 $P(A) = 1 - P(\overline{A}) = 1 - P(\overline{A_1}\overline{A_2}) = 1 - (1-0.96)(1-0.96) = 0.9984$

(2) 设至少需要 n 个开关闭合，则

$P(A) = P(\bigcup_{i=1}^{n} A_i) = 1 - \prod_{i=1}^{n}[1 - P(A_i)] = 1 - 0.04^n \geq 0.9999$

$0.4^n \leq 0.0001$

所以 $n \geq \dfrac{\lg 0.0001}{\lg 0.04} \approx 2.86$.

故至少需要 3 只开关并联.

题型 5:证明题

【6.38】 设 A, B 是两个事件.

(1) 已知 $A\overline{B} = \overline{A}B$,验证 $A = B$.

(2) 验证事件 A 和事件 B 恰有一个发生的概率为 $P(A) + P(B) - 2P(AB)$.

证 (1) 假设 $A\overline{B} = \overline{A}B$,故有 $(A\overline{B}) \cup (AB) = (\overline{A}B) \cup (AB)$,
从而 $A(\overline{B} \cup B) = (\overline{A} \cup A)B$,即 $AS = SB$,故有 $A = B$.

(2) A, B 恰好有一个发生的事件为 $A\overline{B} \cup \overline{A}B$,其概率为
$$P(A\overline{B} \cup \overline{A}B) = P(A\overline{B}) + P(\overline{A}B) = P(A(S-B)) + P(B(S-A))$$
$$= P(A-AB) + P(B-AB) = P(A) + P(B) - 2P(AB).$$

【6.39】 设本题涉及的事件均有意义,设 A, B 都是事件.

(1) 已知 $P(A) > 0$,证明 $P(AB \mid A) \geqslant P(AB \mid A \cup B)$.

(2) 若 $P(A \mid B) = 1$,证明 $P(\overline{B} \mid \overline{A}) = 1$.

(3) 若设 C 也是事件,且有 $P(A \mid C) \geqslant P(B \mid C), P(A \mid \overline{C}) \geqslant P(B \mid \overline{C})$,证明 $P(A) \geqslant P(B)$.

证 (1) 若 $P(A) > 0$,要证 $P(AB \mid A) \geqslant P(AB \mid A \cup B)$.

上式左边等于 $\dfrac{P(AB)}{P(A)}$,上式右边等于 $\dfrac{P(AB)}{P(A \cup B)}$.

因为 $A \cup B \supset A, P(A \cup B) \geqslant P(A)$,故有 $\dfrac{P(AB)}{P(A)} \geqslant \dfrac{P(AB)}{P(A \cup B)}$,

即 $P(AB \mid A) \geqslant P(AB \mid A \cup B)$.

(2) 由 $P(A \mid B) = 1$ 得 $\dfrac{P(AB)}{P(B)} = 1$,

即
$$P(AB) = P(B). \qquad ①$$

于是
$$P(\overline{B} \mid \overline{A}) = \dfrac{P(\overline{A}\overline{B})}{P(\overline{A})} = \dfrac{P(\overline{A \cup B})}{P(\overline{A})} = \dfrac{1 - P(A \cup B)}{1 - P(A)} = \dfrac{1 - P(A) - P(B) + P(AB)}{1 - P(A)}.$$

由 ① 式得到
$$P(\overline{B} \mid \overline{A}) = \dfrac{1 - P(A)}{1 - P(A)} = 1.$$

(3) 由假设 $P(A \mid C) \geqslant P(B \mid C)$,而
$$P(A \mid C) = \dfrac{P(AC)}{P(C)}, \quad P(B \mid C) = \dfrac{P(BC)}{P(C)},$$

因此
$$P(AC) \geqslant P(BC). \qquad ②$$

同样由 $P(A \mid \overline{C}) \geqslant P(B \mid \overline{C})$ 就有
$$P(A\overline{C}) \geqslant P(B\overline{C}). \qquad ③$$

由 ③ 式可知
$$P(A(S-C)) \geqslant P(B(S-C)),$$

得 $P(A) - P(AC) \geqslant P(B) - P(BC)$,

或　$P(A) - P(B) \geqslant P(AC) - P(BC)$,

由②式,得知
$$P(A) - P(B) \geqslant 0, \quad 即 \quad P(A) \geqslant P(B).$$

【6.40】 设事件 A,B,C 相互独立,证明:

(1) C 与 AB 相互独立.

(2) C 与 $A \cup B$ 相互独立.

证　因 A,B,C 相互独立,故
$$P(AB) = P(A)P(B), \quad P(BC) = P(B)P(C), \quad P(CA) = P(C)P(A),$$
$$P(ABC) = P(A)P(B)P(C),$$

从而

(1)　$P(C(AB)) = P(CAB) = P(C)P(A)P(B) = P(C)P(AB)$,

这表示 C 与 AB 相互独立.

(2)　$P(C(A \cup B)) = P(CA \cup CB) = P(CA) + P(CB) - P(CAB)$
$$= P(C)P(A) + P(C)P(B) - P(C)P(A)P(B)$$
$$= P(C)[P(A) + P(B) - P(AB)] = P(C)P(A \cup B),$$

故 C 与 $A \cup B$ 相互独立.

【6.41】 设事件 A 的概率 $P(A) = 0$,证明对于任意另一事件 B,有 A,B 相互独立.

证　因为 $AB \subset A$,故若 $P(A) = 0$,则
$$0 \leqslant P(AB) \leqslant P(A) = 0,$$

从而
$$P(AB) = 0 = P(B) \cdot 0 = P(B)P(A),$$

由独立性定义,A 与 B 相互独立.

第二章 随机变量及其分布

§1. 随机变量与分布函数

知识要点

1. 随机变量 设 E 是一个随机试验,其样本空间为 $\Omega = \{\omega\}$,如果对于每一个样本点 $\omega \in \Omega$,都有唯一的一个实数 $X(\omega)$ 与之对应,则称 $X(\omega)$ 为一维随机变量. 通常用 $X,Y,Z,\cdots$ 表示随机变量.

2. 分布函数 设 X 是一个随机变量,x 是任意实数,则函数 $F(x) = P\{X \leqslant x\}$ 称为 X 的分布函数.

基本性质

(1) 单调性:$F(x)$ 是一个单调不减的函数,即当 $x_1 < x_2$ 时,$F(x_1) \leqslant F(x_2)$.

(2) 有界性:$0 \leqslant F(x) \leqslant 1$,且
$$F(+\infty) = \lim_{x \to +\infty} F(x) = 1$$
$$F(-\infty) = \lim_{x \to -\infty} F(x) = 0$$

(3) 连续性:$F(x+0) = F(x)$,即 $F(x)$ 是右连续函数.

3. 由分布函数求概率
$$P\{a < X \leqslant b\} = P\{X \leqslant b\} - P\{X \leqslant a\} = F(b) - F(a).$$

基 本 题 型

题型:关于分布函数

【1.1】 设 $F_1(x)$ 与 $F_2(x)$ 分别为随机变量 X_1 与 X_2 的分布函数. 为使 $F(x) = aF_1(x) - bF_2(x)$ 是某一随机变量的分布函数,下列给定各组数值中应取( ).

(A) $a = \dfrac{3}{5}, b = -\dfrac{2}{5}$ (B) $a = \dfrac{2}{3}, b = \dfrac{2}{3}$

(C) $a = -\dfrac{1}{2}, b = \dfrac{3}{2}$ (D) $a = \dfrac{1}{2}, b = -\dfrac{3}{2}$

分析 本题是考查对分布函数性质 $\lim\limits_{x \to +\infty} F(x) = 1$ 的掌握.

解 由 $\lim\limits_{x \to +\infty} F(x) = 1$,结合已知条件得
$$\lim_{x \to +\infty} F(x) = F(+\infty) = aF_1(+\infty) - bF_2(+\infty)$$

因为 $\lim\limits_{x \to +\infty} F(x) = F(+\infty) = aF_1(+\infty) - bF_2(+\infty) = 1$,且分布函数非负不减,则必有
$$a > 0, b < 0, a - b = 1.$$

经验证,答案为(A),故选(A).

【1.2】 下列函数中,可以做随机变量的分布函数的是( ).

(A) $F(x) = \dfrac{1}{1+x^2}$ 　　　　(B) $F(x) = \dfrac{3}{4} + \dfrac{1}{2\pi}\arctan x$

(C) $F(x) = \begin{cases} 0, & x \leqslant 0 \\ \dfrac{x}{1+x}, & x > 0 \end{cases}$ 　　(D) $F(x) = \dfrac{2}{\pi}\arctan x + 1$

解 (A) $F(+\infty) = 0$, (B) $F(-\infty) \neq 0$, (D) $F(+\infty) \neq 1$,
对于(C)满足:
(1) $0 \leqslant F(x) \leqslant 1$, $F(-\infty) = 0$, $F(+\infty) = 1$ 　(2) $F'(x) > 0$ 　(3) $F(x)$ 连续.
故应选(C).

【1.3】 设随机变量 X 的分布函数为

$$F(x) = \begin{cases} 0, & x < 0 \\ \dfrac{x}{3}, & 0 \leqslant x < 1 \\ \dfrac{x}{2}, & 1 \leqslant x < 2 \\ 1, & x \geqslant 2 \end{cases}$$

求:(1) $P\left\{\dfrac{1}{2} < X \leqslant \dfrac{3}{2}\right\}$; 　　(2) $P\left\{X > \dfrac{1}{2}\right\}$; 　　(3) $P\left\{X > \dfrac{3}{2}\right\}$.

解 (1) $P\left\{\dfrac{1}{2} < X \leqslant \dfrac{3}{2}\right\} = F\left(\dfrac{3}{2}\right) - F\left(\dfrac{1}{2}\right) = \dfrac{3}{4} - \dfrac{1}{6} = \dfrac{7}{12}$;

(2) $P\left\{X > \dfrac{1}{2}\right\} = 1 - P\left\{X \leqslant \dfrac{1}{2}\right\} = 1 - F\left(\dfrac{1}{2}\right) = 1 - \dfrac{1}{6} = \dfrac{5}{6}$;

(3) $P\left\{X > \dfrac{3}{2}\right\} = 1 - F\left(\dfrac{3}{2}\right) = 1 - \dfrac{3}{4} = \dfrac{1}{4}$.

点评 分布函数可以完整、准确地描述随机变量的取值规律.利用 X 的分布函数可求如下概率:

$1°\ P\{X \leqslant b\} = F(b)$

$2°\ P\{X > b\} = 1 - F(b)$

$3°\ P\{a < X \leqslant b\} = F(b) - F(a)$

其他情形的概率需根据随机变量的类型——离散型或连续型分别讨论归纳.

【1.4】 一个靶子是半径为 2 米的圆盘,设击中靶上任一同心圆盘上的点的概率与该圆盘的面积成正比,并设射击都能中靶,以 X 表示弹着点与圆心的距离.试求随机变量 X 的分布函数.

解 若 $x < 0$,则 $\{X \leqslant x\}$ 是不可能事件,于是
$$F(x) = P\{X \leqslant x\} = 0.$$

若 $0 \leqslant x \leqslant 2$,由题意, $P\{0 \leqslant X \leqslant x\} = kx^2$, k 是某一常数,为了确定 k 的值,取 $x = 2$,有 $P\{0 \leqslant X \leqslant 2\} = 2^2 k$,但已知 $P\{0 \leqslant X \leqslant 2\} = 1$,故得 $k = \dfrac{1}{4}$,即

$$P\{0 \leqslant X \leqslant x\} = \dfrac{x^2}{4}$$

于是
$$F(x) = P\{X \leqslant x\} = P\{X < 0\} + P\{0 \leqslant X \leqslant x\} = \frac{x^2}{4}$$

若 $x > 2$,由题意$\{X \leqslant x\}$是必然事件,于是
$$F(x) = P\{X \leqslant x\} = 1$$

综合上述,即得 X 的分布函数
$$F(x) = \begin{cases} 0, & x < 0 \\ \dfrac{x^2}{4}, & 0 \leqslant x \leqslant 2 \\ 1, & x > 2 \end{cases}$$

它的图形是一条连续曲线如图 $2-1.4$ 所示.

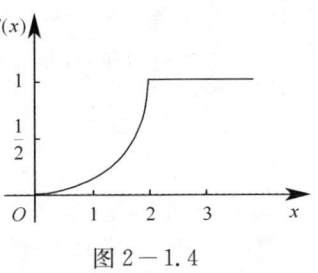

图 $2-1.4$

§2. 离散型随机变量及其分布

知 识 要 点

1. 一维离散型随机变量

若随机变量 X 的全部可能取值是有限个或可列个,则称 X 为离散型随机变量.

2. 分布律

离散型随机变量 X 所有可能取值为 $x_k (k=1,2,\cdots)$,事件$\{X = x_k\}$的概率为 $P\{X = x_k\} = p_k (k=1,2,\cdots)$,则称 $P\{X = x_k\} = p_k (k=1,2,\cdots)$ 为 X 的分布律或分布列. 分布律也可以写成表格形式:

X	x_1	x_2	$\cdots$	x_k	$\cdots$
P	p_1	p_2	$\cdots$	p_k	$\cdots$

离散型随机变量的分布律的性质:

(1) $P\{X = x_k\} = p_k \geqslant 0, k = 1, 2, \cdots$;

(2) $\sum\limits_k P\{X = x_k\} = \sum\limits_k p_k = 1$.

3. 离散型随机变量 X 的分布律与分布函数以及事件概率的关系

(1) 如果已知 X 的分布律为 $P\{X = x_k\} = p_k (k = 1, 2, \cdots)$,则 X 的分布函数
$$F(x) = P\{X \leqslant x\} = \sum_{x_k \leqslant x} p_k$$

而事件$\{a < X \leqslant b\}$的概率为
$$P\{a < X \leqslant b\} = \sum_{a < x_k \leqslant b} p_k.$$

(2) 如果已知 X 的分布函数 $F(x)$,则 X 的分布律为
$$P\{X = x_k\} = F(x_k) - F(x_k - 0), \quad k = 1, 2, \cdots.$$

4. 重要分布

(1) (0-1)分布：其分布律为

X	1	0
P	p	$1-p$

其中 p 为事件 A 出现的概率，$0 < p < 1$.

(2) 二项分布：设在 n 重伯努利试验中事件 A 发生的次数为 X，则

$$P\{X=k\} = C_n^k p^k q^{n-k}, \quad k=0,1,2,\cdots,n$$

其中 p 为事件 A 在每次试验中出现的概率，$q=1-p$，称随机变量 X 服从二项分布，记为 $X \sim B(n,p)$.

(3) 泊松分布：设随机变量 X 的分布律为：

$$P\{X=k\} = \frac{\lambda^k e^{-\lambda}}{k!} \quad (k=0,1,2,\cdots)$$

其中 $\lambda > 0$ 是常数，则称 X 服从参数为 λ 的泊松分布，记为 $X \sim \pi(\lambda)$ 或 $P(\lambda)$.

泊松定理：设随机变量 $X_n \sim B(n, p_n)$，若 $\lim\limits_{n \to \infty} np_n = \lambda > 0$，则有

$$\lim_{n \to \infty} C_n^i p_n^i (1-p_n)^{n-i} = \frac{\lambda^i}{i!} e^{-\lambda} \quad (i=1,2,\cdots)$$

由泊松定理，二项分布可以用泊松分布作为近似.

(4) 超几何分布：设随机变量 X 的分布列是

$$P\{X=i\} = \frac{C_M^i C_{N-M}^{n-i}}{C_N^n}, \quad (i=0,1,2,\cdots,l; \ l=\min\{n,M\}).$$

其中 M、N、n 都是自然数，且 $n < N, M < N$，则称 X 服从参数为 N、M、n 的超几何分布，记作 $X \sim H(N,M,n)$.

(5) 几何分布：设随机变量 X 的分布列为

$$P\{X=i\} = (1-p)^{i-1} p, \quad i=1,2,3,\cdots,$$

其中 $0 < p < 1$，则称 X 服从参数为 p 的几何分布，记为 $X \sim G(p)$.

基 本 题 型

题型1：关于分布律的性质

【2.1】 当 $C = \underline{\qquad}$ 时，$P\{X=k\} = C \cdot \left(\dfrac{2}{3}\right)^k$ $(k=1,2,3,\cdots)$ 才能成为随机变量 X 的分布列.

解 由分布列的性质 $\sum\limits_k p_k = 1$，所以

$$\sum_{k=1}^{\infty} C \cdot \left(\frac{2}{3}\right)^k = 1 \quad \text{即} \quad C\left[\frac{2}{3} + \left(\frac{2}{3}\right)^2 + \cdots + \left(\frac{2}{3}\right)^n + \cdots\right] = 1$$

所以 $C \cdot \dfrac{\frac{2}{3}}{1-\frac{2}{3}} = 1, \quad C = \dfrac{1}{2}$

所以当 $C = \dfrac{1}{2}$ 时, $P\{X=k\} = C \cdot \left(\dfrac{2}{3}\right)^k$ 才能成为随机变量的分布列.

【2.2】 设随机变量 X 的可能取值为 $-1, 0, 1$, 且取这三个值的概率之比为 $1:2:3$, 则 X 的概率分布为_____.

解 记 $X \sim \begin{bmatrix} -1 & 0 & 1 \\ p_1 & p_2 & p_3 \end{bmatrix}$, 依题意 $p_1 : p_2 : p_3 = 1 : 2 : 3$ 而

$$p_1 + p_2 + p_3 = 1 \quad \text{即} \quad p_1 + 2p_1 + 3p_1 = 1$$

故

$$p_1 = \dfrac{1}{6}, \qquad p_2 = \dfrac{1}{3}, \qquad p_3 = \dfrac{1}{2}$$

$$X \sim \begin{bmatrix} -1 & 0 & 1 \\ \dfrac{1}{6} & \dfrac{1}{3} & \dfrac{1}{2} \end{bmatrix}$$

题型 2：求离散型随机变量的分布律

方法与技巧

求离散型随机变量的分布律,先要搞清楚其所有可能的取值.然后计算随机变量取各相应值的概率.计算应结合求随机事件概率的各种方法和概率基本公式.

【2.3】 一袋中有 5 只球,编号为 $1, 2, 3, 4, 5$, 在袋中同时取 3 只, 以 X 表示取出的 3 只球中的最大号码, 写出随机变量 X 的分布律.

解 从 5 只球中任取 3 只, 有 $C_5^3 = 10$ 种取法, 每种取法的概率为 $\dfrac{1}{10}$. 随机变量的可能值为 $3, 4, 5$.

当 $X = 3$ 时, 相当于取出 3 只球的号码为: $\{1, 2, 3\}$, 故

$$P\{X=3\} = \dfrac{1}{10},$$

类似地

$$P\{X=4\} = \dfrac{3}{10}; \qquad P\{X=5\} = \dfrac{6}{10},$$

所以 X 的分布律为

X	3	4	5
P	$\dfrac{1}{10}$	$\dfrac{3}{10}$	$\dfrac{6}{10}$

【2.4】 一辆汽车沿一街道行驶,需要通过三个均设有红绿信号灯的路口,每个信号灯为红或绿与其他信号灯为红或绿相互独立,且红绿两种信号显示时间相等. 以 X 表示该汽车首次遇到红灯前已通过的路口的个数, 求 X 的概率分布.

分析 X 为离散型随机变量,其全部可能取值是 $0, 1, 2, 3$, 再通过概率计算公式求得.

解 设 A_i 为汽车在第 i 个路口遇到红灯, $i = 1, 2, 3$. 因为 A_1, A_2, A_3 相互独立, 所以

$$P\{X=0\} = P(A_1) = \dfrac{1}{2}$$

$$P\{X=1\} = P(\overline{A}_1 A_2) = P(\overline{A}_1)P(A_2) = \frac{1}{2} \times \frac{1}{2} = \frac{1}{2^2}$$

$$P\{X=2\} = P(\overline{A}_1 \overline{A}_2 A_3) = P(\overline{A}_1)P(\overline{A}_2)P(A_3) = \frac{1}{2} \times \frac{1}{2} \times \frac{1}{2} = \frac{1}{2^3}$$

$$P\{X=3\} = P(\overline{A}_1 \overline{A}_2 \overline{A}_3) = P(\overline{A}_1)P(\overline{A}_2)P(\overline{A}_3) = \frac{1}{2} \times \frac{1}{2} \times \frac{1}{2} = \frac{1}{2^3}.$$

所以 X 的分布律为

X	0	1	2	3
P	$\frac{1}{2}$	$\frac{1}{4}$	$\frac{1}{8}$	$\frac{1}{8}$

题型 3：离散型随机变量的分布律与分布函数的关系

【2.5】 设一盒子内有 5 个小球,2 个白的和 3 个黑的,如果从中任取 2 个,那么取到黑球数的分布函数是多少?

分析 对于未知概率分布的随机变量要求其分布函数的问题,需先求出该随机变量的分布律.

解 令 X 表示取到黑球的个数,因为 X 为离散型随机变量,其全部可能取值为 $0,1,2$,所以其分布律为

$$P\{X=k\} = \frac{C_3^k C_2^{2-k}}{C_5^2} \quad (k=0,1,2)$$

得 $P\{X=0\} = 0.1, \quad P\{X=1\} = 0.6, \quad P\{X=2\} = 0.3$

由 X 的分布函数为

$$F(x) = P\{X \leqslant x\} = \sum_{k \leqslant x} p_k$$

得 $F(x) = \begin{cases} 0, & x < 0 \\ 0.1, & 0 \leqslant x < 1 \\ 0.7, & 1 \leqslant x < 2 \\ 1, & x \geqslant 2. \end{cases}$

点评 在求解离散型随机变量的分布函数时,先通过概率公式求得分布律,再应用

$$F(x) = P\{X \leqslant x\} = \sum_{x_k \leqslant x} p_k$$

这一公式,这是最基本的方法.

【2.6】 设随机变量的分布函数为

$$F(x) = P\{X \leqslant x\} = \begin{cases} 0, & \text{若 } x < -1 \\ 0.4, & \text{若 } -1 \leqslant x < 1 \\ 0.8, & \text{若 } 1 \leqslant x < 3 \\ 1, & \text{若 } x \geqslant 3. \end{cases}$$

则 X 的概率分布为_____.

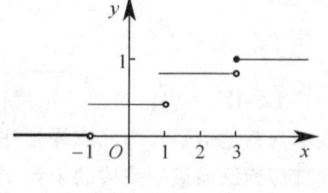

图 2-2.6

解 方法一：作图法

根据题意作出 X 的分布函数 $F(x)$ 的图像(如图 2-2.6).

因为离散型随机变量的分布函数为阶梯型而且随机变量在间断点处取值概率不为零而是

跳跃幅度大小,所以易得到

$$P\{X=-1\}=0.4, \quad P\{X=1\}=0.4, \quad P\{X=3\}=0.2.$$

方法二:公式法

由 $P\{X=x\}=P\{X\leqslant x\}-P\{X<x\}=F(x)-F(x-0)$

则 $P\{X=-1\}=F(-1)-F(-1-0)=0.4$

$P\{X=1\}=F(1)-F(1-0)=0.8-0.4=0.4$

$P\{X=3\}=F(3)-F(3-0)=1-0.8=0.2.$

点评 利用分布函数求解离散型随机变量的概率分布一般采用作图法或公式法.

离散型随机变量的统计规律一般用分布律来描述,离散型随机变量的分布函数是阶梯函数,也是研究随机变量的统计规律的重要工具,但不如分布律直观简单.

【2.7】 设随机变量 X 的分布律为

X	-1	0	1
P	$\frac{1}{4}$	a	b

分布函数为

$$F(x)=\begin{cases} c, & x<-1 \\ d, & -1\leqslant x<0 \\ \frac{3}{4}, & 0\leqslant x<1 \\ e, & x\geqslant 1 \end{cases}$$

求 $a,b,c,d,e.$

解 由分布函数性质:

$F(-\infty)=0$ 可知 $c=0$,

$F(+\infty)=1$ 可知 $e=1$,

由分布律与分布函数的关系

$$F(-1)=P\{X\leqslant -1\}=P\{X=-1\}=\frac{1}{4},$$

可知 $d=\frac{1}{4}.$

$$F(0)=P\{X\leqslant 0\}=P\{X=-1\}+P\{X=0\}=\frac{1}{4}+a=\frac{3}{4},$$

可知 $a=\frac{1}{2}$,

由分布律的性质 $\frac{1}{4}+a+b=1$,可得 $b=\frac{1}{4}.$

题型 4:利用分布律求概率

【2.8】 已知离散型随机变量 X 的可能取值为 $-2,0,2,\sqrt{5}$,相应的概率依次为 $\frac{1}{a},\frac{3}{2a},\frac{5}{4a}$,$\frac{7}{8a}$,则 $P\{|X|\leqslant 2\mid X\geqslant 0\}$ 为( ).

(A) $\dfrac{21}{29}$ (B) $\dfrac{22}{29}$ (C) $\dfrac{2}{3}$ (D) $\dfrac{1}{3}$

解 首先根据概率分布的性质求出常数 a 的值,其次确定概率分布的具体形式,然后计算条件概率

$$\sum_{i=1}^{4} P\{X=x_i\} = \dfrac{1}{a} + \dfrac{3}{2a} + \dfrac{5}{4a} + \dfrac{7}{8a} = \dfrac{37}{8a} = 1$$

解得 $a = \dfrac{37}{8}$,故

$$X \sim \begin{bmatrix} -2 & 0 & 2 & \sqrt{5} \\ \dfrac{8}{37} & \dfrac{12}{37} & \dfrac{10}{37} & \dfrac{7}{37} \end{bmatrix}$$

$$P\{|X| \leqslant 2 \mid X \geqslant 0\} = \dfrac{P\{|X| \leqslant 2, X \geqslant 0\}}{P\{X \geqslant 0\}} = \dfrac{P\{X=0\} + P\{X=2\}}{P\{X=0\} + P\{X=2\} + P\{X=\sqrt{5}\}}$$

$= \dfrac{22}{29}$

故应选(B).

【2.9】 设随机变量的分布律为 $P\{X=k\} = \dfrac{1}{2^k}$,$k=1,2,\cdots$,则 $P\{X=偶数\} = $ _____,$P\{X \geqslant 5\} = $ _____.

解 $P\{X=偶数\} = \sum_{k=1}^{\infty} P\{X=2k\} = \sum_{k=1}^{\infty} \dfrac{1}{2^{2k}} = \dfrac{\dfrac{1}{4}}{1-\dfrac{1}{4}} = \dfrac{1}{3}$.

$$P\{X \geqslant 5\} = \sum_{k=5}^{\infty} P\{X=k\} = \sum_{k=5}^{\infty} \dfrac{1}{2^k} = \dfrac{\dfrac{1}{2^5}}{1-\dfrac{1}{2}} = \dfrac{1}{16}.$$

故应填 $\dfrac{1}{3}$;$\dfrac{1}{16}$.

题型 5:关于常见分布

【2.10】 设随机变量 X 服从参数为 $(2,p)$ 的二项分布,随机变量 Y 服从参数为 $(3,p)$ 的二项分布,若 $P\{X \geqslant 1\} = \dfrac{5}{9}$,则 $P\{Y \geqslant 1\} = $ _____.

解 $\dfrac{5}{9} = P\{X \geqslant 1\} = 1 - P\{X < 1\} = 1 - C_2^0 p^0 (1-p)^2 = 1 - (1-p)^2$

得 $(1-p) = \dfrac{2}{3}$

则 $P\{Y \geqslant 1\} = 1 - P\{Y < 1\} = 1 - C_3^0 p^0 (1-p)^3 = 1 - \left(\dfrac{2}{3}\right)^3 = \dfrac{19}{27}$

故应填 $\dfrac{19}{27}$.

【2.11】 随机变量 X 服从泊松分布,并且已知 $P\{X=1\} = P\{X=2\}$,则 $P\{X=4\} = $ _____.

解 由题设，X 的分布律为：
$$P\{X=k\} = \frac{\lambda^k}{k!}\mathrm{e}^{-\lambda}, \quad k=0,1,2,\cdots$$

本题的关键为先要求出参数 λ 的值。由 $P\{X=1\} = P\{X=2\}$ 得
$$\lambda\mathrm{e}^{-\lambda} = \frac{\lambda^2}{2}\mathrm{e}^{-\lambda} \quad \text{即 } \lambda^2 - 2\lambda = 0.$$

因为 $\lambda > 0$，得 $\lambda = 2$。于是
$$P\{X=4\} = \frac{2^4}{4!}\mathrm{e}^{-2} = \frac{2}{3}\mathrm{e}^{-2} \approx 0.0902.$$

故应填 $\frac{2}{3}\mathrm{e}^{-2}$。

【2.12】 设某批电子元件的正品率为 $\frac{4}{5}$，次品率为 $\frac{1}{5}$，现对这批元件进行测试，只要测得一个正品就停止测试工作，则测试次数的分布律是_____。

解 设测试次数为 X，则 X 的可能值为 $1,2,3,\cdots$。当 $X=k$ 时，相当于"前 $k-1$ 次测到的都是次品，而第 k 次测到的是正品"，故
$$P\{X=k\} = \left(\frac{1}{5}\right)^{k-1}\left(\frac{4}{5}\right) \quad (k=1,2,\cdots)$$

点评 本题中 X 服从几何分布，几何分布的实际背景是重复独立试验下首次成功的概率，它可作为描述"独立射击，首次击中时的射击次数"；"有放回地抽取产品，首次抽到次品时的抽取次数"等概率分布的数学模型。

【2.13】 有一批产品共 20 件，其中次品 3 件。现从中任取 4 件（不放回抽样），求其中次品数 X 的分布律；其中次品数不多于 2 件的概率有多大？

解 共有 20 个元素，分为两类（次品与正品），其中第一类元素（次品）有 3 个。现从中任取 4 个元素，则其中第一类元素数 X 为服从超几何分布的随机变量。故 X 的分布律为：
$$P\{X=k\} = \frac{C_3^k C_{17}^{4-k}}{C_{20}^4} \quad k=0,1,2,3$$

用表格可表示为

X	0	1	2	3
p_k	$\frac{28}{57}$	$\frac{8}{19}$	$\frac{8}{95}$	$\frac{1}{285}$

其中次品数不多于 2 件的概率为
$$P\{X \leqslant 2\} = P\{X=0\} + P\{X=1\} + P\{X=2\} \approx 0.996.$$

点评 可以证明，当 $N \to +\infty$ 时，超几何分布以二项分布为极限，即当 N 充分大，n 相对较小时，X 近似服从 $B\left(n, \frac{M}{N}\right)$。

【2.14】 一电话交换台每分钟收到呼唤的次数服从参数为 4 的泊松分布，求
(1) 某一分钟恰有 8 次呼唤的概率；
(2) 某一分钟的呼唤次数大于 3 的概率。

解 用 X 表示每分钟收到呼唤的次数。则

$$P\{X=k\} = \frac{4^k}{k!}e^{-4}, \quad k=0,1,2,\cdots$$

(1) $P\{X=8\} = \frac{4^8}{8!}e^{-4} = 0.0298$

(2) $P\{X>3\} = \sum_{k=4}^{\infty} \frac{4^k}{k!}e^{-4} = 0.5665$

【2.15】 一大楼装有 5 个同类型的供水设备,调查表明在任一时刻 t 每个设备被使用的概率为 0.1,问在同一时刻:

(1) 恰有 2 个设备被使用的概率是多少?

(2) 至少有 3 个设备被使用的概率是多少?

(3) 至多有 3 个设备被使用的概率是多少?

(4) 至少有 1 个设备被使用的概率是多少?

解 设被使用的设备数为 X,则 $X \sim B(5, 0.1)$,故

(1) $P\{X=2\} = C_5^2(0.1)^2(0.9)^3 = 0.0729$

(2) $P\{X \geqslant 3\} = \sum_{k=3}^{5} C_5^k(0.1)^k(0.9)^{5-k} = 0.00856$

(3) $P\{X \leqslant 3\} = \sum_{k=0}^{3} C_5^k(0.1)^k(0.9)^{5-k} = 0.99954$

(4) $P\{X \geqslant 1\} = 1 - C_5^0(0.1)^0(0.9)^5 = 1 - (0.9)^5 = 0.40951$

【2.16】 有甲、乙两种味道和颜色都极为相似的名酒各 4 杯.如果从中挑 4 杯,能将甲种酒全部挑出来,算是试验成功一次.

(1) 某人随机地去猜,问他试验成功一次的概率是多少?

(2) 某人声称他通过品尝能区分两种酒.他连续试验 10 次,成功 3 次.试推断他是猜对的,还是确有区分的能力(设各次试验是相互独立的).

解 (1) 随机试验是从 8 杯酒中任选 4 杯,从而样本空间的样本点数总数为 C_8^4,故试验成功一次的概率为 $p = \frac{1}{C_8^4} = \frac{1}{70}$.

(2) 连续试验 10 次,成功 3 次,如果他是猜对的,则猜对的次数 $X \sim B(10, \frac{1}{70})$,猜对 3 次的概率为

$$P\{X=3\} = C_{10}^3 \left(\frac{1}{70}\right)^3 \left(\frac{69}{70}\right)^7 \approx \frac{\left(\frac{1}{7}\right)^3}{3!}e^{-\frac{1}{7}} \approx 3 \times 10^{-4},$$

这个概率很小,根据实际推断原理,可以认为他确有区分能力.

题型 6:关于泊松定理

【2.17】 现有同型设备 300 台,各台设备的工作是相互独立的,发生故障的概率都是 0.01.设一台设备的故障可由一名维修工人处理,问至少需配备多少名维修工人,才能保证设备发生故障但不能及时维修的概率小于 0.01?

解 设需配备 N 名工人,X 为同一时刻发生故障的设备的台数,则 $X \sim B(300, 0.01)$.所需解决的问题是确定 N 最小值,使 $P\{X \leqslant N\} \geqslant 0.99$.

因 $np = \lambda = 3$,由泊松定理
$$P\{X \leqslant N\} \approx \sum_{k=0}^{N} \frac{3^k}{k!} e^{-3},$$
故问题转化为求 N 的最小值,使 $\sum_{k=0}^{N} \frac{3^k}{k!} e^{-3} \geqslant 0.99$,即
$$1 - \sum_{k=0}^{N} \frac{3^k}{k!} e^{-3} = \sum_{k=N+1}^{+\infty} \frac{3^k}{k!} e^{-3} \leqslant 0.01$$
查表可知,当 $N \geqslant 8$ 时,上式成立.因此,为达到上述要求,至少需配备 8 名维修工人.

点评 利用二项分布求概率时,如果遇到多个概率的和式不易求,可以运用泊松定理或后面的中心极限定理求其近似值.本题就是如此,设 $X \sim B(n,p)$,当 n 较大,p 较小时,X 近似服从 $P(np)$.

§3. 连续型随机变量及其分布

知 识 要 点

1. 连续型随机变量的概率密度

如果对于随机变量 X 的分布函数 $F(x)$,存在非负可积函数 $f(x)$,使得对任意实数 x,有 $F(x) = \int_{-\infty}^{x} f(t) dt$ 成立,则称 X 为连续型随机变量,函数 $f(x)$ 称为 X 的概率密度(或分布密度).

2. 连续型随机变量的概率密度函数 $f(x)$ 的性质

(1) $f(x) \geqslant 0$;

(2) $\int_{-\infty}^{+\infty} f(x) dx = 1$.

3. 连续型随机变量的概率密度与分布函数以及事件概率的关系

(1) 若 X 的概率密度为 $f(x)$,则 X 的分布函数为 $F(x) = \int_{-\infty}^{x} f(t) dt$,当 $f(x)$ 为分段函数时其分布函数 $F(x)$ 要做分段讨论;

(2) 若 $f(x)$ 在点 x 处连续,则有 $F'(x) = f(x)$;

(3) $P\{a < X \leqslant b\} = P\{a < X < b\} = P\{a \leqslant X < b\} = P\{a \leqslant X \leqslant b\}$
$$= F(b) - F(a) = \int_{a}^{b} f(x) dx;$$

(4) $P\{X = a\} = 0 \ (-\infty < a < +\infty)$.

4. 重要分布

(1) 均匀分布:若连续型随机变量 X 的概率密度函数为
$$f(x) = \begin{cases} \dfrac{1}{b-a}, & a \leqslant x \leqslant b \\ 0, & \text{其他} \end{cases} \quad (\text{如图 } 2-3-1)$$
则称 X 服从 $[a,b]$ 上的均匀分布.

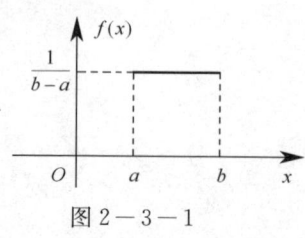
图 2—3—1

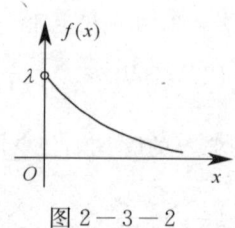
图 2—3—2

(2) 指数分布：若连续型随机变量 X 的概率密度函数为

$$f(x) = \begin{cases} \lambda e^{-\lambda x}, & x > 0 \\ 0, & \text{其他} \end{cases} \quad (\text{如图 } 2-3-2)$$

其中 $\lambda > 0$，则称 X 服从参数为 λ 的指数分布．

(3) 正态分布：若连续型随机变量 X 的概率密度函数为

$$f(x) = \frac{1}{\sqrt{2\pi}\sigma} e^{-\frac{(x-\mu)^2}{2\sigma^2}} \quad (-\infty < x < +\infty) \quad (\text{如图 } 2-3-3)$$

其中 μ 与 $\sigma > 0$ 都是常数，则称 X 服从参数为 μ 和 σ 的正态分布．简记为 $X \sim N(\mu, \sigma^2)$．

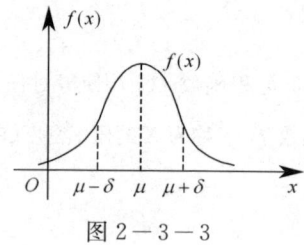
图 2—3—3

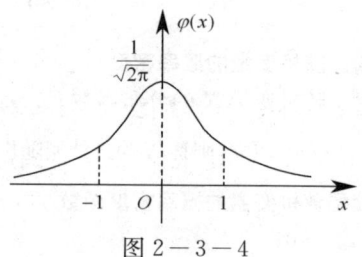
图 2—3—4

(4) 标准正态分布：当 $\mu = 0$，$\sigma = 1$ 时称 X 服从标准正态分布，简记为 $X \sim N(0,1)$，其概率密度函数和分布函数分别用 $\varphi(x)$，$\Phi(x)$ 表示，即有

$$\varphi(x) = \frac{1}{\sqrt{2\pi}} e^{-\frac{x^2}{2}} \quad (\text{如图 } 2-3-4)$$

$$\Phi(x) = \frac{1}{\sqrt{2\pi}} \int_{-\infty}^{x} e^{-\frac{t^2}{2}} dt$$

性质 1 $\Phi(-x) = 1 - \Phi(x)$

性质 2 当 $X \sim N(\mu, \sigma^2)$ 时，$U = \dfrac{X-\mu}{\sigma} \sim N(0,1)$．即 $F(x) = \Phi\left(\dfrac{x-\mu}{\sigma}\right)$．

基 本 题 型

题型 1：概率密度的性质

【3.1】下列选项中，能作为连续型随机变量密度函数的是（　　）．

(A) $f(x)=\begin{cases}\dfrac{1}{\sqrt{2\pi}}\mathrm{e}^{-\frac{x^2}{2}}, & x>0 \\ 0, & x\leqslant 0\end{cases}$ 　　(B) $f(x)=\begin{cases}1, & |x|<1 \\ 0, & 其他\end{cases}$

(C) $f(x)=\begin{cases}\dfrac{x}{2}, & 0<x<1 \\ 0, & 其他\end{cases}$ 　　(D) $f(x)=\dfrac{1}{2}\mathrm{e}^{-|x|}$

解 只有(D)中$f(x)$满足概率密度的性质：

(1) $f(x)\geqslant 0$；(2) $\displaystyle\int_{-\infty}^{+\infty}f(x)\mathrm{d}x=1$.

故应选(D).

【3.2】 $f(x)=c\mathrm{e}^{-x^2+x}$是随机变量$X$的密度函数，则$c=$ _____.

解 $\displaystyle\int_{-\infty}^{+\infty}f(x)\mathrm{d}x=\dfrac{c}{\sqrt{2}}\mathrm{e}^{\frac{1}{4}}\int_{-\infty}^{+\infty}\mathrm{e}^{-\frac{t^2}{2}}\mathrm{d}t=c\cdot\sqrt{\pi}\mathrm{e}^{\frac{1}{4}}=1$.

故 $c=\dfrac{1}{\sqrt{\pi}}\mathrm{e}^{-\frac{1}{4}}$.

【3.3】 设随机变量X的密度函数为$\varphi(x)$，且$\varphi(-x)=\varphi(x)$，$F(x)$是X的分布函数，则对任意实数a，有(　　).

(A) $F(-a)=1-\displaystyle\int_0^a\varphi(x)\mathrm{d}x$ 　　(B) $F(-a)=\dfrac{1}{2}-\displaystyle\int_0^a\varphi(x)\mathrm{d}x$

(C) $F(-a)=F(a)$ 　　(D) $F(-a)=2F(a)-1$

分析 在对随机变量求密度函数与分布函数问题中多用到高等数学中微积分方面的知识，本题中需要对积分变量做换元法.

解 由分布函数与密度函数关系可知 $F(-a)=\displaystyle\int_{-\infty}^{-a}\varphi(x)\mathrm{d}x$.

令 $x=-t$，得到 $F(-a)=-\displaystyle\int_{+\infty}^{a}\varphi(t)\mathrm{d}t=\displaystyle\int_{a}^{+\infty}\varphi(x)\mathrm{d}x$

又因为 $\displaystyle\int_{-\infty}^{+\infty}\varphi(x)\mathrm{d}x=1$，且有 $\varphi(-x)=\varphi(x)$

故 $\displaystyle\int_{-a}^{0}\varphi(x)\mathrm{d}x+\displaystyle\int_{-a}^{0}\varphi(x)\mathrm{d}x=\displaystyle\int_{0}^{a}\varphi(x)\mathrm{d}x+\displaystyle\int_{a}^{\infty}\varphi(x)\mathrm{d}x=\dfrac{1}{2}\displaystyle\int_{-\infty}^{+\infty}\varphi(x)\mathrm{d}x=\dfrac{1}{2}$

得 $\displaystyle\int_{0}^{a}\varphi(x)\mathrm{d}x+F(-a)=\dfrac{1}{2}$

所以 $F(-a)=\dfrac{1}{2}-\displaystyle\int_0^a\varphi(x)\mathrm{d}x$.

答案为(B)

点评 另外还可以根据随机变量X的密度函数图形来判定.

由于密度函数$\varphi(x)$满足$\varphi(x)=\varphi(-x)$是关于y轴对称的，如图2-3.3所示. S_1,D_1,D_2,S_2表示图中对应部分的面积. 根据密度函数的性质及$\varphi(-x)=\varphi(x)$知

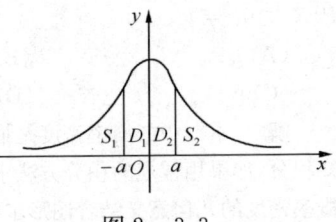

图 2-3.3

$$S_1 = S_2, \quad D_1 = D_2, \quad S_1 + D_1 = D_2 + S_2 = \frac{1}{2}$$

因此 $F(-a) = S_1 = S_2 = \frac{1}{2} - D_2 = \frac{1}{2} - \int_0^a \varphi(x)\mathrm{d}x$

故应选(B).

题型 2：概率密度与分布函数的转化以及求概率

【3.4】 设连续型随机变量 X 的分布函数为

$$F(x) = \begin{cases} 0, & x < 0 \\ Ax^2, & 0 \leqslant x < 1 \\ 1, & x \geqslant 1 \end{cases}$$

求(1) 常数 A；(2) X 落在 $\left(-1, \frac{1}{2}\right)$ 及 $\left(\frac{1}{3}, 2\right)$ 内的概率；(3) X 的概率密度.

分析 求解分布函数未知参数时要用到分布函数的性质. 由已知分布函数来求概率密度时要对分布函数求导，其中若分布函数为分段函数，概率密度也要分区间考虑.

解 (1) 由 $F(x)$ 的连续性，可知

$$\lim_{x \to 1^-} F(x) = F(1), \text{则} \lim_{x \to 1^-} Ax^2 = 1, \text{可得 } A = 1,$$

那么分布函数 $F(x) = \begin{cases} 0, & x < 0 \\ x^2, & 0 \leqslant x < 1 \\ 1, & x \geqslant 1 \end{cases}$

(2) 由于 X 落在 $\left(-1, \frac{1}{2}\right)$ 内，则

$$P\left\{-1 < X < \frac{1}{2}\right\} = F\left(\frac{1}{2}\right) - F(-1) = \left(\frac{1}{2}\right)^2 - 0 = \frac{1}{4}$$

同理可知

$$P\left\{\frac{1}{3} < X < 2\right\} = F(2) - F\left(\frac{1}{3}\right) = 1 - \left(\frac{1}{3}\right)^2 = \frac{8}{9}.$$

(3) 因为 $f(x) = F'(x)$

当 $0 \leqslant x < 1$ 时，$f(x) = (x^2)' = 2x$；其他情况时，$f(x) = 0$.

所以 $f(x) = \begin{cases} 2x, & 0 \leqslant x < 1 \\ 0, & \text{其他} \end{cases}$

【3.5】 设随机变量 X 的概率密度 $f(x)$ 满足 $f(1+x) = f(1-x)$，且 $\int_0^2 f(x)\mathrm{d}x = 0.6$，则 $P\{X < 0\} = ($ $)$

(A) 0.2. (B) 0.3.
(C) 0.4. (D) 0.5.

解 本题中的概率密度是抽象的，只给出了一个已知积分，如果用常规的积分方法求概率较为繁琐，而利用概率密度的几何意义结合图形求概率非常简便.

已知 $f(1+x) = f(1-x)$，可得 $f(x)$

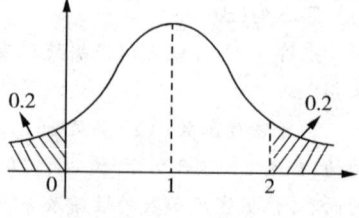

图 2-3.5

关于 $x=1$ 对称,如图 2-3.5

由 $\int_0^2 f(x)\mathrm{d}x = 0.6$,可知 $P\{X<0\} = 0.2$.

【3.6】 设随机变量 X 的概率密度为

$$f(x) = \begin{cases} kx+1, & 0 \leqslant x < 2 \\ 0, & \text{其他} \end{cases}$$

求(1)k 值;
(2)X 的分布函数;
(3)$P\{1 < X < 2\}$.

解 (1) 由概率密度性质 $\int_{-\infty}^{+\infty} f(x)\mathrm{d}x = \int_0^2 (kx+1)\mathrm{d}x = 2k+2 = 1$,得 $k = -\frac{1}{2}$;

(2) 因为 $F(x) = \int_{-\infty}^x f(t)\mathrm{d}t$,所以当 $x < 0$ 时,$F(x) = \int_{-\infty}^x 0\mathrm{d}t = 0$;

当 $0 \leqslant x < 2$ 时,$F(x) = \int_{-\infty}^0 0\mathrm{d}t + \int_0^x \left(-\frac{1}{2}t + 1\right)\mathrm{d}t = -\frac{1}{4}x^2 + x$;

当 $x \geqslant 2$ 时,$F(x) = \int_{-\infty}^0 0\mathrm{d}t + \int_0^2 \left(-\frac{1}{2}t + 1\right)\mathrm{d}t + \int_2^x 0\mathrm{d}t = 1$.

故 X 的分布函数

$$F(x) = \begin{cases} 0, & x < 0 \\ -\frac{1}{4}x^2 + x, & 0 \leqslant x < 2 \\ 1, & x \geqslant 2 \end{cases}$$

(3) $P\{1 < X < 2\} = \int_1^2 \left(-\frac{1}{2}x + 1\right)\mathrm{d}x = \frac{1}{4}$.

点评 本题也可以用分布函数 $F(x)$ 求概率 $P\{1 < X < 2\} = F(2) - F(1) = \frac{1}{4}$.

【3.7】 设随机变量 X 的概率密度为

$$f(x) = \begin{cases} \frac{1}{3}, & \text{若 } x \in [0,1] \\ \frac{2}{9}, & \text{若 } x \in [3,6] \\ 0, & \text{其他} \end{cases}$$

若 k 使得 $P\{X \geqslant k\} = \frac{2}{3}$,则 k 的取值范围是_____.

分析 本题中 $f(x)$ 是分段函数,要求 k 的取值范围,对于 k 要分段来讨论,再由已知条件为限制得到 k 的取值范围.

解 当 $k < 1$ 时,$P\{X \geqslant k\} > P\{X \geqslant 1\}$,因为 $P\{X \geqslant 1\} = \frac{2}{9} \times (6-3) = \frac{2}{3}$,所以 $P\{X \geqslant k\} > \frac{2}{3}$;

当 $k > 3$ 时,$P\{X \geqslant k\} < P\{X \geqslant 3\}$,因为 $P\{X \geqslant 3\} = \frac{2}{9} \times (6-3) = \frac{2}{3}$,所以

$$P\{X \geqslant k\} < \frac{2}{3}$$

当 $1 \leqslant k \leqslant 3$ 时,$P\{X \geqslant k\} = P\{k \leqslant X < 3\} + P\{X \geqslant 3\} = \frac{2}{3}$,所以 k 的取值范围为 $[1, 3]$.

【3.8】 某种型号的电子管其寿命(以小时计)为一随机变量. 概率密度函数是

$$\varphi(x) = \begin{cases} \dfrac{100}{x^2}, & x \geqslant 100 \\ 0, & \text{其他} \end{cases}$$

某一无线电器材配有三个这种电子管,求使用 150 小时内不需要更换的概率.

解 每个电子管寿命在 $X \leqslant 150$ 的概率

$$P\{X \leqslant 150\} = \int_{100}^{150} \frac{100}{x^2} dx = -\frac{100}{x}\Big|_{100}^{150} = \frac{1}{3}.$$

每个电子管寿命在 $X > 150$ 的概率

$$P\{X > 150\} = 1 - \frac{1}{3} = \frac{2}{3}$$

某一无线电器材配有三个这种电子管,150 小时内不需要更换,即三个电子管的寿命都在 150 小时以外. 所以不需要更换的概率

$$p = \left(\frac{2}{3}\right)^3 = \frac{8}{27} = 0.296.$$

题型 3:关于重要分布

【3.9】 设 $X \sim N(3, 2^2)$,(1) 求 $P\{2 < X \leqslant 5\}$,$P\{-4 < X \leqslant 10\}$,$P\{|X| > 2\}$,$P\{X > 3\}$;

(2) 确定 c 使得 $P\{X > c\} = P\{X \leqslant c\}$;

(3) 设 d 满足 $P\{X > d\} \geqslant 0.9$,问 d 至多为多少?

解 当 $X \sim N(3, 2^2)$ 时,

$$\frac{X - \mu}{\sigma} = \frac{X - 3}{2} \sim N(0, 1).$$

(1) $P\{2 < X \leqslant 5\} = P\left\{\dfrac{2-3}{2} < \dfrac{X-3}{2} \leqslant \dfrac{5-3}{2}\right\} = \Phi(1) - \Phi\left(-\dfrac{1}{2}\right)$

$= \Phi(1) - \left(1 - \Phi\left(\dfrac{1}{2}\right)\right) = 0.8413 - 1 + 0.6915 = 0.5328$

$P\{-4 < X \leqslant 10\} = P\left\{\dfrac{-4-3}{2} < \dfrac{X-3}{2} \leqslant \dfrac{10-3}{2}\right\} = \Phi\left(\dfrac{7}{2}\right) - \Phi\left(-\dfrac{7}{2}\right)$

$= 2\Phi\left(\dfrac{7}{2}\right) - 1 = 0.9996$

$P\{|X| > 2\} = P\{X > 2 \text{ 或 } X < -2\} = P\{X > 2\} + P\{X < -2\}$

$= 1 - P\{X \leqslant 2\} + P\{X < -2\}$

$= 1 - P\left\{\dfrac{X-3}{2} \leqslant \dfrac{2-3}{2}\right\} + P\left\{\dfrac{X-3}{2} < \dfrac{-2-3}{2}\right\}$

$= 1 - \Phi\left(-\dfrac{1}{2}\right) + \Phi\left(-\dfrac{5}{2}\right) = 0.6977$

$$P\{X>3\}=1-P\{X\leqslant 3\}=1-P\left\{\frac{X-3}{2}\leqslant\frac{3-3}{2}\right\}=1-\Phi(0)=1-0.5=0.5$$

(2) 由 $P\{X>c\}=P\{X\leqslant c\}$，则 $1-P\{X\leqslant c\}=P\{X\leqslant c\}$

$$P\{X\leqslant c\}=P\left\{\frac{X-3}{2}\leqslant\frac{c-3}{2}\right\}=\Phi\left(\frac{c-3}{2}\right)=\frac{1}{2}$$

查表得 $\frac{c-3}{2}=0$，故 $c=3$.

(3) $P\{X>d\}=1-P\{X\leqslant d\}=1-P\left\{\frac{X-3}{2}\leqslant\frac{d-3}{2}\right\}=1-\Phi\left(\frac{d-3}{2}\right)\geqslant 0.9$

则 $\Phi\left(\frac{d-3}{2}\right)\leqslant 0.1$，所以 $\frac{d-3}{2}<0$. 那么 $\Phi\left(\frac{3-d}{2}\right)\geqslant 0.9$

查标准正态分布表知 $\Phi(1.29)=0.9015$，取 $\frac{3-d}{2}\geqslant 1.29$，得到 $d\leqslant 0.42$.

【3.10】设随机变量 X 服从正态分布 $N(\mu,\sigma^2)$，则随 σ 的增大，概率 $P\{|X-\mu|<\sigma\}$（　　）.
(A) 单调增加　　(B) 单调减少　　(C) 保持不变　　(D) 非单调变化

解　$P\{|X-\mu|<\sigma\}=P\left\{\left|\frac{X-\mu}{\sigma}\right|<1\right\}=\Phi(1)-\Phi(-1)$

可见概率 $P\{|X-\mu|<\sigma\}$ 不随 σ 的增大而改变.

故应选(C)

点评　对于正态分布的题型，普通正态分布化成标准正态分布，往往是解决问题的关键，以上两例说明了这一点.

【3.11】若随机变量 Y 在 $(1,6)$ 上服从均匀分布，则方程 $x^2+Yx+1=0$ 有实根的概率是____.

解　从二次代数方程存在实根的判定条件得出 Y 的变化范围，再由 Y 的分布确定此事件的概率.

方程 $x^2+Yx+1=0$ 有实根的条件是：$\Delta=Y^2-4\geqslant 0$，即 $Y\geqslant 2$ 或 $Y\leqslant -2$

由于 Y 服从 $(1,6)$ 均匀分布，故 Y 的密度函数为

$$f_Y(y)=\begin{cases}\frac{1}{5}, & 1<y<6,\\ 0, & y\geqslant 6 \text{ 或 } y\leqslant 1\end{cases}$$

所以，$P\{x^2+Yx+1=0 \text{ 有实根}\}=P\{Y\geqslant 2\}+P\{Y\leqslant -2\}=\frac{4}{5}$.

故应填 $\frac{4}{5}$.

【3.12】设顾客在某银行的窗口等待服务的时间 X（以分计）服从指数分布，其概率密度为

$$f_X(x)=\begin{cases}\frac{1}{5}e^{-\frac{x}{5}}, & x>0\\ 0, & \text{其他}\end{cases}$$

某顾客在窗口等待服务，若超过 10 分钟，他就离开. 他一个月要到银行 5 次，以 Y 表示一个月内他未等到服务而离开窗口的次数，写出 Y 的分布律，并求 $P\{Y\geqslant 1\}$.

解　该顾客在窗口未等到服务而离开的概率为

$$p = P\{X > 10\} = \int_{10}^{+\infty} f_X(x)\,\mathrm{d}x = \int_{10}^{+\infty} \frac{1}{5}\mathrm{e}^{-\frac{x}{5}}\,\mathrm{d}x = -\mathrm{e}^{-\frac{x}{5}}\Big|_{10}^{+\infty} = \mathrm{e}^{-2}$$

显然 $Y \sim B(5, \mathrm{e}^{-2})$，故

$$P\{Y = k\} = C_5^k \mathrm{e}^{-2k}(1-\mathrm{e}^{-2})^{5-k}, \quad k = 0,1,2,3,4,5$$
$$P\{Y \geqslant 1\} = 1 - P\{Y = 0\} = 1 - (1-\mathrm{e}^{-2})^5 = 0.5167.$$

【3.13】 由某机器生产的螺栓的长度(cm)服从参数为 $\mu = 10.05$，$\sigma = 0.06$ 的正态分布，规定长度在 10.05 ± 0.12 内为合格．求一螺栓为不合格品的概率．

解 设螺栓的长度为 X，则 $X \sim N(10.05, 0.06^2)$，则一螺栓为不合格品的概率为

$$p = 1 - P\{10.05 - 0.12 < X < 10.05 + 0.12\}$$
$$= 1 - \Phi\left(\frac{10.17 - 10.05}{0.06}\right) + \Phi\left(\frac{10.05 - 0.12 - 10.05}{0.06}\right)$$
$$= 1 - \Phi(2) - \Phi(-2) = 2 - 2\Phi(2) = 0.0455.$$

【3.14】 一工厂生产的电子管的寿命 X（以小时计）服从参数为 $\mu = 160$，σ 的正态分布，若要求 $P\{120 < X \leqslant 200\} \geqslant 0.80$，允许 σ 最大为多少？

解 若要求 $P\{120 < X \leqslant 200\} \geqslant 0.80$，即

$$\Phi\left(\frac{200-160}{\sigma}\right) - \Phi\left(\frac{120-160}{\sigma}\right) = \Phi\left(\frac{40}{\sigma}\right) - \Phi\left(-\frac{40}{\sigma}\right) = 2\Phi\left(\frac{40}{\sigma}\right) - 1 \geqslant 0.80$$
$$\Phi\left(\frac{40}{\sigma}\right) \geqslant 0.9$$

从而 $\frac{40}{\sigma} \geqslant 1.28$，$\sigma \leqslant 31.25$，即允许 σ 最大为 31.25．

【3.15】 设 X_1, X_2, X_3 是随机变量，且 $X_1 \sim N(0,1), X_2 \sim N(0,2^2), X_3 \sim N(5,3^2)$，$p_i = P\{-2 \leqslant X_i \leqslant 2\}$ $(i=1,2,3)$，则（　　）

(A) $p_1 > p_2 > p_3$ (B) $p_2 > p_1 > p_3$

(C) $p_3 > p_1 > p_2$ (D) $p_1 > p_3 > p_2$

解 将所求的概率 p_i 用标准正态分布 $N(0,1)$ 的分布函数 $\Phi(x)$ 表示出来，再通过 $\Phi(x)$ 的几何意义求解．

由题意可得

$$p_1 = P\{-2 \leqslant X_1 \leqslant 2\} = \Phi(2) - \Phi(-2) = 2\Phi(2) - 1,$$
$$p_2 = P\{-2 \leqslant X_2 \leqslant 2\} = P\left\{\frac{-2-0}{2} \leqslant \frac{X_2-0}{2} \leqslant \frac{2-0}{2}\right\}$$
$$= \Phi(1) - \Phi(-1) = 2\Phi(1) - 1,$$
$$p_3 = P\{-2 \leqslant X_3 \leqslant 2\} = P\left\{\frac{-2-5}{3} \leqslant \frac{X_3-5}{3} \leqslant \frac{2-5}{3}\right\}$$
$$= \Phi(-1) - \Phi\left(-\frac{7}{3}\right) = \Phi\left(\frac{7}{3}\right) - \Phi(1),$$

由下图 2-3.15 可知，$p_1 > p_2 > p_3$，

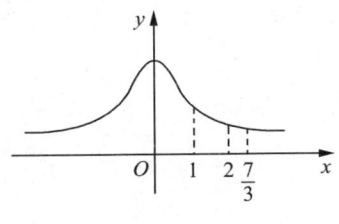

图 2－3.15

故应选(A).

§4. 随机变量函数的分布

知 识 要 点

1. 离散型随机变量函数的分布

设随机变量 X 的分布律为 $P\{X=x_k\}=p_k$, $k=1,2,3\cdots$, 则当 $Y=g(X)$ 的所有取值为 y_j ($j=1,2,\cdots$) 时, 随机变量 Y 有分布律

$$P\{Y=y_j\}=\sum_{g(x_k)=y_j} P\{X=x_k\}.$$

2. 连续型随机变量函数的分布

方法一: 设随机变量 X 的概率密度函数为 $f_X(x)(-\infty<x<+\infty)$, 那么 $Y=g(X)$ 的分布函数为

$$F_Y(y)=P\{Y\leqslant y\}=P\{g(X)\leqslant y\}=\int_{g(x)\leqslant y} f_X(x)\mathrm{d}x,$$

其概率密度为 $f_Y(y)=F_Y'(y)$.

方法二: 设随机变量 X 具有概率密度函数 $f_X(x)(-\infty<x<+\infty)$, $g(x)$ 为 $(-\infty,+\infty)$ 内的严格单调的可导函数, 则随机变量 $Y=g(X)$ 的概率密度为

$$f_Y(y)=\begin{cases} f_X[h(y)]\,|\,h'(y)\,|, & \alpha<y<\beta \\ 0, & \text{其他} \end{cases}$$

其中 $h(y)$ 是 $g(x)$ 的反函数, $\alpha=\min\{g(-\infty),g(+\infty)\}$, $\beta=\max\{g(-\infty),g(+\infty)\}$.

基 本 题 型

题型 1:离散型随机变量函数的分布

【4.1】已知 X 的分布律如下表所示

X	0	1	2	3	4	5
$P\{X=x\}$	$\dfrac{1}{12}$	$\dfrac{1}{6}$	$\dfrac{1}{3}$	$\dfrac{1}{12}$	$\dfrac{2}{9}$	$\dfrac{1}{9}$

则 $Y=(X-2)^2$ 的分布律为_____.

解 记 $g(x)=(x-2)^2$. 由于 $g(0)=g(4)=4, g(1)=g(3)=1, g(2)=0, g(5)=9$, 因此

$$P\{Y=0\}=P\{X=2\}=\frac{1}{3}$$

$$P\{Y=1\}=P\{X=1\}+P\{X=3\}=\frac{1}{6}+\frac{1}{12}=\frac{1}{4}$$

$$P\{Y=4\}=P\{X=0\}+P\{X=4\}=\frac{1}{12}+\frac{2}{9}=\frac{11}{36}$$

$$P\{Y=9\}=P\{X=5\}=\frac{1}{9}$$

故应填

Y	0	1	4	9
$P\{Y=y\}$	$\frac{1}{3}$	$\frac{1}{4}$	$\frac{11}{36}$	$\frac{1}{9}$

点评 求离散型随机变量函数的分布律时,要注意两种情形:
设 X 为离散型随机变量,其分布律为 $P\{X=x_k\}=p_k, k=1,2,\cdots$, 则 $Y=g(X)$ 的分布律为:

(1) 当 y_k 各不相同时, $P\{Y=y_k\}=P\{g(X)=y_k\}=p_k, k=1,2,\cdots$

(2) 当 y_k 有重复时, $P\{Y=y_k\}=P\{g(X)=y_k\}=\sum\limits_{g(x_i)=y_k} p_i$.

【4.2】 设随机变量 X 的概率分布为 $P\{X=k\}=\frac{1}{2^k}, k=1,2,3,\cdots$. 试求随机变量 $Y=\sin\left(\frac{\pi}{2}X\right)$ 的分布律.

解 $P\{Y=0\}=P\{X=2\}+P\{X=4\}+P\{X=6\}+\cdots=\frac{1}{2^2}+\frac{1}{2^4}+\frac{1}{2^6}+\cdots=\frac{1}{3}$.

$P\{Y=-1\}=P\{X=3\}+P\{X=7\}+P\{X=11\}+\cdots=\frac{1}{2^3}+\frac{1}{2^7}+\frac{1}{2^{11}}+\cdots=\frac{2}{15}$.

$P\{Y=1\}=1-P\{Y=0\}-P\{Y=-1\}=\frac{8}{15}$.

故 $Y=\sin\left(\frac{\pi}{2}X\right)$ 的分布律为:

Y	-1	0	1
P	$\frac{2}{15}$	$\frac{1}{3}$	$\frac{8}{15}$

【4.3】 设离散型随机变量 X 服从泊松分布,参数 $\lambda=4$, 则 $3X-2$ 的分布律为_____.

解 $P\{Y=k\}=P\{3X-2=k\}=P\left\{X=\frac{k+2}{3}\right\}=\frac{4^{\frac{k+2}{3}}e^{-4}}{\left(\frac{k+2}{3}\right)!}$ $(k=3n-2, n=0,$

$1,2,\cdots)$

故应填 $\dfrac{4^{\frac{k+2}{3}}\mathrm{e}^{-4}}{\left(\dfrac{k+2}{3}\right)!}$.

点评 本题中 X 和 $Y=g(X)$ 均为无限可列的离散型随机变量,对于此类题型只需注意函数关系的转化即可求出分布律.

【4.4】 已知 X 的分布函数为

$$F(x)=\begin{cases}0, & x<-1\\ \dfrac{1}{3}, & -1\leqslant x<0\\ \dfrac{1}{2}, & 0\leqslant x<1\\ \dfrac{2}{3}, & 1\leqslant x<2\\ 1, & 2\leqslant x\end{cases}$$

求 $Y=\left(\sin\dfrac{\pi}{6}X\right)^2$ 的分布函数.

解 直接求 Y 的分布函数 $F_Y(y)$ 较为困难,可先利用 X 与 Y 分布律之间的关系求出 Y 的分布律.

由题意可得 X 的分布律

X	-1	0	1	2
P	$\dfrac{1}{3}$	$\dfrac{1}{6}$	$\dfrac{1}{6}$	$\dfrac{1}{3}$

则 $Y=\left(\sin\dfrac{\pi}{6}X\right)^2$ 的分布律为

Y	$\dfrac{1}{4}$	0	$\dfrac{1}{4}$	$\dfrac{3}{4}$
P	$\dfrac{1}{3}$	$\dfrac{1}{6}$	$\dfrac{1}{6}$	$\dfrac{1}{3}$

即

Y	0	$\dfrac{1}{4}$	$\dfrac{3}{4}$
P	$\dfrac{1}{6}$	$\dfrac{1}{2}$	$\dfrac{1}{3}$

故 Y 的分布函数为

$$F_Y(y) = P\{Y \leqslant y\} = \begin{cases} 0, & y < 0 \\ \dfrac{1}{6}, & 0 \leqslant y < \dfrac{1}{4} \\ \dfrac{2}{3}, & \dfrac{1}{4} \leqslant y < \dfrac{3}{4} \\ 1, & y \geqslant \dfrac{3}{4} \end{cases}$$

题型 2：连续型随机变量函数的分布

【4.5】 设随机变量 X 的分布函数为 $F(x)$，则随机变量 $Y=2X+1$ 的分布函数 $G(y)=(\quad)$．
(A) $F\left(\dfrac{1}{2}y+1\right)$ 　　(B) $2F(y)+1$ 　　(C) $\dfrac{1}{2}F(y)-\dfrac{1}{2}$ 　　(D) $F\left(\dfrac{1}{2}y-\dfrac{1}{2}\right)$

解 $G(y)=P\{Y \leqslant y\}=P\{2X+1 \leqslant y\}=P\left\{X \leqslant \dfrac{y-1}{2}\right\}=F\left(\dfrac{y-1}{2}\right)$．

故应选(D)．

【4.6】 设随机变量 X 服从 $(0,2)$ 上的均匀分布，则随机变量 $Y=X^2$ 的概率密度 $f_Y(y)=$ _____．

解法一　分布函数法（或定义法）

由已知条件可知，

① 当 $y \leqslant 0$ 时，$F_Y(y)=0$；

② 当 $y \geqslant 4$ 时，$F_Y(y)=1$；

③ 当 $0<y<4$ 时，$F_Y(y)=P\{Y \leqslant y\}=P\{X^2 \leqslant y\}=P\{X \leqslant \sqrt{y}\}=F_X(\sqrt{y})$．

由于 X 服从 $(0,2)$ 上的均匀分布，所以

$$F_Y(y)=F_X(\sqrt{y})=\dfrac{\sqrt{y}}{2}.$$

因此 $f_Y(y)=F_Y'(y)=\begin{cases} \dfrac{1}{4\sqrt{y}}, & 0<y<4 \\ 0, & \text{其他} \end{cases}$

解法二　公式法（或复合函数求导法）

因为 $y=x^2$ 在 $(0,4)$ 内单调，其反函数 $x=\sqrt{y}$ 在 $(0,2)$ 内可导，那么

$$f_Y(y)=f_X(\sqrt{y})(\sqrt{y})'=\dfrac{1}{2\sqrt{y}} \times \dfrac{1}{2} = \dfrac{1}{4\sqrt{y}}, \quad (0<y<4)$$

此处对 $\sqrt{y}$ 求导得 $\dfrac{1}{2\sqrt{y}}>0$，因 $f_Y(y) \geqslant 0$，从而符合概率密度非负的性质．若对反函数求导为负值时，需要取其绝对值．因此随机变量 Y 的概率密度为

$$f_Y(y)=\begin{cases} \dfrac{1}{4\sqrt{y}}, & 0<y<4 \\ 0, & \text{其他} \end{cases}$$

点评　连续型随机变量函数的分布有两种求法，一是先通过随机变量的概率密度或分布函数求出随机变量函数的分布函数，再求其概率密度．二是如果随机变量函数是严格单调可导函

数. 先求其反函数,再根据公式算出其概率密度.

【4.7】 设随机变量 X 的概率密度为 $f_X(x) = \begin{cases} e^{-x}, & x \geqslant 0; \\ 0, & x < 0. \end{cases}$ 试求随机变量 $Y = e^X$ 的概率密度 $f_Y(y)$.

解法一 分段考查 Y 的分布函数.

① 当 $y \leqslant 1$ 时,$f_X(x) = 0$,$F_Y(y) = 0$

② 当 $y > 1$ 时,$F_Y(y) = P\{Y \leqslant y\} = P\{e^X \leqslant y\} = P\{X \leqslant \ln y\} = \int_0^{\ln y} e^{-x} dx = 1 - y^{-1}$

则 $f_Y(y) = F_Y'(y) = \begin{cases} \dfrac{1}{y^2}, & y > 1 \\ 0, & y \leqslant 1 \end{cases}$

解法二 因为 $y = e^x$ 在 $(0, +\infty)$ 内是单调的,其反函数 $x = \ln y$ 在 $(1, +\infty)$ 内是可导的,且 $x' = \dfrac{1}{y} > 0$,所以根据复合函数求导公式有,$f_Y(y) = \dfrac{1}{y^2}$.

所以 $f_Y(y) = \begin{cases} \dfrac{1}{y^2}, & y > 1 \\ 0, & y \leqslant 1 \end{cases}$

【4.8】 设 $X \sim N(0, 1)$

(1) 求 $Y = e^X$ 的概率密度;

(2) 求 $Y = 2X^2 + 1$ 的概率密度;

(3) 求 $Y = |X|$ 的概率密度.

解 (1) X 的概率密度为 $f(x) = \dfrac{1}{\sqrt{2\pi}} e^{-\frac{x^2}{2}}$,$-\infty < x < +\infty$.

因为 $Y = e^X$,故 $Y > 0$,所以当 $y \leqslant 0$ 时,$\{Y \leqslant y\}$ 为不可能事件,

$$F_Y(y) = P\{Y \leqslant y\} = 0, \quad f_Y(y) = F_Y'(y) = 0.$$

当 $y > 0$ 时,由 $y = e^x$ 得 $x = \ln y = h(y)$,$h'(y) = \dfrac{1}{y}$,由定理得 $Y = e^X$ 的概率密度为

$$f_Y(y) = \dfrac{1}{\sqrt{2\pi}} e^{-\frac{1}{2}(\ln y)^2} \cdot \dfrac{1}{y}$$

故 $f_Y(y) = \begin{cases} \dfrac{1}{\sqrt{2\pi} y} e^{-\frac{1}{2}(\ln y)^2}, & y > 0 \\ 0, & y \leqslant 0 \end{cases}$

或

$$F_Y(y) = P\{Y \leqslant y\} = P\{e^X \leqslant y\} = P\{X \leqslant \ln y\} = \int_{-\infty}^{\ln y} f(x) dx = \int_{-\infty}^{\ln y} \dfrac{1}{\sqrt{2\pi}} e^{-\frac{x^2}{2}} dx$$

从而 $f_Y(y) = F_Y'(y) = \dfrac{1}{\sqrt{2\pi}} e^{-\frac{(\ln y)^2}{2}} \cdot \dfrac{1}{y}$,$(y > 0)$.

(2) 由 $Y = 2X^2 + 1$ 知 $Y \geqslant 1$,故当 $y < 1$ 时,$\{Y \leqslant y\}$ 是不可能事件,所以 $F_Y(y) = P\{Y \leqslant y\} = 0$,从而 $f_Y(y) = 0$.

当 $y \geqslant 1$ 时,

$$F_Y(y) = P\{Y \leqslant y\} = P\{2X^2+1 \leqslant y\} = P\left\{-\sqrt{\frac{y-1}{2}} \leqslant X \leqslant \sqrt{\frac{y-1}{2}}\right\}$$

$$= \int_{-\sqrt{\frac{y-1}{2}}}^{\sqrt{\frac{y-1}{2}}} f(x)\mathrm{d}x = \int_{-\sqrt{\frac{y-1}{2}}}^{\sqrt{\frac{y-1}{2}}} \frac{1}{\sqrt{2\pi}} \mathrm{e}^{-\frac{x^2}{2}} \mathrm{d}x$$

$$f_Y(y) = F_Y'(y) = \frac{1}{\sqrt{2\pi}} \mathrm{e}^{-\frac{1}{2}\cdot\frac{y-1}{2}} \times \left(\sqrt{\frac{y-1}{2}}\right)' - \frac{1}{\sqrt{2\pi}} \mathrm{e}^{-\frac{1}{2}\cdot\frac{y-1}{2}} \times \left(-\sqrt{\frac{y-1}{2}}\right)'$$

$$= \frac{1}{2\sqrt{\pi(y-1)}} \mathrm{e}^{-\frac{y-1}{4}}$$

即 $f_Y(y) = \begin{cases} \dfrac{1}{2\sqrt{\pi(y-1)}} \mathrm{e}^{-\frac{y-1}{4}}, & y > 1 \\ 0, & y \leqslant 1 \end{cases}$

(3) 由 $Y = |X|$ 知 $Y \geqslant 0$，所以当 $y < 0$ 时，$\{Y \leqslant y\}$ 为不可能事件，$F_Y(y) = P\{Y \leqslant y\} = 0$，故 $f_Y(y) = 0$.

当 $y \geqslant 0$ 时，$F_Y(y) = P\{Y \leqslant y\} = P\{|X| \leqslant y\} = P\{-y \leqslant X \leqslant y\}$

$$= \int_{-y}^{y} f(x)\mathrm{d}x = \int_{-y}^{y} \frac{1}{\sqrt{2\pi}} \mathrm{e}^{-\frac{x^2}{2}} \mathrm{d}x = 2\int_{0}^{y} \frac{1}{\sqrt{2\pi}} \mathrm{e}^{-\frac{x^2}{2}} \mathrm{d}x$$

$$f_Y(y) = F_Y'(y) = 2 \cdot \frac{1}{\sqrt{2\pi}} \mathrm{e}^{-\frac{y^2}{2}}$$

所以 $f_Y(y) = \begin{cases} \sqrt{\dfrac{2}{\pi}} \mathrm{e}^{-\frac{y^2}{2}}, & y > 0 \\ 0, & y \leqslant 0 \end{cases}$

点评 本题(1)既可用分布函数法，也可用公式法；(2)、(3)中 $y = g(x)$ 不是单调函数，故只能用分布函数法.

§5. 综合提高题型

题型1：关于随机变量的判断及选择

【5.1】设离散型随机变量 X 的分布律为：$P\{X = k\} = b\lambda^k$，$(k = 1,2,3,\cdots)$ 且 $b > 0$，则 λ 为( ).

(A) $\lambda > 0$ 的任意实数　　(B) $\lambda = b+1$　　(C) $\lambda = \dfrac{1}{1+b}$　　(D) $\lambda = \dfrac{1}{b-1}$

解 因为 $\sum\limits_{k=1}^{\infty} P\{X = k\} = \sum\limits_{k=1}^{\infty} b\lambda^k = 1$，$S_n = \sum\limits_{k=1}^{n} b\lambda^k = b \cdot \dfrac{(1-\lambda^n)\lambda}{1-\lambda}$　即

$$\lim_{n \to \infty} S_n = \lim_{n \to \infty} b \cdot \lambda \cdot \frac{(1-\lambda^n)}{1-\lambda} = 1$$

于是可知，当 $|\lambda| < 1$ 时，$b \cdot \dfrac{\lambda}{1-\lambda} = 1$，所以

$$\lambda = \frac{1}{1+b} < 1, \quad （因 b > 0）$$

故应选(C)

【5.2】 设 $F_1(x)$ 与 $F_2(x)$ 为两个分布函数,其相应的概率密度 $f_1(x)$ 与 $f_2(x)$ 是连续函数,则必为概率密度的是( )

(A) $f_1(x)f_2(x)$. (B) $2f_2(x)F_1(x)$.
(C) $f_1(x)F_2(x)$. (D) $f_1(x)F_2(x)+f_2(x)F_1(x)$.

解 因为 $f_1(x)F_2(x)+f_2(x)F_1(x) \geqslant 0$,且

$$\int_{-\infty}^{+\infty}[f_1(x)F_2(x)+f_2(x)F_1(x)]\mathrm{d}x$$
$$=\int_{-\infty}^{+\infty}[F_1'(x)F_2(x)+F_2'(x)F_1(x)]\mathrm{d}x$$
$$=F_1(x)F_2(x)\Big|_{-\infty}^{+\infty}=1.$$

则 $f_1(x)F_2(x)+f_2(x)F_1(x)$ 满足概率密度的两条性质,故应选(D).

点评 本题考查了多个基本知识点,综合性较强:
① 概率密度的性质:$f(x) \geqslant 0;\int_{-\infty}^{+\infty}f(x)\mathrm{d}x=1$;
② 分布函数的性质:$F(-\infty)=0;F(+\infty)=1$;
③ 分布函数与概率密度的关系:$F'(x)=f(x)$.

【5.3】 设 $X \sim B(n,p)$,若 $(n+1)p$ 不是整数,则( )时 $P\{X=k\}$ 最大.

(A)$k=(n+1)p$ (B)$k=(n+1)p-1$ (C)$k=np$ (D)$k=[(n+1)p]$

解 由二项分布的性质知,应选(D).

点评 设 $X \sim B(n,p)$,则使 $P\{X=k\}$ 达到最大的 k,称为二项分布的最可能值,记为 k_0,且

$$k_0 = \begin{cases}(n+1)p \text{ 和 }(n+1)p-1, & \text{当}(n+1)p\text{是整数时} \\ [(n+1)p], & \text{其他}\end{cases}$$

【5.4】 设随机变量 X 在区间 $(2,5)$ 上服从均匀分布,现对 X 进行三次独立观测,则至少有两次观测值大于 3 的概率为( ).

(A) $\dfrac{20}{27}$ (B) $\dfrac{27}{30}$ (C) $\dfrac{2}{5}$ (D) $\dfrac{2}{3}$

解 由题意"对 X 进行三次独立观测"即是在相同条件下进行三次独立重复试验,因此所求概率属于伯努利概型的概率计算问题.

以 A 表示事件"对 X 的观测值大于 3",即 $A=\{X>3\}$,由题设知 X 的概率密度为

$$f(x)=\begin{cases}\dfrac{1}{3}, & 2<x<5 \\ 0, & \text{其他}\end{cases}$$

因此 $P(A)=P\{X>3\}=\int_3^5 \dfrac{1}{3}\mathrm{d}x=\dfrac{2}{3}$.

以 Y 表示三次独立观测中观测值大于 3 的次数,则 Y 的可能值为 $0,1,2,3$,且据伯努利概型的计算公式,Y 取各可能值的概率为

$$P\{Y=k\}=C_3^k p^k q^{3-k}=C_3^k\left(\dfrac{2}{3}\right)^k\left(\dfrac{1}{3}\right)^{3-k} \quad (k=0,1,2,3)$$

即 $Y \sim B\left(3, \dfrac{2}{3}\right)$. 从而,所求概率为

$$P\{Y \geqslant 2\} = C_3^2 \left(\dfrac{2}{3}\right)^2 \left(\dfrac{1}{3}\right) + C_3^3 \left(\dfrac{2}{3}\right)^3 = \dfrac{20}{27}$$

故应选(A).

【5.5】当随机变量的可能值充满区间( ),则 $\varphi(x) = \cos x$ 可以成为随机变量 X 的分布密度.

(A) $\left[0, \dfrac{\pi}{2}\right]$ (B) $\left[\dfrac{\pi}{2}, \pi\right]$ (C) $[0, \pi]$ (D) $\left[\dfrac{3}{2}\pi, \dfrac{7}{4}\pi\right]$

解 由随机变量 X 的分布密度函数 $\varphi(x)$ 的非负性可知(B)、(C) 不该入选.

又 $\int_{-\infty}^{+\infty} \varphi(x) \mathrm{d}x = 1$. 验证

(A) $\int_{-\infty}^{+\infty} \varphi(x) \mathrm{d}x = \int_0^{\frac{\pi}{2}} \cos x \mathrm{d}x = \sin x \Big|_0^{\frac{\pi}{2}} = 1$

(D) $\int_{-\infty}^{+\infty} \varphi(x) \mathrm{d}x = \int_{\frac{3}{2}\pi}^{\frac{7}{4}\pi} \cos x \mathrm{d}x = \sin x \Big|_{\frac{3}{2}\pi}^{\frac{7}{4}\pi} = \dfrac{\sqrt{2}}{2} + 1$

故应选(A).

【5.6】设 X 为随机变量,若矩阵 $A = \begin{bmatrix} 2 & 3 & 2 \\ 0 & -2 & -X \\ 0 & 1 & 0 \end{bmatrix}$ 的特征值全为实数的概率为 0.5,则( ).

(A) X 服从区间 $[0,2]$ 的均匀分布   (B) X 服从二项分布 $B(2, 0.5)$
(C) X 服从参数为 1 的指数分布   (D) X 服从正态分布 $N(0, 1)$

解 由 $|\lambda E - A| = \begin{vmatrix} \lambda - 2 & -3 & -2 \\ 0 & \lambda + 2 & X \\ 0 & -1 & \lambda \end{vmatrix} = (\lambda - 2)(\lambda^2 + 2\lambda + X)$,而其特征值全为实数的概率 $P\{2^2 - 4X \geqslant 0\} = P\{X \leqslant 1\} = 0.5$,可见当 X 服从 $[0, 2]$ 上均匀分布时成立.

故应选(A).

【5.7】设随机变量 X 的密度函数为 $f_X(x)$,则 $Y = 3 - 2X$ 的密度函数为( ).

(A) $-\dfrac{1}{2} f_X\left(-\dfrac{y-3}{2}\right)$ (B) $\dfrac{1}{2} f_X\left(-\dfrac{y-3}{2}\right)$

(C) $-\dfrac{1}{2} f_X\left(-\dfrac{y+3}{2}\right)$ (D) $\dfrac{1}{2} f_X\left(-\dfrac{y+3}{2}\right)$

解 本题是求连续型随机变量函数的概率密度,因为 $Y = g(X)$ 是单调函数,由公式法可知(B) 正确.

【5.8】设随机变量 X 具有对称的概率密度,即 $f(-x) = f(x)$,则对任意 $a > 0$,$P\{|X| > a\}$ 是( ).

(A) $1 - 2F(a)$ (B) $2F(a) - 1$ (C) $2 - F(a)$ (D) $2[1 - F(a)]$

解 因为 $f(-x) = f(x)$,所以

$$F(-a) = \int_{-\infty}^{-a} f(x)\mathrm{d}x = \int_{a}^{+\infty} f(x)\mathrm{d}x$$

所以

$$F(a) + F(-a) = \int_{-\infty}^{+\infty} f(x)\mathrm{d}x = 1 \Rightarrow F(-a) = 1 - F(a)$$
$$\Rightarrow P\{|X| > a\} = 1 - P\{|X| < a\} = 1 - P\{-a < X < a\}$$
$$= 1 - [F(a) - F(-a)] = 1 - [F(a) - (1 - F(a))] = 2[1 - F(a)].$$

故应选(D).

【5.9】 设随机变量 X 服从正态分布 $N(\mu_1, \sigma_1^2)$，随机变量 Y 服从正态分布 $N(\mu_2, \sigma_2^2)$，且 $P\{|X - \mu_1| < 1\} > P\{|Y - \mu_2| < 1\}$，则必有（ ）．

(A) $\sigma_1 < \sigma_2$ (B) $\sigma_1 > \sigma_2$ (C) $\mu_1 < \mu_2$ (D) $\mu_1 > \mu_2$

解 $P\{|X - \mu_1| < 1\} > P\{|Y - \mu_2| < 1\}$，即

$$P\left\{\frac{-1}{\sigma_1} < \frac{X - \mu_1}{\sigma_1} < \frac{1}{\sigma_1}\right\} > P\left\{\frac{-1}{\sigma_2} < \frac{Y - \mu_2}{\sigma_2} < \frac{1}{\sigma_2}\right\},$$

从而 $2\Phi\left(\frac{1}{\sigma_1}\right) - 1 > 2\Phi\left(\frac{1}{\sigma_2}\right) - 1$，故

$$\Phi\left(\frac{1}{\sigma_1}\right) > \Phi\left(\frac{1}{\sigma_2}\right), \quad \frac{1}{\sigma_1} > \frac{1}{\sigma_2}, \quad 得\ \sigma_2 > \sigma_1.$$

故应选(A).

【5.10】 设随机变量 X 的分布函数 $F(x) = \begin{cases} 0, & x < 0 \\ \dfrac{1}{2}, & 0 \leqslant x < 1 \\ 1 - \mathrm{e}^{-x}, & x \geqslant 1 \end{cases}$，则 $P\{X = 1\} = ($ $)$

(A) 0 (B) $\dfrac{1}{2}$ (C) $\dfrac{1}{2} - \mathrm{e}^{-1}$ (D) $1 - \mathrm{e}^{-1}$

解 $P\{X = 1\} = P\{X \leqslant 1\} - P\{X < 1\} = F(1) - F(1 - 0) = (1 - \mathrm{e}^{-1}) - \dfrac{1}{2} = \dfrac{1}{2} - \mathrm{e}^{-1}.$

故应选(C)

题型 2：利用随机变量的分布求概率

【5.11】 设随机变量 X 的分布函数为 $F_X(x) = \begin{cases} 0, & x < 1 \\ \ln x, & 1 \leqslant x < \mathrm{e} \\ 1, & x \geqslant \mathrm{e} \end{cases}$

(1) 求 $P\{X < 2\}$，$P\{0 < X \leqslant 3\}$，$P\{2 < X < \dfrac{5}{2}\}$；

(2) 求概率密度函数 $f_X(x)$．

解 (1) $P\{X < 2\} = F_X(2) = \ln 2$

$P\{0 < X \leqslant 3\} = F_X(3) - F_X(0) = 1 - 0 = 1$

$P\left\{2 < X < \dfrac{5}{2}\right\} = F_X\left(\dfrac{5}{2}\right) - F_X(2) = \ln \dfrac{5}{2} - \ln 2 = \ln \dfrac{5}{4}$

(2) $f_X(x) = F_X'(x) = \begin{cases} \dfrac{1}{x}, & 1 < x < \mathrm{e} \\ 0, & 其他 \end{cases}$

【5.12】 某公共汽车从上午7:00起每隔15分钟有一趟班车经过某车站,即7:00,7:15,7:30,…时刻有班车到达此车站,如果某乘客是在7:00至7:30等可能地到达此车站候车,问他等候不超过5分钟便乘上汽车的概率.

解 设乘客于7点过X分钟到达车站,则$X \sim U[0,30]$,即其概率密度为

$$f(x) = \begin{cases} \dfrac{1}{30}, & 0 \leqslant x \leqslant 30 \\ 0, & \text{其他} \end{cases}$$

于是该乘客等候不超过5分钟便能乘上汽车的概率为

$$P\{10 \leqslant X \leqslant 15 \text{ 或 } 25 \leqslant X \leqslant 30\} = P\{10 \leqslant X \leqslant 15\} + P\{25 \leqslant X \leqslant 30\}$$
$$= \int_{10}^{15} \frac{1}{30} \mathrm{d}x + \int_{25}^{30} \frac{1}{30} \mathrm{d}x = \frac{5}{30} + \frac{5}{30} = \frac{1}{3}$$

【5.13】 设X是在$[0,1]$上取值的连续型随机变量,且$P\{X \leqslant 0.29\} = 0.75$. 如果$Y = 1 - X$,则$k = $ _____ 时,$P\{Y \leqslant k\} = 0.25$.

解 $P\{Y \leqslant k\} = P\{1 - X \leqslant k\} = P\{X \geqslant 1 - k\} = 1 - P\{X < 1 - k\} = 0.25$
所以$P\{X < 1 - k\} = 0.75$,则$1 - k = 0.29$.
即$k = 0.71$.

【5.14】 设$X \sim \begin{bmatrix} 0 & 1 \\ \dfrac{1}{4} & \dfrac{3}{4} \end{bmatrix}$, $P\{Y = -\dfrac{1}{2}\} = 1$, 又$n$维向量$\alpha_1、\alpha_2、\alpha_3$线性无关,则$\alpha_1 + \alpha_2$, $\alpha_2 + 2\alpha_3$, $X\alpha_3 + Y\alpha_1$线性相关的概率为( ).

(A) $\dfrac{3}{4}$ (B) $\dfrac{1}{4}$ (C) 1 (D) $\dfrac{1}{2}$

解 $\alpha_1 + \alpha_2$, $\alpha_2 + 2\alpha_3$, $X\alpha_3 + Y\alpha_1$线性相关 $\Leftrightarrow \begin{vmatrix} 1 & 1 & 0 \\ 0 & 1 & 2 \\ Y & 0 & X \end{vmatrix} = X + 2Y = 0$

$$P\{X + 2Y = 0\} = P\left\{X + 2Y = 0, Y = -\frac{1}{2}\right\} = P\left\{X = 1, Y = -\frac{1}{2}\right\}$$
$$= P\{X = 1\} = \frac{3}{4}$$

故应选(A).

【5.15】 连续型随机变量X的密度函数为

$$p(x) = \begin{cases} \dfrac{A}{\sqrt{1-x^2}}, & |x| < 1 \\ 0, & \text{其他} \end{cases}$$

求:(1) 系数A;

(2) X落在区间$\left(-\dfrac{1}{2}, \dfrac{1}{2}\right)$内的概率;

(3) X的分布函数.

解 (1) 因为$\int_{-\infty}^{+\infty} p(x) \mathrm{d}x = 1$,故

$$\int_{-\infty}^{+\infty} p(x)\mathrm{d}x = \int_{-1}^{1} \frac{A}{\sqrt{1-x^2}}\mathrm{d}x = A\arcsin x \Big|_{-1}^{1} = A\left(\frac{\pi}{2}+\frac{\pi}{2}\right) = 1$$

由此得 $A = \dfrac{1}{\pi}$.

(2) $P\left\{-\dfrac{1}{2} < X < \dfrac{1}{2}\right\} = \displaystyle\int_{-\frac{1}{2}}^{\frac{1}{2}} \dfrac{1}{\pi} \dfrac{1}{\sqrt{1-x^2}}\mathrm{d}x = \dfrac{1}{\pi}\arcsin x \Big|_{-\frac{1}{2}}^{\frac{1}{2}} = \dfrac{1}{3}$

(3) 设 X 的分布函数为 $F(x)$，当 $x \leqslant -1$ 时，
$$F(x) = P\{X \leqslant x\} = \int_{-\infty}^{x} p(t)\mathrm{d}t = \int_{-\infty}^{x} 0 \mathrm{d}t = 0$$

当 $-1 < x \leqslant 1$ 时，
$$F(x) = P\{X \leqslant x\} = P\{X \leqslant -1\} + P\{-1 < X \leqslant x\}$$
$$= \int_{-\infty}^{-1} 0\mathrm{d}t + \int_{-1}^{x} \frac{1}{\pi} \frac{1}{\sqrt{1-t^2}}\mathrm{d}t = \frac{1}{2} + \frac{1}{\pi}\arcsin x$$

当 $x > 1$ 时，
$$F(x) = P\{X \leqslant x\} = P\{X \leqslant -1\} + P\{-1 < X \leqslant 1\} + P\{1 < X \leqslant x\}$$
$$= \int_{-\infty}^{-1} 0\mathrm{d}t + \int_{-1}^{1} \frac{1}{\pi} \frac{1}{\sqrt{1-t^2}}\mathrm{d}t + \int_{1}^{x} 0\mathrm{d}t = 1$$

综合起来，得
$$F(x) = \begin{cases} 0, & x \leqslant -1 \\ \dfrac{1}{2} + \dfrac{1}{\pi}\arcsin x, & -1 < x \leqslant 1 \\ 1, & x > 1 \end{cases}$$

【5.16】设随机变量 X 的密度为
$$f(x) = \begin{cases} cx, & 0 \leqslant x \leqslant 1 \\ 0, & \text{其他} \end{cases}$$

求 (1) 常数 c；
(2) $P\{0.3 < X < 0.7\}$；
(3) 常数 a，使 $P\{X > a\} = P\{X < a\}$；
(4) X 的分布函数 $F(x)$.

解 (1) 由性质 $\displaystyle\int_{-\infty}^{+\infty} f(x)\mathrm{d}x = \int_{0}^{1} cx\,\mathrm{d}x = \dfrac{c}{2} = 1$，可得 $c = 2$.

(2) $P\{0.3 < X < 0.7\} = \displaystyle\int_{0.3}^{0.7} f(x)\mathrm{d}x = \int_{0.3}^{0.7} 2x\,\mathrm{d}x = x^2 \Big|_{0.3}^{0.7} = 0.4.$

(3) 因为 $P\{X > a\} + P\{X < a\} = 1$ $(P\{X = a\} = 0)$，

而 $P\{X > a\} = P\{X < a\}$，

故 $P\{X > a\} = P\{X < a\} = \dfrac{1}{2}$，

即 $\displaystyle\int_{-\infty}^{a} f(x)\mathrm{d}x = \int_{0}^{a} 2x\,\mathrm{d}x = a^2 = \dfrac{1}{2}$，得 $a = \dfrac{1}{\sqrt{2}}$.

(4) $F(x) = \displaystyle\int_{-\infty}^{x} f(t)\mathrm{d}t$

$$= \begin{cases} 0, & x<0 \\ \int_0^x 2t\,dt, & 0 \leqslant x<1 \\ 1, & x \geqslant 1 \end{cases}$$

$$= \begin{cases} 0, & x<0 \\ x^2, & 0 \leqslant x<1 \\ 1, & x \geqslant 1 \end{cases}$$

【5.17】 进行某种试验,成功的概率为 $\frac{3}{4}$,失败的概率为 $\frac{1}{4}$. 以 X 表示直到试验首次成功时所需试验的次数,写出 X 的概率分布并求 X 取偶数的概率.

解 由题意可知, $X \sim G\left(\frac{3}{4}\right)$,故 X 的分布律为

$$P\{X=k\} = \frac{3}{4}\left(\frac{1}{4}\right)^{k-1}, k=1,2,\cdots.$$

$$P\{X=\text{偶数}\} = \frac{3}{4} \cdot \frac{1}{4} + \frac{3}{4}\left(\frac{1}{4}\right)^3 + \frac{3}{4}\left(\frac{1}{4}\right)^5 + \cdots = \frac{3}{4} \cdot \frac{\frac{1}{4}}{1-\frac{1}{16}} = \frac{1}{5}$$

题型3:求随机变量或随机变量函数的分布

【5.18】 假设随机变量 X 的绝对值不大于 1; $P\{X=-1\} = \frac{1}{8}$, $P\{X=1\} = \frac{1}{4}$;在事件 $\{-1<X<1\}$ 出现的条件下,X 在 $(-1,1)$ 内任一子区间上取值的条件概率与该子区间长度成正比. 试求 X 的分布函数 $F(x) = P\{X \leqslant x\}$.

分析 本题是求随机变量的分布函数问题,熟练掌握事件概率与分布函数的关系是关键,首先要求出随机变量在 $(-1,1)$ 上的条件概率.

解 由已知条件,当 $x<-1$ 时, $F(x)=0$;且有 $F(-1)=\frac{1}{8}$.

在 $x \geqslant 1$ 时, $F(x)=1$,且有

$$P\{-1<X<1\} = 1 - P\{X=-1\} - P\{X=1\} = 1 - \frac{1}{4} - \frac{1}{8} = \frac{5}{8}$$

在 $-1<x<1$ 时, $F(x) = P\{X \leqslant x\} = P\{X \leqslant -1\} + P\{-1<X \leqslant x\}$,因为,

$$P\{-1<X \leqslant x\} = P\{-1<X \leqslant x, -1<X<1\},$$

由条件概率运算得

$$P\{-1<X \leqslant x\} = P\{-1<X<1\}P\{-1<X \leqslant x \mid -1<X<1\}$$
$$= \frac{5}{8} \cdot \frac{x+1}{2} = \frac{5x+5}{16}$$

故 $F(x) = F(-1) + P\{-1<X \leqslant x\} = \frac{5x+7}{16}$

从而得 X 的分布函数 $F(x) = \begin{cases} 0, & x<-1 \\ \frac{5x+7}{16}, & -1 \leqslant x<1 \\ 1, & x \geqslant 1 \end{cases}$

§5. 综合提高题型

【5.19】 测量一圆形物体的半径,其分布列为

R	10	11	12	13
P	0.1	0.4	0.3	0.2

求圆周长 X 和圆面积 Y 的分布列.

解 显然周长 $X=2\pi R$ 和面积 $Y=\pi R^2$ 均为随机变量 R 的函数,且易看出 X,Y 的取值分别全不相等,因而其分布列分别为:

X	20π	22π	24π	26π
P	0.1	0.4	0.3	0.2
Y	100π	121π	144π	169π
P	0.1	0.4	0.3	0.2

【5.20】 假设随机变量 X 的概率密度为 $f(x)=\begin{cases}2x, & \text{若 } 0<x<1 \\ 0, & \text{其他}\end{cases}$,现在对 X 进行 n 次独立重复观测,以 V_n 表示观测值不大于 0.1 的次数. 试求随机变量 V_n 的概率分布.

解 事件"观测值不大于 0.1",即事件 $\{X\leqslant 0.1\}$ 的概率为

$$p=P\{X\leqslant 0.1\}=\int_{-\infty}^{0.1}f(x)\mathrm{d}x=2\int_0^{0.1}x\mathrm{d}x=0.01$$

每次观测所得观测值不大于 0.1 为成功,则 V_n 作为 n 次独立重复试验成功的次数,服从参数为 $(n,0.01)$ 的二项分布

$$P\{V_n=m\}=C_n^m(0.01)^m(0.99)^{n-m} \quad (m=0,1,2,\cdots,n)$$

【5.21】 已知随机变量 X 的分布律如下:

X	-2	-1	0	1	2	3
P	$4a$	$\frac{1}{12}$	$3a$	a	$10a$	$4a$

$Y=X^2$,则 Y 的分布律为_____.

解 Y 的分布律可表示为

Y	0	1	4	9
P	$3a$	$\frac{1}{12}+a$	$14a$	$4a$

由性质确定 $a=\frac{1}{24}$

则 Y 的分布律为

Y	0	1	4	9
P	$\frac{1}{8}$	$\frac{1}{8}$	$\frac{7}{12}$	$\frac{1}{6}$

【5.22】 设有随机变量 $X \sim \begin{bmatrix} -1 & 0 & 1 \\ \frac{1}{3} & \frac{1}{6} & \frac{1}{2} \end{bmatrix}$，则 X 的分布函数为_____．

解 当 $x < -1$ 时，$F(x) = P\{X \leqslant x\} = 0$

当 $-1 \leqslant x < 0$ 时，$F(x) = P\{X \leqslant x\} = \frac{1}{3}$

当 $0 \leqslant x < 1$ 时，$F(x) = P\{X \leqslant x\} = \frac{1}{3} + \frac{1}{6} = \frac{1}{2}$

当 $x \geqslant 1$ 时，$F(x) = P\{X \leqslant x\} = \frac{1}{3} + \frac{1}{6} + \frac{1}{2} = 1$

故 $F(x) = \begin{cases} 0, & x < -1 \\ \frac{1}{3}, & -1 \leqslant x < 0 \\ \frac{1}{2}, & 0 \leqslant x < 1 \\ 1, & x \geqslant 1 \end{cases}$

【5.23】 一房间有 3 扇同样大小的窗子，其中只有一扇是打开的．有一只鸟自开着的窗子飞入了房间，它只能从开着的窗子飞出去．鸟在房子里飞来飞去，试图飞出房间．假定鸟是没有记忆的，鸟飞向各扇窗子是随机的．

(1) 以 X 表示鸟为了飞出房间试飞的次数，求 X 的分布律．

(2) 户主声称，他养的一只鸟是有记忆的，它飞向任一窗子的尝试不多于一次．以 Y 表示这只聪明的鸟为了飞出房间试飞的次数，如户主所说是确定的，试求 Y 的分布律．

解 (1) X 的可能取值为 $1, 2, 3, \cdots$，X 服从几何分布，故 X 的分布律为

$$P\{X = k\} = \left(\frac{2}{3}\right)^{k-1} \cdot \frac{1}{3}, \quad k = 1, 2, \cdots$$

或者

X	1	2	3	$\cdots$
P	$\frac{1}{3}$	$\frac{2}{3} \times \frac{1}{3}$	$\left(\frac{2}{3}\right)^2 \times \frac{1}{3}$	$\cdots$

(2) Y 的可能取值为 $1, 2, 3$．
则由题意有 Y 的分布律为

Y	1	2	3
P	$\frac{1}{3}$	$\frac{1}{3}$	$\frac{1}{3}$

【5.24】 设随机变量 X 的概率分布为 $P\{X = 1\} = P\{X = 2\} = \frac{1}{2}$．在给定 $X = i$ 的条件下，随机变量 Y 服从均匀分布 $U(0, i)(i = 1, 2)$．求 Y 的分布函数 $F_Y(y)$ 和概率密度 $f_Y(y)$．

解 $F_Y(y) = P\{Y \leqslant y\}$

$$= P\{X=1\}P\{Y\leqslant y \mid X=1\} + P\{X=2\}P\{Y\leqslant y \mid X=2\}$$
$$= \frac{1}{2}P\{Y\leqslant y \mid X=1\} + \frac{1}{2}P\{Y\leqslant y \mid X=2\}.$$

当 $y<0$ 时,$F_Y(y)=0$;

当 $0\leqslant y<1$ 时,$F_Y(y)=\dfrac{3y}{4}$;

当 $1\leqslant y<2$ 时,$F_Y(y)=\dfrac{1}{2}+\dfrac{y}{4}$;

当 $y\geqslant 2$ 时,$F_Y(y)=1$.

所以 Y 的分布函数为

$$F_Y(y)=\begin{cases}0, & y<0,\\ \dfrac{3y}{4}, & 0\leqslant y<1,\\ \dfrac{1}{2}+\dfrac{y}{4}, & 1\leqslant y<2,\\ 1, & y\geqslant 2.\end{cases}$$

随机变量 Y 的概率密度为

$$f_Y(y)=\begin{cases}\dfrac{3}{4}, & 0<y<1,\\ \dfrac{1}{4}, & 1\leqslant y<2,\\ 0, & 其他\end{cases}$$

点评 本题方法不难但过程复杂,求 $F_Y(y)$ 的关键在于全概率公式的使用,另外各种情形的讨论力求全面细致,利用均匀分布求概率时要注意范围.

【5.25】 设随机变量 X 的概率密度为

(1) $f(x)=\begin{cases}2\left(1-\dfrac{1}{x^2}\right), & 1\leqslant x\leqslant 2\\ 0, & 其他\end{cases}$ 　　(2) $f(x)=\begin{cases}x, & 0\leqslant x<1\\ 2-x, & 1\leqslant x<2\\ 0, & 其他\end{cases}$

求 X 的分布函数 $F(x)$.

解 (1) 当 $x<1$ 时,$F(x)=\displaystyle\int_{-\infty}^{x}f(t)\mathrm{d}t=0$

当 $1\leqslant x<2$ 时,$F(x)=\displaystyle\int_{1}^{x}2\left(1-\dfrac{1}{t^2}\right)\mathrm{d}t=2x+\dfrac{2}{x}-4$

当 $x\geqslant 2$ 时,$F(x)=\displaystyle\int_{-\infty}^{x}f(t)\mathrm{d}t=\int_{1}^{2}2\left(1-\dfrac{1}{x^2}\right)\mathrm{d}x=1$

故 X 的分布函数为

$$F(x)=\begin{cases}0, & x<1\\ 2x+\dfrac{2}{x}-4, & 1\leqslant x<2\\ 1, & x\geqslant 2\end{cases}$$

(2) 当 $x<0$ 时,$F(x)=\displaystyle\int_{-\infty}^{x}f(t)\mathrm{d}t=0$

当 $0 \leqslant x < 1$ 时，$F(x) = \int_0^x t\mathrm{d}t = \dfrac{x^2}{2}$

当 $1 \leqslant x < 2$ 时，$F(x) = \int_{-\infty}^x f(t)\mathrm{d}t = \int_0^1 t\mathrm{d}t - \int_1^x (2-t)\mathrm{d}t = -\dfrac{x^2}{2} + 2x - 1$

当 $x \geqslant 2$ 时，$F(x) = \int_{-\infty}^x f(t)\mathrm{d}t = \int_0^1 x\mathrm{d}x + \int_1^2 (2-x)\mathrm{d}x = 1$

故得 X 的分布函数为

$$F(x) = \begin{cases} 0, & x < 0 \\ \dfrac{x^2}{2}, & 0 \leqslant x < 1 \\ -\dfrac{x^2}{2} + 2x - 1, & 1 \leqslant x < 2 \\ 1, & x \geqslant 2 \end{cases}$$

【5.26】 设随机变量 ξ 的分布函数为 $F(x) = A + B\arctan x \ (-\infty < x < \infty)$. 试求：
(1) 系数 A 与 B；　(2) ξ 落在 $(-1, 1)$ 内的概率；　(3) ξ 的分布密度.

解 (1) 由于 $F(-\infty) = 0, F(+\infty) = 1$，可知

$$\begin{cases} A + B\left(-\dfrac{\pi}{2}\right) = 0 \\ A + B\left(\dfrac{\pi}{2}\right) = 1 \end{cases} \Rightarrow A = \dfrac{1}{2},\ B = \dfrac{1}{\pi}$$

于是 $F(x) = \dfrac{1}{2} + \dfrac{1}{\pi}\arctan x. \quad (-\infty < x < +\infty)$

(2) $P\{-1 < \xi < 1\} = F(1) - F(-1) = \left(\dfrac{1}{2} + \dfrac{1}{\pi}\arctan 1\right) - \left(\dfrac{1}{2} + \dfrac{1}{\pi}\arctan(-1)\right)$

$= \dfrac{1}{2} + \dfrac{1}{\pi} \times \dfrac{\pi}{4} - \dfrac{1}{2} - \dfrac{1}{\pi}\left(-\dfrac{\pi}{4}\right) = \dfrac{1}{2}$

(3) $\varphi(x) = F'(x) = \left(\dfrac{1}{2} + \dfrac{1}{\pi}\arctan x\right)' = \dfrac{1}{\pi(1 + x^2)}. \quad (-\infty < x < +\infty)$

【5.27】 设随机变量 X 在 $(0, 1)$ 服从均匀分布.
(1) 求 $Y = \mathrm{e}^X$ 的概率密度；　(2) 求 $Y = -2\ln X$ 的概率密度.

解 由题设知，X 的概率密度为 $f_X(x) = \begin{cases} 1, & 0 < x < 1 \\ 0, & \text{其他} \end{cases}$

(1) $F_Y(y) = P\{Y \leqslant y\} = P\{\mathrm{e}^X \leqslant y\} = P\{X \leqslant \ln y\} = \int_0^{\ln y} f_X(x)\mathrm{d}x = \int_0^{\ln y} \mathrm{d}x$

故 $f_Y(y) = F_Y'(y) = \dfrac{1}{y},\ 0 < \ln y < 1$，所以 $f_Y(y) = \begin{cases} \dfrac{1}{y}, & 1 < y < \mathrm{e} \\ 0, & \text{其他} \end{cases}$

(2) 由 $y = -2\ln x$ 得 $x = h(y) = \mathrm{e}^{-\frac{y}{2}},\ h'(y) = -\dfrac{1}{2}\mathrm{e}^{-\frac{y}{2}}$，由定理得 $Y = -2\ln X$ 的概率密度为

$$f_Y(y) = \begin{cases} \dfrac{1}{2}\mathrm{e}^{-\frac{y}{2}}, & y > 0 \\ 0, & y \leqslant 0 \end{cases}$$

或由 $Y=-2\ln X$ 知，Y 的取值必为非负，故当 $y\leqslant 0$ 时，$\{Y\leqslant y\}$ 是不可能事件，所以
$$F_Y(y)=P\{Y\leqslant y\}=0,\qquad f_Y(y)=0$$
当 $y>0$ 时，
$$F_Y(x)=P\{Y\leqslant y\}=P\{-2\ln X\leqslant y\}=P\left\{\ln X\geqslant -\frac{y}{2}\right\}=P\{X\geqslant \mathrm{e}^{-\frac{y}{2}}\}$$
$$=\int_{\mathrm{e}^{-\frac{y}{2}}}^{1}f_X(x)\mathrm{d}x=\int_{\mathrm{e}^{-\frac{y}{2}}}^{1}\mathrm{d}x=-\int_{1}^{\mathrm{e}^{-\frac{y}{2}}}\mathrm{d}x$$

从而 $f_Y(y)=F_Y{}'(y)=\dfrac{1}{2}\mathrm{e}^{-\frac{y}{2}}$

故 $f_Y(y)=\begin{cases}\dfrac{1}{2}\mathrm{e}^{-\frac{y}{2}},&y>0\\ 0,&y\leqslant 0\end{cases}$

【5.28】设随机变量 X 的概率密度为
$$f(x)=\begin{cases}\dfrac{1}{9}x^2,&0<x<3,\\ 0,&\text{其他}.\end{cases}$$

令随机变量 $Y=\begin{cases}2,&X\leqslant 1,\\ X,&1<X<2,\\ 1,&X\geqslant 2.\end{cases}$

(1) 求 Y 的分布函数；

(2) 求概率 $P\{X\leqslant Y\}$.

解 (1) 因为 $1\leqslant Y\leqslant 2$，故
$F_Y(y)=P\{Y\leqslant y\}$
当 $y<1$ 时，$F_Y(y)=0$，
当 $y\geqslant 2$ 时，$F_Y(y)=1$，
当 $1\leqslant y<2$ 时，
$F_Y(y)=P\{Y=1\}+P\{1<Y\leqslant y\}=P\{X\geqslant 2\}+P\{1<X\leqslant y\}$
$=\int_{2}^{3}\dfrac{1}{9}x^2\mathrm{d}x+\int_{1}^{y}\dfrac{1}{9}x^2\mathrm{d}x$
$=\dfrac{y^3+18}{27}.$

所以 $F_Y(y)=\begin{cases}0,&y<1,\\ \dfrac{y^3+18}{27},&1\leqslant y<2,\\ 1,&y\geqslant 2.\end{cases}$

(2) $P\{X\leqslant Y\}=P\{X<2\}=\int_{0}^{2}\dfrac{1}{9}x^2\mathrm{d}x=\dfrac{8}{27}.$

【5.29】设随机变量 X 的概率密度为 $f(x)=\begin{cases}\dfrac{1}{3\sqrt[3]{x^2}},&\text{若 }x\in[1,8]\\ 0,&\text{其他}\end{cases}$，$F(x)$ 是 X 的分

布函数.求随机变量 $Y = F(X)$ 的分布函数.

分析 随机变量函数 $Y = F(X)$ 隐含的条件是:因为 $F(x)$ 是 X 的分布函数的表达式,故 Y 的值域为 $[0,1]$.

解 当 $x < 1$ 时,$F(x) = 0$;当 $x > 8$ 时,有 $F(x) = 1$;当 $x \in [1,8]$ 时,

$$F(x) = \int_1^x \frac{1}{3\sqrt[3]{t^2}} dt = \sqrt[3]{x} - 1.$$

令 $G(y)$ 为 $Y = F(X)$ 的分布函数.

当 $y \leqslant 0$ 时,$G(y) = 0$;当 $y \geqslant 1$ 时,$G(y) = 1$;当 $y \in (0,1)$ 时,

$$G(y) = P\{Y \leqslant y\} = P\{F(X) \leqslant y\} = P\{\sqrt[3]{X} - 1 \leqslant y\}$$
$$= P\{X \leqslant (y+1)^3\} = F((y+1)^3) = y.$$

因此 $Y = F(X)$ 的分布函数为 $G(y) = \begin{cases} 0, & y < 0 \\ y, & 0 \leqslant y < 1 \\ 1, & y \geqslant 1 \end{cases}$

点评 本题也可以不求 $F(x)$ 的具体表达式.

因为 $Y = F(X)$ 的分布函数为 $G(y) = P\{Y \leqslant y\} = P\{F(X) \leqslant y\}$,注意到 $F(x)$ 为分布函数,于是 $0 \leqslant F(x) \leqslant 1$,因此当 $y < 0$ 时,$G(y) = 0$;当 $y \geqslant 1$ 时,$G(y) = 1$;

当 $0 \leqslant y < 1$ 时,因为 $F(x)$ 为单调增加函数,故

$$G(y) = P\{Y \leqslant y\} = P\{F(X) \leqslant y\} = P\{X \leqslant F^{-1}(y)\} = F[F^{-1}(y)] = y.$$

则

$$G(y) = \begin{cases} 0, & y < 0 \\ y, & 0 \leqslant y < 1 \\ 1, & y \geqslant 1 \end{cases}$$

实际上,$Y = F(X)$ 的分布与 X 服从什么分布无关.

结论:若连续型随机变量 X 的分布函数是 $F(x)$,则 $Y = F(X)$ 服从 $(0,1)$ 上的均匀分布.

【5.30】 设随机变量 X 服从参数为 2 的指数分布,证明 $Y = 1 - e^{-2X}$ 在区间 $(0,1)$ 上服从均匀分布.

证 X 的分布函数 $F(x) = \begin{cases} 1 - e^{-2x}, & x > 0 \\ 0, & x \leqslant 0 \end{cases}$,$y = 1 - e^{-2x}$ 是单调增函数,其反函数为 $x = -\dfrac{\ln(1-y)}{2}$.

设 $G(y)$ 是 Y 的分布函数,则

$$G(y) = P\{Y \leqslant y\} = P\{1 - e^{-2X} \leqslant y\} = \begin{cases} 0, & y \leqslant 0 \\ P\{X \leqslant -\frac{1}{2}\ln(1-y)\}, & 0 < y < 1 \\ 1, & y \geqslant 1 \end{cases}$$

$$= \begin{cases} 0, & y \leqslant 0 \\ y, & 0 < y < 1 \\ 1, & y \geqslant 1 \end{cases}$$

于是，Y 在 $(0,1)$ 服从均匀分布.

题型 4:关于重要分布

【5.31】设事件 A 在每一次试验中发生的概率为 0.3，当 A 发生不少于 3 次时，指示灯发出信号.

(1) 进行了 5 次独立试验，求指示灯发出信号的概率；

(2) 进行了 7 次独立试验，求指示灯发出信号的概率.

解 记 A 发生的次数为 X，则 $X \sim B(n, 0.3)$，$n = 5, 7$. 记 B 为指示灯发出信号.

(1) $P(B) = P\{X \geqslant 3\} = \sum_{k=3}^{5} C_5^k (0.3)^k (0.7)^{5-k} \approx 0.163$，或

$$P(B) = 1 - \sum_{k=0}^{2} P\{X = k\}$$
$$= 1 - (0.7)^5 - C_5^1 (0.3)(0.7)^4 - C_5^2 (0.3)^2 (0.7)^3 \approx 0.163$$

(2) $P(B) = \sum_{k=3}^{7} P\{X = k\} = \sum_{k=3}^{7} C_7^k (0.3)^k (0.7)^{7-k} \approx 0.353$，或

$$P(B) = 1 - \sum_{k=0}^{2} P\{X=k\} = 1 - (0.7)^7 - C_7^1(0.3)(0.7)^6 - C_7^2(0.3)^2(0.7)^5 \approx 0.353$$

【5.32】某批零件的次品率为 0.1，从这批零件中任取 20 件，求：

(1) 恰有 3 件次品的概率；

(2) 至少有 3 件次品的概率；

(3) 次品数的最可能值.

解 设次品数为 X，则 $X \sim B(20, 0.1)$，由二项分布的分布律可知：

(1) $P\{X = 3\} = C_{20}^3 \cdot 0.1^3 \cdot 0.9^{17} = 0.19$.

(2) $P\{X \geqslant 3\} = 1 - P\{X = 0\} - P\{X = 1\} - P\{X = 2\}$
$$= 1 - 0.9^{20} - C_{20}^1 \cdot 0.1^1 \cdot 0.9^{19} - C_{20}^2 \cdot 0.1^2 \cdot 0.9^{18}$$
$$= 0.3231.$$

(3) 次品数的最可能值为 $[(n+1)p] = 2$.

【5.33】设随机变量 X 服从几何分布，证明

$$P\{X = n+k \mid X > n\} = P\{X = k\}, \quad (n \geqslant 1, k = 1, 2, \cdots)$$

证 $P\{X = k\} = pq^{k-1}$. $(k = 1, 2, \cdots; q = 1-p)$

$$P\{X = n+k \mid X > n\} = \frac{P\{X = n+k\}}{P\{X > n\}} = \frac{pq^{n+k-1}}{\sum_{k=n+1}^{\infty} pq^{k-1}} = pq^{k-1}.$$

故得证.

【5.34】一本 500 页的书，共有 500 个错字，每个错字等可能地出现在每一页上（每一页的印刷符号超过 500 个），试求在给定的一页上至少有三个错字的概率.

解 500 个错字中的每一个在该页上的概率为 $p = \dfrac{1}{500}$. 设该页上的错字数为 X，则

$$P\{X = i\} = C_{500}^i p^i (1-p)^{500-i}, \quad i = 0, 1, 2, \cdots, 500$$

因 $n=500$ 较大，而 $p=\dfrac{1}{500}$ 较小，由泊松定理

$$P\{X=i\}\approx\dfrac{(np)^i}{i!}\mathrm{e}^{-np}=\dfrac{\mathrm{e}^{-1}}{i!},\quad i=1,2,\cdots$$

$$P\{该页至少有三个错字\}=1-P\{该页上至多有三个错字\}$$
$$=1-[P\{X=0\}+P\{X=1\}+P\{X=2\}]$$
$$\approx 1-\left(\mathrm{e}^{-1}+\mathrm{e}^{-1}+\dfrac{1}{2!}\mathrm{e}^{-1}\right)=1-\dfrac{5}{2}\mathrm{e}^{-1}.$$

【5.35】 现有 500 人检查身体，初步发现有 50 人患有某种病，从中任找出 10 人，求下列事件的概率：

(1) 恰有 1 人患此病；

(2) 最多有 1 人患此病；

(3) 至少有 1 人患此病.

解 设任找的 10 人中患此病的人数为 X，据题意知 X 服从超几何分布，有

$$P\{X=k\}=\dfrac{C_{50}^{k}C_{450}^{10-k}}{C_{500}^{10}},\quad k=0,1,\cdots,10$$

因为总数 N 很大，而抽取个数 n 相对较小，故可用二项分布近似代替超几何分布.

$$P\{X=k\}\approx C_{10}^{k}\left(\dfrac{50}{500}\right)^{k}\left(\dfrac{450}{500}\right)^{10-k}=C_{10}^{k}\cdot 0.1^{k}\cdot 0.9^{10-k}.$$

(1) $P\{X=1\}\approx 10\times 0.1\times 0.9^{9}\approx 0.3874$

(2) $P\{X\leqslant 1\}=P\{X=0\}+P\{X=1\}\approx 0.9^{10}+0.3874\approx 0.7361$

(3) $P\{X\geqslant 1\}=1-P\{X<1\}=1-P\{X=0\}=1-0.9^{10}\approx 0.6513$

【5.36】 某地区一个月内发生交通事故的次数 X 服从参数 λ 的泊松分布，即 $X\sim P(\lambda)$. 据统计资料知，一个月内发生 8 次交通事故的概率是发生 10 次事故概率的 2.5 倍.

(1) 求 1 个月内发生 8 次、10 次交通事故的概率；

(2) 求 1 个月内至少发生 1 次交通事故的概率.

解 这是泊松分布的应用问题，$X\sim P(\lambda)$，$P\{X=k\}=\dfrac{\lambda^k\mathrm{e}^{-\lambda}}{k!}$，$k=0,1,2,\cdots$ 这里 λ 是未知的，关键是求出 λ.

根据题意有 $P\{X=8\}=2.5P\{X=10\}$，即 $\dfrac{\lambda^8\mathrm{e}^{-\lambda}}{8!}=2.5\times\dfrac{\lambda^{10}\mathrm{e}^{-\lambda}}{10!}$

解出 $\lambda^2=36$，$\lambda=6$

(1) $P\{X=8\}=\dfrac{6^8\mathrm{e}^{-6}}{8!}\approx 0.1033$，$P\{X=10\}=\dfrac{6^{10}\mathrm{e}^{-6}}{10!}\approx 0.0413$

(2) $P\{X=0\}=\mathrm{e}^{-6}\approx 0.00248$，$P\{X\geqslant 1\}=1-P\{X=0\}\approx 1-0.00248\approx 0.9975$.

【5.37】 某单位招聘 155 人，按考试成绩录用，共有 526 人报名，假设报名者的考试成绩 $X\sim N(\mu,\sigma^2)$. 已知 90 分以上的 12 人，60 分以下的 83 人，若从高分到低分依次录取，某人成绩为 78 分，问此人能否被录取？

解 本题中只知成绩 $X\sim N(\mu,\sigma^2)$，但不知 μ,σ 的值是多少，所以必须首先想法求出 μ 和 σ. 根据已知条件有

$$P\{X > 90\} = \frac{12}{526} \approx 0.0228,$$

$$P\{X \leqslant 90\} = 1 - P\{X > 90\} \approx 1 - 0.0228 = 0.9772,$$

又因为

$$P\{X \leqslant 90\} \xrightarrow{\text{标准化}} P\left\{\frac{X-\mu}{\sigma} \leqslant \frac{90-\mu}{\sigma}\right\} = \Phi\left(\frac{90-\mu}{\sigma}\right),$$

所以

$$\Phi\left(\frac{90-\mu}{\sigma}\right) = 0.9772.$$

反查标准正态分布表得

$$\frac{90-\mu}{\sigma} \approx 2.0. \qquad ①$$

又

$$P\{X < 60\} = \frac{83}{526} \approx 0.1588,$$

$$P\{X < 60\} \xrightarrow{\text{标准化}} P\left\{\frac{X-\mu}{\sigma} < \frac{60-\mu}{\sigma}\right\} = \Phi\left(\frac{60-\mu}{\sigma}\right),$$

所以

$$\Phi\left(\frac{60-\mu}{\sigma}\right) \approx 0.1588, \qquad \Phi\left(\frac{\mu-60}{\sigma}\right) \approx 1 - 0.1588 = 0.8412.$$

反查标准正态分布表得

$$\frac{\mu-60}{\sigma} \approx 1.0, \qquad ②$$

由 ①，② 联立解出 $\sigma = 10$，$\mu = 70$. 所以

$$X \sim N(70, 10^2).$$

某人成绩 78 分，能否被录取，关键在于录取率. 已知录取率为 $\frac{155}{526} \approx 0.2947$. 看是否能被录取，解法有二.

方法 1：看 $P\{X > 78\} = ?$

$$P\{X > 78\} = 1 - P\{X \leqslant 78\} = 1 - P\left\{\frac{X-70}{10} \leqslant \frac{78-70}{10}\right\} = 1 - P\{X^* \leqslant 0.8\}$$

$$= 1 - \Phi(0.8) \approx 1 - 0.7881 = 0.2119$$

因为 $0.2119 < 0.2947$（录取率），所以此人能被录取.

方法 2：看录取分数限. 设被录用者的最低分为 x_0，则 $P\{X \geqslant x_0\} = 0.2947$（录取率），

$$P\{X \leqslant x_0\} = 1 - P\{X > x_0\} \approx 1 - 0.2947 = 0.7053,$$

而

$$P\{X \leqslant x_0\} = P\left\{\frac{X-70}{10} \leqslant \frac{x_0-70}{10}\right\} = P\left\{X^* \leqslant \frac{x_0-70}{10}\right\} = \Phi\left(\frac{x_0-70}{10}\right),$$

所以

$$\Phi\left(\frac{x_0-70}{10}\right) = 0.7053.$$

反查标准正态分布表得
$$\frac{x_0-70}{10} \approx 0.54$$
解出 $x_0 = 75$，某人成绩 78 分，在 75 分以上，所以能被录取。

【5.38】 设随机变量 X 服从正态分布 $N(0,1)$，对给定的 $\alpha(0<\alpha<1)$，数 u_α 满足 $P\{X>u_\alpha\}=\alpha$。若 $P\{|X|<x\}=\alpha$，则 x 等于（　　）。

(A) $u_{\frac{\alpha}{2}}$　　　　(B) $u_{1-\frac{\alpha}{2}}$　　　　(C) $u_{\frac{1-\alpha}{2}}$　　　　(D) $u_{1-\alpha}$

解　由标准正态分布密度函数的对称性知
$1-\alpha = 1-P\{|X|<x\} = P\{|X|\geqslant x\} = P\{X\geqslant x\} + P\{X\leqslant -x\} = 2P\{X\geqslant x\}$.
即有 $P\{X\geqslant x\} = \frac{1-\alpha}{2}$，则 $x = u_{\frac{1-\alpha}{2}}$。

故应选 (C)。

点评　本题 u_α 相当于上侧分位数，如图 2-5.38 所示。

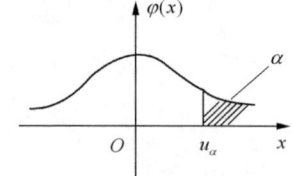
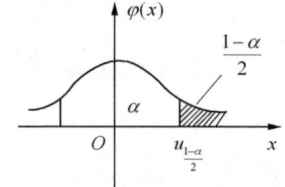

图 2-5.38

【5.39】 设随机变量 X 与 Y 均服从正态分布，$X \sim N(\mu, 4^2)$，$Y \sim N(\mu, 5^2)$；记 $p_1 = P\{X \leqslant \mu-4\}$，$p_2 = P\{Y \geqslant \mu+5\}$，则（　　）。

(A) 对任何实数 μ，都有 $p_1 = p_2$　　　　(B) 对任何实数 μ，都有 $p_1 < p_2$
(C) 只对 μ 的个别值，才有 $p_1 = p_2$　　　　(D) 对任何实数 μ，都有 $p_1 > p_2$

解　由于 $\frac{X-\mu}{4} \sim N(0,1)$，$\frac{Y-\mu}{5} \sim N(0,1)$，

所以
$$p_1 = P\left\{\frac{X-\mu}{4} \leqslant -1\right\} = \Phi(-1) = 1-\Phi(1)$$
$$p_2 = P\left\{\frac{Y-\mu}{5} \geqslant 1\right\} = 1-\Phi(1)$$

故 $p_1 = p_2$，而且与 μ 的取值无关。

故应选 (A)。

【5.40】 设 $f_1(x)$ 为标准正态分布的概率密度，$f_2(x)$ 为 $[-1,3]$ 上均匀分布的概率密度，若
$$f(x) = \begin{cases} af_1(x), & x \leqslant 0 \\ bf_2(x), & x > 0 \end{cases} \quad (a>0, b>0)$$
为概率密度，则 a,b 应满足

(A) $2a+3b=4$　　(B) $3a+2b=4$　　(C) $a+b=1$　　(D) $a+b=2$

解　由概率密度的性质：$\int_{-\infty}^{+\infty} f(x)dx = 1$，而

$$\int_{-\infty}^{+\infty} f(x)\,\mathrm{d}x = a\int_{-\infty}^{0} f_1(x)\,\mathrm{d}x + b\int_{0}^{+\infty} f_2(x)\,\mathrm{d}x$$

其中

$$\int_{-\infty}^{0} f_1(x)\,\mathrm{d}x = \frac{1}{2}\int_{-\infty}^{+\infty} f_1(x)\,\mathrm{d}x = \frac{1}{2} \quad (f_1(x)\ 偶函数)$$

$$\int_{0}^{+\infty} f_2(x)\,\mathrm{d}x = \int_{0}^{3} \frac{1}{4}\,\mathrm{d}x = \frac{3}{4} \quad \left(f_2(x) = \begin{cases} \dfrac{1}{4}, & x \in [-1,3] \\ 0, & 其他 \end{cases}\right)$$

故 $\dfrac{a}{2} + \dfrac{3b}{4} = 1$ 即 $2a + 3b = 4$.

故应选(A).

【5.41】 设随机变量 X 服从正态分布 $N(\mu, \sigma^2)(\sigma > 0)$,且二次方程 $y^2 + 4y + X = 0$ 无实根的概率为 $\dfrac{1}{2}$,则 $\mu =$ _____.

解 二次方程 $y^2 + 4y + X = 0$ 无实根,则
$$\Delta = 4^2 - 4X < 0, \quad 即\ 4 < X$$

因为 $P\{4 < X\} = \dfrac{1}{2}$

故 $\mu = 4$

【5.42】 设随机变量 Y 服从参数为 1 的指数分布,a 为常数且大于零,则 $P\{Y \leqslant a+1 \mid Y > a\} =$ _____.

解 因为 Y 服从参数为 1 的指数分布,所以 Y 的分布函数为:
$$F(y) = \begin{cases} 1 - \mathrm{e}^{-y}, & y > 0 \\ 0, & y \leqslant 0 \end{cases},$$

则
$$P\{Y \leqslant a+1 \mid Y > a\} = \frac{P\{a < Y \leqslant a+1\}}{P\{Y > a\}}$$
$$= \frac{P\{a < Y \leqslant a+1\}}{1 - P\{Y \leqslant a\}} = \frac{F(a+1) - F(a)}{1 - F(a)}$$
$$= \frac{1 - \mathrm{e}^{-a-1} - (1 - \mathrm{e}^{-a})}{1 - (1 - \mathrm{e}^{-a})} = 1 - \mathrm{e}^{-1}.$$

点评 本题为条件概率,先使用条件概率公式,再利用指数分布的分布函数或概率密度求出相应的概率,此为常规解法.

除此之外,本题也可以利用指数分布的性质——"无记忆性":设 $Y \sim E(\lambda)$,则
$$P\{Y > a+t \mid Y > a\} = P\{Y > t\}.$$

故 $P\{Y \leqslant a+1 \mid Y > a\} = 1 - P\{Y > a+1 \mid Y > a\} = 1 - P\{Y > 1\} = P\{Y \leqslant 1\} = 1 - \mathrm{e}^{-1}.$

【5.43】 设打一次电话所用时间 X(分钟)服从参数 $\lambda = 0.1$ 的指数分布. 如某人刚好在你前面走进电话间,求你等待的时间:

(1) 超过 10 分钟的概率;

(2) 在 10 分钟到 20 分钟之间的概率.

解 因为 $X \sim E(0.1)$，则 $f(x) = \begin{cases} \frac{1}{10}e^{-\frac{x}{10}}, & x > 0 \\ 0, & x \leqslant 0 \end{cases}$, $F(x) = \begin{cases} 1 - e^{-\frac{x}{10}}, & x > 0 \\ 0, & x \leqslant 0 \end{cases}$, 故

(1) $P\{X > 10\} = 1 - F(10)$ $\left(或 \int_{10}^{+\infty} f(x)dx\right) = e^{-1}$;

(2) $P\{10 < X < 20\} = F(20) - F(10)$ $\left(或 \int_{10}^{20} f(x)dx\right) = e^{-1} - e^{-2}$.

题型 5：综合应用题

【5.44】设一大型设备在任何长为 t 的时间内发生故障的次数 $N(t)$ 服从参数为 λt 的泊松分布.

(1) 求在相继两次故障之间时间间隔 T 的概率分布；

(2) 求在设备已经无故障工作 8 小时的情况下，再无故障运行 8 小时的概率 Q.

解 (1) 由于 T 是非负随机变量，可见

当 $t < 0$ 时，$F(t) = P\{T \leqslant t\} = 0$

设 $t \geqslant 0$ 时，则事件 $\{T > t\}$ 与 $\{N(t) = 0\}$ 等价. 因此，当 $t \geqslant 0$ 时，有

$$F(t) = P\{T \leqslant t\} = 1 - P\{T > t\} = 1 - P\{N(t) = 0\} = 1 - e^{-\lambda t}$$

于是，T 服从参数为 λ 的指数分布.

(2) $Q = P\{T \geqslant 16 \mid T \geqslant 8\} = \dfrac{P\{T \geqslant 16, T \geqslant 8\}}{P\{T \geqslant 8\}} = \dfrac{P\{T \geqslant 16\}}{P\{T \geqslant 8\}} = \dfrac{e^{-16\lambda}}{e^{-8\lambda}} = e^{-8\lambda}$.

点评 本题第二问也可以利用指数分布的"无记忆性"直接求 Q. 设 X 服从指数分布，则 $P\{X > s + t \mid X > s\} = P\{X > t\}$，由此 $Q = P\{T \geqslant 8\} = e^{-8\lambda}$.

【5.45】假设测量的随机误差 $X \sim N(0, 10^2)$，试求在 100 次独立重复测量中，至少有三次测量误差的绝对值大于 19.6 的概率 α，并利用泊松分布求出 α 的近似值(要求小数点后取两位有效数字).

解 设在 100 次测量中，有 Y 次的测量误差的绝对值大于 19.6，则 $Y \sim B(100, p)$. 其中

$$p = P\{|X| > 19.6\} = 1 - P\{-19.6 \leqslant X \leqslant 19.6\}$$
$$= 1 - [\Phi(1.96) - \Phi(-1.96)] = 2 - 2\Phi(1.96) = 2 - 2 \times 0.975 = 0.05.$$

故

$$\alpha = P\{Y \geqslant 3\} = \sum_{k=3}^{100} C_{100}^k \times 0.05^k \times 0.95^{100-k}$$

若用泊松近似，则 $\lambda = 100 \times 0.05 = 5$，即 $Y \sim B(100, 0.05)$ 近似于 $P(5)$，故 $\alpha \approx 0.88$.

【5.46】有一大批产品，其验收方案如下. 先作第一次检验：从中取 10 件，经检验无次品接受这批产品，次品数大于 2 拒收；否则作第二次检验，其做法是从中再任取 5 件，仅当 5 件中无次品时接受这批产品. 若产品的次品率为 10%，求

(1) 这批产品经第一次检验就能接受的概率；

(2) 需作第二次检验的概率；

(3) 这批产品按第二次检验的标准接受的概率；

(4) 这批产品在第一次检验未能做决定且第二次检验时被通过的概率；

(5) 这批产品被接受的概率.

解 第一次检验相当于 10 重伯努利试验. 设 X 为第一次检验中次品数,则 $X \sim B(10, 10\%)$,第二次检验为 5 重伯努利试验. 设 Y 为第二次检验中次品数,则 $Y \sim B(5, 10\%)$.

(1) $P\{X=0\} = C_{10}^0 (0.1)^0 \times (0.9)^{10} = (0.9)^{10} \approx 0.349$

(2) $P\{0 < X \leq 2\} = P\{X=1\} + P\{X=2\} = 10 \times 0.1 \times (0.9)^9 + \dfrac{10 \times 9}{2} \times 0.1^2 \times (0.9)^8$
$\approx 0.387 + 0.194 = 0.581$

(3) $P\{Y=0\} = C_5^0 (0.1)^0 (0.9)^5 = (0.9)^5 \approx 0.590$

(4) $P\{0 < X \leq 2, Y=0\} = P\{0 < X \leq 2\} \cdot P\{Y=0\} \approx 0.581 \times 0.590 \approx 0.343$

(5) $P\{X=0\} + P\{0 < X \leq 2, Y=0\} = 0.349 + 0.343 = 0.692.$

【5.47】 若每只母鸡产 k 个蛋的概率服从参数为 λ 的泊松分布,而每个蛋能孵化成小鸡的概率为 p. 试证:每只母鸡有 n 只小鸡的概率服从参数为 λp 的泊松分布.

证 设 $X = \{$蛋数$\}$,$Y = \{$鸡数$\}$. 由全概率公式,
$$P\{Y=n\} = P\{X=n\}P\{Y=n \mid X=n\} + P\{X=n+1\}P\{Y=n \mid X=n+1\} + \cdots\cdots$$
$$= \dfrac{\lambda^n}{n!} e^{-\lambda} p^n + \dfrac{\lambda^{n+1}}{(n+1)!} e^{-\lambda} C_{n+1}^n p^n q + \cdots\cdots$$
$$= \dfrac{(\lambda p)^n}{n!} e^{-\lambda(1-q)} = \dfrac{(\lambda p)^n}{n!} e^{-\lambda p}$$

所以 $Y \sim P(\lambda p)$.

【5.48】 设电源电压 $U \sim N(220, 25^2)$(单位:V). 通常有 3 种状态:① 不超过 200V;② 在 200V ~ 240V 之间;③ 超过 240V. 在上述三种状态下,某电子元件损坏的概率分别为 0.1,0.001,0.2.

(1) 求电子元件损坏的概率 α;

(2) 在电子元件已损坏的情况下,试分析电压所处的状态.

解 (1) 设事件 A_1, A_2, A_3 分别顺序表示题中所述电压的 3 种状态,B 表示电子元件损坏,则 $\alpha = P(B)$. 根据全概率公式有
$$P(B) = \sum_{i=1}^{3} P(A_i) P(B \mid A_i)$$

据题意知,$P(B \mid A_1) = 0.1$,$P(B \mid A_2) = 0.001$,$P(B \mid A_3) = 0.2$,下面求 $P(A_i)(i=1,2,3)$,已知 $U \sim N(220, 25^2)$,
$$P(A_1) = P\{U \leq 200\} \xrightarrow{\text{标准化}} P\left\{\dfrac{U-220}{25} \leq \dfrac{200-220}{25}\right\} = P\{U^* \leq -0.8\}$$
(其中 $U^* \sim N(0,1)$)
$$= \Phi(-0.8) = 1 - \Phi(0.8)(\underline{\text{查表}}) \approx 1 - 0.7881 = 0.2119.$$

考虑到正态分布的对称性,有
$$P(A_3) = P(A_1) \approx 0.2119$$

由于 (A_1, A_2, A_3) 是一个完备事件组,所以
$$P(A_1) + P(A_2) + P(A_3) = 1,$$
$$P(A_2) = 1 - P(A_1) - P(A_3) = 1 - 2P(A_1) = 1 - 2 \times 0.2119 = 0.5762.$$

故
$$\alpha = P(B) = 0.2119 \times 0.1 + 0.5762 \times 0.001 + 0.2119 \times 0.2 \approx 0.0642.$$

(2) 考虑 $P(A_i \mid B), i=1,2,3.$

由贝叶斯公式 $P(A_i \mid B) = \dfrac{P(A_i)P(B \mid A_i)}{P(B)}$，所以

$$P(A_1 \mid B) = \frac{P(A_1)P(B \mid A_1)}{P(B)} \approx \frac{0.2119 \times 0.1}{0.0642} \approx 0.330;$$

$$P(A_2 \mid B) = \frac{P(A_2)P(B \mid A_2)}{P(B)} \approx \frac{0.5762 \times 0.001}{0.0642} \approx 0.009;$$

$$P(A_3 \mid B) = \frac{P(A_3)P(B \mid A_3)}{P(B)} \approx \frac{0.2119 \times 0.2}{0.0642} \approx 0.660.$$

从上面的几个概率值看出，$P(A_3 \mid B) \approx 0.660$ 是三者中的最大者，说明当电器损坏时，电压处在高压状态下的可能性最大；而 $P(A_2 \mid B) \approx 0.009$ 很小，说明当电器损坏时，电压处在中压（200V ~ 240V 之间）状态的可能性很小，几乎是不会的. 这符合实际.

【5.49】 设某城市成年男子的身高 $X \sim N(170, 6^2)$（单位厘米）.

(1) 问应如何设计公共汽车车门的高度，使成年男子与车门顶碰头的机会小于 0.01？

(2) 若车门设计高度为 182 厘米，求 10 个成年男子中与车门顶碰头的人数不多于 1 人的概率.

解 (1) 设车门高度为 l 厘米，按设计要求应有 $P\{X > l\} < 0.01$. 由题设知 $X \sim N(170, 6^2)$，将其标准化后有

$$\frac{X-170}{6} \sim N(0,1),$$

因此，按设计要求有

$$P\{X > l\} = 1 - P\{X \leqslant l\} = 1 - P\left\{\frac{X-170}{6} \leqslant \frac{l-170}{6}\right\} = 1 - \Phi\left(\frac{l-170}{6}\right) < 0.01,$$

即 $\Phi\left(\dfrac{l-170}{6}\right) > 0.99$，查表得 $\dfrac{l-170}{6} > 2.33$，故

$$l > 183.98(\text{厘米}).$$

(2) 因为任一男子其身高可能超过 182 厘米，也可能低于 182 厘米，一般来说，只有身高超过 182 厘米的才能与车门顶相碰，因此，我们将任一男子是否与车门顶碰头看成一个伯努利试验，故问题转化为一个 10 重伯努利试验中的概率计算问题. 为此，先求任一男子身高超过 182 厘米的概率 p，显然

$$p = P\{X > 182\} = P\left\{\frac{X-170}{6} > \frac{182-170}{6}\right\} = 1 - \Phi(2) = 0.0228.$$

设 Y 为 10 个成年男子中身高超过 182 厘米的人数，故由以上分析知，$Y \sim B(10, 0.0228)$，即

$$P\{Y = k\} = C_{10}^k (0.0228)^k (0.9772)^{10-k}, \quad k = 0,1,\cdots,10,$$

故所求概率为

$$P\{Y \leqslant 1\} = P\{Y=0\} + P\{Y=1\}$$
$$= (0.9772)^{10} + C_{10}^1(0.0228)(0.9772)^9$$
$$\approx 0.9793.$$

第三章 多维随机变量及其分布

§1. 二维随机变量及其分布

知 识 要 点

1. 二维随机变量 设 E 是随机试验，样本空间 $\Omega=\{\omega\}$，由 $X=X(\omega)$，$Y=Y(\omega)$ 构成的向量 (X,Y) 称为二维随机变量.

2. 联合分布函数 设 (X,Y) 是二维随机变量，x,y 是两个任意实数，则称定义在平面上的二元函数 $P\{X\leqslant x,Y\leqslant y\}$ 为 (X,Y) 的分布函数，或称为 X 和 Y 的联合分布函数，记作 $F(x,y)$，即

$$F(x,y)=P\{X\leqslant x,Y\leqslant y\}.$$

$F(x,y)$ 的性质：

(1) $0\leqslant F(x,y)\leqslant 1$，且 $F(-\infty,y)=F(x,-\infty)=F(-\infty,-\infty)=0$，$F(+\infty,+\infty)=1$.

(2) $F(x,y)$ 是变量 x 或 y 的单调不减函数.

(3) $F(x,y)=F(x+0,y)$，$F(x,y)=F(x,y+0)$，$F(x,y)$ 关于 x 或 y 都是右连续的.

(4) 对任意 (x_1,y_1)，(x_2,y_2)：当 $x_1<x_2$，$y_1<y_2$ 时有

$$P\{x_1<X\leqslant x_2,\ y_1<Y\leqslant y_2\}=F(x_2,y_2)-F(x_1,y_2)-F(x_2,y_1)+F(x_1,y_1).$$

3. 二维离散型随机变量 若 (X,Y) 所有可能取值为 (x_i,y_j)，$i,j=1,2,\cdots$，则 $P\{X=x_i,Y=y_j\}=p_{ij}$ 称为联合分布律，联合分布律可列表如下：

X \ Y	y_1	$\cdots$	y_j	$\cdots$
x_1	p_{11}	$\cdots$	p_{1j}	$\cdots$
$\vdots$	$\vdots$		$\vdots$	
x_i	p_{i1}	$\cdots$	p_{ij}	$\cdots$
$\vdots$	$\vdots$		$\vdots$	

联合分布律的性质：$p_{ij}\geqslant 0$，$\sum\limits_{i=1}^{\infty}\sum\limits_{j=1}^{\infty}p_{ij}=1$.

4. 二维连续型随机变量 若分布函数 $F(x,y)=\int_{-\infty}^{x}\int_{-\infty}^{y}f(u,v)\mathrm{d}u\mathrm{d}v$，则称 (X,Y) 是连续型随机变量. $f(x,y)$ 称为 (X,Y) 的联合概率密度.

联合概率密度的性质:

(1) $f(x,y) \geqslant 0$; $\int_{-\infty}^{+\infty}\int_{-\infty}^{+\infty} f(x,y) \mathrm{d}x\mathrm{d}y = 1$.

(2) 若 $f(x,y)$ 在点 (x,y) 处连续,则 $\dfrac{\partial^2 F(x,y)}{\partial x \partial y} = f(x,y)$.

(3) 设 G 是 xOy 平面上一个区域,则 $P\{(X,Y) \in G\} = \iint\limits_{G} f(x,y) \mathrm{d}x\mathrm{d}y$.

基 本 题 型

题型 1. 关于分布函数、分布律、概率密度的性质

【1.1】 设随机变量 (X,Y) 的分布函数为:
$$F(x,y) = A\left(B + \arctan \frac{x}{2}\right)\left(C + \arctan \frac{y}{3}\right),$$

求 A,B,C 及 (X,Y) 的联合密度函数.

解 (1) 由联合分布函数的性质知
$$F(+\infty, +\infty) = A\left(B + \frac{\pi}{2}\right)\left(C + \frac{\pi}{2}\right) = 1,$$
$$F(-\infty, +\infty) = A\left(B - \frac{\pi}{2}\right)\left(C + \frac{\pi}{2}\right) = 0,$$
$$F(+\infty, -\infty) = A\left(B + \frac{\pi}{2}\right)\left(C - \frac{\pi}{2}\right) = 0,$$

得 $A = \dfrac{1}{\pi^2}$, $B = \dfrac{\pi}{2}$, $C = \dfrac{\pi}{2}$.

(2) $f(x,y) = \dfrac{\partial^2 F}{\partial x \partial y} = \dfrac{6}{\pi^2(4+x^2)(9+y^2)}$

【1.2】 设二维连续型随机变量 (X_1, X_2) 与 (Y_1, Y_2) 的联合密度分别为 $p(x,y)$ 和 $g(x,y)$, 令 $f(x,y) = ap(x,y) + bg(x,y)$. 要使函数 $f(x,y)$ 是某个二维随机变量的联合密度,则 a,b 应满足( ).

(A) $a + b = 1$ (B) $a > 0$, $b > 0$
(C) $0 \leqslant a \leqslant 1$, $0 \leqslant b \leqslant 1$ (D) $a \geqslant 0$, $b \geqslant 0$, 且 $a + b = 1$

解 $f(x,y)$ 为密度函数 $\Leftrightarrow f(x,y) \geqslant 0$ 且 $\int_{-\infty}^{+\infty}\int_{-\infty}^{+\infty} f(x,y)\mathrm{d}x\mathrm{d}y = 1$,
由此可推得, $1 = a + b$, 且 $ap(x,y) + bg(x,y) \geqslant 0$ ($\forall x,y \in \mathbf{R}$).
所以选择(D).
对于 $a \geqslant 0$, $b \geqslant 0$, 由 $p(x,y) \geqslant 0$, $g(x,y) \geqslant 0$ 得
$$ap(x,y) + bg(x,y) \geqslant 0 \quad (\forall x, y \in \mathbf{R}).$$
如果 $a < 0$ (或 $b < 0$),则对一切 x,y 有
$$bg(x,y) \geqslant (-a)p(x,y) \quad \text{或} \quad ap(x,y) \geqslant (-b)g(x,y)$$
此式未必成立.

故应选(D).

【1.3】 设 (X,Y) 的分布律为

X \ Y	1	2	3
-1	$\frac{1}{3}$	$\frac{a}{6}$	$\frac{1}{4}$
1	0	$\frac{1}{4}$	a^2

求 a 的值.

解 由分布律性质知：
$$\frac{1}{3}+\frac{a}{6}+\frac{1}{4}+\frac{1}{4}+a^2=1,$$
即
$$6a^2+a-1=0, \quad (3a-1)(2a+1)=0,$$
解得 $a=\frac{1}{3}$ 或 $a=-\frac{1}{2}$.

由 $p_{ij}\geqslant 0$ 可舍去 $a=-\frac{1}{2}$, 所以 $a=\frac{1}{3}$.

题型 2. 求联合分布律

【1.4】 盒子里装有 3 只黑球、2 只红球、2 只白球，在其中任选 4 只球，以 X 表示取到黑球的只数，以 Y 表示取到红球的只数，求 X 和 Y 的联合分布律.

解 (X,Y) 的所有可能取值为 $(0,0),(0,1),(0,2),(1,0),(1,1),(1,2),(2,0),(2,1),$ $(2,2),(3,0),(3,1),(3,2)$.

按古典概型，显有

$$P\{X=0,Y=2\}=\frac{C_3^0\times C_2^2\times C_2^2}{C_7^4}=\frac{1}{35}$$

$$P\{X=1,Y=1\}=\frac{C_3^1\times C_2^1\times C_2^2}{C_7^4}=\frac{6}{35}$$

$$P\{X=1,Y=2\}=\frac{C_3^1\times C_2^2\times C_2^1}{C_7^4}=\frac{6}{35}$$

$$P\{X=2,Y=1\}=\frac{C_3^2\times C_2^1\times C_2^1}{C_7^4}=\frac{12}{35}$$

$$P\{X=2,Y=0\}=\frac{C_3^2\times C_2^0\times C_2^2}{C_7^4}=\frac{3}{35}$$

$$P\{X=2,Y=2\}=\frac{C_3^2\times C_2^2\times C_2^0}{C_7^4}=\frac{3}{35}$$

$$P\{X=3,Y=0\}=\frac{C_3^3\times C_2^0\times C_2^1}{C_7^4}=\frac{2}{35}$$

$$P\{X=3,Y=1\}=\frac{C_3^3\times C_2^1\times C_2^0}{C_7^4}=\frac{2}{35}$$

则 X 和 Y 的联合分布律为：

Y \ X	0	1	2	3
0	0	0	$\frac{3}{35}$	$\frac{2}{35}$
1	0	$\frac{6}{35}$	$\frac{12}{35}$	$\frac{2}{35}$
2	$\frac{1}{35}$	$\frac{6}{35}$	$\frac{3}{35}$	0

题型 3. 分布函数与概率密度的转化

【1.5】设二维随机变量 (X,Y) 的联合分布函数为

$$F(x,y) = \begin{cases} 1 - 3^{-x} - 3^{-y} + 3^{-x-y}, & x \geq 0, y \geq 0 \\ 0, & \text{其他.} \end{cases}$$

则二维随机变量 (X,Y) 的联合密度 $\varphi(x,y)$ 为_____.

解 可以验证这是二维连续型随机变量的分布函数,由公式:

$$\varphi(x,y) = \frac{\partial^2 F}{\partial x \partial y}$$

有

$$\frac{\partial F}{\partial x} = 3^{-x}\ln 3 - 3^{-x-y}\ln 3 \qquad \frac{\partial^2 F}{\partial x \partial y} = 3^{-x-y}(\ln 3)^2$$

故 $\varphi(x,y) = \begin{cases} 3^{-x-y}(\ln 3)^2, & x \geq 0, y \geq 0 \\ 0, & \text{其他.} \end{cases}$

【1.6】设随机变量 (X,Y) 的概率密度为

$$f(x,y) = \begin{cases} Ae^{-(3x+4y)}, & x > 0, y > 0 \\ 0, & \text{其他.} \end{cases}$$

求:(1) A 的值;
(2) (X,Y) 的联合分布函数 $F(x,y)$;
(3) (X,Y) 落在 $G = \{(x,y) \mid 0 < x \leq 1, 0 < y \leq 2\}$ 中的概率.

解 (1) 由 $\int_{-\infty}^{+\infty} \int_{-\infty}^{+\infty} f(x,y) \mathrm{d}x \mathrm{d}y = 1$,可得 $\frac{A}{12} = 1$,故 $A = 12$.

(2) 分情况讨论分布函数 $F(x,y)$.

① 当 $x > 0, y > 0$ 时,

$$F(x,y) = \int_{-\infty}^{x} \int_{-\infty}^{y} f(x,y) \mathrm{d}x \mathrm{d}y = \int_{0}^{x} \int_{0}^{y} 12 e^{-(3x+4y)} \mathrm{d}x \mathrm{d}y = (1-e^{-3x})(1-e^{-4y}).$$

② 当 x, y 属于其他范围时 $f(x,y) = 0$,$F(x,y) = \int_{-\infty}^{x} \int_{-\infty}^{y} 0 \mathrm{d}x \mathrm{d}y = 0$.

所以 $F(x,y) = \begin{cases} (1-e^{-3x})(1-e^{-4y}), & x > 0, y > 0 \\ 0, & \text{其他.} \end{cases}$

(3) **方法一** 利用概率密度:

$$P\{0 < X \leq 1, 0 < Y \leq 2\} = \int_{0}^{1} \int_{0}^{2} 12 e^{-(3x+4y)} \mathrm{d}x \mathrm{d}y = \int_{0}^{1} e^{-3x} \mathrm{d}x \int_{0}^{2} 12 e^{-4y} \mathrm{d}y$$
$$= (1-e^{-3})(1-e^{-8}).$$

方法二 利用分布函数：

由 $F(x,y)$ 的性质可知

$P\{0 < X \leqslant 1, 0 < Y \leqslant 2\} = F(1,2) - F(1,0) - F(0,2) + F(0,0) = (1-\mathrm{e}^{-3})(1-\mathrm{e}^{-8}).$

点评 在求解二维随机变量在某矩形域的概率时可采用直接计算概率密度函数在矩形域的积分，也可采用分布函数计算，根据具体问题选择不同方法。注意：非矩形域只能用方法一。

题型 4. 利用分布求概率

【1.7】 设二维随机变量 (X,Y) 的概率密度为

$$f(x,y) = \begin{cases} 6x, & 0 \leqslant x \leqslant y \leqslant 1 \\ 0, & \text{其他.} \end{cases}$$

则 $P\{X+Y \leqslant 1\} = $ _____。

解 由题意作图 3-1.7 所示

$$P\{X+Y \leqslant 1\} = \iint\limits_{x+y \leqslant 1} f(x,y) \mathrm{d}x \mathrm{d}y$$

$$= \int_0^{\frac{1}{2}} \mathrm{d}x \int_x^{1-x} 6x \mathrm{d}y$$

$$= \int_0^{\frac{1}{2}} 6x(1-2x) \mathrm{d}x = \frac{1}{4}.$$

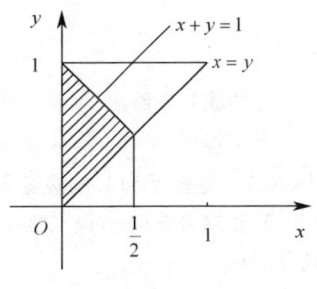

图 3-1.7

点评 利用 (X,Y) 的联合密度 $f(x,y)$ 求 $P\{(X,Y) \in G\}$ 属于基本题型，其中 $P\{(X,Y) \in G\} = \iint\limits_G f(x,y) \mathrm{d}x \mathrm{d}y$ 计算二重积分时，应找出 G 与 $f(x,y)$ 的非零区域的公共部分 D，然后在 D 上积分。

【1.8】 设随机变量 (X,Y) 的分布函数为

$$F(x,y) = \begin{cases} 1 - 2^{-x} - 2^{-y} + 2^{-x-y}, & x \geqslant 0, y \geqslant 0 \\ 0, & \text{其他.} \end{cases}$$

求 $P\{1 < X \leqslant 2, 3 < Y \leqslant 5\}$。

解 $P\{1 < X \leqslant 2, 3 < Y \leqslant 5\} = F(2,5) - F(1,5) - F(2,3) + F(1,3) = \dfrac{3}{128}.$

【1.9】 设 (X,Y) 的分布律为

X \ Y	1	2	3
0	0.1	0.1	0.3
1	0.25	0	0.25

求：(1) $P\{X=0\}$；　　　　　　　(2) $P\{Y \leqslant 2\}$；

　　(3) $P\{X<1, Y \leqslant 2\}$；　　　(4) $P\{X+Y=2\}$。

分析 利用联合分布律求概率公式为

$$P\{(X,Y) \in G\} = \sum_{(x_i, y_j) \in G} p_{ij}.$$

解 (1) $P\{X=0\} = P\{X=0, Y=1\} + P\{X=0, Y=2\} + P\{X=0, Y=3\}$

$= 0.1 + 0.1 + 0.3 = 0.5;$

(2) $P\{Y \leqslant 2\} = P\{X=0, Y=1\} + P\{X=0, Y=2\} + P\{X=1, Y=1\} + P\{X=1, Y=2\}$
$= 0.1 + 0.1 + 0.25 + 0 = 0.45$;

(3) $P\{X<1, Y \leqslant 2\} = P\{X=0, Y=1\} + P\{X=0, Y=2\} = 0.1 + 0.1 = 0.2$;

(4) $P\{X+Y=2\} = P\{X=0, Y=2\} + P\{X=1, Y=1\} = 0.1 + 0.25 = 0.35$.

§2. 边缘分布

知识要点

1. 边缘分布函数 设二维随机变量 (X,Y) 的分布函数为 $F(x,y)$，分别称函数
$$F_X(x) = \lim_{y \to +\infty} F(x,y) = F(x, +\infty) \quad \text{和} \quad F_Y(y) = \lim_{x \to +\infty} F(x,y) = F(+\infty, y)$$
为 (X,Y) 关于 X 和 Y 的边缘分布函数.

2. 边缘分布律 设二维离散型随机变量 (X,Y) 的联合分布律为 $P\{X=x_i, Y=y_j\} = p_{ij}$，则分别称
$$p_{i\cdot} = \sum_{j=1}^{\infty} p_{ij} = P\{X=x_i\} \quad (i=1,2,3,\cdots)$$
和
$$p_{\cdot j} = \sum_{i=1}^{\infty} p_{ij} = P\{Y=y_j\} \quad (j=1,2,3,\cdots\cdots)$$
为 (X,Y) 关于 X 和 Y 的边缘分布律.

3. 边缘概率密度 设二维连续型随机变量 (X,Y) 的概率密度为 $f(x,y)$，则 $f_X(x) = \int_{-\infty}^{+\infty} f(x,y) dy$ 和 $f_Y(y) = \int_{-\infty}^{+\infty} f(x,y) dx$ 分别称为 (X,Y) 关于 X 和 Y 的边缘概率密度.

4. 常用的二维分布

(1) 二维均匀分布：如果二维随机变量 (X,Y) 有概率密度
$$f(x,y) = \begin{cases} \dfrac{1}{A}, & (x,y) \in G \\ 0, & \text{其他}. \end{cases}$$
其中 G 为平面有界区域，A 为其面积，则称 (X,Y) 在 G 上服从二维均匀分布.

(2) 二维正态分布：如果二维随机变量 (X,Y) 的概率密度为
$$f(x,y) = \frac{1}{2\pi\sigma_1\sigma_2\sqrt{1-\rho^2}} \exp\left\{-\frac{1}{2(1-\rho^2)}\left[\frac{(x-\mu_1)^2}{\sigma_1^2} - 2\rho\frac{(x-\mu_1)(y-\mu_2)}{\sigma_1\sigma_2} + \frac{(y-\mu_2)^2}{\sigma_2^2}\right]\right\}$$
$$-\infty < x, \ y < +\infty,$$
其中 $\mu_1, \mu_2, \sigma_1, \sigma_2, \rho$ 均为常数，且 $\sigma_1 > 0, \sigma_2 > 0, -1 < \rho < 1$，则称 (X,Y) 服从参数为 $\mu_1, \mu_2, \sigma_1, \sigma_2, \rho$ 的二维正态分布，记作
$$(X,Y) \sim N(\mu_1, \sigma_1^2; \mu_2, \sigma_2^2; \rho).$$

特别，当 $\mu_1 = \mu_2 = 0, \sigma_1 = \sigma_2 = 1$ 时，则称 (X,Y) 服从标准正态分布.

性质：$(X,Y) \sim N(\mu_1,\sigma_1^2;\mu_2,\sigma_2^2;\rho) \Rightarrow X \sim N(\mu_1,\sigma_1^2)$，$Y \sim N(\mu_2,\sigma_2^2)$. 逆命题不成立.

基 本 题 型

题型 1. 联合分布律与边缘分布律

【2.1】 设随机变量 X 在 $1,2,3,4$ 四个整数中随机地取一值，另一随机变量 Y 在 1 到 X 中随机地取一整数. 求 (X,Y) 的分布律及 X 和 Y 的边缘分布.

解 X 可能的取值为 $i=1,2,3,4$，Y 可能的取值为 $j=1,\cdots,i$. 由乘法定理得

$$P\{X=i, Y=j\} = P\{Y=j \mid X=i\} \cdot P\{X=i\} = \begin{cases} \dfrac{1}{4} \cdot \dfrac{1}{i}, & j \leqslant i \\ 0, & j > i \end{cases}$$

故得 X 和 Y 的联合分布律为

Y \ X	1	2	3	4
1	$\dfrac{1}{4}$	$\dfrac{1}{8}$	$\dfrac{1}{12}$	$\dfrac{1}{16}$
2	0	$\dfrac{1}{8}$	$\dfrac{1}{12}$	$\dfrac{1}{16}$
3	0	0	$\dfrac{1}{12}$	$\dfrac{1}{16}$
4	0	0	0	$\dfrac{1}{16}$

利用 $p_{i\cdot} = \sum_j p_{ij}$ 和 $p_{\cdot j} = \sum_i p_{ij}$，求出 (X,Y) 关于 X 和 Y 的边缘分布律，并写在联合分布律表格的边缘上，可得下表

Y \ X	1	2	3	4	$P\{Y=y_j\}=p_{\cdot j}$
1	$\dfrac{1}{4}$	$\dfrac{1}{8}$	$\dfrac{1}{12}$	$\dfrac{1}{16}$	$\dfrac{25}{48}$
2	0	$\dfrac{1}{8}$	$\dfrac{1}{12}$	$\dfrac{1}{16}$	$\dfrac{13}{48}$
3	0	0	$\dfrac{1}{12}$	$\dfrac{1}{16}$	$\dfrac{7}{48}$
4	0	0	0	$\dfrac{1}{16}$	$\dfrac{3}{48}$
$P\{X=x_i\}=p_{i\cdot}$	$\dfrac{1}{4}$	$\dfrac{1}{4}$	$\dfrac{1}{4}$	$\dfrac{1}{4}$	1

【2.2】 设随机变量 $X_i \sim \begin{bmatrix} -1 & 0 & 1 \\ \dfrac{1}{4} & \dfrac{1}{2} & \dfrac{1}{4} \end{bmatrix}$ $(i=1,2)$，且满足 $P\{X_1 X_2 = 0\} = 1$，则 $P\{X_1 = X_2\}$ 等于 ( ).

(A) 0　　　(B) $\dfrac{1}{4}$　　　(C) $\dfrac{1}{2}$　　　(D) 1

分析 $P\{X_1X_2=0\}=1$ 是解决本题的关键,隐含了 $P\{X_1X_2\neq 0\}=0$. 由此条件再根据联合分布及边缘分布的关系计算.

解 由 $P\{X_1X_2=0\}=1 \Rightarrow P\{X_1X_2\neq 0\}=0$,即 $P\{X_1=-1,X_2=-1\}, P\{X_1=-1,X_2=1\}, P\{X_1=1,X_2=-1\}, P\{X_1=1,X_2=1\}$ 均为 0.

由以上条件求出 X_1,X_2 的联合概率分布如下表所示

X_1 \ X_2	-1	0	1	$p_i.$
-1	0	$\frac{1}{4}$	0	$\frac{1}{4}$
0	$\frac{1}{4}$	0	$\frac{1}{4}$	$\frac{1}{2}$
1	0	$\frac{1}{4}$	0	$\frac{1}{4}$
$p._j$	$\frac{1}{4}$	$\frac{1}{2}$	$\frac{1}{4}$	1

那么 $P\{X_1=X_2\}=P\{X_1=-1,X_2=-1\}+P\{X_1=0,X_2=0\}+P\{X_1=1,X_2=1\}=0$.

点评 列表法是解决联合分布和边缘分布问题常用的方法,直观明显.

【2.3】 假设随机变量 Y 服从 $(0,3)$ 上的均匀分布,随机变量

$$X_k = \begin{cases} 0, & Y \leqslant k \\ 1, & Y > k \end{cases} \quad (k=1,2).$$

求 X_1 和 X_2 的联合概率分布和边缘分布.

解 (X_1,X_2) 有四个可能值:$(0,0),(0,1),(1,0),(1,1)$.

易见

$$P\{X_1=0,X_2=0\}=P\{Y\leqslant 1,Y\leqslant 2\}=P\{Y\leqslant 1\}=\frac{1}{3}$$

$$P\{X_1=0,X_2=1\}=P\{Y\leqslant 1,Y>2\}=0$$

$$P\{X_1=1,X_2=0\}=P\{Y>1,Y\leqslant 2\}=P\{1<Y\leqslant 2\}=\frac{1}{3}$$

$$P\{X_1=1,X_2=1\}=P\{Y>1,Y>2\}=P\{Y>2\}=\frac{1}{3}$$

于是,X_1 和 X_2 联合概率分布表如下:

X_2 \ P \ X_1	0	1
0	$\frac{1}{3}$	$\frac{1}{3}$
1	0	$\frac{1}{3}$

由联合分布可求得 X_1,X_2 的边缘分布,合并列表为:

X_2 \ X_1	0	1	$p_{\cdot j}$
0	$\frac{1}{3}$	$\frac{1}{3}$	$\frac{2}{3}$
1	0	$\frac{1}{3}$	$\frac{1}{3}$
$p_{i\cdot}$	$\frac{1}{3}$	$\frac{2}{3}$	1

题型 2. 联合分布函数与边缘分布函数

【2.4】 已知二维随机变量 (X,Y) 的分布函数为

$$F(x,y) = \frac{1}{\pi^2}\left(\frac{\pi}{2} + \arctan\frac{x}{2}\right)\left(\frac{\pi}{2} + \arctan\frac{y}{2}\right)$$

$$(-\infty < x < +\infty, -\infty < y < +\infty).$$

试求 (X,Y) 关于 X,Y 的边缘分布函数.

解 分别运用公式得

$$F_X(x) = F(x, +\infty) = \frac{1}{\pi}\left(\frac{\pi}{2} + \arctan\frac{x}{2}\right) \quad (-\infty < x < +\infty)$$

$$F_Y(y) = F(+\infty, y) = \frac{1}{\pi}\left(\frac{\pi}{2} + \arctan\frac{y}{2}\right) \quad (-\infty < y < +\infty)$$

题型 3. 联合概率密度与边缘密度

【2.5】 设二维随机变量 (X,Y) 的概率密度为

$$f(x,y) = \begin{cases} e^{-y}, & 0 < x < y \\ 0, & 其他. \end{cases}$$

(1) 求随机变量 X 的密度 $f_X(x)$;
(2) 求概率 $P\{X+Y \leqslant 1\}$.

解 (1) 由联合密度与边缘概率密度关系可知

$$f_X(x) = \int_{-\infty}^{+\infty} f(x,y)\mathrm{d}y.$$

当 $x \leqslant 0$ 时, $f(x,y) = 0$, $f_X(x) = 0$

当 $x > 0$ 时, $f_X(x) = \int_x^{+\infty} e^{-y}\mathrm{d}y = e^{-x}$

所以 $f_X(x) = \begin{cases} e^{-x}, & x > 0 \\ 0, & x \leqslant 0. \end{cases}$

(2) 根据题意,作图 3-2.5

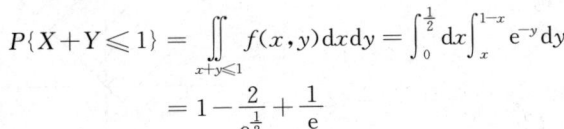

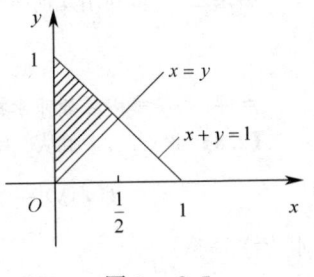

图 3-2.5

$$= 1 - \frac{2}{e^{\frac{1}{2}}} + \frac{1}{e}$$

点评 由联合密度求边缘密度时,要注意讨论范围及积分定限,必要时将 $f(x,y)$ 的非零区域用图形表示,便于分析.

【2.6】 设平面区域 D 由曲线 $y=\dfrac{1}{x}$ 及直线 $y=0$，$x=1$，$x=\mathrm{e}^2$ 所围成. 二维随机变量 (X,Y) 在区域 D 上服从均匀分布，则 (X,Y) 关于 X 的边缘概率密度在 $x=2$ 处的值为 _____.

解 区域 D 的面积

$$S_D = \int_1^{\mathrm{e}^2} \frac{1}{x}\mathrm{d}x = \ln x \Big|_1^{\mathrm{e}^2} = 2$$

所以二维随机变量 (X,Y) 的联合分布密度为

$$f(x,y) = \begin{cases} \dfrac{1}{2}, & \text{当}(x,y)\in D \\ 0, & \text{其他} \end{cases}$$

则 (X,Y) 关于 X 的边缘概率密度

$$f_X(x) = \int_{-\infty}^{+\infty} f(x,y)\mathrm{d}y = \int_0^{\frac{1}{x}} \frac{1}{2}\mathrm{d}y = \frac{1}{2x}, \qquad f_X(x)\Big|_{x=2} = \frac{1}{4}$$

故应填 $\dfrac{1}{4}$.

题型 4：关于重要的二维分布

【2.7】 设 (X,Y) 服从区域 D 上的均匀分布，其中 $D: x \geqslant y, 0 \leqslant x \leqslant 1, y \geqslant 0$，求 $P\{X+Y \leqslant 1\}$.

解法一 因为 D 的面积 $A = \dfrac{1}{2}$，所以 (X,Y) 的概率密度为

$$f(x,y) = \begin{cases} 2, & (x,y)\in D \\ 0, & \text{其他} \end{cases}$$

则

$$P\{X+Y \leqslant 1\} = \iint_{x+y\leqslant 1} f(x,y)\mathrm{d}x\mathrm{d}y$$

$$= \iint_{D_1} 2\mathrm{d}x\mathrm{d}y \quad \text{（如图 3-2.7）}$$

$$= 2 \times \frac{1}{4} = \frac{1}{2}.$$

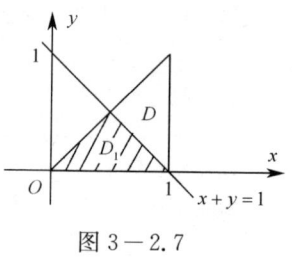

图 3-2.7

解法二 可利用几何概率计算

$$P\{X+Y\leqslant 1\} = \frac{S(D_1)}{S(D)} = \frac{1}{2}.$$

点评 二维均匀分布求概率可以利用几何概型来计算，更加简便.

【2.8】 设 (X,Y) 服从二维正态分布，概率密度为

$$f(x,y) = \frac{1}{2\pi \times 10^2} \mathrm{e}^{-\frac{x^2+y^2}{2\times 10^2}},$$

求 $P\{Y \geqslant X\}$.

解 $P\{Y \geqslant X\} = \iint_{y\geqslant x} f(x,y)\mathrm{d}x\mathrm{d}y$ （如图 3-2.8）

$$= \iint_{y\geqslant x} \frac{1}{2\pi \times 10^2} \mathrm{e}^{-\frac{x^2+y^2}{2\times 10^2}} \mathrm{d}x\mathrm{d}y$$

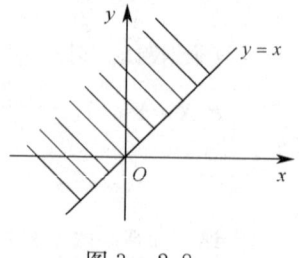

图 3-2.8

（利用极坐标法）

$$= \frac{1}{2\pi \times 10^2} \int_{\frac{\pi}{4}}^{\frac{5\pi}{4}} d\theta \int_0^{+\infty} e^{-\frac{r^2}{2\times 10^2}} \cdot r dr$$

$$= -\frac{1}{2} \int_0^{+\infty} e^{-\frac{r^2}{2\times 10^2}} d\left(-\frac{r^2}{2\times 10^2}\right) = -\frac{1}{2} e^{-\frac{r^2}{2\times 10^2}} \Big|_0^{+\infty}$$

$$= \frac{1}{2}.$$

§3. 条件分布

知 识 要 点

1. 条件分布律 设(X,Y)是二维离散型随机变量,若$p_{\cdot j}>0$,则称

$$p_{X|Y}(i\mid j) = P\{X=x_i \mid Y=y_j\} = \frac{p_{ij}}{p_{\cdot j}} \quad (i=1,2,\cdots)$$

为在$\{Y=y_j\}$条件下随机变量X的条件分布律.

若$p_{i\cdot}>0$,则称

$$p_{Y|X}(j\mid i) = P\{Y=y_j \mid X=x_i\} = \frac{p_{ij}}{p_{i\cdot}} \quad (j=1,2,\cdots)$$

为在$\{X=x_i\}$条件下随机变量Y的条件分布律.

2. 条件概率密度 设(X,Y)是二维连续型随机变量,若$f_Y(y)>0$,则称

$$f_{X|Y}(x\mid y) = \frac{f(x,y)}{f_Y(y)} \quad (-\infty<x<+\infty)$$

为在$\{Y=y\}$条件下X的条件概率密度.

若$f_X(x)>0$,则称

$$f_{Y|X}(y\mid x) = \frac{f(x,y)}{f_X(x)} \quad (-\infty<y<+\infty)$$

为在$\{X=x\}$条件下Y的条件概率密度.

基 本 题 型

题型 1. 求条件分布律

【3.1】 求 §2例子【2.1】中的条件分布律:$P\{Y=k \mid X=i\}$

解 $P\{Y=k \mid X=i\} = \frac{P\{Y=k, X=i\}}{P\{X=i\}}$,而

$$P\{X=k, X=i\} = \frac{1}{i} \cdot \frac{1}{4}, \quad i=1,2,3,4, k\leqslant i$$

$$P\{X=i\} = \frac{1}{4}$$

所以 $P\{Y=k \mid X=i\} = \frac{1}{i}, \quad i=1,2,3,4, k\leqslant i.$ 即

k	1
$P\{Y=k \mid X=1\}$	1

k	1	2
$P\{Y=k \mid X=2\}$	$\dfrac{1}{2}$	$\dfrac{1}{2}$

k	1	2	3
$P\{Y=k \mid X=3\}$	$\dfrac{1}{3}$	$\dfrac{1}{3}$	$\dfrac{1}{3}$

k	1	2	3	4
$P\{Y=k \mid X=4\}$	$\dfrac{1}{4}$	$\dfrac{1}{4}$	$\dfrac{1}{4}$	$\dfrac{1}{4}$

题型 2. 条件密度的计算及应用

【3.2】 设随机变量 (X,Y) 的概率密度为
$$f(x,y)=\begin{cases}1, & |y|<x,\ 0<x<1\\ 0, & 其他\end{cases}$$
求条件概率密度 $f_{Y|X}(y \mid x)$，$f_{X|Y}(x \mid y)$.

解 由于概率密度 $f(x,y)$ 仅在图 3-3.2 中阴影部分为非零值.
故 $f(x,y)$ 的边缘密度为
$$f_X(x)=\begin{cases}\int_{-x}^{x}1\mathrm{d}y, & 0<x<1\\ 0, & 其他\end{cases}=\begin{cases}2x, & 0<x<1\\ 0, & 其他\end{cases}$$

$$f_Y(y)=\begin{cases}\int_{|y|}^{1}1\mathrm{d}x, & -1<y<1\\ 0, & 其他\end{cases}$$
$$=\begin{cases}1-|y|, & -1<y<1\\ 0, & 其他\end{cases}$$

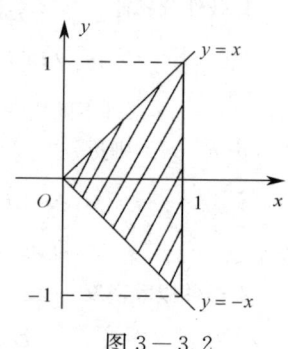

图 3-3.2

所以当 $0<x<1$ 时，
$$f_{Y|X}(y\mid x)=\frac{f(x,y)}{f_X(x)}=\begin{cases}\dfrac{1}{2x}, & |y|<x\\ 0, & 其他\end{cases}$$

当 $|y|<1$ 时，$f_{X|Y}(x\mid y)=\dfrac{f(x,y)}{f_Y(y)}=\begin{cases}\dfrac{1}{1-|y|}, & |y|<x<1\\ 0, & 其他\end{cases}$

【3.3】 设二维随机变量 (X,Y) 服从区域 $D:x^2+y^2\leqslant 1$ 上的均匀分布，求条件密度函数和条件概率 $P\left\{X>\dfrac{1}{2}\,\Big|\,Y=0\right\}$.

解 由于 (X,Y) 服从均匀分布，易知
$$f(x,y)=\begin{cases}\dfrac{1}{\pi}, & x^2+y^2\leqslant 1\\ 0, & 其他\end{cases}$$

由 $f_X(x)=\displaystyle\int_{-\infty}^{+\infty}f(x,y)\mathrm{d}y$，求得
$$f_X(x)=\begin{cases}\dfrac{2\sqrt{1-x^2}}{\pi}, & -1\leqslant x\leqslant 1\\ 0, & 其他\end{cases}$$

同理可得

$$f_Y(y) = \begin{cases} \dfrac{2\sqrt{1-y^2}}{\pi}, & -1 \leqslant y \leqslant 1 \\ 0, & \text{其他} \end{cases}$$

当 $-1 < y < 1$ 时

$$f_{X|Y}(x \mid y) = \dfrac{f(x,y)}{f_Y(y)} = \begin{cases} \dfrac{1}{2\sqrt{1-y^2}}, & -\sqrt{1-y^2} \leqslant x \leqslant \sqrt{1-y^2} \\ 0, & \text{其他} \end{cases}$$

同理,当 $-1 < x < 1$ 时

$$f_{Y|X}(y \mid x) = \dfrac{f(x,y)}{f_X(x)} = \begin{cases} \dfrac{1}{2\sqrt{1-x^2}}, & -\sqrt{1-x^2} \leqslant y \leqslant \sqrt{1-x^2} \\ 0, & \text{其他} \end{cases}$$

当 $y = 0$ 时,$f_{X|Y}(x \mid 0) = \begin{cases} \dfrac{1}{2}, & -1 \leqslant x \leqslant 1 \\ 0, & \text{其他} \end{cases}$

$$P\left\{X > \dfrac{1}{2} \,\Big|\, Y = 0\right\} = \int_{\frac{1}{2}}^{+\infty} f_{X|Y}(x \mid 0)\,\mathrm{d}x = \int_{\frac{1}{2}}^{1} \dfrac{1}{2}\,\mathrm{d}x = \dfrac{1}{4}.$$

【3.4】 设随机变量 X 在区间 $(0,1)$ 上服从均匀分布,在 $X = x(0 < x < 1)$ 的条件下,随机变量 Y 在区间 $(0,x)$ 上服从均匀分布,求:

(1) 随机变量 X 和 Y 的联合概率密度;   (2) Y 的概率密度;   (3) 概率 $P\{X+Y > 1\}$.

解 (1) X 的概率密度为 $f_X(x) = \begin{cases} 1, & 0 < x < 1 \\ 0, & \text{其他}. \end{cases}$

在 $X = x(0 < x < 1)$ 条件下,Y 的条件密度为

$$f_{Y|X}(y \mid x) = \begin{cases} \dfrac{1}{x}, & 0 < y < x \\ 0, & \text{其他} \end{cases}$$

当 $0 < y < x < 1$ 时,随机变量 X 和 Y 的联合概率密度为

$$f(x,y) = f_X(x) f_{Y|X}(y \mid x) = \dfrac{1}{x}$$

在其他点 (x,y) 处,有 $f(x,y) = 0$,即

$$f(x,y) = \begin{cases} \dfrac{1}{x}, & 0 < y < x < 1 \\ 0, & \text{其他} \end{cases}$$

(2) 当 $0 < y < 1$ 时,Y 的概率密度为

$$f_Y(y) = \int_{-\infty}^{+\infty} f(x,y)\,\mathrm{d}x = \int_{y}^{1} \dfrac{1}{x}\,\mathrm{d}x = -\ln y$$

当 $y \leqslant 0$ 或 $y \geqslant 1$ 时,$f_Y(y) = 0$,因此 $f_Y(y) = \begin{cases} -\ln y, & 0 < y < 1 \\ 0, & \text{其他} \end{cases}$

(3) 所求概率

$$P\{X+Y>1\} = \iint\limits_{x+y>1} f(x,y)\mathrm{d}x\mathrm{d}y = \int_{\frac{1}{2}}^{1}\mathrm{d}x\int_{1-x}^{x}\frac{1}{x}\mathrm{d}y = \int_{\frac{1}{2}}^{1}\left(2-\frac{1}{x}\right)\mathrm{d}x = 1-\ln 2.$$

§4. 随机变量的独立性

知 识 要 点

1. 随机变量的独立性　若二维随机变量(X,Y)对任意实数均有
$$P\{X\leqslant x, Y\leqslant y\} = P\{X\leqslant x\}P\{Y\leqslant y\}, \quad \text{即 } F(x,y) = F_X(x)\cdot F_Y(y),$$
则 X 与 Y 相互独立.

2. 离散型随机变量相互独立的充要条件
$$p_{ij} = p_{i.}\cdot p_{.j}, \quad i,j=1,2,\cdots.$$

3. 连续型随机变量相互独立的充要条件
$$f(x,y) = f_X(x)\cdot f_Y(y), \quad x,y \text{ 任意实数}.$$

基 本 题 型

题型 1. 随机变量独立性的判断问题

【4.1】设随机变量 X_1 和 Y_2 的概率分布为

$$X_1 \sim \begin{bmatrix} -1 & 0 & 1 \\ \frac{1}{4} & \frac{1}{2} & \frac{1}{4} \end{bmatrix},$$

$$X_2 \sim \begin{bmatrix} 0 & 1 \\ \frac{1}{2} & \frac{1}{2} \end{bmatrix}$$

而且 $P\{X_1 X_2 = 0\} = 1$.

试求:(1)X_1 和 X_2 的联合分布;(2)X_1 和 X_2 是否独立?

解　(1) 因为 $P\{X_1 X_2 = 0\} = 1$,所以有 $P\{X_1 X_2 \neq 0\} = 0$,因此
$$P\{X_1 = -1, X_2 = 1\} = P\{X_1 = 1, X_2 = 1\} = 0$$

那么　$P\{X_1 = -1, X_2 = 0\} = P\{X_1 = -1\} = \frac{1}{4}$

$P\{X_1 = 0, X_2 = 0\} = P\{X_2 = 1\} = \frac{1}{2}$

$P\{X_1 = 1, X_2 = 0\} = P\{X_1 = 1\} = \frac{1}{4}$

$P\{X_1 = 0, X_2 = 0\} = 1 - \left(\frac{1}{4} + \frac{1}{2} + \frac{1}{4}\right) = 0$

X_1 和 X_2 的联合分布列表为

X_2 \ X_1	-1	0	1	$P\{X_2=j\}$
0	$\frac{1}{4}$	0	$\frac{1}{4}$	$\frac{1}{2}$
1	0	$\frac{1}{2}$	0	$\frac{1}{2}$
$P\{X_1=i\}$	$\frac{1}{4}$	$\frac{1}{2}$	$\frac{1}{4}$	1

(2) 由于 $P\{X_1=0,X_2=0\}=0 \neq P\{X_1=0\}P\{X_2=0\}=\frac{1}{2}\times\frac{1}{2}=\frac{1}{4}$，所以 X_1 与 X_2 不相互独立.

点评 两随机变量独立的充要条件是解决相互独立性问题最直接最重要的方法.

【4.2】 设二维随机变量 (X,Y) 的联合概率密度函数为

$$f(x,y)=\begin{cases}\dfrac{1+xy}{4}, & |x|<1,\ |y|<1\\ 0, & \text{其他}\end{cases}$$

证明 X 与 Y 不独立,但 X^2 与 Y^2 独立.

证 对 X,Y 而言：

$$f_X(x)=\begin{cases}\dfrac{1}{2}, & |x|<1\\ 0, & \text{其他}\end{cases} \qquad f_Y(y)=\begin{cases}\dfrac{1}{2}, & |y|<1\\ 0, & \text{其他}\end{cases}$$

因为 $f(x,y)\neq f_X(x)f_Y(y)$，所以 X,Y 不独立.

而

$$F_U(u)=P\{X^2\leqslant u\}=\begin{cases}0, & u<0\\ \sqrt{u}, & 0\leqslant u<1\\ 1, & u\geqslant 1\end{cases}$$

$$F_V(v)=P\{Y^2\leqslant v\}=\begin{cases}0, & v<0\\ \sqrt{v}, & 0\leqslant v<1\\ 1, & v\geqslant 1\end{cases}$$

$U=X^2,V=Y^2$ 的联合分布函数为

$$F(u,v)=P\{X^2\leqslant u,Y^2\leqslant v\}=\begin{cases}0, & u<0\ \text{或}\ v<0\\ \sqrt{uv}, & 0\leqslant u<1,0\leqslant v<1\\ \sqrt{u}, & 0\leqslant u<1,1\leqslant v\\ \sqrt{v}, & 1\leqslant u,0\leqslant v<1\\ 1, & 1\leqslant u,1\leqslant v\end{cases}$$

可见,对 $U=X^2$，$V=Y^2$ 而言,有 $F(u,v)=F_U(u)F_V(v)$ 即 X^2 和 Y^2 相互独立.

【4.3】 设随机变量 (X,Y) 的概率密度为

$$f(x,y)=\begin{cases}Axy^2, & 0<x<1,\ 0<y<1\\ 0, & \text{其他}\end{cases}$$

求：(1) 常数 A；(2) 证明 X 与 Y 相互独立.

解 (1) 由性质 $\int_{-\infty}^{+\infty}\int_{-\infty}^{+\infty} f(x,y)\mathrm{d}x\mathrm{d}y = 1$，可知 $\dfrac{A}{6}=1$，则 $A=6$.

(2) 边缘密度为

$$f_X(x) = \int_{-\infty}^{+\infty} f(x,y)\mathrm{d}y = \begin{cases} 2x, & 0<x<1 \\ 0, & \text{其他} \end{cases}$$

$$f_Y(y) = \int_{-\infty}^{+\infty} f(x,y)\mathrm{d}x = \begin{cases} 3y^2, & 0<y<1 \\ 0, & \text{其他} \end{cases}$$

显然，$f(x,y) = f_X(x) \cdot f_Y(y)$.

故 X,Y 相互独立.

【4.4】 一个电子仪器由两个部件构成，以 X 和 Y 分别表示两个部件的寿命(单位:千小时). 已知 X 和 Y 的联合分布函数为:

$$F(x,y) = \begin{cases} 1-\mathrm{e}^{-0.5x}-\mathrm{e}^{-0.5y}+\mathrm{e}^{-0.5(x+y)}, & \text{若 } x\geqslant 0, y\geqslant 0 \\ 0, & \text{其他} \end{cases}$$

(1) 问 X 和 Y 是否独立？

(2) 求两个部件的寿命都超过 100 小时的概率 α.

解 (1) 由 $F(x,y)$ 易知 X,Y 的边缘分布函数

$$F_X(x) = F(x,+\infty) = \begin{cases} 1-\mathrm{e}^{-0.5x}, & x\geqslant 0 \\ 0, & x<0. \end{cases}$$

$$F_Y(y) = F(+\infty,y) = \begin{cases} 1-\mathrm{e}^{-0.5y}, & y\geqslant 0 \\ 0, & y<0. \end{cases}$$

因为若 $x\geqslant 0, y\geqslant 0$，有

$$F_X(x)F_Y(y) = (1-\mathrm{e}^{-0.5x})(1-\mathrm{e}^{-0.5y}) = 1-\mathrm{e}^{-0.5x}-\mathrm{e}^{-0.5y}+\mathrm{e}^{-0.5(x+y)}$$

当 x,y 为其他情况时，$F_X(x)F_Y(y) = 0$.

所以对任意实数 x,y 都有 $F(x,y) = F_X(x)F_Y(y)$，故 X 与 Y 相互独立.

(2) 由题意可知

$$\alpha = P\{X>0.1, Y>0.1\} = P\{X>0.1\}P\{Y>0.1\}$$

$$= [1-F_X(0.1)][1-F_Y(0.1)] = \mathrm{e}^{-0.05}\mathrm{e}^{-0.05} = \mathrm{e}^{-0.1}$$

题型 2. 独立性的应用

【4.5】 设 (ξ,η) 的联合分布律为:

ξ \ η	0	1	2
-1	$\dfrac{1}{6}$	$\dfrac{1}{9}$	$\dfrac{1}{18}$
1	$\dfrac{1}{3}$	A	B

试求: A,B 为何值时随机变量 ξ,η 相互独立.

分析 对于此类确定概率的问题需要考虑的是 ξ,η 独立的充要条件是对一切 i,j 都要满足 $p_{ij} = p_i.\, p_{\cdot j}$.

解 由 (ξ,η) 的联合分布律可得到

$$p_1. = \frac{1}{6} + \frac{1}{9} + \frac{1}{18} = \frac{1}{3}, \qquad p_2. = \frac{1}{3} + A + B,$$

$$p_{\cdot 1} = \frac{1}{6} + \frac{1}{3} = \frac{1}{2}, \qquad p_{\cdot 2} = \frac{1}{9} + A, \qquad p_{\cdot 3} = \frac{1}{18} + B.$$

若 ξ, η 相互独立,则必有对一切 i, j 均满足 $p_{ij} = p_i. p_{\cdot j}$,得

$$\begin{cases} p_1 \cdot p_{\cdot 1} = \frac{1}{3} \times \frac{1}{2} = \frac{1}{6} \\ p_1 \cdot p_{\cdot 2} = \frac{1}{3} \times \left(\frac{1}{9} + A\right) = \frac{1}{9} \\ p_1 \cdot p_{\cdot 3} = \frac{1}{3} \times \left(\frac{1}{18} + B\right) = \frac{1}{18} \\ p_2 \cdot p_{\cdot 1} = \left(\frac{1}{3} + A + B\right) \times \frac{1}{2} = \frac{1}{3} \\ p_2 \cdot p_{\cdot 2} = \left(\frac{1}{3} + A + B\right) \times \left(\frac{1}{9} + A\right) = A \\ p_2 \cdot p_{\cdot 3} = \left(\frac{1}{3} + A + B\right) \times \left(\frac{1}{18} + B\right) = B \end{cases}$$

解方程组得 $A = \frac{2}{9}$, $B = \frac{1}{9}$.

【4.6】 设随机变量 X 和 Y 相互独立,下表列出随机变量 (X,Y) 联合分布律及关于 X 和 Y 的边缘分布律中的部分数值,试将其余数值填入表中空白处.

X \ Y	y_1	y_2	y_3	$P\{X = x_i\} = p_i.$
x_1		$\frac{1}{8}$		
x_2	$\frac{1}{8}$			
$P\{Y = y_j\} = p_{\cdot j}$	$\frac{1}{6}$			1

分析 运用边缘分布公式及随机变量的独立性,题中只有先考察 $j = 1$ 时的情况才可逐次求出其他值.

解 因为 $p_{\cdot 1} = \sum_{i=1}^{2} p_{i1} = \frac{1}{6} = p_{11} + p_{21} = p_{11} + \frac{1}{8}$,得 $p_{11} = \frac{1}{24}$.

由独立性,$p_{11} = p_1. \cdot p_{\cdot 1}$ 即 $\frac{1}{24} = p_1. \cdot \frac{1}{6}$, 故 $p_1. = \frac{1}{4}$.

同理其余值依次求出: $p_{13} = \frac{1}{12}$, $p_{22} = \frac{3}{8}$, $p_{23} = \frac{1}{4}$,

$$p_{\cdot 2} = \frac{1}{2}, \qquad p_{\cdot 3} = \frac{1}{3}, \qquad p_2. = \frac{3}{4}.$$

所以列表得

X \ Y	y_1	y_2	y_3	$P\{X=x_i\}=p_i.$
x_1	$\frac{1}{24}$	$\frac{1}{8}$	$\frac{1}{12}$	$\frac{1}{4}$
x_2	$\frac{1}{8}$	$\frac{3}{8}$	$\frac{1}{4}$	$\frac{3}{4}$
$P\{Y=y_j\}=p._j$	$\frac{1}{6}$	$\frac{1}{2}$	$\frac{1}{3}$	1

【4.7】 设随机变量 X 和 Y 相互独立,它们的密度函数分别为

$$f_X(x)=\begin{cases}e^{-x},&x>0\\0,&x\leqslant 0\end{cases}\qquad f_Y(y)=\begin{cases}e^{-y},&y>0\\0,&y\leqslant 0\end{cases}$$

求:(1)(X,Y) 的密度函数;(2)$P\{X\leqslant 1\mid Y>0\}$.

解 (1)因为随机变量 X 和 Y 相互独立,

$$f(x,y)=f_X(x)f_Y(y)=\begin{cases}e^{-(x+y)},&x>0,y>0\\0,&\text{其他}\end{cases}$$

$(2)P\{X\leqslant 1\mid Y>0\}=\dfrac{P\{X\leqslant 1,Y>0\}}{P\{Y>0\}}=\dfrac{\int_{-\infty}^{1}\int_{0}^{+\infty}f(x,y)\mathrm{d}x\mathrm{d}y}{\int_{0}^{+\infty}f_Y(y)\mathrm{d}y}=1-e^{-1}.$

或者由独立性:

$$P\{X\leqslant 1\mid Y>0\}=P\{X\leqslant 1\}=F_X(1)=1-e^{-1}.$$

【4.8】 设随机变量 X 和 Y 相互独立,且 X 和 Y 的概率分布分别为

X	0	1	2	3
P	$\frac{1}{2}$	$\frac{1}{4}$	$\frac{1}{8}$	$\frac{1}{8}$

Y	-1	0	1
P	$\frac{1}{3}$	$\frac{1}{3}$	$\frac{1}{3}$

则 $P\{X+Y=2\}=$ _____.

(A) $\dfrac{1}{12}$ (B) $\dfrac{1}{8}$ (C) $\dfrac{1}{6}$ (D) $\dfrac{1}{2}$

解 $P\{X+Y=2\}=P\{X=1,Y=1\}+P\{X=2,Y=0\}+P\{X=3,Y=-1\}$
$=P\{X=1\}P\{Y=1\}+P\{X=2\}P\{Y=0\}+P\{X=3\}P\{Y=-1\}$
$=\dfrac{1}{6}.$

故应选(C).

【4.9】 设随机变量 X 与 Y 相互独立,且均服从区间$[0,3]$上的均匀分布,则 $P\{\max\{X,Y\}\leqslant 1\}=$ _____.

解法一 X 与 Y 具有相同的概率密度

$$f(x)=\begin{cases}\dfrac{1}{3},&0\leqslant x\leqslant 3\\0,&\text{其他}.\end{cases}$$

则 $P\{X\leqslant 1\}=P\{Y\leqslant 1\}=\dfrac{1}{3}.$

由 X,Y 独立性可知：
$$P\{\max\{X,Y\}\leqslant 1\}=P\{X\leqslant 1,Y\leqslant 1\}$$
$$=P\{X\leqslant 1\}P\{Y\leqslant 1\}=\frac{1}{9}.$$

解法二　本题也可运用几何概率计算：
$$P\{\max\{X,Y\}\leqslant 1\}=P\{X\leqslant 1,Y\leqslant 1\}=\frac{S_{阴影}}{S}=\frac{1}{9}$$

(图 3-4.9)

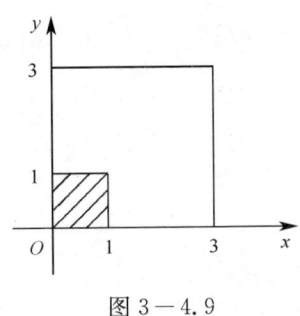

图 3-4.9

§5. 多维随机变量函数的分布

知 识 要 点

1. 二维随机变量函数的分布

(1) 已知离散型随机变量 (X,Y) 的分布律 $P\{X=x_i,Y=y_j\}=p_{ij}$，则 $Z=g(X,Y)$ 的分布为
$$P\{Z=z_k\}=P\{g(X,Y)=z_k\}=\sum_{g(x_i,y_j)=z_k}p_{ij}$$

(2) 设连续型随机变量 (X,Y) 的概率密度为 $f(x,y)$，则 $Z=g(X,Y)$ 的分布函数为
$$F_Z(z)=P\{Z\leqslant z\}=\iint_{g(x,y)\leqslant z}f(x,y)\mathrm{d}x\mathrm{d}y,$$

概率密度 $f_Z(z)=F_Z'(z)$.

特殊类型：

① $Z=X+Y$ 密度函数为
$$f_Z(z)=\int_{-\infty}^{+\infty}f(x,z-x)\mathrm{d}x=\int_{-\infty}^{+\infty}f(z-y,y)\mathrm{d}y,$$

特别，当 X 与 Y 相互独立时
$$f_Z(z)=f_X*f_Y=\int_{-\infty}^{+\infty}f_X(x)f_Y(z-x)\mathrm{d}x=\int_{-\infty}^{+\infty}f_X(z-y)f_Y(y)\mathrm{d}y.$$

② 设 $X \sim N(\mu_1, \sigma_1^2)$, $Y \sim N(\mu_2, \sigma_2^2)$, 且 X, Y 相互独立, 则
$$aX + bY \sim N(a\mu_1 + b\mu_2, a^2\sigma_1^2 + b^2\sigma_2^2).$$

③ 设 X, Y 相互独立, 分布函数分别为 $F_X(x)$ 和 $F_Y(y)$, $M = \max(X, Y)$, $N = \min(X, Y)$, 则
$$F_M(z) = F_X(z)F_Y(z),$$
$$F_N(z) = 1 - [1 - F_X(z)][1 - F_Y(z)].$$

④ $Z = \dfrac{X}{Y}$ 的密度函数为
$$f_Z(z) = \int_{-\infty}^{+\infty} |y| f(yz, y) \mathrm{d}y,$$
当 X, Y 相互独立时,
$$f_Z(z) = \int_{-\infty}^{+\infty} |y| f_X(yz) f_Y(y) \mathrm{d}y.$$

⑤ $Z = \dfrac{Y}{X}$ 的密度函数为
$$f_Z(z) = \int_{-\infty}^{+\infty} |x| f(x, xz) \mathrm{d}x,$$
当 X, Y 相互独立时,
$$f_Z(z) = \int_{-\infty}^{+\infty} |x| f_X(x) f_Y(xz) \mathrm{d}x.$$

⑥ $Z = XY$ 的密度函数为
$$f_Z(z) = \int_{-\infty}^{+\infty} \dfrac{1}{|x|} f(x, \dfrac{z}{x}) \mathrm{d}x,$$
当 X, Y 相互独立时,
$$f_Z(z) = \int_{-\infty}^{+\infty} \dfrac{1}{|x|} f_X(x) f_Y(\dfrac{z}{x}) \mathrm{d}x.$$

2. 多维随机变量函数的分布

对于相互独立的多维随机变量所构成的简单函数, 可利用二维随机变量的结果加以推广. 常用结论及公式如下:

(1) 设 $X_1, X_2, \cdots, X_n$ 相互独立, 且 $X_i \sim N(\mu_i, \sigma_i^2)$, k_i 为任意常数, $(i = 1, 2, \cdots, n)$, 则
$$Z = \sum_{i=1}^{n} k_i X_i \sim N\left(\sum_{i=1}^{n} k_i \mu_i, \sum_{i=1}^{n} k_i^2 \sigma_i^2\right).$$

(2) 设 $X_1, X_2, \cdots, X_n$ 相互独立, 且 X_i 的分布函数为 $F_{X_i}(x_i)(i = 1, 2, \cdots, n)$, 则 $Z = \max\{X_1, X_2, \cdots, X_n\}$ 的分布函数为
$$F_{\max}(z) = F_{X_1}(z) F_{X_2}(z) \cdots F_{X_n}(z),$$
$Z = \min\{X_1, X_2, \cdots, X_n\}$ 的分布函数为
$$F_{\min}(z) = 1 - [1 - F_{X_1}(z)][1 - F_{X_2}(z)] \cdots [1 - F_{X_n}(z)].$$

基本题型

题型 1: 求离散型变量函数的分布

【5.1】 设两个相互独立的随机变量 ξ 与 η 的分布律为

ξ	1	3
p_i	0.3	0.7

η	2	4
p_j	0.6	0.4

求随机变量 $Z = \xi + \eta$ 的分布律.

分析 简单的离散型随机变量的求解可直接应用列表的方法.

解 由于 ξ 与 η 相互独立,因此有 $p_{ij} = p_i \cdot p_j$.

得到二维随机变量的联合分布:

ξ \ η	2	4
1	0.18	0.12
3	0.42	0.28

因为 $Z = \xi + \eta$,易知 Z 的分布为

p_{ij}	(ξ, η)	Z
0.18	(1,2)	3
0.12	(1,4)	5
0.42	(3,2)	5
0.28	(3,4)	7

由离散型随机变量函数的定义 $P\{Z = z_k\} = \sum\limits_{x_i + y_j = z_k} P\{X = x_i, Y = y_j\}$,得到 Z 的分布律为

Z	3	5	7
p	0.18	0.54	0.28

【5.2】 设随机变量 X 与 Y 相互独立,X 的概率分布为 $P\{X = 1\} = P\{X = -1\} = \dfrac{1}{2}$,$Y$ 服从参数为 λ 的泊松分布. 令 $Z = XY$,求 Z 的概率分布.

解 Z 的所有可能取值为全体整数,

即 Z 取 $0, \pm 1, \pm 2, \cdots\cdots$

$P\{Z = 0\} = P\{XY = 0\} = P\{Y = 0\} = e^{-\lambda}$;

对于 $n = \pm 1, \pm 2, \cdots\cdots$,有

$$P\{Z=n\} = P\{XY=n\} = P\{X=\frac{n}{|n|}, Y=|n|\}$$

$$= P\{X=\frac{n}{|n|}\}P\{Y=|n|\} = \frac{1}{2} \cdot \frac{\lambda^{|n|}}{|n|!}e^{-\lambda}$$

【5.3】假设随机变量 X_1, X_2, X_3, X_4 相互独立且同分布,$P\{X_i=0\}=0.6$,$P\{X_i=1\}=0.4 (i=1,2,3,4)$,求行列式 $X = \begin{vmatrix} X_1 & X_2 \\ X_3 & X_4 \end{vmatrix}$ 的概率分布.

解 记 $Y_1 = X_1 X_4$,$Y_2 = X_2 X_3$,则 $X = Y_1 - Y_2$,随机变量 Y_1 和 Y_2 独立同分布.

$$P\{Y_1=1\} = P\{Y_2=1\} = P\{X_2=1, X_3=1\} = 0.16$$
$$P\{Y_1=0\} = P\{Y_2=0\} = 1 - 0.16 = 0.84$$

随机变量 $X = Y_1 - Y_2$ 有三个可能值 $-1, 0, 1$,易见

$$P\{X=-1\} = P\{Y_1=0, Y_2=1\} = 0.84 \times 0.16 = 0.1344$$
$$P\{X=1\} = P\{Y_1=1, Y_2=0\} = 0.16 \times 0.84 = 0.1344$$
$$P\{X=0\} = 1 - 2 \times 0.1344 = 0.7312$$

于是行列式的概率分布为

$$X = \begin{vmatrix} X_1 & X_2 \\ X_3 & X_4 \end{vmatrix} \sim \begin{bmatrix} -1 & 0 & 1 \\ 0.1344 & 0.7312 & 0.1344 \end{bmatrix}$$

点评 本题将概率论及线性代数很好地结合在一起,有一定的参考价值. 先将行列式求出,再引入中间变量 Y_1、Y_2 并求出其分布,则问题可解决.

【5.4】设随机变量 X 与 Y 独立同分布,且 X 的概率分布为

X	1	2
P	$\frac{2}{3}$	$\frac{1}{3}$

记 $U = \max\{X, Y\}$,$V = \min\{X, Y\}$,求 (U, V) 的概率分布.

解 (U, V) 有三个可能值:$(1,1),(2,1),(2,2)$,而

$$P\{U=1, V=1\} = P\{X=1, Y=1\} = P\{X=1\}P\{Y=1\} = \frac{4}{9},$$

$$P\{U=2, V=1\} = P\{X=1, Y=2\} + P\{X=2, Y=1\} = \frac{4}{9},$$

$$P\{U=2, V=2\} = P\{X=2, Y=2\} = P\{X=2\}P\{Y=2\} = \frac{1}{9},$$

故 (U, V) 的概率分布为

U \ V	1	2
1	$\frac{4}{9}$	0
2	$\frac{4}{9}$	$\frac{1}{9}$

【5.5】 设二维随机变量(X,Y)的概率分布为

X \ Y	−1	0	1
−1	a	0	0.2
0	0.1	b	0.2
1	0	0.1	c

其中a,b,c为常数,且X的数学期望$EX=-0.2$,$P\{Y\leqslant 0 \mid X\leqslant 0\}=0.5$,记$Z=X+Y$,求 (1)$a,b,c$的值; (2)$Z$的概率分布; (3)$P\{X=Z\}$.

解 (1)由概率分布的性质知,$a+b+c+0.6=1$,即
$$a+b+c=0.4.$$
由$EX=-0.2$,可得
$$-a+c=-0.1 \quad (由第四章知识可得)$$
再由 $P\{Y\leqslant 0 \mid X\leqslant 0\}=\dfrac{P\{X\leqslant 0,Y\leqslant 0\}}{P\{X\leqslant 0\}}=\dfrac{a+b+0.1}{a+b+0.5}=0.5$,得
$$a+b=0.3$$
解以上关于a,b,c的三个方程得
$$a=0.2, \qquad b=0.1, \qquad c=0.1.$$
(2)Z的可能取值为$-2,-1,0,1,2$,
$$P\{Z=-2\}=P\{X=-1,Y=-1\}=0.2,$$
$$P\{Z=-1\}=P\{X=-1,Y=0\}+P\{X=0,Y=-1\}=0.1,$$
$$P\{Z=0\}=P\{X=-1,Y=1\}+P\{X=0,Y=0\}+P\{X=1,Y=-1\}=0.3$$
$$P\{Z=1\}=P\{X=1,Y=0\}+P\{X=0,Y=1\}=0.3,$$
$$P\{Z=2\}=P\{X=1,Y=1\}=0.1,$$
即Z的概率分布为

Z	−2	−1	0	1	2
P	0.2	0.1	0.3	0.3	0.1

(3)$P\{X=Z\}=P\{Y=0\}=0+b+0.1=0.1+0.1=0.2.$

题型 2. 求连续型随机变量函数的分布

【5.6】 设X和Y是两个相互独立的随机变量,其概率密度分别为
$$f_X(x)=\begin{cases}1, & 0\leqslant x\leqslant 1 \\ 0, & 其他.\end{cases} \qquad f_Y(y)=\begin{cases}\mathrm{e}^{-y}, & y>0 \\ 0, & y\leqslant 0.\end{cases}$$
试求随机变量$Z=X+Y$的概率密度.

解法一 求随机变量Z的概率密度,先求Z的分布函数,再用$f_Z(z)=F_Z'(z)$得到所求的概率密度.

因为X和Y相互独立,所以联合密度
$$f(x,y)=f_X(x)f_Y(y)=\begin{cases}\mathrm{e}^{-y}, & 0\leqslant x\leqslant 1,y>0 \\ 0, & 其他.\end{cases}$$

对 $Z = X+Y$ 的分布分段讨论,简便起见作图 $3-5.6-1$ 表示.

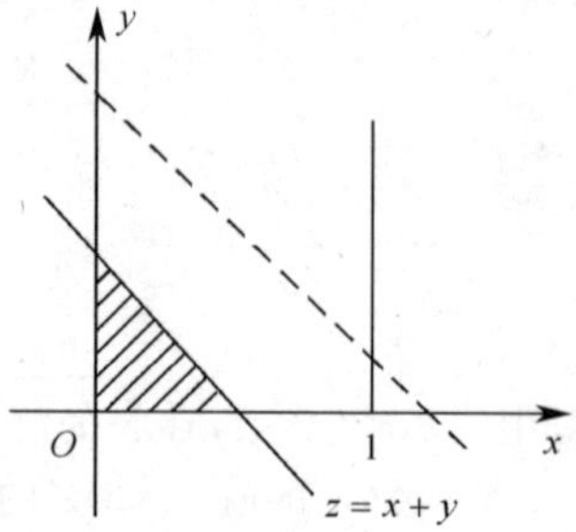

(1) 当 $z < 0$ 时,
$$F_Z(z) = \iint\limits_{x+y \leqslant z} f(x,y)\mathrm{d}x\mathrm{d}y = \iint\limits_{x+y \leqslant z} 0\mathrm{d}x\mathrm{d}y = 0$$

(2) 当 $0 \leqslant z < 1$ 时,
$$F_Z(z) = \iint\limits_{x+y \leqslant z} f(x,y)\mathrm{d}x\mathrm{d}y = \int_0^z \mathrm{d}x \int_0^{z-x} \mathrm{e}^{-y}\mathrm{d}y$$
$$= z - 1 + \frac{1}{\mathrm{e}^z}.$$

(3) 当 $z \geqslant 1$ 时,
$$F_Z(z) = \iint\limits_{x+y \leqslant z} f(x,y)\mathrm{d}x\mathrm{d}y = \int_0^1 \mathrm{d}x \int_0^{z-x} \mathrm{e}^{-y}\mathrm{d}y$$
$$= 1 + (1-\mathrm{e})\frac{1}{\mathrm{e}^z}.$$

图 $3-5.6-1$

由 $f_Z(z) = F_Z'(z)$,得 Z 的分布密度为
$$f_Z(z) = \begin{cases} 0, & z < 0 \\ 1 - \mathrm{e}^{-z}, & 0 \leqslant z < 1 \\ (\mathrm{e}-1)\mathrm{e}^{-z}, & z \geqslant 1. \end{cases}$$

解法二 由于 X 和 Y 是相互独立的,故由卷积公式,$Z = X+Y$ 的概率密度
$$f_Z(z) = \int_{-\infty}^{+\infty} f_X(x) f_Y(z-x)\mathrm{d}x$$

易知仅当 $\begin{cases} 0 \leqslant x \leqslant 1 \\ z-x > 0 \end{cases}$ 即 $\begin{cases} 0 \leqslant x \leqslant 1 \\ x < z \end{cases}$ 时,上述积分的被积函数不为零(参阅图 $3-5.6-2$).

所以

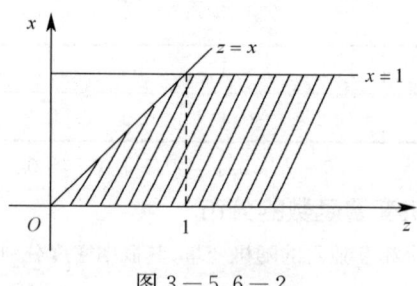

图 $3-5.6-2$

$$f_Z(z) = \begin{cases} \int_0^z f_X(x)f_Y(z-x)\mathrm{d}x, & 0 \leqslant z \leqslant 1 \\ \int_0^1 f_X(x)f_Y(z-x)\mathrm{d}x, & z > 1 \\ 0, & \text{其他} \end{cases} = \begin{cases} \int_0^z \mathrm{e}^{-(z-x)}\mathrm{d}x, & 0 \leqslant z \leqslant 1 \\ \int_0^1 \mathrm{e}^{-(z-x)}\mathrm{d}x, & z > 1 \\ 0, & \text{其他} \end{cases}$$

$$= \begin{cases} 1-\mathrm{e}^{-z}, & 0 \leqslant z \leqslant 1 \\ (\mathrm{e}-1)\mathrm{e}^{-z}, & z > 1 \\ 0, & \text{其他}. \end{cases}$$

[5.7] 设 X 与 Y 相互独立，分别服从参数为 λ_1 与 λ_2 的指数分布，求 $Z = \dfrac{X}{Y}$ 的密度函数。

分析 设 (X,Y) 是二维连续型随机变量，其联合密度函数为 $f(x,y)$，则随机变量 $Z = \dfrac{X}{Y}$ 的密度函数 $f_Z(z)$ 为

$$f_Z(z) = \int_{-\infty}^{+\infty} |y| f(zy, y) \mathrm{d}y.$$

特别地，如果 X 与 Y 相互独立，则有 $f(x,y) = f_X(x) f_Y(y)$，此时，我们有

$$f_Z(z) = \int_{-\infty}^{+\infty} |y| f_X(yz) f_Y(y) \mathrm{d}y.$$

解 $f_X(x) = \begin{cases} \lambda_1 \mathrm{e}^{-\lambda_1 x} & x > 0 \\ 0, & x \leqslant 0, \end{cases}$ $f_Y(y) = \begin{cases} \lambda_2 \mathrm{e}^{-\lambda_2 y} & y > 0 \\ 0, & y \leqslant 0 \end{cases}$

设 $Z = \dfrac{X}{Y}$，由 X 与 Y 独立性，我们有

$$f_Z(z) = \int_{-\infty}^{+\infty} |y| f_X(yz) f_Y(y) \mathrm{d}y, \quad yz > 0, y > 0$$

如图 3-5.7 所示：
(1) 若 $z \leqslant 0$, $f_Z(z) = 0$.
(2) 若 $z > 0$,
$$f_Z(z) = \int_0^{+\infty} y \lambda_1 \mathrm{e}^{-\lambda_1 yz} \lambda_2 \mathrm{e}^{-\lambda_2 y} \mathrm{d}y = \lambda_1 \lambda_2 \int_0^{+\infty} y \mathrm{e}^{-(\lambda_2 + \lambda_1 z)y} \mathrm{d}y$$
$$= \dfrac{\lambda_1 \lambda_2}{(\lambda_2 + \lambda_1 z)^2}$$

则 $Z = \dfrac{X}{Y}$ 的密度为

$$f_Z(z) = \begin{cases} \dfrac{\lambda_1 \lambda_2}{(\lambda_2 + \lambda_1 z)^2}, & z > 0 \\ 0, & z \leqslant 0. \end{cases}$$

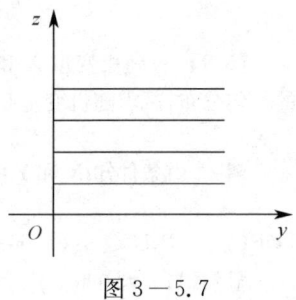

图 3-5.7

[5.8] 设二维随机变量 (X,Y) 的概率密度为

$$f(x,y) = \begin{cases} 1, & 0 < x < 1, 0 < y < 2x \\ 0, & \text{其他} \end{cases}$$

求：(1) (X,Y) 的边缘概率密度 $f_X(x)$，$f_Y(y)$；
(2) $Z = 2X - Y$ 的概率密度 $f_Z(z)$；
(3) $P\left\{Y \leqslant \dfrac{1}{2} \mid X \leqslant \dfrac{1}{2}\right\}$.

解 (1) 当 $0 < x < 1$ 时，$f_X(x) = \int_{-\infty}^{+\infty} f(x,y) \mathrm{d}y = \int_0^{2x} \mathrm{d}y = 2x$

当 $x \leqslant 0$ 或 $x \geqslant 1$ 时，$f_X(x) = 0$，即 $f_X(x) = \begin{cases} 2x, & 0 < x < 1 \\ 0 & \text{其他} \end{cases}$

当 $0 < y < 2$ 时，$f_Y(y) = \int_{-\infty}^{+\infty} f(x,y)\mathrm{d}x = \int_{\frac{y}{2}}^{1} \mathrm{d}x = 1 - \frac{y}{2}$

当 $y \leqslant 0$ 或 $y \geqslant 1$ 时，$f_Y(y) = 0$，　即 $f_Y(y) = \begin{cases} 1 - \dfrac{y}{2}, & 0 < y < 2 \\ 0, & 其他 \end{cases}$

(2) **解法一**　当 $z \leqslant 0$ 时，$F_Z(z) = 0$

当 $0 < z < 2$ 时，$F_Z(z) = P\{2X - Y \leqslant z\} = \iint\limits_{2x-y \leqslant z} f(x,y)\mathrm{d}x\mathrm{d}y = z - \dfrac{z^2}{4}$

当 $z \geqslant 2$ 时，$F_Z(z) = 1$，所以 $f_Z(z) = \begin{cases} 1 - \dfrac{z}{2}, & 0 < z < 2 \\ 0, & 其他 \end{cases}$

解法二　$f_Z(z) = \int_{-\infty}^{+\infty} f(x, 2x - z)\mathrm{d}x$，

其中　$f(x, 2x - z) = \begin{cases} 1, & 0 < x < 1, 0 < z < 2x \\ 0, & 其他 \end{cases}$

当 $z \leqslant 0$ 或 $z \geqslant 2$ 时，$f_Z(z) = 0$

当 $0 < z < 2$ 时，$f_Z(z) = \int_{\frac{z}{2}}^{1} \mathrm{d}x = 1 - \dfrac{z}{2}$，　即 $f_Z(z) = \begin{cases} 1 - \dfrac{z}{2}, & 0 < z < 2 \\ 0, & 其他 \end{cases}$

(3) $P\left\{Y \leqslant \dfrac{1}{2} \,\Big|\, X \leqslant \dfrac{1}{2}\right\} = \dfrac{P\left\{X \leqslant \frac{1}{2}, Y \leqslant \frac{1}{2}\right\}}{P\left\{X \leqslant \frac{1}{2}\right\}} = \dfrac{\frac{3}{16}}{\frac{1}{4}} = \dfrac{3}{4}.$

【5.9】 设随机变量 X 和 Y 的联合分布是正方形 $G = \{(x,y) \mid 1 \leqslant x \leqslant 3, 1 \leqslant y \leqslant 3\}$ 上的均匀分布，试求随机变量 $U = |X - Y|$ 的概率密度 $p(u)$.

解　由条件知 X 和 Y 的联合密度为　$f(x,y) = \begin{cases} \dfrac{1}{4}, & 1 \leqslant x \leqslant 3, 1 \leqslant y \leqslant 3 \\ 0, & 其他 \end{cases}$

以 $F(u) = P\{U \leqslant u\}(-\infty < u < +\infty)$ 表示随机变量 U 的分布函数.

显然，当 $u \leqslant 0$ 时，$F(u) = 0$；

当 $u \geqslant 2$ 时，$F(u) = 1$.

设 $0 < u < 2$，如图 3-5.9 所示，则

$$F(u) = \iint\limits_{|x-y| \leqslant u} f(x,y)\mathrm{d}x\mathrm{d}y = \iint\limits_{|x-y| \leqslant u} \dfrac{1}{4} \mathrm{d}x\mathrm{d}y$$

$$= \dfrac{1}{4}[4 - (2-u)^2] = 1 - \dfrac{1}{4}(2-u)^2$$

于是，随机变量 U 的密度为

$$p(u) = \begin{cases} \dfrac{1}{2}(2-u), & 0 < u < 2 \\ 0, & 其他 \end{cases}$$

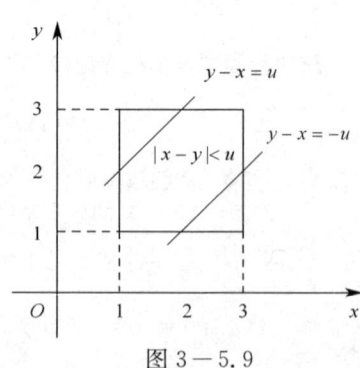

图 3-5.9

§5. 多维随机变量函数的分布

【5.10】 设二维随机变量(X,Y)在矩形$G = \{(x,y) \mid 0 \leqslant x \leqslant 2, 0 \leqslant y \leqslant 1\}$上服从均匀分布,试求边长为$X$和$Y$的矩形面积$S$的概率密度$f(s)$.

解 本题为利用(X,Y)的分布,求$S = XY$的分布问题. 二维随机变量(X,Y)的概率密度为

$$\varphi(x,y) = \begin{cases} \dfrac{1}{2}, & (x,y) \in G \\ 0, & (x,y) \notin G \end{cases}$$

设$F(s) = P\{S \leqslant s\}$为$S$的分布函数,则当$s \leqslant 0$时,$F(s) = 0$;当$s \geqslant 2$时,$F(s) = 1$.

现在,设$0 < s < 2$,如图$3-5.10$所示,曲线$xy = s$与矩形G的上边交于点$(s,1)$;位于曲线$xy = s$上方的点满足$xy > s$,位于下方的点满足$xy < s$,于是

$$F(s) = P\{S \leqslant s\} = P\{XY \leqslant s\} = 1 - P\{XY > s\}$$

$$= 1 - \iint\limits_{xy \geqslant s} \frac{1}{2} \mathrm{d}x \mathrm{d}y$$

$$= 1 - \frac{1}{2} \int_s^2 \mathrm{d}x \int_{\frac{s}{x}}^1 \mathrm{d}y = \frac{s}{2}(1 + \ln 2 - \ln s)$$

于是 $f(s) = \begin{cases} \dfrac{1}{2}(\ln 2 - \ln s), & 0 < s < 2 \\ 0, & s \leqslant 0 \text{ 或 } s \geqslant 2 \end{cases}$

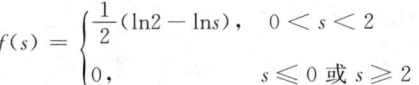

图 $3-5.10$

点评 本题也可利用公式计算:

$$f(s) = \int_{-\infty}^{+\infty} \frac{1}{|x|} \varphi(x, \frac{z}{x}) \mathrm{d}x = \begin{cases} \dfrac{1}{2}(\ln 2 - \ln s), & 0 < s < 2 \\ 0, & \text{其他} \end{cases}$$

题型3. 关于重要结论及公式

【5.11】 设两个相互独立的随机变量X和Y分别服从正态分布$N(0,1)$和$N(1,1)$,则( ).

(A) $P\{X + Y \leqslant 0\} = \dfrac{1}{2}$ (B) $P\{X + Y \leqslant 1\} = \dfrac{1}{2}$

(C) $P\{X - Y \leqslant 0\} = \dfrac{1}{2}$ (D) $P\{X - Y \leqslant 1\} = \dfrac{1}{2}$

解 因为$X + Y \sim N(1,2)$,$X - Y \sim N(-1,2)$,利用正态分布几何意义或者结论:当$X \sim N(\mu, \sigma^2)$时,$P\{X \leqslant \mu\} = \dfrac{1}{2}$. 则

$$P\{X + Y \leqslant 1\} = \frac{1}{2}$$

故应选(B).

【5.12】 设系统L由两个相互独立的子系统L_1和L_2连接而成,其连接的方式分别为(1) 串联,(2) 并联,如图$3-5.12$所示.

设 L_1 和 L_2 的寿命分别为 X 和 Y, 已知它们的密度函数分别为

$$f_X(x) = \begin{cases} \alpha e^{-\alpha x}, & x > 0 \\ 0, & x \leq 0, \end{cases}$$

$$f_Y(y) = \begin{cases} \beta e^{-\beta y}, & y > 0 \\ 0, & y \leq 0, \end{cases}$$

其中 $\alpha > 0, \beta > 0$, 试分别就以上两种连接方式写出系统 L 的寿命 Z 的密度函数.

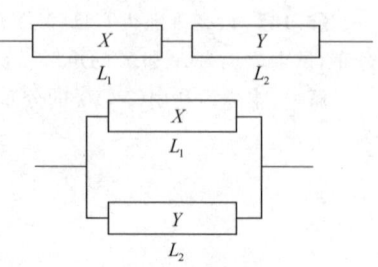

图 3—5.12

解 (1) 串联的情况

因为当 L_1 和 L_2 中有一个损坏时, 系统 L 就停止工作, 所以 L 的寿命为 $Z = \min(X,Y)$

因 X 和 Y 的分布函数分别为

$$F_X(x) = \begin{cases} 1-e^{-\alpha x}, & x > 0 \\ 0, & x \leq 0, \end{cases} \quad F_Y(y) = \begin{cases} 1-e^{-\beta y}, & y > 0 \\ 0, & y \leq 0, \end{cases}$$

故 Z 的分布函数

$$F_Z(z) = 1 - (1-F_X(z))(1-F_Y(z)) = \begin{cases} 1-e^{-(\alpha+\beta)z}, & z > 0 \\ 0, & z \leq 0. \end{cases}$$

于是, 得 Z 的密度函数

$$f_Z(z) = \begin{cases} (\alpha+\beta)e^{-(\alpha+\beta)z}, & z > 0 \\ 0, & z \leq 0. \end{cases}$$

(2) 并联的情况

因为当且仅当 L_1 和 L_2 都损坏时, 系统 L 才停止工作, 所以 L 的寿命为 $Z = \max(X,Y)$, 由此知, Z 的分布函数

$$F_Z(z) = F_X(z)F_Y(z) = \begin{cases} (1-e^{-\alpha z})(1-e^{-\beta z}), & z > 0 \\ 0, & z \leq 0. \end{cases}$$

于是 Z 的密度函数

$$f_Z(z) = \begin{cases} \alpha e^{-\alpha z} + \beta e^{-\beta z} - (\alpha+\beta)e^{-(\alpha+\beta)z}, & z > 0 \\ 0, & z \leq 0. \end{cases}$$

【5.13】 假设一电路装有 3 个同种电气元件, 其工作状态相互独立, 且无故障工作时间都服从参数为 $\lambda > 0$ 的指数分布. 当 3 个元件都无故障时, 电路正常工作, 否则整个电路不能正常工作. 试求电路正常工作的时间 T 的概率分布.

解法一 以 $X_i (i=1,2,3)$ 表示第 i 个电气元件无故障工作的时间, 则 X_1,X_2,X_3 相互独立且同分布, 其分布函数为

$$F(x) = \begin{cases} 1-e^{-\lambda x}, & x > 0 \\ 0, & x \leq 0 \end{cases}$$

设 $G(t)$ 是 T 的分布函数. 当 $t \leq 0$ 时, $G(t) = 0$. 当 $t > 0$ 时, 有

$$G(t) = P\{T \leq t\} = 1 - P\{T > t\} = 1 - P\{X_1 > t, X_2 > t, X_3 > t\}$$
$$= 1 - P\{X_1 > t\}P\{X_2 > t\}P\{X_3 > t\} = 1 - [1-F(t)]^3$$
$$= 1 - e^{-3\lambda t}$$

得 $G(t)=\begin{cases}1-e^{-3\lambda t}, & t>0\\ 0, & t\leqslant 0\end{cases}$

于是，T 服从参数为 3λ 的指数分布．

解法二 本题也可直接利用公式计算：因为 X_1, X_2, X_3 独立同分布，而 $T=\min(X_1, X_2, X_3)$，故

$$G(t)=1-[1-F(t)]^3=\begin{cases}1-e^{-3\lambda t}, & t>0\\ 0, & t\leqslant 0\end{cases}$$

题型 4. 特殊类型的变量函数的分布

【5.14】 设随机变量 X 与 Y 独立，其中 X 的概率分布为

$$X\sim\begin{pmatrix}1 & 2\\ 0.3 & 0.7\end{pmatrix}$$

而 Y 的概率密度为 $f(y)$，求随机变量 $U=X+Y$ 的概率密度 $g(u)$．

解 设 $F(y)$ 是 Y 的分布函数，则由全概率公式，知 $U=X+Y$ 的分布函数为

$$\begin{aligned}G(u)&=P\{X+Y\leqslant u\}\\ &=P\{X=1\}P\{X+Y\leqslant u\mid X=1\}+P\{X=2\}P\{X+Y\leqslant u\mid X=2\}\\ &=0.3P\{X+Y\leqslant u\mid X=1\}+0.7P\{X+Y\leqslant u\mid X=2\}\\ &=0.3P\{Y\leqslant u-1\mid X=1\}+0.7P\{Y\leqslant u-2\mid X=2\}.\end{aligned}$$

由于 X 和 Y 独立，可见

$$\begin{aligned}G(u)&=0.3P\{Y\leqslant u-1\}+0.7P\{Y\leqslant u-2\}\\ &=0.3F(u-1)+0.7F(u-2).\end{aligned}$$

由此，得 U 的概率密度

$$\begin{aligned}g(u)&=G'(u)=0.3F'(u-1)+0.7F'(u-2)\\ &=0.3f(u-1)+0.7f(u-2).\end{aligned}$$

点评 本题属新题型，求两个随机变量和的分布，其中一个是连续型，一个是离散型，需用全概率公式计算，有一定难度．

另外，也可写成 $G(u)=0.3\int_{-\infty}^{u-1}f(y)\mathrm{d}y+0.7\int_{-\infty}^{u-2}f(y)\mathrm{d}y$，同样求出 $g(u)$．

【5.15】 假设一设备开机后无故障工作的时间 X 服从指数分布，平均无故障工作的时间（EX）为 5 小时．设备定时开机．出现故障时自动关机，而在无故障的情况下工作 2 小时便关机．试求该设备每次开机无故障工作的时间 Y 的分布函数 $F(y)$．

解 设 X 的分布参数为 λ．由于 $EX=\dfrac{1}{\lambda}=5$，可见 $\lambda=\dfrac{1}{5}$（EX 结论见第四章），显然

$$Y=\min\{X,2\}.$$

对于 $y<0$，$F(y)=0$；对于 $y\geqslant 2$，$F(y)=1$．
设 $0\leqslant y<2$，有

$$F(y)=P\{Y\leqslant y\}=P\{\min(X,2)\leqslant y\}=P\{X\leqslant y\}=1-e^{-\frac{y}{5}}.$$

于是，Y 的分布函数为

$$F(y) = \begin{cases} 0, & y < 0 \\ 1 - e^{-\frac{y}{5}}, & 0 \leqslant y < 2 \\ 1, & y \geqslant 2. \end{cases}$$

点评 本题的关键在于：一是指数分布的参数与数学期望的关系要熟悉；二是能将 Y 表示成 $\min\{X, 2\}$.

§6. 综合提高题型

题型 1. 关于多维随机变量的选择与判断

【6.1】 设 X_1 和 X_2 是任意两个相互独立的连续型随机变量，它们的概率密度分别为 $f_1(x)$ 和 $f_2(x)$，分布函数分别为 $F_1(x)$ 和 $F_2(x)$，则（　　）.

(A) $f_1(x) + f_2(x)$ 必为某一随机变量的概率密度

(B) $F_1(x) F_2(x)$ 必为某一随机变量的分布函数

(C) $F_1(x) + F_2(x)$ 必为某一随机变量的分布函数

(D) $f_1(x) f_2(x)$ 必为某一随机变量的概率密度

解 由密度函数及分布函数性质可知：(B) 正确，(A)，(C)，(D) 不满足性质.

故应选(B).

【6.2】 如下四个二元函数，（　　）不能作为二维随机变量 (ξ, η) 的分布函数.

(A) $F_1(x, y) = \begin{cases} (1 - e^{-x})(1 - e^{-y}), & 0 < x < +\infty, 0 < y < +\infty \\ 0, & 其他 \end{cases}$

(B) $F_2(x, y) = \begin{cases} \sin x \sin y, & 0 \leqslant x \leqslant \frac{\pi}{2}, 0 \leqslant y \leqslant \frac{\pi}{2} \\ 0, & 其他 \end{cases}$

(C) $F_3(x, y) = \begin{cases} 1, & x + 2y \geqslant 1 \\ 0, & x + 2y < 1 \end{cases}$

(D) $F_4(x, y) = 1 + 2^{-x} - 2^{-y} + 2^{-x-y}$

解 二维随机变量 (ξ, η) 的分布函数具有四条性质，因此只有满足性质的函数才能作为 (ξ, η) 的分布函数.

因为对 $F_3(x, y)$ 取四点 $(1, 0), (0, 1), (1, 1), (0, 0)$ 有

$$F(1, 1) - F(1, 0) - F(0, 1) + F(0, 0) = 1 - 1 - 1 + 0 = -1 < 0$$

即 $F_3(x, y)$ 不满足性质.

故(C) 该入选.

【6.3】 设随机变量 X, Y 相互独立，且 X 服从正态分布 $N(0, \sigma_1^2)$，Y 服从正态分布 $N(0, \sigma_2^2)$，则概率 $P\{|X - Y| < 1\}$（　　）.

(A) 随 σ_1 与 σ_2 的减少而减少

(B) 随 σ_1 与 σ_2 的增加而增加

(C) 随 σ_1 的增加而减少，随 σ_2 减少而增加

(D) 随 σ_1 的增加而增加,随 σ_2 的减少而减少

解 因为 $X-Y \sim N(0,\sigma_1^2+\sigma_2^2)$, 故
$$P\{|X-Y|<1\} = 2\Phi\left(\frac{1}{\sqrt{\sigma_1^2+\sigma_2^2}}\right) - 1$$

即随 σ_1 的增加而减少,随 σ_2 的减少而增加.

故应选(C).

【6.4】 设随机变量 X,Y 独立同分布,且 X 的分布函数为 $F(x)$,则 $Z=\max\{X,Y\}$ 的分布函数为( ).

(A) $F^2(x)$ 　　　　　　　　(B) $F(x)F(y)$
(C) $1-[1-F(x)]^2$ 　　　　(D) $[1-F(x)][1-F(y)]$

解 $F_Z(z) = P\{Z \leqslant z\} = P\{\max\{X,Y\} \leqslant z\} = P\{X \leqslant z, Y \leqslant z\}$
$= P\{X \leqslant z\}P\{Y \leqslant z\} = F(z)F(z) = F^2(z).$

故应选(A)

【6.5】 设随机变量 X_1, X_2, X_3 相互独立,并且有相同的概率分布
$$P\{X_i = 1\} = p, \quad P\{X_i = 0\} = q, \quad i=1,2,3, \quad p+q=1.$$

考虑随机变量
$$Y_1 = \begin{cases} 1, & \text{若 } X_1+X_2 \text{ 为奇数} \\ 0, & \text{若 } X_1+X_2 \text{ 为偶数} \end{cases} \quad Y_2 = \begin{cases} 1, & \text{若 } X_2+X_3 \text{ 为奇数} \\ 0, & \text{若 } X_2+X_3 \text{ 为偶数} \end{cases}$$

则乘积 $Y_1 Y_2$ 的概率分布为( ).

(A) $Y_1 Y_2 \sim \begin{bmatrix} 0 & 1 \\ 1-pq & pq \end{bmatrix}$ 　　　　(B) $Y_1 Y_2 \sim \begin{bmatrix} 0 & 1 \\ pq & 1-pq \end{bmatrix}$

(C) $Y_1 Y_2 \sim \begin{bmatrix} 0 & 1 \\ p & q \end{bmatrix}$ 　　　　　　(D) $Y_1 Y_2 \sim \begin{bmatrix} 0 & 1 \\ q & p \end{bmatrix}$

解 根据 Y_1 和 Y_2 的取值情况知,$Y_1 Y_2$ 只可能取 0 和 1 两个数值. 因此,只要求出 $P\{Y_1 Y_2 = 1\}$ 或 $P\{Y_1 Y_2 = 0\}$ 即可.

因为 $P\{Y_1 Y_2 = 1\} + P\{Y_1 Y_2 = 0\} = 1$,而事件
$\{Y_1 Y_2 = 1\} = \{Y_1 = 1, Y_2 = 1\} = \{X_1+X_2 \text{ 为奇数}, X_2+X_3 \text{ 为奇数}\}$
$= \{X_1 = 0, X_2 = 1, X_3 = 0\} \cup \{X_1 = 1, X_2 = 0, X_3 = 1\}$

再根据不相容事件和概率的可加性以及 X_1, X_2, X_3 是相互独立的条件可求出
$P\{Y_1 Y_2 = 1\} = P\{Y_1 = 1, Y_2 = 1\}$
$= P\{X_1 = 0, X_2 = 1, X_3 = 0\} + P\{X_1 = 1, X_2 = 0, X_3 = 1\}$
$= pq^2 + p^2q = pq,$
$P\{Y_1 Y_2 = 0\} = 1 - P\{Y_1 Y_2 = 1\} = 1-pq.$

所以 $Y_1 Y_2$ 的概率分布为 $Y_1 Y_2 \sim \begin{bmatrix} 0 & 1 \\ 1-pq & pq \end{bmatrix}$.

故应选(A).

【6.6】 假设随机变量 X 服从指数分布,则随机变量 $Y = \min\{X, 2\}$ 的分布函数( ).

(A) 是连续函数　　　　　(B) 至少有两个间断点
(C) 是阶梯函数　　　　　(D) 恰好有一个间断点

解　Y 的分布函数　$F_Y(y) = P\{Y \leqslant y\} = P\{\min(X,2) \leqslant y\}$

显然 $y < 0$ 时，$F_Y(y) = 0$；　　$y \geqslant 2$ 时，$F_Y(y) = 1$；

$0 \leqslant y < 2$ 时，$F_Y(y) = P\{\min(X,2) \leqslant y\} = P\{X \leqslant y\} = 1 - e^{-\lambda y}$

故

$$F_Y(y) = \begin{cases} 0, & y < 0 \\ 1 - e^{-\lambda y}, & 0 \leqslant y < 2 \\ 1, & y \geqslant 2 \end{cases}$$

可见 $F_Y(y)$ 只在 $y = 2$ 间断.

故应选(D).

【6.7】 设随机变量 X 与 Y 相互独立，且 X 服从标准正态分布 $N(0,1)$，Y 的概率分布为 $P\{Y=0\} = P\{Y=1\} = \dfrac{1}{2}$，记 $F_Z(z)$ 为随机变量 $Z = XY$ 的分布函数，则函数 $F_Z(z)$ 的间断点个数为(　).

(A) 0　　　(B) 1　　　(C) 2　　　(D) 3

解　$F_Z(z) = P(XY \leqslant z) = P(XY \leqslant z \mid Y = 0)P(Y=0) + P(XY \leqslant z \mid Y=1)P(Y=1)$

$= \dfrac{1}{2}[P(XY \leqslant z \mid Y=0) + P(XY \leqslant z \mid Y=1)]$

$= \dfrac{1}{2}[P(X \cdot 0 \leqslant z \mid Y=0) + P(X \leqslant z \mid Y=1)]$.

由于 X, Y 独立，$F_Z(z) = \dfrac{1}{2}[P(X \cdot 0 \leqslant z) + P(X \leqslant z)]$.

(1) 若 $z < 0$，则 $F_Z(z) = \dfrac{1}{2}\Phi(z)$；

(2) 若 $z \geqslant 0$，则 $F_Z(z) = \dfrac{1}{2}[1 + \Phi(z)]$，所以 $z = 0$ 为间断点.

故选(B).

【6.8】 设二维随机变量 (X,Y) 的概率分布为

X \ Y	0	1
0	0.4	a
1	b	0.1

已知随机事件 $\{X=0\}$ 与 $\{X+Y=1\}$ 相互独立，则(　).

(A) $a = 0.2, b = 0.3$　　　　　　　(B) $a = 0.4, b = 0.1$
(C) $a = 0.3, b = 0.2$　　　　　　　(D) $a = 0.1, b = 0.4$

分析　由 $\sum_i \sum_j p_{ij} = 1$ 可得 a 和 b 的关系，再由事件 $\{X=0\}$ 与 $\{X+Y=1\}$ 相互独立得到另外一个关系，由方程组解出 a, b 的值.

解 由 $\sum_i \sum_j p_{ij} = 0.4 + a + b + 0.1 = 1$，得到 $a+b=0.5$.

由 $\{X=0\}$ 与 $\{X+Y=1\}$ 相互独立，得到
$$P\{X=0\}P\{X+Y=1\} = P\{X=0, X+Y=1\}$$

由已知条件可得
$$P\{X=0, X+Y=1\} = P\{X=0, Y=1\} = a$$
$$P\{X=0\} = P\{X=0, Y=0\} + P\{X=0, Y=1\} = a + 0.4$$
$$P\{X+Y=1\} = P\{X=0, Y=1\} + P\{X=1, Y=0\} = a+b = 0.5$$

联立方程组 $\begin{cases} 0.5 \times (a+0.4) = a \\ a+b = 0.5 \end{cases}$ 解之得 $\begin{cases} a = 0.4 \\ b = 0.1 \end{cases}$

故应选(B).

【6.9】 设两个随机变量 X 与 Y 相互独立且同分布，
$$P\{X=-1\} = P\{Y=-1\} = \frac{1}{2}, \qquad P\{X=1\} = P\{Y=1\} = \frac{1}{2}$$
则下列各式中成立的是( ).

(A) $P\{X=Y\} = \frac{1}{2}$ (B) $P\{X=Y\} = 1$

(C) $P\{X+Y=0\} = \frac{1}{4}$ (D) $P\{XY=1\} = \frac{1}{4}$

解 X,Y 的联合分布

X \ Y	-1	1
-1	$\frac{1}{4}$	$\frac{1}{4}$
1	$\frac{1}{4}$	$\frac{1}{4}$

因此，$P\{X=Y\} = P\{X=-1, Y=-1\} + P\{X=1, Y=1\} = \frac{1}{4} + \frac{1}{4} = \frac{1}{2}$.

故应选(A).

题型2. 多维随机变量的分布工具及工具的转换

【6.10】 设某班车起点站上客人数 X 服从参数为 $\lambda(\lambda>0)$ 的泊松分布，每位乘客在中途下车的概率为 $p(0<p<1)$，且中途下车与否相互独立. 以 Y 表示在中途下车的人数，求：

(1) 在发车时有 n 个乘客的条件下，中途有 m 人下车的概率；

(2) 二维随机变量 (X,Y) 的概率分布.

解 (1) $P\{Y=m \mid X=n\} = C_n^m p^m (1-p)^{n-m}, \quad 0 \leqslant m \leqslant n, n=0,1,2,\cdots.$

(2) $P\{X=n, Y=m\} = P\{Y=m \mid X=n\} P\{X=n\} = C_n^m p^m (1-p)^{n-m} \cdot \frac{e^{-\lambda}}{n!} \lambda^n$

$$0 \leqslant m \leqslant n, \quad n = 0, 1, 2, \cdots.$$

点评 本题将许多基本内容综合在一起：(1)二项分布；(2)泊松分布；(3)乘法公式；(4)二维离散型随机变量的分布律. 很有参考价值.

【6.11】 袋中有一个红色球,两个黑色球,三个白球,现有放回的从袋中取两次,每次取一球,以 X,Y,Z 分别表示两次取球的红、黑、白球的个数.

(1) 求 $P\{X=1 \mid Z=0\}$;

(2) 求二维随机变量 (X,Y) 的概率分布.

解 (1) 在没有取白球的情况下取了一次红球,利用样本空间的缩减法,相当于只有 1 个红球,2 个黑球有放回摸两次,其中摸一个红球的概率,所以

$$P\{X=1 \mid Z=0\} = \frac{C_2^1 \times 2}{3^2} = \frac{4}{9}.$$

(2) X,Y 取值范围为 $0,1,2$,故

$$P\{X=0,Y=0\} = \frac{C_3^1 \times C_3^1}{6^2} = \frac{1}{4}, \qquad P\{X=1,Y=0\} = \frac{C_2^1 \times C_3^1}{6^2} = \frac{1}{6},$$

$$P\{X=2,Y=0\} = \frac{1}{6^2} = \frac{1}{36}, \qquad P\{X=0,Y=1\} = \frac{C_2^1 \times C_2^1 \times C_3^1}{6^2} = \frac{1}{3},$$

$$P\{X=1,Y=1\} = \frac{C_2^1 \times C_2^1}{6^2} = \frac{1}{9}, \qquad P\{X=2,Y=1\} = 0,$$

$$P\{X=0,Y=2\} = \frac{C_2^1 \times C_2^1}{6^2} = \frac{1}{9}, \qquad P\{X=1,Y=2\} = 0,$$

$$P\{X=2,Y=2\} = 0.$$

Y \ X	0	1	2
0	$\frac{1}{4}$	$\frac{1}{6}$	$\frac{1}{36}$
1	$\frac{1}{3}$	$\frac{1}{9}$	0
2	$\frac{1}{9}$	0	0

【6.12】 设随机变量 X 与 Y 的概率分布分别为

X	0	1
P	$\frac{1}{3}$	$\frac{2}{3}$

Y	-1	0	1
P	$\frac{1}{3}$	$\frac{1}{3}$	$\frac{1}{3}$

且 $P\{X^2 = Y^2\} = 1$.

(1) 求二维随机变量 (X,Y) 的概率分布;

(2) 求 $Z=XY$ 的概率分布.

解 (1) 由 $P\{X^2=Y^2\}=1$ 可知 $P\{X^2 \neq Y^2\}=0$,

于是 $P\{X=0,Y=1\} = P\{X=0,Y=-1\} = P\{X=1,Y=0\} = 0$,

则 $P\{X=1,Y=-1\} = P\{X=-1\} - P\{X=0,Y=-1\} = \frac{1}{3}$,

同理 $P\{X=1,Y=1\} = P\{X=0,Y=0\} = \frac{1}{3}$.

即概率分布如下

X \ Y	−1	0	1
0	0	$\frac{1}{3}$	0
1	$\frac{1}{3}$	0	$\frac{1}{3}$

(2) $Z = XY$ 可能的取值为 $-1, 0, 1$.

$$P\{XY = -1\} = P\{X = 1, Y = -1\} = \frac{1}{3},$$

$$P\{XY = 1\} = P\{X = 1, Y = 1\} = \frac{1}{3},$$

$$P\{XY = 0\} = 1 - \frac{1}{3} - \frac{1}{3} = \frac{1}{3}.$$

故 Z 的分布律为

Z	−1	0	1
P	$\frac{1}{3}$	$\frac{1}{3}$	$\frac{1}{3}$

【6.13】将一枚硬币掷 3 次,以 X 表示前 2 次中出现 H 的次数,以 Y 表示 3 次中出现 H 的次数,求 X, Y 的联合分布律以及边缘分布律.

解 (X,Y) 的所有情形为 $HHH, HHT, HTH, THH, HTT, THT, TTH, TTT.$（其中 T 表示不出现 H 面）

按古典概型,显然有

$$P\{X = 0, Y = 0\} = \frac{1}{8}, \qquad P\{X = 0, Y = 1\} = \frac{1}{8},$$

$$P\{X = 1, Y = 1\} = \frac{2}{8}, \qquad P\{X = 1, Y = 2\} = \frac{2}{8},$$

$$P\{X = 2, Y = 2\} = \frac{1}{8}, \qquad P\{X = 2, Y = 3\} = \frac{1}{8}.$$

那么把 (X,Y) 的联合分布律及边缘分布律列成表格:

Y \ X	0	1	2	$p_{\cdot j}$
0	$\frac{1}{8}$	0	0	$\frac{1}{8}$
1	$\frac{1}{8}$	$\frac{2}{8}$	0	$\frac{3}{8}$
2	0	$\frac{2}{8}$	$\frac{1}{8}$	$\frac{3}{8}$
3	0	0	$\frac{1}{8}$	$\frac{1}{8}$
$p_{i \cdot}$	$\frac{1}{4}$	$\frac{1}{2}$	$\frac{1}{4}$	1

【6.14】 已知随机变量 X 和 Y 的联合概率密度为

$$\varphi(x,y) = \begin{cases} 4xy, & 0 \leqslant x \leqslant 1, 0 \leqslant y \leqslant 1 \\ 0, & \text{其他} \end{cases}$$

求 X 和 Y 的联合分布函数 $F(x,y)$.

解 (1) 对于 $x < 0$ 或 $y < 0$,有 $F(x,y) = P\{X \leqslant x, Y \leqslant y\} = 0$.

(2) 对于 $0 \leqslant x \leqslant 1, 0 \leqslant y \leqslant 1$,有 $F(x,y) = 4\int_0^x \int_0^y uv \mathrm{d}u \mathrm{d}v = x^2 y^2$.

(3) 对于 $x > 1, y > 1$,有 $F(x,y) = 1$.

(4) 对于 $x > 1, 0 \leqslant y \leqslant 1$,有 $F(x,y) = P\{X \leqslant 1, Y \leqslant y\} = y^2$.

(5) 对于 $y > 1, 0 \leqslant x \leqslant 1$,有 $F(x,y) = P\{X \leqslant x, Y \leqslant 1\} = x^2$.

故 X 和 Y 的联合分布函数

$$F(x,y) = \begin{cases} 0, & x < 0 \text{ 或 } y < 0 \\ x^2 y^2, & 0 \leqslant x \leqslant 1, 0 \leqslant y \leqslant 1 \\ x^2, & 0 \leqslant x \leqslant 1, 1 < y \\ y^2, & 1 < x, 0 \leqslant y \leqslant 1 \\ 1, & 1 < x, 1 < y \end{cases}$$

【6.15】 设二维随机变量 (X,Y) 在 G 上服从均匀分布,G 由 $x-y=0, x+y=2$ 与 $y=0$ 围成.
(1) 求边缘密度 $f_X(x)$;
(2) 求 $f_{X|Y}(x|y)$.

解 (1) (X,Y) 的概率密度为

$$f(x,y) = \begin{cases} 1, & (x,y) \in G \\ 0, & \text{其他} \end{cases}$$

X 的概率密度

$$f_X(x) = \int_{-\infty}^{+\infty} f(x,y) \mathrm{d}y = \begin{cases} x, & 0 \leqslant x \leqslant 1 \\ 2-x, & 1 < x \leqslant 2 \\ 0, & \text{其他} \end{cases}$$

(2) $f_Y(y) = \int_{-\infty}^{+\infty} f(x,y) \mathrm{d}x = \begin{cases} 2(1-y), & 0 \leqslant y \leqslant 1 \\ 0, & \text{其他} \end{cases}$

当 $0 < y < 1$ 时,X 的条件概率密度 $f_{X|Y}(x|y) = \dfrac{f(x,y)}{f_Y(y)} = \begin{cases} \dfrac{1}{2(1-y)}, & y < x < 2-y \\ 0, & \text{其他} \end{cases}$

【6.16】 设 (X,Y) 是二维变量,X 的边缘概率密度为 $f_X(x) = \begin{cases} 3x^2, & 0 < x < 1, \\ 0, & \text{其他}. \end{cases}$ 在给定 $X = x(0 < x < 1)$ 的条件下 Y 的条件概率密度为

$$f_{Y|X}(y|x) = \begin{cases} \dfrac{3y^2}{x^3}, & 0 < y < x, \\ 0, & \text{其他} \end{cases}$$

(1) 求 (X,Y) 的概率密度 $f(x,y)$;
(2) 求 Y 的边缘概率密度 $f_Y(y)$;

(3) 求 $P\{X > 2Y\}$.

解 (1) 由题设得 (X,Y) 的概率密度为

$$f(x,y) = f_X(x)f_{Y|X}(y\mid x) = \begin{cases} \dfrac{9y^2}{x}, & 0 < y < x, 0 < x < 1, \\ 0, & \text{其他}. \end{cases}$$

(2) Y 的边缘概率密度为

$$f_Y(y) = \begin{cases} \displaystyle\int_y^1 \dfrac{9y^2}{x}\mathrm{d}x, & 0 < y < 1, \\ 0, & \text{其他} \end{cases} = \begin{cases} -9y^2\ln y, & 0 < y < 1, \\ 0, & \text{其他}. \end{cases}$$

(3) $P\{X > 2Y\} = \displaystyle\iint_{x>2y} f(x,y)\mathrm{d}x\mathrm{d}y = \int_0^1 \mathrm{d}x \int_0^{x/2} \dfrac{9y^2}{x}\mathrm{d}y = \dfrac{1}{8}.$

【6.17】 设随机变量 (ξ,η) 的联合分布为

ξ \ η	-1	0
1	$\dfrac{1}{4}$	$\dfrac{1}{4}$
2	$\dfrac{1}{6}$	k

求: (1) k 值;　(2) 联合分布函数 $F(x,y)$;　(3) 边缘分布函数 $F_\xi(x)$ 与 $F_\eta(y)$.

解 (1) 因为 $\displaystyle\sum_{i=1}^{+\infty}\sum_{j=1}^{+\infty} p_{ij} = 1$

所以由已知条件得 $\dfrac{1}{4} + \dfrac{1}{4} + \dfrac{1}{6} + k = 1$, 那么 $k = \dfrac{1}{3}$

(2) 由联合分布函数 $F(x,y) = P\{\xi \leqslant x, \eta \leqslant y\}$ 的定义知需对 x,y 的取值范围分别讨论.

当 $x < 1$ 或 $y < -1$ 时, $F(x,y) = P(\varnothing) = 0.$

当 $1 \leqslant x < 2, -1 \leqslant y < 0$ 时, $F(x,y) = P\{\xi = 1, \eta = -1\} = \dfrac{1}{4}.$

当 $x \geqslant 2, -1 \leqslant y < 0$ 时, $F(x,y) = P\{\xi = 1, \eta = -1\} + P\{\xi = 2, \eta = -1\}$

$$= \dfrac{1}{4} + \dfrac{1}{6} = \dfrac{5}{12}.$$

当 $1 \leqslant x < 2, y \geqslant 0$ 时, $F(x,y) = P\{\xi = 1, \eta = -1\} + P\{\xi = 1, \eta = 0\}$

$$= \dfrac{1}{4} + \dfrac{1}{4} = \dfrac{1}{2}.$$

当 $x \geqslant 2, y \geqslant 0$ 时,

$F(x,y) = P\{\xi = 1, \eta = -1\} + P\{\xi = 2, \eta = -1\} + P\{\xi = 1, \eta = 0\} + P\{\xi = 2, \eta = 0\}$

$$= \dfrac{1}{4} + \dfrac{1}{6} + \dfrac{1}{4} + \dfrac{1}{3} = 1.$$

所以 $F(x,y) = \begin{cases} 0, & x<1 \text{ 或 } y<-1 \\ \dfrac{1}{4}, & 1\leqslant x<2 \text{ 且 } -1\leqslant y<0 \\ \dfrac{5}{12}, & x\geqslant 2 \text{ 且 } -1\leqslant y<0 \\ \dfrac{1}{2}, & 1\leqslant x<2 \text{ 且 } y\geqslant 0 \\ 1, & x\geqslant 2 \text{ 且 } y\geqslant 0 \end{cases}$

(3) $F_\xi(x) = F(x,+\infty) = \begin{cases} 0, & x<1 \\ \dfrac{1}{2}, & 1\leqslant x<2 \\ 1, & x\geqslant 2 \end{cases}$

$F_\eta(y) = F(+\infty,y) = \begin{cases} 0, & y<-1 \\ \dfrac{5}{12}, & -1\leqslant y<0 \\ 1, & y\geqslant 0 \end{cases}$

【6.18】 设随机变量 X 的概率密度为

$$f_X(x) = \begin{cases} \dfrac{1}{2}, & -1<x<0 \\ \dfrac{1}{4}, & 0\leqslant x<2 \\ 0, & \text{其他} \end{cases}$$

令 $Y=X^2$,$F(x,y)$ 为二维随机变量 (X,Y) 的分布函数. 求

(1) Y 的概率密度 $f_Y(y)$;

(2) $F\left(-\dfrac{1}{2}, 4\right)$.

解 (1) Y 的分布函数为 $F_Y(y) = P\{Y\leqslant y\} = P\{X^2\leqslant y\}$.

当 $y\leqslant 0$ 时,$F_Y(y)=0$, $f_Y(y)=0$;

当 $0<y<1$ 时,

$F_Y(y) = P\{-\sqrt{y}\leqslant X\leqslant \sqrt{y}\} = P\{-\sqrt{y}\leqslant X<0\} + P\{0\leqslant X\leqslant \sqrt{y}\}$
$= \dfrac{1}{2}\sqrt{y} + \dfrac{1}{4}\sqrt{y} = \dfrac{3}{4}\sqrt{y}$,

$f_Y(y) = \dfrac{3}{8\sqrt{y}}$;

当 $1\leqslant y<4$ 时,

$F_Y(y) = P\{-1\leqslant X<0\} + P\{0\leqslant X\leqslant \sqrt{y}\} = \dfrac{1}{2} + \dfrac{1}{4}\sqrt{y}$,

$f_Y(y) = \dfrac{1}{8\sqrt{y}}$;

当 $y\geqslant 4$ 时,$F_Y(y)=1$, $f_Y(y)=0$.

故 Y 的概率密度为

$$f_Y(y) = \begin{cases} \dfrac{3}{8\sqrt{y}}, & 0 < y < 1 \\ \dfrac{1}{8\sqrt{y}}, & 1 \leqslant y < 4 \\ 0, & 其他 \end{cases}$$

(2) $F\left(-\dfrac{1}{2}, 4\right) = P\left\{X \leqslant -\dfrac{1}{2}, Y \leqslant 4\right\} = P\left\{X \leqslant -\dfrac{1}{2}, X^2 \leqslant 4\right\}$

$= P\left\{X \leqslant -\dfrac{1}{2}, -2 \leqslant X \leqslant 2\right\} = P\left\{-2 \leqslant X \leqslant -\dfrac{1}{2}\right\}$

$= P\left\{-1 < X \leqslant -\dfrac{1}{2}\right\} = \dfrac{1}{4}.$

题型 3. 利用随机变量的分布求概率

【6.19】 设随机变量 X 与 Y 相互独立,且都服从区间 $(0,1)$ 上的均匀分布,则 $P\{X^2+Y^2 \leqslant 1\} = $ _____.

(A) $\dfrac{1}{4}$ (B) $\dfrac{1}{2}$ (C) $\dfrac{\pi}{8}$ (D) $\dfrac{\pi}{4}$

解 本题求随机事件的概率. 由于给出了边缘分布,结合随机变量 X 与 Y 相互独立的条件可直接得到 (X,Y) 的联合概率密度 $f(x,y)$,然后计算二重积分

$$P\{X^2+Y^2 \leqslant 1\} = \iint\limits_{x^2+y^2 \leqslant 1} f(x,y)\,dxdy$$

即可. 但本题联合分布为均匀分布,属几何概型,利用图示法,即利用面积计算会更简便(参见图 3-6.19).

随机变量 X 与 Y 相互独立,且都服从区间 $[0,1]$ 上的均匀分布,所以 X 与 Y 的联合分布为区域

$$D = \{(x,y) \mid 0 \leqslant x \leqslant 1, 0 \leqslant y \leqslant 1\}$$

上的均匀分布,于是

$$P\{X^2+Y^2 \leqslant 1\} = \dfrac{S}{S_D} = \dfrac{\frac{\pi}{4}}{1} = \dfrac{\pi}{4}.$$

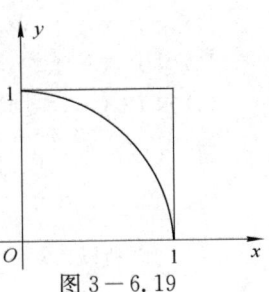

图 3-6.19

故应选 (D).

【6.20】 设随机变量 (X,Y) 的分布律为

Y \ X	0	1	2	3	4	5
0	0	0.01	0.03	0.05	0.07	0.09
1	0.01	0.02	0.04	0.05	0.06	0.08
2	0.01	0.03	0.05	0.05	0.05	0.06
3	0.01	0.02	0.04	0.06	0.06	0.05

求 $P\{X=2 \mid Y=2\}$, $P\{Y=3 \mid X=0\}$.

解 因为 $P\{X=2 \mid Y=2\} = \dfrac{P\{X=2, Y=2\}}{P\{Y=2\}}$，由上表可知

$$P\{X=2, Y=2\} = 0.05$$
$$P\{Y=2\} = 0.01 + 0.03 + 0.05 + 0.05 + 0.05 + 0.06 = 0.25$$

所以 $P\{X=2 \mid Y=2\} = \dfrac{0.05}{0.25} = \dfrac{1}{5} = 0.2$

同理 $P\{X=0, Y=3\} = 0.01$

$$P\{X=0\} = 0.01 + 0.01 + 0.01 = 0.03$$

故 $P\{Y=3 \mid X=0\} = \dfrac{P\{X=0, Y=3\}}{P\{X=0\}} = \dfrac{0.01}{0.03} = \dfrac{1}{3}$.

【6.21】 设随机变量 $(X,Y) \sim N(0, 2^2; 1, 3^2; 0)$，则 $P\{|2X-Y| \geqslant 1\} = $ _____.

解 因为 $\rho = 0$，所以 X, Y 独立，且 $X \sim N(0, 2^2)$，$Y \sim N(1, 3^2)$，则 $2X - Y \sim N(-1, 5^2)$.

故 $P\{|2X-Y| \geqslant 1\} = 1 - P\{-1 \leqslant 2X - Y \leqslant 1\} = 1 - \Phi\left(\dfrac{2}{5}\right) + \Phi(0)$

$$= 1 - 0.6554 + 0.5 = 0.8446$$

故应填 0.8446.

【6.22】 设随机变量 (X,Y) 的概率密度为

$$f(x,y) = \begin{cases} k(6-x-y), & 0 < x < 2,\ 2 < y < 4 \\ 0, & \text{其他} \end{cases}$$

(1) 确定常数 k；
(2) 求 $P\{X < 1, Y < 3\}$；
(3) 求 $P\{X < 1.5\}$；
(4) 求 $P\{X + Y \leqslant 4\}$.

解 (1) 因为 $\displaystyle\int_{-\infty}^{+\infty}\int_{-\infty}^{+\infty} f(x,y)\,\mathrm{d}x\mathrm{d}y = \int_0^2 \mathrm{d}x \int_2^4 k(6-x-y)\,\mathrm{d}y = k\int_0^2 (6-2x)\,\mathrm{d}x$

$$= k(12-4) = 8k = 1,$$

所以 $k = \dfrac{1}{8}$.

(2) $P\{X<1, Y<3\} = \displaystyle\int_0^1 \mathrm{d}x \int_2^3 \dfrac{1}{8}(6-x-y)\,\mathrm{d}y = \dfrac{1}{8}\int_0^1 \left[(6-x) - \dfrac{5}{2}\right]\mathrm{d}x$

$$= \dfrac{1}{8}\left(\dfrac{7}{2} - \dfrac{1}{2}\right) = \dfrac{3}{8}.$$

(3) $P\{X < 1.5\} = \displaystyle\int_{-\infty}^{1.5}\int_{-\infty}^{+\infty} f(x,y)\,\mathrm{d}y\mathrm{d}x = \int_0^{1.5} \left[\int_2^4 \dfrac{1}{8}(6-x-y)\,\mathrm{d}y\right]\mathrm{d}x$

$$= \dfrac{1}{8}\int_0^{1.5}[2(6-x) - 6]\,\mathrm{d}x = \dfrac{1}{8}\int_0^{1.5}(6-2x)\,\mathrm{d}x$$

$$= \dfrac{1}{8}[6 \times 1.5 - (1.5)^2] = \dfrac{1}{8}\left[9 - \dfrac{9}{4}\right] = \dfrac{27}{32}.$$

(4) 将 (X,Y) 看作是平面上随机点的坐标，即有 $\{X+Y \leqslant 4\} = \{(X,Y) \in G\}$，其中 G 为 XOY 平面上直线 $x+y=4$ 下方的部分（参阅图 3-6.22）.

$$P\{X+Y \leqslant 4\} = P\{(X,Y) \in G\} = \iint_G f(x,y)\mathrm{d}x\mathrm{d}y$$
$$= \int_0^2 \mathrm{d}x \int_2^{4-x} \frac{1}{8}(6-x-y)\mathrm{d}y$$
$$= \frac{1}{8}\int_0^2 \left[(6-x)(2-x) - \frac{(6-x)(2-x)}{2}\right]\mathrm{d}x$$
$$= \frac{1}{16}\int_0^2 (12 - 8x + x^2)\mathrm{d}x$$
$$= \frac{1}{16}\left[24 - 16 - \frac{8}{3}\right] = \frac{1}{2} \times \frac{4}{3} = \frac{2}{3}$$

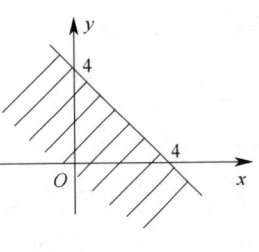

图 3 — 6.22

【6.23】 设二维随机变量 (X,Y) 的概率密度为
$$f(x,y) = \begin{cases} 2-x-y, & 0<x<1, \; 0<y<1 \\ 0, & \text{其他}. \end{cases}$$

(1) 求 $P\{X > 2Y\}$；
(2) 求 $Z = X+Y$ 的概率密度 $f_Z(z)$.

解 (1) $P\{X>2Y\} = \iint\limits_{x>2y} f(x,y)\mathrm{d}x\mathrm{d}y = \int_0^1 \mathrm{d}x\int_0^{\frac{x}{2}}(2-x-y)\mathrm{d}y$
$$= \int_0^1 \left(x - \frac{5}{8}x^2\right)\mathrm{d}x = \frac{7}{24}.$$

(2) $f_Z(z) = \int_{-\infty}^{+\infty} f(x,z-x)\mathrm{d}x$，其中
$$f(x,z-x) = \begin{cases} 2-x-(z-x), & 0<x<1, \; 0<z-x<1 \\ 0, & \text{其他} \end{cases}$$
$$= \begin{cases} 2-z, & 0<x<1, \; 0<z-x<1 \\ 0, & \text{其他}, \end{cases}$$

当 $z \leqslant 0$ 或 $z \geqslant 2$ 时，$f_Z(z) = 0$;

当 $0 < z < 1$ 时，$f_Z(z) = \int_0^z (2-z)\mathrm{d}x = z(2-z)$;

当 $1 \leqslant z < 2$ 时，$f_Z(z) = \int_{z-1}^1 (2-z)\mathrm{d}x = (2-z)^2$,

即 Z 的概率密度为 $f_Z(z) = \begin{cases} z(2-z), & 0<z<1 \\ (2-z)^2, & 1 \leqslant z < 2 \\ 0, & \text{其他}. \end{cases}$

题型 4. 关于条件分布

【6.24】 设二维随机变量 (X,Y) 的概率密度为
$$f(x,y) = A\mathrm{e}^{-2x^2+2xy-y^2}, \quad -\infty < x < +\infty, \; -\infty < y < +\infty,$$
求常数 A 及条件概率密度 $f_{Y|X}(y \mid x)$

解 因 $f_X(x) = \int_{-\infty}^{+\infty} f(x,y)\mathrm{d}y = A\int_{-\infty}^{+\infty} \mathrm{e}^{-2x^2+2xy-y^2}\mathrm{d}y = A\int_{-\infty}^{+\infty} \mathrm{e}^{-(y-x)^2-x^2}\mathrm{d}y$
$$= A\mathrm{e}^{-x^2}\int_{-\infty}^{+\infty} \mathrm{e}^{-(y-x)^2}\mathrm{d}y = A\sqrt{\pi}\mathrm{e}^{-x^2}, \quad -\infty < x < +\infty.$$

所以
$$1 = \int_{-\infty}^{+\infty} f_X(x)\mathrm{d}x = A\sqrt{\pi}\int_{-\infty}^{+\infty}\mathrm{e}^{-x^2}\mathrm{d}x = A\pi,$$
从而 $A = \dfrac{1}{\pi}$.

当 $x \in (-\infty, +\infty)$ 时,
$$f_{Y|X}(y \mid x) = \frac{f(x,y)}{f_X(x)} = \frac{\dfrac{1}{\pi}\mathrm{e}^{-2x^2+2xy-y^2}}{\dfrac{1}{\sqrt{\pi}}\mathrm{e}^{-x^2}} = \frac{1}{\sqrt{\pi}}\mathrm{e}^{-x^2+2xy-y^2}$$
$$= \frac{1}{\sqrt{\pi}}\mathrm{e}^{-(x-y)^2}, \quad -\infty < y < +\infty.$$

【6.25】 设二维随机变量 (X,Y) 的概率密度为
$$f(x,y) = \begin{cases} \mathrm{e}^{-x}, & 0 < y < x \\ 0, & \text{其他}. \end{cases}$$
(1) 求条件概率密度 $f_{Y|X}(y \mid x)$;
(2) 求条件概率 $P\{X \leqslant 1 \mid Y \leqslant 1\}$.

解 (1) X 的概率密度
$$f_X(x) = \int_{-\infty}^{+\infty} f(x,y)\mathrm{d}y = \begin{cases} \int_0^x \mathrm{e}^{-x}\mathrm{d}y, & x > 0 \\ 0, & x \leqslant 0 \end{cases} = \begin{cases} x\mathrm{e}^{-x}, & x > 0 \\ 0, & x \leqslant 0. \end{cases}$$

当 $x > 0$ 时, Y 的条件概率密度
$$f_{Y|X}(y \mid x) = \frac{f(x,y)}{f_X(x)} = \begin{cases} \dfrac{1}{x}, & 0 < y < x \\ 0, & \text{其他}. \end{cases}$$

(2) Y 的概率密度
$$f_Y(y) = \int_{-\infty}^{+\infty} f(x,y)\mathrm{d}x = \begin{cases} \mathrm{e}^{-y}, & y > 0 \\ 0, & y \leqslant 0. \end{cases}$$

$$P\{X \leqslant 1 \mid Y \leqslant 1\} = \frac{P\{X \leqslant 1, Y \leqslant 1\}}{P\{Y \leqslant 1\}} = \frac{\int_{-\infty}^{1}\int_{-\infty}^{1} f(x,y)\mathrm{d}x\mathrm{d}y}{\int_0^1 \mathrm{e}^{-y}\mathrm{d}y}$$
$$= \frac{\int_0^1 \mathrm{d}x \int_0^x \mathrm{e}^{-x}\mathrm{d}y}{1 - \mathrm{e}^{-1}} = \frac{\mathrm{e}-2}{\mathrm{e}-1}.$$

【6.26】 设 (X,Y) 的概率密度为
$$f(x,y) = \begin{cases} \dfrac{21}{4}x^2 y, & x^2 \leqslant y \leqslant 1 \\ 0, & \text{其他} \end{cases}$$
(1) 求条件概率密度 $f_{Y|X}(y \mid x)$, 特别写出当 $X = \dfrac{1}{2}$ 时 Y 的条件概率密度;
(2) 求条件概率 $P\left\{Y \geqslant \dfrac{3}{4} \mid X = \dfrac{1}{2}\right\}$.

解 由

$$f(x,y) = \begin{cases} \dfrac{21}{4}x^2 y, & x^2 \leqslant y \leqslant 1 \\ 0, & \text{其他}, \end{cases}$$

可得

$$f_X(x) = \begin{cases} \dfrac{21}{8}x^2(1-x^4), & -1 \leqslant x \leqslant 1 \\ 0, & \text{其他}, \end{cases}$$

$$f_Y(y) = \begin{cases} \dfrac{7}{2}y^{\frac{5}{2}}, & 0 \leqslant y \leqslant 1 \\ 0, & \text{其他} \end{cases}$$

(1) $f_{Y|X}(y \mid x) = \dfrac{f(x,y)}{f_X(x)} = \begin{cases} \dfrac{2y}{1-x^4}, & x^2 < y < 1, -1 < x < 1 \\ 0, & \text{其他} \end{cases}$

$f_{Y|X}\left(y \mid x = \dfrac{1}{2}\right) = \begin{cases} \dfrac{32}{15}y, & \dfrac{1}{4} < y < 1 \\ 0, & \text{其他} \end{cases}$

(2) $P\left\{Y \geqslant \dfrac{3}{4} \mid X = \dfrac{1}{2}\right\} = \int_{\frac{3}{4}}^{+\infty} f_{Y|X}\left(y \mid x = \dfrac{1}{2}\right) \mathrm{d}y = \int_{\frac{3}{4}}^{1} \dfrac{32}{15} y \mathrm{d}y = \dfrac{7}{15}.$

【6.27】 设随机变量(X,Y)服从二维正态分布,且X与Y不相关,$f_X(x)$, $f_Y(y)$分别表示X,Y的概率密度,则在$Y=y$的条件下,X的条件概率密度$f_{X|Y}(x \mid y)$为( ).

(A) $f_X(x)$ (B) $f_Y(y)$ (C) $f_X(x)f_Y(y)$ (D) $\dfrac{f_X(x)}{f_Y(y)}$

解法一 由于(X,Y)服从二维正态分布,因此X与Y不相关可知X与Y相互独立.于是有

$$f_{X|Y}(x \mid y) = f_X(x).$$

选项(A)正确.

解法二 由于X与Y不相关,即$\rho = 0$,因此(X,Y)的联合密度为

$$f(x,y) = \dfrac{1}{2\pi\sigma_1\sigma_2} \mathrm{e}^{-\frac{1}{2}\left[\left(\frac{x-\mu_1}{\sigma_1}\right)^2 + \left(\frac{y-\mu_2}{\sigma_2}\right)^2\right]}.$$

而X,Y的边缘概率密度分别为

$$f_X(x) = \dfrac{1}{\sqrt{2\pi}\sigma_1} \mathrm{e}^{\frac{(x-\mu_1)^2}{2\sigma_1^2}},$$

$$f_Y(y) = \dfrac{1}{\sqrt{2\pi}\sigma_2} \mathrm{e}^{\frac{(y-\mu_2)^2}{2\sigma_2^2}},$$

$$f_{X|Y}(x \mid y) = \dfrac{f(x,y)}{f_Y(y)} = \dfrac{1}{\sqrt{2\pi}\sigma_1} \mathrm{e}^{\frac{(x-\mu_1)^2}{2\sigma_1^2}} = f_X(x).$$

故应选(A).

点评 本题主要考查二维正态分布的性质,我们知道对于任意两个随机变量X,Y不相关仅仅是X与Y独立的必要条件.但是对于二维正态分布,X与Y不相关是X,Y独立的充分必要条件.

题型 5. 与独立性有关的题目

【6.28】 设随机变量 X 和 Y 独立,均服从相同的 $(0-1)$ 分布:
$$P\{X=1\}=p, \qquad P\{X=0\}=1-p.$$
又设 $Z=\begin{cases}0, & X+Y=\text{偶数}\\ 1, & X+Y=\text{奇数}\end{cases}$,则 $p(0<p<1)$ 为 _____ 时,能使 Z 和 X 相互独立.

解 由 X 和 Y 独立,易知
$$P\{Z=0\}=(1-p)^2+p^2, \qquad P\{Z=1\}=2p(1-p).$$
要使 Z 与 X 独立,必须 $P\{X=i,Z=j\}=P\{X=i\}P\{Z=j\}$, $i=0,1; j=0,1$,即
$$\begin{cases}[(1-p)^2+p^2](1-p)=(1-p)^2\\ 2p(1-p)(1-p)=p(1-p)\\ [(1-p)^2+p^2]p=p^2\\ 2p(1-p)p=p(1-p)\end{cases}$$
解得 $p=\dfrac{1}{2}$.

【6.29】 设随机变量 X 与 Y 相互独立,且分别服从参数为 1 与参数为 4 的指数分布,则 $P\{X<Y\}=$ _____.

(A) $\dfrac{1}{5}$ (B) $\dfrac{1}{3}$ (C) $\dfrac{2}{3}$ (D) $\dfrac{4}{5}$

解 因为 X,Y 分别服从参数为 1 与参数为 4 的指数分布,

故 $f_X(x)=\begin{cases}\mathrm{e}^{-x}, & x>0\\ 0, & x\leqslant 0\end{cases}$ $f_Y(y)=\begin{cases}4\mathrm{e}^{-4y}, & y>0\\ 0, & y\leqslant 0\end{cases}$.

因为 X 与 Y 相互独立,所以 $f(x,y)=f_X(x)f_Y(y)=\begin{cases}4\mathrm{e}^{-x}\mathrm{e}^{-4y}, & x>0,y>0\\ 0, & \text{其他}\end{cases}$,

从而 $P\{X<Y\}=\iint\limits_{x<y}f(x,y)\mathrm{d}x\mathrm{d}y=\int_0^{+\infty}\mathrm{d}x\int_x^{+\infty}4\mathrm{e}^{-x-4y}\mathrm{d}y=\dfrac{1}{5}$.

故应选(A).

【6.30】 设二维随机变量 (X,Y) 服从正态分布 $N(1,0;1,1;0)$,则 $P\{XY-Y<0\}=$ _____.

解 由于相关系数为 0,所以 X,Y 都服从正态分布,即
$$X\sim N(1,1), Y\sim N(0,1),$$
且 X 和 Y 相互独立.

由 $X\sim N(1,1)$,可得 $X-1\sim N(0,1)$,所以
$$\begin{aligned}P\{XY-Y<0\}&=P\{(X-1)Y<0\}\\ &=P\{X-1<0,Y>0\}+P\{X-1>0,Y<0\}\\ &=P\{X-1<0\}P\{Y>0\}+P\{X-1>0\}P\{Y<0\}\\ &=\dfrac{1}{2}\times\dfrac{1}{2}+\dfrac{1}{2}\times\dfrac{1}{2}=\dfrac{1}{2}.\end{aligned}$$

点评 本题考查了二维正态分布与一维正态分布的重要结论:

① 二维正态分布的边缘分布为一维正态分布,即当$(X,Y) \sim N(\mu_1,\mu_2;\sigma_1^2,\sigma_2^2;\rho)$时,
$$X \sim N(\mu_1,\sigma_1^2), Y \sim N(\mu_2,\sigma_2^2).$$

② 二维正态分布独立 $\Leftrightarrow$ 不相关,即 $\rho = 0 \Leftrightarrow X$ 与 Y 相互独立.

③ 若 $X \sim N(\mu,\sigma^2)$,则 $P\{X \leqslant \mu\} = P\{X > \mu\} = \dfrac{1}{2}$. 本题中 $X \sim N(1,1), Y \sim N(0,1)$.

则
$$P\{X < 1\} = P\{X > 1\} = \frac{1}{2}, P\{Y < 0\} = P\{Y > 0\} = \frac{1}{2}.$$

【6.31】 设随机变量(X,Y)具有分布函数
$$F(x,y) = \begin{cases} (1-e^{-ax})y, & x \geqslant 0, 0 \leqslant y \leqslant 1 \\ 1-e^{-ax}, & x \geqslant 0, y > 1 \\ 0, & \text{其他} \end{cases}, \quad \alpha > 0$$

证明 X, Y 相互独立.

解 $F_X(x) = F(x,\infty) = \begin{cases} 1-e^{-ax}, & x \geqslant 0 \\ 0, & \text{其他.} \end{cases}$

$F_Y(y) = F(\infty,y) = \begin{cases} y, & 0 \leqslant y \leqslant 1 \\ 1, & y > 1 \\ 0, & \text{其他.} \end{cases}$

因为对于所有的 x, y 都有 $F(x,y) = F_X(x)F_Y(y)$,故 X, Y 相互独立.

【6.32】 设(X,Y)的联合密度函数为
$$f(x,y) = \begin{cases} Ae^{-(2x+y)}, & x > 0, y > 0 \\ 0, & \text{其他.} \end{cases}$$

(1) 确定 A;
(2) 求 $f_{X|Y}(x \mid y)$ 及 $f_{Y|X}(y \mid x)$,并判断 X, Y 的独立性;
(3) 求 $P\{X \leqslant 2 \mid Y \leqslant 1\}$;
(4) 求 $P\{X \leqslant 2 \mid Y = 1\}$.

解 (1) 因为 $\int_{-\infty}^{+\infty}\int_{-\infty}^{+\infty} f(x,y)\mathrm{d}x\mathrm{d}y = 1$,所以在这里应有
$$\int_0^{+\infty}\int_0^{+\infty} Ae^{-(2x+y)}\mathrm{d}y\mathrm{d}x = \frac{A}{2} = 1$$

故 $A = 2$.

(2) 据公式有
$$f_{X|Y}(x \mid y) = \frac{f(x,y)}{f_Y(y)}, \quad f_{Y|X}(y \mid x) = \frac{f(x,y)}{f_X(x)}.$$

由于 $y \leqslant 0$ 时, $f_Y(y) = 0$, $y > 0$ 时, $f_Y(y) = \int_0^{+\infty} 2e^{-(2x+y)}\mathrm{d}x = e^{-y}$,所以
$$f_Y(y) = \begin{cases} e^{-y} & y > 0 \\ 0, & y \leqslant 0. \end{cases}$$

因此, $x > 0, y > 0$ 时, $f_{X|Y}(x \mid y) = \dfrac{2e^{-(2x+y)}}{e^{-y}} = 2e^{-2x}$,所以

$$f_{X|Y}(x \mid y) = \begin{cases} 2\mathrm{e}^{-2x}, & x>0, y>0 \\ 0, & 其他. \end{cases}$$

又由于 $x \leqslant 0$ 时, $f_X(x) = 0$, $x > 0$ 时, $f_X(x) = \int_0^{+\infty} 2\mathrm{e}^{-(2x+y)} \mathrm{d}y = 2\mathrm{e}^{-2x}$,所以

$$f_X(x) = \begin{cases} 2\mathrm{e}^{-2x}, & x>0 \\ 0, & x \leqslant 0. \end{cases}$$

因此, $x > 0, y > 0$ 时, $f_{Y|X}(y \mid x) = \dfrac{2\mathrm{e}^{-(2x+y)}}{2\mathrm{e}^{-2x}} = \mathrm{e}^{-y}$,所以

$$f_{Y|X}(y \mid x) = \begin{cases} \mathrm{e}^{-y}, & x>0, y>0 \\ 0, & 其他. \end{cases}$$

从以上所解的结果看出, $f_{X|Y}(x \mid y) = f_X(x)$, $f_{Y|X}(y \mid x) = f_Y(y)$,这说明 X 与 Y 是相互独立的.

(3) 求 $P\{X \leqslant 2 \mid Y \leqslant 1\}$.

由(2)中已判断出 X, Y 相互独立,则

$$P\{X \leqslant 2 \mid Y \leqslant 1\} = P\{X \leqslant 2\} = F_X(2) = \int_{-\infty}^{2} f_X(x) \mathrm{d}x = \int_0^2 2\mathrm{e}^{-2x} \mathrm{d}x$$
$$= 1 - \mathrm{e}^{-4} \approx 0.9817.$$

(4) 求 $P\{X \leqslant 2 \mid Y = 1\}$.

因为 X, Y 相互独立,这个概率与条件 $Y = 1$ 无关.

$$P\{X \leqslant 2 \mid Y = 1\} = P\{X \leqslant 2 \mid Y \leqslant 1\} = P\{X \leqslant 2\} \approx 0.9817.$$

点评 对于(2),可以先由 $f(x,y) = f_X(x) f_Y(y)$ 判断出 X 与 Y 相互独立,因此 $f_{X|Y}(x \mid y) = f_X(x)$, $f_{Y|X}(y \mid x) = f_Y(y)$,计算更加简便.

【6.33】 设随机变量 (X,Y) 的概率密度为

$$f(x,y) = \begin{cases} \dfrac{1}{2}(x+y)\mathrm{e}^{-(x+y)}, & x>0, y>0 \\ 0, & 其他 \end{cases}$$

问 X 和 Y 是否相互独立?

解 (X,Y) 关于 X 的边缘概率密度为

$$f_X(x) = \int_{-\infty}^{+\infty} f(x,y) \mathrm{d}y = \begin{cases} \int_0^{+\infty} \dfrac{1}{2}(x+y)\mathrm{e}^{-(x+y)} \mathrm{d}y, & x>0 \\ 0, & x \leqslant 0 \end{cases}$$

$$= \begin{cases} \dfrac{1}{2}(x+1)\mathrm{e}^{-x}, & x>0 \\ 0, & x \leqslant 0 \end{cases}$$

(X,Y) 关于 Y 的边缘概率密度为

$$f_Y(y) = \int_{-\infty}^{+\infty} f(x,y) \mathrm{d}x = \begin{cases} \int_0^{+\infty} \dfrac{1}{2}(x+y)\mathrm{e}^{-(x+y)} \mathrm{d}x, & y>0 \\ 0, & y \leqslant 0 \end{cases}$$

$$= \begin{cases} \dfrac{1}{2}(y+1)\mathrm{e}^{-y}, & y>0 \\ 0, & y \leqslant 0 \end{cases}$$

而 $f_X(x)f_Y(y) = \begin{cases} \dfrac{1}{4}(x+1)(y+1)\mathrm{e}^{-(x+y)}, & x>0, y>0 \\ 0, & 其他 \end{cases}$

显然 $f_X(x)f_Y(y) \neq f(x,y)$，故 X 和 Y 不独立.

题型 6. 求多维随机变量函数的分布

【6.34】已知随机变量 (X,Y) 的联合分布律为

Y \ X	1	2	3
1	$\dfrac{1}{5}$	0	$\dfrac{1}{5}$
2	$\dfrac{1}{5}$	$\dfrac{1}{5}$	$\dfrac{1}{5}$

试求 $Z_1 = X+Y$, $Z_2 = \max(X,Y)$ 的分布律.

解 Z_1 的所有可能取值为 $2,3,4,5$，而

$$P\{Z_1=2\} = P\{X+Y=2\} = P\{X=1,Y=1\} = \dfrac{1}{5}$$

$$P\{Z_1=3\} = P\{X=1,Y=2\} + P\{X=2,Y=1\} = \dfrac{1}{5}$$

$$P\{Z_1=4\} = P\{X=2,Y=2\} + P\{X=3,Y=1\} = \dfrac{2}{5}$$

$$P\{Z_1=5\} = P\{X=3,Y=2\} = \dfrac{1}{5}$$

因此，Z_1 的分布律为

Z_1	2	3	4	5
p_k	$\dfrac{1}{5}$	$\dfrac{1}{5}$	$\dfrac{2}{5}$	$\dfrac{1}{5}$

Z_2 的所有可能取值为 $1,2,3$，而

$$P\{Z_2=1\} = P\{X=1,Y=1\} = \dfrac{1}{5}$$

$$P\{Z_2=2\} = P\{X=2,Y=1\} + P\{X=2,Y=2\} + P\{X=1,Y=2\} = \dfrac{2}{5}$$

$$P\{Z_2=3\} = P\{X=3,Y=1\} + P\{X=3,Y=2\} = \dfrac{2}{5}$$

因此，Z_2 的分布律为

Z_2	1	2	3
p_k	$\dfrac{1}{5}$	$\dfrac{2}{5}$	$\dfrac{2}{5}$

【6.35】设 A,B 为随机事件，且 $P(A) = \dfrac{1}{4}$，$P(B \mid A) = \dfrac{1}{3}$，$P(A \mid B) = \dfrac{1}{2}$，令

$$X = \begin{cases} 1, & A \text{ 发生}, \\ 0, & A \text{ 不发生}; \end{cases} \qquad Y = \begin{cases} 1, & B \text{ 发生} \\ 0, & B \text{ 不发生}, \end{cases}$$

求(1) 二维随机变量(X,Y)的概率分布；   (2)$Z = X^2 + Y^2$的概率分布.

解 (1) 由于$P(AB) = P(A)P(B \mid A) = \dfrac{1}{12}$， $P(B) = \dfrac{P(AB)}{P(A \mid B)} = \dfrac{1}{6}$， 所以

$$P\{X = 1, Y = 1\} = P(AB) = \dfrac{1}{12},$$

$$P\{X = 1, Y = 0\} = P(A\overline{B}) = P(A) - P(AB) = \dfrac{1}{6},$$

$$P\{X = 0, Y = 1\} = P(\overline{A}B) = P(B) - P(AB) = \dfrac{1}{12},$$

$$P\{X = 0, Y = 0\} = P(\overline{A}\,\overline{B}) = P(\overline{A \cup B}) = 1 - P(A \cup B)$$

$$= 1 - [P(A) + P(B) - P(AB)] = \dfrac{2}{3}$$

$$\left(\text{或}\ P\{X = 0, Y = 0\} = 1 - \dfrac{1}{12} - \dfrac{1}{6} - \dfrac{1}{12} = \dfrac{2}{3}\right).$$

故(X,Y)的概率分布为

X \ Y	0	1
0	$\dfrac{2}{3}$	$\dfrac{1}{12}$
1	$\dfrac{1}{6}$	$\dfrac{1}{12}$

(2) Z的可能取值为$0,1,2$，

$$P\{Z = 0\} = P\{X = 0, Y = 0\} = \dfrac{2}{3},$$

$$P\{Z = 1\} = P\{X = 0, Y = 1\} + P\{X = 1, Y = 0\} = \dfrac{1}{4},$$

$$P\{Z = 2\} = P\{X = 1, Y = 1\} = \dfrac{1}{12},$$

即 Z 的概率分布为

Z	0	1	2
p	$\dfrac{2}{3}$	$\dfrac{1}{4}$	$\dfrac{1}{12}$

【6.36】 设随机变量X与Y相互独立，X的概率分布为

$$P\{X = i\} = \dfrac{1}{3} \quad (i = -1, 0, 1)$$

Y的概率密度为

$$f_Y(y) = \begin{cases} 1, & 0 \leqslant y \leqslant 1 \\ 0, & \text{其他}, \end{cases}$$

记$Z = X + Y$.

(1) 求 $P\left\{Z \leqslant \frac{1}{2} \mid X = 0\right\}$;

(2) 求 Z 的概率密度.

解 (1) $P\left\{Z \leqslant \frac{1}{2} \mid X = 0\right\} = P\left\{X + Y \leqslant \frac{1}{2} \mid X = 0\right\} = P\left\{Y \leqslant \frac{1}{2}\right\} = \int_0^{\frac{1}{2}} 1 \mathrm{d}y = \frac{1}{2}.$

(2) 当 $z \geqslant 2$ 时， $F(z) = 1$,

当 $z < -1$ 时， $F(z) = 0$,

当 $-1 \leqslant z < 2$ 时，

$$F(z) = P\{Z \leqslant z\} = P\{X + Y \leqslant z\}$$
$$= P\{X + Y \leqslant z \mid X = -1\} P\{X = -1\} + P\{X + Y \leqslant z \mid X = 0\} P\{X = 0\}$$
$$+ P\{X + Y \leqslant z \mid X = 1\} P\{X = 1\}$$
$$= \frac{1}{3}[P\{Y \leqslant z + 1\} + P\{Y \leqslant z\} + P\{Y \leqslant z - 1\}]$$

当 $-1 \leqslant z < 0$ 时， $F(z) = \frac{1}{3} \int_0^{z+1} 1 \mathrm{d}y = \frac{1}{3}(z+1),$

当 $0 \leqslant z < 1$ 时， $F(z) = \frac{1}{3}\left[1 + \int_0^z 1 \mathrm{d}y + 0\right] = \frac{1}{3}(z+1),$

当 $1 \leqslant z < 2$ 时， $F(z) = \frac{1}{3}\left[1 + 1 + \int_0^{z-1} 1 \mathrm{d}y\right] = \frac{1}{3}(z+1),$

所以 $F(z) = \begin{cases} 0, & z < -1 \\ \frac{1}{3}(z+1), & -1 \leqslant z < 2 \\ 1, & z \geqslant 2 \end{cases}$

则 $f(z) = \begin{cases} \frac{1}{3}, & -1 \leqslant z < 2 \\ 0, & 其他 \end{cases}.$

【6.37】 某种商品一周的需要量是一个随机变量,其概率密度为

$$f(t) = \begin{cases} t\mathrm{e}^{-t} & t > 0 \\ 0, & t \leqslant 0 \end{cases}$$

设各周的需要量是相互独立的,试求:

(1) 两周的需要量的概率密度;

(2) 三周的需要量的概率密度.

解 设第 i 周的需求量为 $T_i(i = 1,2,3)$,由题设知它们是独立同分布的随机变量.

(1) 两周的需求量为 $T_1 + T_2$,其概率密度为

$$f_{T_1+T_2}(t) = \int_{-\infty}^{+\infty} f(u) f(t-u) \mathrm{d}u = \int_0^t u\mathrm{e}^{-u}(t-u)\mathrm{e}^{-(t-u)} \mathrm{d}u = \frac{t^3}{6}\mathrm{e}^{-t}, (当 t > 0 时)$$

即 $f_{T_1+T_2}(t) = \begin{cases} \frac{1}{6} t^3 \mathrm{e}^{-t}, & t > 0 \\ 0, & t \leqslant 0 \end{cases}$

(2) 三周的需求量为 $(T_1 + T_2) + T_3$,其概率密度为

$$f_{T_1+T_2+T_3}(t) = \int_{-\infty}^{+\infty} f_{T_1+T_2}(u) f(t-u) du = \int_0^t \frac{1}{6} u^3 e^{-u} (t-u) e^{-(t-u)} du$$

$$= \frac{1}{5!} t^5 e^{-t}, \quad \text{当 } t > 0 \text{ 时}$$

即 $f_{T_1+T_2+T_3}(t) = \begin{cases} \dfrac{1}{5!} t^5 e^{-t}, & t > 0 \\ 0, & t \leqslant 0 \end{cases}$

【6.38】设 X 和 Y 是相互独立的随机变量，其概率密度分别为

$$f_X(x) = \begin{cases} \lambda e^{-\lambda x} & x > 0 \\ 0, & x \leqslant 0 \end{cases}$$

$$f_Y(y) = \begin{cases} \mu e^{-\mu y}, & y > 0 \\ 0, & y \leqslant 0 \end{cases}$$

其中 $\lambda > 0, \mu > 0$ 是常数. 引入随机变量

$$Z = \begin{cases} 1, & X \leqslant Y \\ 0, & X > Y \end{cases}$$

求 Z 的分布律和分布函数.

解 由于 $Z = \begin{cases} 1, & X \leqslant Y \\ 0, & X > Y \end{cases}$ （如图 3-6.38）

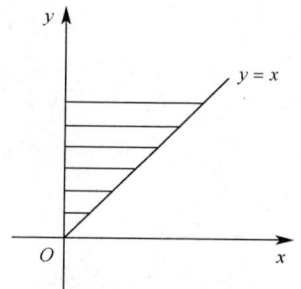

图 3-6.38

且 $P\{Z=1\} = P\{X \leqslant Y\} = \int_0^{+\infty} \int_x^{+\infty} \lambda \mu e^{-(\lambda x + \mu y)} dy dx$

$$= \int_0^{+\infty} \lambda e^{-(\lambda+\mu)x} dx$$

$$= -\frac{\lambda}{\lambda+\mu} e^{-(\lambda+\mu)x} \Big|_0^{+\infty} = \frac{\lambda}{\lambda+\mu}$$

$$P\{Z=0\} = P\{X > Y\} = 1 - P\{X \leqslant Y\} = 1 - \frac{\lambda}{\lambda+\mu} = \frac{\mu}{\lambda+\mu}$$

故 Z 的分布律为

Z	0	1
p	$\dfrac{\mu}{\lambda+\mu}$	$\dfrac{\lambda}{\lambda+\mu}$

Z 的分布函数为

$$F_Z(z) = \begin{cases} 0, & z < 0 \\ \dfrac{\mu}{\lambda+\mu}, & 0 \leqslant z < 1 \\ 1, & z \geqslant 1 \end{cases}$$

【6.39】已知随机变量 X 与 Y 相互独立且都服从正态分布 $N\left(\mu, \dfrac{1}{2}\right)$. 如果 $P\{X+Y \leqslant 1\} = \dfrac{1}{2}$，则 $\mu = $ _____.

解 这是一个反问题，即由 "$P\{X+Y \leqslant 1\} = \dfrac{1}{2}$" 来确定分布中的未知参数 μ，为此首先要

确立 $X+Y$ 的分布,由题设知 $X+Y \sim N(2\mu, 1)$,因此有
$$P\{X+Y \leqslant 1\} = \Phi\left(\frac{1-2\mu}{1}\right) = \frac{1}{2} \Rightarrow 1-2\mu = 0, \quad \mu = \frac{1}{2}.$$

【6.40】 设 X, Y 是相互独立的随机变量,$X \sim \pi(\lambda_1)$,$Y \sim \pi(\lambda_2)$.
证明 $Z = X+Y \sim \pi(\lambda_1 + \lambda_2)$.

证 因为 X, Y 分别服从参数 λ_1, λ_2 的泊松分布,故 X, Y 的分布律为
$$P\{X=k\} = \frac{\lambda_1^k}{k!} \mathrm{e}^{-\lambda_1}, \quad \lambda_1 > 0,$$
$$P\{Y=r\} = \frac{\lambda_2^r}{r!} \mathrm{e}^{-\lambda_2}, \quad \lambda_2 > 0,$$

则 $Z = X+Y$ 的分布律为
$$\begin{aligned} P\{Z=i\} &= P\{X+Y=i\} \\ &= \sum_{k=0}^{i} P\{X=k\} \cdot P\{Y=i-k\} = \sum_{k=0}^{i} \frac{\lambda_1^k}{k!} \mathrm{e}^{-\lambda_1} \cdot \frac{\lambda_2^{i-k}}{(i-k)!} \mathrm{e}^{-\lambda_2} \\ &= \frac{\mathrm{e}^{-(\lambda_1+\lambda_2)}}{i!} \sum_{k=0}^{i} \frac{i!}{k!(i-k)!} \lambda_1^k \lambda_2^{i-k} \\ &= \frac{\mathrm{e}^{-(\lambda_1+\lambda_2)}}{i!} (\lambda_1+\lambda_2)^i, \quad i=0,1,2,\cdots \end{aligned}$$

即 $Z = X+Y$ 服从参数为 $\lambda_1 + \lambda_2$ 的泊松分布.

【6.41】 设 X, Y 是相互独立的随机变量,$X \sim B(n_1, p)$,$Y \sim B(n_2, p)$,证明
$$Z = X+Y \sim B(n_1+n_2, p).$$

证 Z 的可能值为 $0, 1, 2, \cdots, n_1 + n_2$. 因为
$$\{Z=i\} = \{X+Y=i\} = \{X=0, Y=i\} \cup \{X=1, Y=i-1\} \cup \cdots \cup \{X=i, Y=0\}$$
由于和式中各事件互不相容,且 X, Y 独立,则
$$\begin{aligned} P\{Z=i\} &= \sum_{k=0}^{i} P\{X=k, Y=i-k\} = \sum_{k=0}^{i} P\{X=k\} P\{Y=i-k\} \\ &= \sum_{k=0}^{i} C_{n_1}^k p^k (1-p)^{n_1-k} \cdot C_{n_2}^{i-k} p^{i-k} (1-p)^{n_2-i+k} \\ &= p^i (1-p)^{n_1+n_2-i} \sum_{k=0}^{i} C_{n_1}^k C_{n_2}^{i-k} \\ &= p^i (1-p)^{n_1+n_2-i} \cdot C_{n_1+n_2}^i, \quad i=0,1,2,\cdots, n_1+n_2 \end{aligned}$$

上述计算过程中用到了公式 $\sum_{k=0}^{i} C_{n_1}^k \cdot C_{n_2}^{i-k} = C_{n_1+n_2}^i$,所以
$$Z = X+Y \sim B(n_1+n_2, p).$$

即 $Z = X+Y$ 服从参数 n_1+n_2, p 的二项分布.

【6.42】 设随机变量 X, Y 相互独立,且具有相同的分布,它们的概率密度均为
$$f(x) = \begin{cases} \mathrm{e}^{1-x}, & x > 1 \\ 0, & \text{其他} \end{cases}$$
求 $Z = X+Y$ 的概率密度.

解 由卷积公式

$$f_Z(z) = \int_{-\infty}^{\infty} f_X(x) f_Y(z-x) dx,$$

现在 $f_X(x) = \begin{cases} e^{1-x}, & x > 1 \\ 0, & 其他 \end{cases}$

$f_Y(y) = \begin{cases} e^{1-y}, & y > 1 \\ 0, & 其他 \end{cases}$

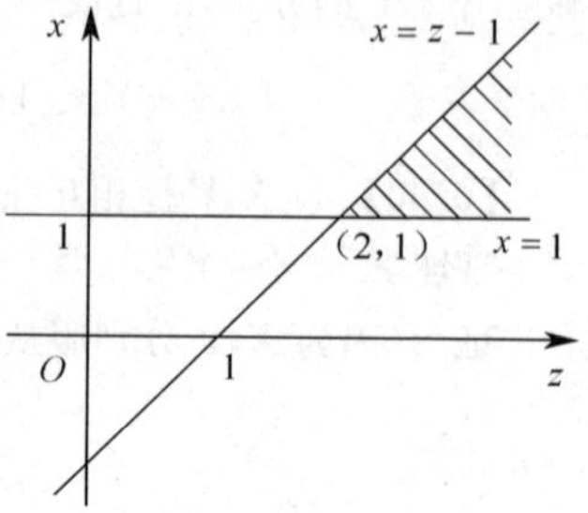

仅当 $\begin{cases} x > 1 \\ z - x > 1 \end{cases}$ 即 $\begin{cases} x > 1 \\ x < z - 1 \end{cases}$ 时,上述积分的被积函数不等于零,由图 3-6.42 即得

图 3-6.42

$$f_Z(z) = \begin{cases} \int_1^{z-1} e^{1-x} e^{1-(z-x)} dx = \int_1^{z-1} e^{2-z} dx, & z > 2 \\ 0, & 其他 \end{cases}$$

得 $f_Z(z) = \begin{cases} e^{2-z}(z-2), & z > 2 \\ 0, & 其他 \end{cases}$

【6.43】 设 (X, Y) 的联合密度函数为

$$f(x, y) = \begin{cases} e^{-y}, & 0 \leqslant x \leqslant 1, y \geqslant 0 \\ 0, & 其他 \end{cases}$$

(1) 问 X, Y 是否独立?
(2) 求 $Z = 2X + Y$ 的密度函数 $f_Z(z)$ 和分布函数 $F_Z(z)$;
(3) 求 $P\{Z > 3\}$.

解 (1) 先求边缘密度函数 $f_X(x), f_Y(y)$:

$0 < x < 1$ 时,$f_X(x) = \int_0^{+\infty} e^{-y} dy = 1$,所以

$$f_X(x) = \begin{cases} 1, & 0 < x < 1 \\ 0, & 其他 \end{cases}, \quad X \sim U(0, 1).$$

$y > 0$ 时,$f_Y(y) = \int_0^1 e^{-y} dx = e^{-y}$,所以

$$f_Y(y) = \begin{cases} e^{-y}, & y > 0 \\ 0, & y \leqslant 0 \end{cases}, \quad Y 服从指数分布.$$

显然有

$$f_X(x) f_Y(y) = \begin{cases} e^{-y}, & 0 < x < 1, y > 0 \\ 0, & 其他 \end{cases} = f(x, y),$$

所以 X, Y 相互独立.

(2) 求 $Z = 2X + Y$ 的 $f_Z(z)$ 和 $F_Z(z)$.

方法一

① 先求 $f_Z(z)$,因为 X, Y 相互独立,用推广的卷积公式

$$f_Z(z) = \int_{-\infty}^{+\infty} f_X(x) f_Y(z - 2x) dx.$$

首先要进行密度函数非零区域的变换,由

$$\begin{cases} 0 \leqslant x \leqslant 1 \\ y \geqslant 0 \end{cases} \to \begin{cases} 0 \leqslant x \leqslant 1 \\ z - 2x \geqslant 0 \end{cases} \to \begin{cases} 0 \leqslant x \leqslant 1 \\ z \geqslant 2x \end{cases}$$

由图 3-6.43-1 看出：

$z < 0$ 时， $f_Z(z) = 0$

$0 \leqslant z \leqslant 2$ 时, $f_Z(z) = \int_0^{\frac{z}{2}} \mathrm{e}^{-(z-2x)} \mathrm{d}x = \frac{1}{2}(1 - \mathrm{e}^{-z})$

$z > 2$ 时， $f_Z(z) = \int_0^1 \mathrm{e}^{-(z-2x)} \mathrm{d}x = \frac{1}{2}(\mathrm{e}^2 - 1)\mathrm{e}^{-z}.$

所以

$$f_Z(z) = \begin{cases} 0, & z < 0 \\ \dfrac{1}{2}(1 - \mathrm{e}^{-z}), & 0 \leqslant z \leqslant 2 \\ \dfrac{1}{2}(\mathrm{e}^2 - 1)\mathrm{e}^{-z}, & z > 2 \end{cases}.$$

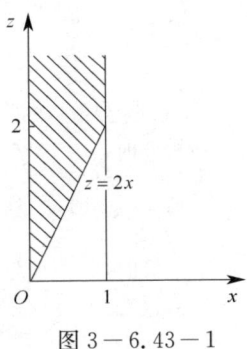

图 3-6.43-1

还可以用另一个卷积公式计算，由读者自己去做.

② 再求 $F_Z(z)$，由 $f_Z(z)$ 经过定积分求得

$z < 0$ 时， $F_Z(z) = 0,$

$0 \leqslant z \leqslant 2$ 时， $F_Z(z) = \int_0^z \frac{1}{2}(1 - \mathrm{e}^{-z}) \mathrm{d}z = \frac{1}{2}(z - 1 + \mathrm{e}^{-z}),$

$z > 2$ 时， $F_Z(z) = \int_0^2 \frac{1}{2}(1 - \mathrm{e}^{-z})\mathrm{d}z + \int_2^z \frac{1}{2}(\mathrm{e}^2 - 1)\mathrm{e}^{-z}\mathrm{d}z = 1 + \frac{1}{2}(1 - \mathrm{e}^2)\mathrm{e}^{-z}.$

所以

$$F_Z(z) = \begin{cases} 0, & z < 0 \\ \dfrac{1}{2}(z - 1 + \mathrm{e}^{-z}), & 0 \leqslant z \leqslant 2 \\ 1 + \dfrac{1}{2}(1 - \mathrm{e}^2)\mathrm{e}^{-z}, & z > 2 \end{cases}.$$

方法二

① 先求 $F_Z(z)$. 根据 $F_Z(z)$ 的定义，用二重积分计算求出.

$$F_Z(z) = P\{Z \leqslant z\} = P\{2X + Y \leqslant z\}$$
$$= \iint\limits_{2x+y \leqslant z} f(x, y) \mathrm{d}x\mathrm{d}y.$$

积分域见图 3-6.43-2.

$z < 0$ 时， $F_Z(z) = 0,$

$0 \leqslant z \leqslant 2$ 时, $F_Z(z) = \int_0^{\frac{z}{2}} \int_0^{z-2x} \mathrm{e}^{-y} \mathrm{d}y\mathrm{d}x = \frac{1}{2}(z - 1 + \mathrm{e}^{-z}),$

$z > 2$ 时， $F_Z(z) = \int_0^1 \int_0^{z-2x} \mathrm{e}^{-y} \mathrm{d}y\mathrm{d}x = 1 + \frac{1}{2}(1 - \mathrm{e}^2)\mathrm{e}^{-z},$

所以

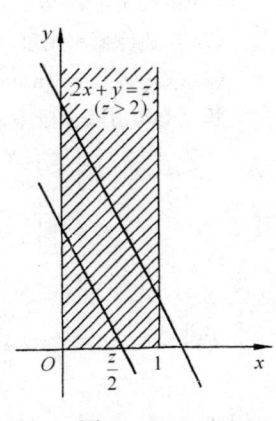

图 3-6.43-2

$$F_Z(z) = \begin{cases} 0, & z < 0 \\ \dfrac{1}{2}(z-1+e^{-z}), & 0 \leqslant z \leqslant 2 \\ 1+\dfrac{1}{2}(1-e^2)e^{-z}, & z > 2 \end{cases}$$

② 再求 $f_Z(z)$，因为 $f_Z(z) = F_Z'(z)$，所以

$z < 0$ 时， $f_Z(z) = 0$，

$0 \leqslant z \leqslant 2$ 时， $f_Z(z) = \dfrac{1}{2}(1-e^{-z})$，

$z > 2$ 时， $f_Z(z) = \dfrac{1}{2}(e^2-1)e^{-z}$，

$$f_Z(z) = \begin{cases} 0, & z < 0 \\ \dfrac{1}{2}(1-e^{-z}), & 0 \leqslant z \leqslant 2 \\ \dfrac{1}{2}(e^2-1)e^{-z}, & z > 2 \end{cases}$$

这里所用的方法比方法一好，一是不必记公式，二是求导比积分容易，因此，这是求函数的分布的最好方法．

(3) 求 $P\{Z > 3\}$

利用已经得出的分布函数 $F_Z(z)$，

$$P\{Z > 3\} = 1 - P\{Z \leqslant 3\} = 1 - F_Z(3) = 1 - \left[1 + \dfrac{1}{2}(1-e^2)e^{-3}\right]$$

$$= \dfrac{1}{2}(e^2-1)e^{-3} \approx 0.1591.$$

【6.44】 设随机变量 (X,Y) 的概率密度为

$$f(x,y) = \begin{cases} be^{-(x+y)}, & 0 < x < 1, 0 < y < +\infty \\ 0, & \text{其他} \end{cases}$$

(1) 试确定常数 b；

(2) 求边缘概率密度 $f_X(x)$，$f_Y(y)$；

(3) 求函数 $U = \max(X,Y)$ 的分布函数．

解 (1) 由联合概率密度性质知

$$1 = \int_{-\infty}^{+\infty} \int_{-\infty}^{+\infty} f(x,y)\,\mathrm{d}x\,\mathrm{d}y$$

$$= \int_0^1 \left[\int_0^{+\infty} be^{-(x+y)}\,\mathrm{d}y\right]\mathrm{d}x = b\int_0^1 e^{-x}\,\mathrm{d}x \int_0^{+\infty} e^{-y}\,\mathrm{d}y$$

$$= (1-e^{-1})b$$

所以 $b = \dfrac{1}{1-e^{-1}}$．

(2) $f_X(x) = \displaystyle\int_{-\infty}^{+\infty} f(x,y)\,\mathrm{d}y = \begin{cases} \displaystyle\int_0^{+\infty} \dfrac{1}{1-e^{-1}}e^{-(x+y)}\,\mathrm{d}y, & 0 < x < 1 \\ 0, & \text{其他} \end{cases}$

$$= \begin{cases} \dfrac{e^{-x}}{1-e^{-1}}, & 0 < x < 1 \\ 0, & \text{其他} \end{cases}$$

$$f_Y(y) = \int_{-\infty}^{+\infty} f(x,y) \mathrm{d}x = \begin{cases} \int_0^1 \dfrac{1}{1-e^{-1}} e^{-(x+y)} \mathrm{d}x, & y > 0 \\ 0, & y \leqslant 0 \end{cases}$$

$$= \begin{cases} e^{-y}, & y > 0 \\ 0, & y \leqslant 0 \end{cases}$$

(3) $U = \max(X,Y)$ 的分布函数

$$F_U(u) = P\{U \leqslant u\} = P\{X \leqslant u, Y \leqslant u\} = F(u,u) = \int_{-\infty}^u \int_{-\infty}^u f(x,y) \mathrm{d}x \mathrm{d}y$$

$$= \begin{cases} 0, & u \leqslant 0 \\ \int_0^u \int_0^u \dfrac{1}{1-e^{-1}} e^{-(x+y)} \mathrm{d}x \mathrm{d}y, & 0 < u < 1 \\ \int_0^1 \int_0^1 \dfrac{1}{1-e^{-1}} e^{-(x+y)} \mathrm{d}x \mathrm{d}y, & u \geqslant 1 \end{cases}$$

$$= \begin{cases} 0, & u \leqslant 0 \\ \dfrac{1}{1-e^{-1}} \int_0^u e^{-x} \mathrm{d}x \int_0^u e^{-y} \mathrm{d}y, & 0 < u < 1 \\ \dfrac{1}{1-e^{-1}} \int_0^1 e^{-x} \mathrm{d}x \int_0^u e^{-y} \mathrm{d}y, & u \geqslant 1 \end{cases}$$

$$= \begin{cases} 0, & u \leqslant 0 \\ \dfrac{(1-e^{-u})^2}{1-e^{-1}}, & 0 < u < 1 \\ 1-e^{-u}, & u \geqslant 1 \end{cases}$$

【6.45】 设某种型号的电子元件的寿命(以小时计) 近似地服从 $N(160,20^2)$ 分布. 随机地选取 4 只. 求其中没有一只寿命小于 180 的概率.

解 随机地取 4 只, 记其寿命分别为 X_1, X_2, X_3, X_4, 由题设知, 它们独立同分布, 且
$$X_i \sim N(160, 20^2), \quad i = 1,2,3,4$$
记 $X = \min(X_1, X_2, X_3, X_4)$, 事件"没有一只寿命小于 180"就是 $\{X \geqslant 180\}$, 从而
$$P\{X \geqslant 180\} = 1 - P\{X < 180\} = [1 - F(180)]^4 = \left[1 - \Phi\left(\dfrac{180-160}{20}\right)\right]^4$$
$$= (1 - 0.8413)^4 = 0.000634.$$

【6.46】 设 X,Y 是相互独立的随机变量, 它们都服从正态分布 $N(0,\sigma^2)$. 试验证随机变量 $Z = \sqrt{X^2 + Y^2}$ 具有概率密度

$$f_Z(z) = \begin{cases} \dfrac{z}{\sigma^2} e^{\frac{-z^2}{2\sigma^2}}, & z \geqslant 0 \\ 0, & \text{其他} \end{cases}$$

我们称 Z 服从参数为 $\sigma(\sigma > 0)$ 的瑞利(Rayleigh) 分布.

证 由 X,Y 独立同分布有

$$f(x,y) = f_X(x)f_Y(y) = \frac{1}{\sqrt{2\pi}\,\sigma}\mathrm{e}^{\frac{-x^2}{2\sigma^2}} \cdot \frac{1}{\sqrt{2\pi}\,\sigma}\mathrm{e}^{\frac{-y^2}{2\sigma^2}} = \frac{1}{2\pi\sigma^2}\mathrm{e}^{-\frac{1}{2\sigma^2}(x^2+y^2)}$$

而 $Z = \sqrt{X^2 + Y^2}$

当 $z < 0$ 时，$\{Z \leqslant z\}$ 是不可能事件，$F_Z(z) = P\{Z \leqslant z\} = 0$，从而 $f_Z(z) = 0$

当 $z \geqslant 0$ 时，

$$F_Z(z) = P\{Z \leqslant z\} = P\{\sqrt{X^2+Y^2} \leqslant z\} = P\{X^2 + Y^2 \leqslant z^2\}$$

$$= \iint_D f(x,y)\mathrm{d}x\mathrm{d}y \quad (D: x^2 + y^2 \leqslant z^2, z \geqslant 0)$$

$$= \iint_D \frac{1}{2\pi\sigma^2}\mathrm{e}^{-\frac{1}{2\sigma^2}(x^2+y^2)}\mathrm{d}x\mathrm{d}y$$

$$= \int_0^{2\pi}\mathrm{d}\theta \int_0^z \frac{1}{2\pi\sigma^2}\mathrm{e}^{-\frac{r^2}{2\sigma^2}} r\mathrm{d}r = 1 - \mathrm{e}^{-\frac{z^2}{2\sigma^2}}$$

从而 $f_Z(z) = F_Z'(z) = \dfrac{z}{\sigma^2}\mathrm{e}^{-\frac{z^2}{2\sigma^2}}$

故 $f_Z(z) = \begin{cases} \dfrac{z}{\sigma^2}\mathrm{e}^{-\frac{z^2}{2\sigma^2}}, & z \geqslant 0 \\ 0, & \text{其他} \end{cases}$

【6.47】对某种电子装置的输出测量了 5 次，得到观察 X_1, X_2, X_3, X_4, X_5。设它们是相互独立的随机变量，都服从参数 $\sigma = 2$ 的瑞利分布（其密度见上题）.

(1) 求 $Z = \max(X_1, X_2, X_3, X_4, X_5)$ 的分布函数；

(2) 求 $P\{Z > 4\}$.

解 由题设知 X_1, X_2, X_3, X_4, X_5 相互独立，且具有相同的密度函数

$$f(x) = \begin{cases} \dfrac{x}{4}\mathrm{e}^{-\frac{x^2}{8}}, & x \geqslant 0 \\ 0, & x < 0 \end{cases}$$

由此得到分布函数为

$$F(x) = \begin{cases} 1 - \mathrm{e}^{-\frac{x^2}{8}}, & x \geqslant 0 \\ 0, & x < 0 \end{cases}$$

(1) $Z = \max(X_1, X_2, X_3, X_4, X_5)$

$F_{\max}(z) = [F(z)]^5 = (1 - \mathrm{e}^{-\frac{z^2}{8}})^5$，即 $F_{\max}(z) = \begin{cases} (1 - \mathrm{e}^{-\frac{z^2}{8}})^5, & z \geqslant 0 \\ 0, & z < 0 \end{cases}$

(2) $P\{Z > 4\} = 1 - P\{Z \leqslant 4\} = 1 - F_{\max}(4) = 1 - (1 - \mathrm{e}^{-2})^5 = 0.5167$.

【6.48】设二维随机变量 (X, Y) 在区域 $D = \{(x,y) \mid 0 < x < 1, x^2 < y < \sqrt{x}\}$ 上服从均匀分布，令 $U = \begin{cases} 1, & X \leqslant Y, \\ 0, & X > Y. \end{cases}$

(1) 写出 (X, Y) 的概率密度；

(2) 问 U 与 X 是否相互独立？并说明理由；

(3) 求 $Z = U + X$ 的分布函数 $F(z)$.

解 (1) (X,Y) 的概率密度为
$$f(x,y) = \begin{cases} 3, & (x,y) \in D, \\ 0, & \text{其他} \end{cases}$$

(2) 对于 $0 < t < 1$,
$$P\{U \leqslant 0, X \leqslant t\} = P\{X > Y, X \leqslant t\}$$
$$= \int_0^t \mathrm{d}x \int_{x^2}^x 3\mathrm{d}y$$
$$= \frac{3}{2}t^2 - t^3,$$
$$P\{U \leqslant 0\} = P\{X > Y\} = \frac{1}{2},$$
$$P\{X \leqslant t\} = \int_0^t \mathrm{d}x \int_{x^2}^{\sqrt{x}} 3\mathrm{d}y = 2t^{\frac{3}{2}} - t^3.$$

由于 $P\{U \leqslant 0, X \leqslant t\} \neq P\{U \leqslant 0\}P\{X \leqslant t\}$,所以 U 与 X 不相互独立.

(3) 当 $z < 0$ 时,$F(z) = 0$;当 $0 \leqslant z < 1$ 时,
$$F(z) = P\{Z \leqslant z\} = P\{U + X \leqslant z\} = P\{U = 0, X \leqslant z\}$$
$$= P\{X > Y, X \leqslant z\} = \frac{3}{2}z^2 - z^3;$$

当 $1 \leqslant z < 2$ 时,$F(z) = P\{U + X \leqslant z\} = P\{U = 0, X \leqslant z\} + P\{U = 1, X \leqslant z - 1\}$
$$= \frac{1}{2} + 2(z-1)^{\frac{3}{2}} - \frac{3}{2}(z-1)^2;$$

当 $z \geqslant 2$ 时,$F(z) = P\{U + X \leqslant z\} = 1.$

所以 $F(z) = \begin{cases} 0, & z < 0, \\ \frac{3}{2}z^2 - z^3, & 0 \leqslant z < 1, \\ \frac{1}{2} + 2(z-1)^{\frac{3}{2}} - \frac{3}{2}(z-1)^2, & 1 \leqslant z < 2, \\ 1, & z \geqslant 2. \end{cases}$

【6.49】 设随机变量 X,Y 相互独立,它们的概率密度均为
$$f(x) = \begin{cases} \mathrm{e}^{-x}, & x > 0 \\ 0, & \text{其他} \end{cases}.$$
求 $Z = \dfrac{Y}{X}$ 的概率密度.

解 $f_X(x) = \begin{cases} \mathrm{e}^{-x}, & x > 0 \\ 0, & \text{其他} \end{cases}$,$f_Y(y) = \begin{cases} \mathrm{e}^{-y}, & y > 0 \\ 0, & \text{其他} \end{cases}$.

由公式
$$f_Z(z) = \int_{-\infty}^{+\infty} |x| f_X(x) f_Y(xz) \mathrm{d}x$$

仅当 $\begin{cases} x > 0 \\ xz > 0 \end{cases}$,即 $\begin{cases} x > 0 \\ z > 0 \end{cases}$ 时,上述积分的被积函数不等于零,于是

当 $z > 0$ 时

$$f_Z(z) = \int_0^\infty x e^{-x} e^{-xz} dx = \int_0^\infty x e^{-x(z+1)} dx = \frac{1}{(z+1)^2}.$$

当 $z \leqslant 0$ 时，$f_Z(z) = 0$，即

$$f_Z(z) = \begin{cases} \dfrac{1}{(z+1)^2}, & z > 0 \\ 0, & z \leqslant 0 \end{cases}.$$

【6.50】 设随机变量 (X,Y) 的概率密度为

$$f(x,y) = \begin{cases} x+y, & 0 < x < 1, 0 < y < 1 \\ 0, & 其他 \end{cases}$$

求 $Z = XY$ 的概率密度.

解 利用公式，$Z = XY$ 的概率密度

$$f_Z(z) = \int_{-\infty}^{+\infty} \frac{1}{|x|} f(x, \frac{z}{x}) dx$$

易知仅当 $\begin{cases} 0 < x < 1 \\ 0 < \dfrac{z}{x} < 1 \end{cases}$，即 $\begin{cases} 0 < x < 1 \\ 0 < z < x \end{cases}$ 时，

被积函数不等于零，如图 3－6.50.

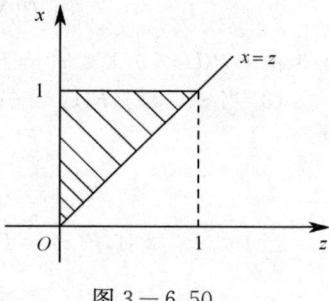

图 3－6.50

$$f_Z(z) = \begin{cases} \int_z^1 \dfrac{1}{x}(x + \dfrac{z}{x}) dx, & 0 < z < 1 \\ 0, & 其他 \end{cases}$$

$$= \begin{cases} 2(1-z), & 0 < z < 1 \\ 0, & 其他 \end{cases}$$

第四章 随机变量的数字特征

§1. 数学期望

知识要点

1. 离散型随机变量的数学期望

设随机变量 X 的分布律为 $P\{X = x_k\} = p_k$ ($k = 1, 2, 3, \cdots$)

若级数 $\sum_k x_k p_k$ 绝对收敛,则称它的和为 X 的数学期望,记作 EX,即 $EX = \sum_k x_k p_k$.

2. 连续型随机变量的数学期望

设随机变量 X 的概率密度为 $f(x)$,若积分 $\int_{-\infty}^{+\infty} xf(x)\mathrm{d}x$ 绝对收敛,则称其值为 X 的数学期望,记作 EX,则 $EX = \int_{-\infty}^{+\infty} xf(x)\mathrm{d}x$.

3. 离散型随机变量函数的数学期望

(1) 一维随机变量函数的期望 设 X 的分布律为 $P\{X = x_k\} = p_k$,又 $Y = g(X)$,则 $EY = \sum_k g(x_k) p_k$;

(2) 二维随机变量函数的期望 设 (X, Y) 的联合分布律为 $P\{X = x_i, Y = y_j\} = p_{ij}$,又 $Z = g(X, Y)$,则 $EZ = \sum_i \sum_j g(x_i, y_j) p_{ij}$.

4. 连续型随机变量函数的数学期望

(1) 一维随机变量函数的数学期望 设连续型随机变量 X 的概率密度为 $f(x)$,又 $Y = g(X)$,则 $EY = \int_{-\infty}^{+\infty} g(x) \cdot f(x) \mathrm{d}x$;

(2) 二维随机变量函数的数学期望 设连续型二维随机变量 (X, Y) 的联合概率密度为 $f(x, y)$,又 $Z = g(X, Y)$,则 $EZ = \int_{-\infty}^{+\infty} \int_{-\infty}^{+\infty} g(x, y) \cdot f(x, y) \mathrm{d}x \mathrm{d}y$.

5. 数学期望的性质

(1) $E(c) = c$ (c 为任意常数)

(2) $E(cX) = cEX$ (c 为任意常数)

(3) $E(X + Y) = EX + EY$

(4) 若 X 与 Y 相互独立,则有 $E(XY) = EX \cdot EY$

(5) $[E(XY)]^2 \leqslant E(X^2) \cdot E(Y^2)$

基 本 题 型

题型 1. 求离散型随机变量的数学期望

【1.1】 一批零件中有 9 个合格品及 3 个废品,从中每次任取一个,如果是废品不再放回,求取得合格品以前已取出的废品数的数学期望.

解 设废品数为 X,可求出 X 的分布律为:

X	0	1	2	3
P	$\frac{9}{12}$	$\frac{9}{44}$	$\frac{9}{220}$	$\frac{1}{220}$

则 $E(X) = \sum_i x_i p_i = 0 \times \frac{9}{12} + 1 \times \frac{9}{44} + 2 \times \frac{9}{220} + 3 \times \frac{1}{220} = 0.3$.

【1.2】 设离散型随机变量 X 的分布律为:$P\{X = 2^k\} = \frac{2}{3^k}$, $k = 1,2,\cdots$,则 $E(X) =$ _____.

解 $E(X) = \sum x_k p_k = \sum_{k=1}^{\infty} 2^k \cdot \frac{2}{3^k} = 2\sum_{k=1}^{\infty} \left(\frac{2}{3}\right)^k = \frac{2 \times \frac{2}{3}}{1 - \frac{2}{3}} = 4$.

【1.3】 设随机变量 X 的分布律为 $P\{X = (-1)^k k\} = \frac{1}{k(k+1)}$ $(k = 1,2,\cdots)$. 求 X 的数学期望.

分析 离散型随机变量期望存在的条件是级数绝对收敛.

解 因为 $\sum_{k=1}^{\infty} |x_k p_k| = \sum_{k=1}^{\infty} \left|(-1)^k k \cdot \frac{1}{k(k+1)}\right| = \sum_{k=1}^{\infty} \frac{1}{k+1}$.

考察级数 $\sum_{k=1}^{\infty} \frac{1}{k+1}$,由高等数学级数敛散性知识可知此级数是发散的.

所以级数 $\sum_{k=1}^{\infty} x_k p_k$ 不绝对收敛,故 X 的数学期望不存在.

题型 2. 求连续型随机变量的数学期望

【1.4】 设在某一规定的时间间隔里,某电气设备用于最大负荷的时间 X(以分计) 是一个随机变量,其概率密度为

$$f(x) = \begin{cases} \dfrac{1}{(1500)^2} x, & 0 \leqslant x \leqslant 1500 \\ \dfrac{-1}{(1500)^2}(x - 3000), & 1500 < x \leqslant 3000 \\ 0, & \text{其他} \end{cases}$$

求 $E(X)$.

解 $E(X) = \int_{-\infty}^{+\infty} x f(x) \mathrm{d}x = \int_0^{1500} \frac{x^2}{(1500)^2} \mathrm{d}x + \int_{1500}^{3000} \frac{-x}{(1500)^2}(x - 3000) \mathrm{d}x = 1500(\text{分})$.

【1.5】 设随机变量 X 的分布函数为

$$F(x) = \begin{cases} 1 - \dfrac{4}{x^2}, & x \geqslant 2 \\ 0, & x < 2 \end{cases}$$

求 X 的期望.

解 因为 X 的概率密度为

$$f(x) = F'(x) = \begin{cases} \dfrac{8}{x^3}, & x \geqslant 2 \\ 0, & x < 2 \end{cases}$$

所以 $E(X) = \int_{-\infty}^{+\infty} x f(x) \mathrm{d}x = \int_{2}^{+\infty} \dfrac{8}{x^2} \mathrm{d}x = 4.$

【1.6】 设 $f(x)$ 为随机变量 X 的密度函数,若对于常数 c,有
$$f(c+x) = f(c-x), \quad x > 0$$
且 EX 存在,试证明 $EX = c$.

证 由数学期望的定义知

$$EX = \int_{-\infty}^{+\infty} x f(x) \mathrm{d}x \xrightarrow{x = c + t} \int_{-\infty}^{+\infty} (c+t) f(c+t) \mathrm{d}t$$

$$= \int_{-\infty}^{+\infty} c f(c+t) \mathrm{d}t + \int_{-\infty}^{+\infty} t f(c+t) \mathrm{d}t$$

而

$$\int_{-\infty}^{+\infty} c f(c+t) = c \int_{-\infty}^{+\infty} f(c+t) \mathrm{d}t \xrightarrow{x = (c+t)} c \int_{-\infty}^{+\infty} f(x) \mathrm{d}x = c$$

由题意知:

$$\int_{-\infty}^{0} t f(c+t) \mathrm{d}t = \int_{-\infty}^{0} t f(c-t) \mathrm{d}t \xrightarrow{u = -t} \int_{0}^{+\infty} u f(c+u) \mathrm{d}u = -\int_{0}^{+\infty} t f(c+t) \mathrm{d}t$$

即

$$\int_{-\infty}^{0} t f(c+t) \mathrm{d}t + \int_{0}^{+\infty} t f(c+t) \mathrm{d}t = 0$$

亦即

$$\int_{-\infty}^{+\infty} t f(c+t) \mathrm{d}t = 0$$

从而证明 $EX = c$.

题型3. 随机变量函数的数学期望

【1.7】 设随机变量 X 的分布律为

X	-2	0	2
P	0.4	0.3	0.3

求 $E(X), E(X^2), E(3X^2 + 5)$.

解 $E(X) = (-2) \times 0.4 + 0 \times 0.3 + 2 \times 0.3 = -0.2$

$E(X^2) = (-2)^2 \times 0.4 + 0^2 \times 0.3 + 2^2 \times 0.3 = 2.8$

$E(3X^2 + 5) = [3 \times (-2)^2 + 5] \times 0.4 + [3 \times 0^2 + 5] \times 0.3 + [3 \times 2^2 + 5] \times 0.3 = 13.4$

或由期望的性质

$$E(3X^2+5) = 3E(X^2)+5 = 3\times 2.8+5 = 13.4.$$

【1.8】 设随机变量 X 的概率密度为

$$f(x) = \begin{cases} e^{-x}, & x > 0 \\ 0, & x \leqslant 0 \end{cases}$$

求 (1) $Y = 2X$；

(2) $Y = e^{-2X}$ 的数学期望.

解 (1) $E(Y) = E(2X) = \int_{-\infty}^{+\infty} 2xf(x)\mathrm{d}x = \int_0^{+\infty} 2xe^{-x}\mathrm{d}x = 2$；

(2) $E(Y) = E(e^{-2X}) = \int_{-\infty}^{+\infty} e^{-2x}f(x)\mathrm{d}x = \int_0^{+\infty} e^{-2x}e^{-x}\mathrm{d}x = \dfrac{1}{3}$.

【1.9】 设二维随机变量的联合分布列为

X \ Y	1	2
1	0.25	0.32
2	0.08	0.35

求 $E(X^2+Y)$.

解 由公式 $E[g(X,Y)] = \sum_i \sum_j g(x_i, y_j) p_{ij}$：

$E(X^2+Y) = (1^2+1)\times 0.25 + (1^2+2)\times 0.32 + (2^2+1)\times 0.08 + (2^2+2)\times 0.35$
$= 3.96.$

【1.10】 设二维随机变量 (X,Y) 的联合分布密度为

$$f(x,y) = \begin{cases} x+y, & 0 \leqslant x \leqslant 1, 0 \leqslant y \leqslant 1 \\ 0, & 其他 \end{cases}$$

求 $E(XY)$，$E(X)$，$E(Y)$.

解 由公式 $E[g(X,Y)] = \int_{-\infty}^{+\infty}\int_{-\infty}^{+\infty} g(x,y)f(x,y)\mathrm{d}x\mathrm{d}y$

$$E(XY) = \int_{-\infty}^{+\infty}\int_{-\infty}^{+\infty} xyf(x,y)\mathrm{d}x\mathrm{d}y = \int_0^1\int_0^1 xy(x+y)\mathrm{d}x\mathrm{d}y = \dfrac{1}{3}.$$

求 $E(X)$ 与 $E(Y)$ 有两种方法：

方法一 先求出 $f_X(x), f_Y(y)$，利用公式

$$E(X) = \int_{-\infty}^{+\infty} xf_X(x)\mathrm{d}x$$

求出结论

$$f_X(x) = \int_{-\infty}^{+\infty} f(x,y)\mathrm{d}y = \begin{cases} x+\dfrac{1}{2}, & 0 \leqslant x \leqslant 1 \\ 0, & 其他 \end{cases}$$

$$E(X) = \int_{-\infty}^{+\infty} xf_X(x)\mathrm{d}x = \int_0^1 x\left(x+\dfrac{1}{2}\right)\mathrm{d}x = \dfrac{7}{12}$$

同理可求 $E(Y) = \dfrac{7}{12}$

方法二　直接使用 $E[g(X,Y)]$ 公式

$$E(X) = \int_{-\infty}^{+\infty}\int_{-\infty}^{+\infty} xf(x,y)\mathrm{d}x\mathrm{d}y = \frac{7}{12}$$

$$E(Y) = \int_{-\infty}^{+\infty}\int_{-\infty}^{+\infty} yf(x,y)\mathrm{d}x\mathrm{d}y = \frac{7}{12}.$$

点评　当已知 (X,Y) 的概率密度 $f(x,y)$，求 $E(X)$、$E(Y)$ 时方法二简便.

【1.11】 假设随机变量 Y 服从参数为 $\lambda = 1$ 的指数分布，随机变量

$$X_k = \begin{cases} 0, & Y \leqslant k \\ 1, & Y > k \end{cases} \quad (k=1,2)$$

(1) 求 X_1 和 X_2 的联合概率分布；
(2) 求 $E(X_1 + X_2)$.

解　(1) Y 的分布函数为 $F(y) = 1 - \mathrm{e}^{-y} (y > 0)$，$\quad F(y) = 0 (y \leqslant 0)$.
(X_1, X_2) 有四个可能值：$(0,0)$，$(0,1)$，$(1,0)$，$(1,1)$.

易见，

$$P\{X_1 = 0, X_2 = 0\} = P\{Y \leqslant 1, Y \leqslant 2\} = P\{Y \leqslant 1\} = 1 - \mathrm{e}^{-1}$$

$$P\{X_1 = 0, X_2 = 1\} = P\{Y \leqslant 1, Y > 2\} = 0$$

$$P\{X_1 = 1, X_2 = 0\} = P\{Y > 1, Y \leqslant 2\} = P\{1 < Y \leqslant 2\} = \mathrm{e}^{-1} - \mathrm{e}^{-2}$$

$$P\{X_1 = 1, X_2 = 1\} = P\{Y > 1, Y > 2\} = P\{Y > 2\} = \mathrm{e}^{-2}$$

于是，X_1 和 X_2 的联合概率分布表如下：

P　X_1 X_2	0	1
0	$1 - \mathrm{e}^{-1}$	$\mathrm{e}^{-1} - \mathrm{e}^{-2}$
1	0	e^{-2}

(2) 易见，$X_k (k=1,2)$ 服从 $0-1$ 分布：

$$X_k \sim \begin{bmatrix} 0 & 1 \\ P\{Y \leqslant k\} & P\{Y > k\} \end{bmatrix} = \begin{bmatrix} 0 & 1 \\ 1 - \mathrm{e}^{-k} & \mathrm{e}^{-k} \end{bmatrix}$$

因此 $EX_k = 1 \times \mathrm{e}^{-k} = \mathrm{e}^{-k} \quad (k=1,2)$

则 $E(X_1 + X_2) = EX_1 + EX_2 = \mathrm{e}^{-1} + \mathrm{e}^{-2}$.

点评　第二问中 $E(X_1 + X_2)$ 也可以利用公式

$$E[g(X,Y)] = \sum_i \sum_j g(x_i, y_j) p_{ij}$$

直接计算得：

$$E(X_1 + X_2) = 1 \times (\mathrm{e}^{-1} - \mathrm{e}^{-2}) + 2 \times \mathrm{e}^{-2} = \mathrm{e}^{-1} + \mathrm{e}^{-2}.$$

题型 4. 利用性质求期望

【1.12】 已知离散型随机变量 X 服从参数为 2 的泊松分布，即

$$P\{X = k\} = \frac{2^k \mathrm{e}^{-2}}{k!}, \quad k = 0, 1, 2, \cdots,$$

则随机变量 $Z = 3X - 2$ 的数学期望 $EZ = \underline{\qquad}$.

解 本题要求读者熟悉泊松分布的数字特征,并会利用数学期望的性质求随机变量线性函数的数学期望.

由于 X 服从参数为 2 的泊松分布,则 $EX = 2$,所以
$$EZ = E(3X - 2) = 3EX - 2 = 4.$$

【1.13】 设随机变量 $X_{ij}(i,j = 1,2,\cdots,n;\ n \geqslant 2)$ 独立同分布,$EX_{ij} = 2$,则行列式

$$Y = \begin{vmatrix} X_{11} & X_{12} & \cdots & X_{1n} \\ X_{21} & X_{22} & \cdots & X_{2n} \\ \cdots & \cdots & \cdots & \cdots \\ X_{n1} & X_{n2} & \cdots & X_{nn} \end{vmatrix}$$

的数学期望 $EY = \underline{\qquad}$.

解 由 $Y = \sum_{j_1 j_2 \cdots j_n} (-1)^{\tau(j_1 j_2 \cdots j_n)} X_{1j_1} X_{2j_2} \cdots X_{nj_n}$

且随机变量 $X_{ij}(i,j = 1,2,\cdots,n)$ 相互独立同分布,$EX_{ij} = 2$,有

$$\begin{aligned} EY &= E \sum_{j_1 j_2 \cdots j_n} (-1)^{\tau(j_1 j_2 \cdots j_n)} X_{1j_1} X_{2j_2} \cdots X_{nj_n} \\ &= \sum_{j_1 j_2 \cdots j_n} (-1)^{\tau(j_1 j_2 \cdots j_n)} EX_{1j_1} EX_{2j_2} \cdots EX_{nj_n} \\ &= \begin{vmatrix} EX_{11} & EX_{12} & \cdots & EX_{1n} \\ EX_{21} & EX_{22} & \cdots & EX_{2n} \\ \cdots & \cdots & \cdots & \cdots \\ EX_{n1} & EX_{n2} & \cdots & EX_{nn} \end{vmatrix} = \begin{vmatrix} 2 & 2 & \cdots & 2 \\ 2 & 2 & \cdots & 2 \\ \cdots & \cdots & \cdots & \cdots \\ 2 & 2 & \cdots & 2 \end{vmatrix} = 0. \end{aligned}$$

故应填 0.

【1.14】 从甲地到乙地的旅游车上载 20 位旅客自甲地开出,沿途有 10 个车站,如到达一个车站没有旅客下车就不停车. 以 X 表示停车次数,求 $E(X)$(设每位旅客在各个车站下车是等可能的).

解 引进随机变量 $X_i = \begin{cases} 0, & \text{第 } i \text{ 站没有人下车}; \\ 1, & \text{第 } i \text{ 站有人下车}. \end{cases}$

则
$$X = X_1 + X_2 + \cdots + X_{10}.$$

根据题意任一旅客在第 i 站不下车的概率为 $\dfrac{9}{10}$,因此 20 位旅客在第 i 站不下车的概率为 $\left(\dfrac{9}{10}\right)^{20}$,在第 i 站有人下车的概率为 $1 - \left(\dfrac{9}{10}\right)^{20}$. 即

$$P\{X_i = 0\} = \left(\dfrac{9}{10}\right)^{20}, \quad P\{X_i = 1\} = 1 - \left(\dfrac{9}{10}\right)^{20}. \quad (i = 1,2,\cdots,10)$$

由此

$$E(X_i) = 0 \times \left(\dfrac{9}{10}\right)^{20} + 1 \times \left[1 - \left(\dfrac{9}{10}\right)^{20}\right] = 1 - \left(\dfrac{9}{10}\right)^{20}$$

$$EX = \sum_{i=1}^{10}\left[1-\left(\frac{9}{10}\right)^{20}\right] \approx 8.8.$$

故平均停车 9 次.

点评 将 X 分解成数个随机变量之和,然后利用数学期望的性质求 EX,这种方法对于不易求分布律的随机变量计算数学期望有很大作用.

【1.15】 设 X,Y 相互独立,其密度函数分别为

$$f_X(x) = \begin{cases} 2x, & 0 \leqslant x \leqslant 1, \\ 0, & 其他, \end{cases} \qquad f_Y(y) = \begin{cases} e^{-(y-5)}, & y > 5, \\ 0, & 其他 \end{cases}$$

求 $E(XY)$.

解法一 因为 X,Y 相互独立,故利用期望性质

$$E(XY) = E(X) \cdot E(Y) = \int_0^1 x \cdot 2x \, dx \int_5^{+\infty} y e^{-(y-5)} dy = \frac{2}{3} \times 6 = 4.$$

解法二

$$E(XY) = \int_{-\infty}^{+\infty}\int_{-\infty}^{+\infty} xy f_X(x) f_Y(y) dx dy = \int_0^1 \int_5^{+\infty} xy \cdot 2x e^{-(y-5)} dx dy = 4.$$

题型 5. 数学期望的应用

【1.16】 游客乘电梯从底层到电视塔顶层观光. 电梯于每个整点的第 5 分钟、25 分钟和 55 分钟从底层起行,假设一游客在早八点的第 X 分钟到达底层候梯处,且 X 在 $[0,60]$ 上均匀分布,求该游客等候时间的数学期望.

解 已知 X 在 $[0,60]$ 上服从均匀分布,其密度为

$$f(x) = \begin{cases} \dfrac{1}{60}, & 若 0 \leqslant x \leqslant 60 \\ 0, & 其他 \end{cases}$$

设 Y 为游客等候电梯的时间(单位:分),则

$$Y = g(X) = \begin{cases} 5-X, & 0 < X \leqslant 5 \\ 25-X, & 5 < X \leqslant 25 \\ 55-X, & 25 < X \leqslant 55 \\ 60-X+5, & 55 < X \leqslant 60 \end{cases}$$

因此,

$$E(Y) = E[g(X)] = \int_{-\infty}^{+\infty} g(x) f(x) dx = \frac{1}{60}\int_0^{60} g(x) dx$$

$$= \frac{1}{60}\left[\int_0^5 (5-x)dx + \int_5^{25}(25-x)dx + \int_{25}^{55}(55-x)dx + \int_{55}^{60}(65-x)dx\right]$$

$$= \frac{1}{60}[12.5 + 200 + 450 + 37.5] = 11.67.$$

【1.17】 设某种商品每周的需求量 X 是服从区间 $[10,30]$ 上均匀分布的随机变量,而经销商店进货数量为区间 $[10,30]$ 中的某一整数,商店每销售 1 单位商品可获利 500 元;若供大于求则削价处理,每处理 1 单位商品亏损 100 元;若供不应求,则可从外部调剂供应,此时每 1 单位商品仅获利 300 元,为使商店所获利润期望值不少于 9280 元,试确定最少进货量.

解 设进货数量为 a,则利润为

$$Y = \begin{cases} 500a + (X-a)300, & a < X \leqslant 30 \\ 500X - (a-X)100, & 10 \leqslant X \leqslant a \end{cases} = \begin{cases} 300X + 200a, & a < X \leqslant 30 \\ 600X - 100a, & 10 \leqslant X \leqslant a \end{cases}$$

利润期望

$$EY = \int_{-\infty}^{+\infty} g(x)f(x)\mathrm{d}x = \int_{10}^{30} \frac{1}{20} \cdot g(x)\mathrm{d}x$$

$$= \frac{1}{20}\int_{10}^{a}(600x - 100a)\mathrm{d}x + \frac{1}{20}\int_{a}^{30}(300x + 200a)\mathrm{d}x$$

$$= \frac{1}{20}\left(600\frac{x^2}{2} - 100ax\right)\bigg|_{10}^{a} + \frac{1}{20}\left(300\frac{x^2}{2} + 200ax\right)\bigg|_{a}^{30}$$

$$= -7.5a^2 + 350a + 5250.$$

依题意,有

$$-7.5a^2 + 350a + 5250 \geqslant 9280 \quad 即 \quad 7.5a^2 - 350a + 4030 \leqslant 0,$$

解得 $20\frac{2}{3} \leqslant a \leqslant 26$.

故利润期望值不少于 9280 元的最少进货量为 21 单位.

【1.18】 假设一部机器在一天内发生故障的概率为 0.2,机器发生故障时全天停止工作,若一周 5 个工作日里无故障,可获利润 10 万元;发生一次故障仍可获利润 5 万元;发生二次故障所获利润 0 元;发生三次或三次以上故障要亏损 2 万元.求一周内期望利润是多少?

解 设一周 5 个工作日内发生故障的天数为 X,由题意知 X 服从二项分布,

$$P\{X=0\} = 0.8^5 = 0.32768,$$

$$P\{X=1\} = C_5^1 0.2 \times 0.8^4 = 0.4096,$$

$$P\{X=2\} = C_5^2 0.8^3 \times 0.2^2 = 0.2048,$$

$$P\{X \geqslant 3\} = 1 - P\{X=0\} - P\{X=1\} - P\{X=2\} = 0.05792.$$

假设一周内获利为 Y 万元,可得知以下关系

$$Y = f(X) = \begin{cases} 10, & 当 X = 0 \\ 5, & 当 X = 1 \\ 0, & 当 X = 2 \\ -2, & 当 X \geqslant 3 \end{cases}$$

则 Y 的分布律为:

Y	10	5	0	−2
P	0.32768	0.4096	0.2048	0.05792

则 $EY = 10 \times 0.32768 + 5 \times 0.4096 - 2 \times 0.05792 = 5.20896$.

§2. 方　　差

知 识 要 点

1. 方差的统一定义和简化公式

若随机变量 X 的数学期望 EX 存在，则 X 的方差可用下式统一定义：
$$DX = E(X-EX)^2$$

其简化计算公式为
$$DX = EX^2 - (EX)^2$$

2. 方差的性质

(1) $D(c) = 0$ （c 为任意常数）

(2) $D(cX) = c^2 DX$ （c 为任意常数）

(3) 若 X 与 Y 相互独立，则有 $D(X \pm Y) = DX + DY$

3. 常见离散型分布的数字特征

(1) 若 $X \sim B(n,p)$，则 $EX = np$，$DX = npq$ （$0 < p < 1$，$p+q=1$）

(2) 若 X 服从参数为 λ 的泊松分布，则 $EX = \lambda$，$DX = \lambda$ （$\lambda > 0$）

(3) 若 X 服从参数为 p 的几何分布，则 $EX = \dfrac{1}{p}$，$DX = \dfrac{1-p}{p^2}$

4. 常见连续型分布的数字特征

(1) 若 $X \sim N(\mu, \sigma^2)$，则 $EX = \mu$，$DX = \sigma^2$

(2) 若 X 服从参数为 λ 的指数分布，则 $EX = \dfrac{1}{\lambda}$，$DX = \dfrac{1}{\lambda^2}$ （$\lambda > 0$）

(3) 若 X 服从 $[a, b]$ 上的均匀分布，则 $EX = \dfrac{a+b}{2}$，$DX = \dfrac{(b-a)^2}{12}$

基 本 题 型

题型 1. 方差的计算

【2.1】 计算【1.1】中的方差及标准差．

解 因为

X	0	1	2	3
P	$\dfrac{3}{4}$	$\dfrac{9}{44}$	$\dfrac{9}{220}$	$\dfrac{1}{220}$

且 $E(X) = 0.3$．而
$$E(X^2) = \sum_i x_i^2 p_i = 1^2 \times \frac{9}{44} + 2^2 \times \frac{9}{220} + 3^2 \times \frac{1}{220} = 0.41,$$
则

$$D(X) = E(X^2) - (EX)^2 = 0.32.$$

标准差为 $\sqrt{D(X)} = 0.57$.

【2.2】 设随机变量 X 服从几何分布,其分布律为

$$P\{X = k\} = p(1-p)^{k-1}, \quad k = 1, 2, \cdots.$$

其中 $0 < p < 1$ 是常数,求 $E(X), D(X)$.

解 $P\{X = k\} = pq^{k-1}$ $(k = 1, 2, \cdots, n, \cdots)$,其中 $q = 1 - p$,由此得

$$EX = \sum_{k=1}^{\infty} kpq^{k-1} = p\sum_{k=1}^{\infty} kq^{k-1},$$

为了求这无穷级数的和,我们可以用已知的幂级数展开式:

$$\frac{1}{1-x} = 1 + x + x^2 + \cdots + x^k + \cdots \quad (|x| < 1)$$

按幂级数的微分法得

$$\frac{1}{(1-x)^2} = 1 + 2x + 3x^2 + \cdots + kx^{k-1} + \cdots \quad (|x| < 1)$$

因为 $q = 1 - p$,且 $0 < q < 1$,所以有

$$EX = \frac{p}{(1-q)^2} = \frac{p}{p^2} = \frac{1}{p}.$$

为了求方差 DX,先来求 $E(X^2)$,即

$$E(X^2) = \sum_{k=1}^{\infty} k^2 pq^{k-1} = p\sum_{k=1}^{\infty} k^2 q^{k-1} = p\left[\sum_{k=1}^{\infty}(q^{k+1})'' - \sum_{k=1}^{\infty} kq^{k-1}\right] = \frac{2-p}{p^2}$$

故 $DX = E(X^2) - (EX)^2 = \frac{1-p}{p^2}.$

【2.3】 设随机变量 X 的分布密度为 $f(x) = \begin{cases} \dfrac{1}{\pi\sqrt{1-x^2}}, & |x| < 1 \\ 0, & |x| \geqslant 1 \end{cases}$,则数学期望 EX 和方差 DX 分别为_____,_____.

解 因为 $f(x)$ 是偶函数,$xf(x)$ 是奇函数,所以

$$EX = \int_{-\infty}^{+\infty} xf(x)\mathrm{d}x = 0,$$

$$DX = EX^2 - (EX)^2 = \int_{-\infty}^{+\infty} x^2 f(x)\mathrm{d}x = 2\int_0^1 x^2 \frac{1}{\pi\sqrt{1-x^2}}\mathrm{d}x$$

$$= \frac{1}{\pi}\left(-\frac{x}{2}\sqrt{1-x^2} + \frac{1}{2}\arcsin x\right)\bigg|_0^1 = \frac{1}{2}.$$

【2.4】 设二维随机变量 (X, Y) 在 $0 < x < 1, |y| < x$ 上服从均匀分布,求 $Z = 2X + 1$ 的方差.

解 由 (X, Y) 的联合分布密度

$$\varphi(x, y) = \begin{cases} 1, & 0 < x < 1, |y| < x \\ 0, & \text{其他} \end{cases}$$

可得到

$$\varphi_X(x) = \int_{-\infty}^{+\infty} \varphi(x, y)\mathrm{d}y = \int_{-x}^{x} 1 \cdot \mathrm{d}y = 2x \quad (0 < x < 1).$$

所以
$$D(Z) = D(2X+1) = 2^2 D(X) = 4D(X) = 4[E(X^2) - (EX)^2]$$
$$= 4\left[\int_{-\infty}^{+\infty} x^2 \varphi_X(x) \mathrm{d}x - \left(\int_{-\infty}^{+\infty} x\varphi_X(x) \mathrm{d}x\right)^2\right]$$
$$= 4\left[\int_0^1 x^2 \cdot 2x \mathrm{d}x - \left(\int_0^1 x 2x \mathrm{d}x\right)^2\right]$$
$$= 4\left(\frac{1}{2}x^4 - \frac{4x^6}{9}\right)\Big|_0^1 = 4\left(\frac{1}{2} - \frac{4}{9}\right) = \frac{2}{9}.$$

点评　$E(X)$ 及 $E(X^2)$ 也可利用 $E[g(X,Y)]$ 公式计算：
$$E(X) = \int_{-\infty}^{+\infty}\int_{-\infty}^{+\infty} x\varphi(x,y) \mathrm{d}x\mathrm{d}y.$$
$$E(X^2) = \int_{-\infty}^{+\infty}\int_{-\infty}^{+\infty} x^2 \varphi(x,y) \mathrm{d}x\mathrm{d}y.$$

这种解法无需求边缘密度 $\varphi_X(x)$。

【2.5】 设随机变量 X 在区间 $[-1,2]$ 上服从均匀分布，随机变量
$$Y = \begin{cases} 1, & \text{若 } X > 0 \\ 0, & \text{若 } X = 0 \\ -1, & \text{若 } X < 0 \end{cases}$$
则方差 $DY = $ _____。

分析　由 X 的分布得到 Y 的分布律进而求得期望，然后计算方差。

解　根据题意得
$$P\{Y=1\} = P\{X>0\} = \frac{2}{3},$$
$$P\{Y=0\} = P\{X=0\} = 0,$$
$$P\{Y=-1\} = P\{X<0\} = \frac{1}{3},$$
所以
$$EY = 1 \times \frac{2}{3} + (-1) \times \frac{1}{3} + 0 = \frac{1}{3},$$
$$EY^2 = 1 \times \frac{2}{3} + (-1)^2 \times \frac{1}{3} + 0 = 1,$$
$$DY = EY^2 - (EY)^2 = 1 - \frac{1}{9} = \frac{8}{9}.$$

题型 2. 期望与方差性质的综合使用

【2.6】 设两个相互独立的随机变量 X 和 Y 的方差分别为 4 和 2，则随机变量 $3X-2Y$ 的方差是（　　）。

(A) 8　　　　(B) 16　　　　(C) 28　　　　(D) 44

解　由方差的性质知
$$D(3X-2Y) = D(3X) + D(-2Y) = 3^2 D(X) + (-2)^2 D(Y) = 36 + 8 = 44.$$
故应选 (D)。

【2.7】 设连续型随机变量 X_1 与 X_2 相互独立且方差均存在，X_1 与 X_2 的概率密度分别为 $f_1(x)$ 与 $f_2(x)$，随机变量 Y_1 的概率密度为
$$f_{Y_1}(y) = \frac{1}{2}[f_1(y) + f_2(y)],$$
随机变量 $Y_2 = \frac{1}{2}(X_1 + X_2)$，则_____。

(A) $EY_1 > EY_2, DY_1 > DY_2$ (B) $EY_1 = EY_2, DY_1 = DY_2$

(C) $EY_1 = EY_2, DY_1 < DY_2$ (D) $EY_1 = EY_2, DY_1 > DY_2$

解 $EY_1 = \int_{-\infty}^{+\infty} y f_{Y_1}(y) dy = \frac{1}{2}\left[\int_{-\infty}^{+\infty} y f_1(y) dy + \int_{-\infty}^{+\infty} y f_2(y) dy\right]$

$= \frac{1}{2}(EX_1 + EX_2),$

$EY_2 = \frac{1}{2}E(X_1 + X_2) = \frac{1}{2}(EX_1 + EX_2)$，故 $EY_1 = EY_2$。

$DY_1 = E(Y_1^2) - (EY_1)^2, DY_2 = E(Y_2^2) - (EY_2)^2,$

则 $DY_1 - DY_2 = E(Y_1^2) - E(Y_2^2)$

$= \frac{1}{2}\left[\int_{-\infty}^{+\infty} y^2 f_1(y) dy + \int_{-\infty}^{+\infty} y^2 f_2(y) dy\right] - E\left[\frac{1}{4}(X_1 + X_2)^2\right]$

$= \frac{1}{2}E(X_1^2) + \frac{1}{2}E(X_2^2) - \frac{1}{4}E\left[(X_1 + X_2)^2\right]$

$= \frac{1}{4}E(X_1^2 + X_2^2 - 2X_1X_2)$

$= \frac{1}{4}E[(X_1 - X_2)^2] > 0,$

即 $DY_1 > DY_2$。

故应选(D)。

【2.8】 设 X 的均值、方差都存在，且 $D(X) \neq 0$，令
$$Y = \frac{X - E(X)}{\sqrt{D(X)}}$$
则 $E(Y) = $ _____，$D(Y) = $ _____。

解 $E(Y) = E\left(\frac{X - E(X)}{\sqrt{D(X)}}\right) = \frac{1}{\sqrt{D(X)}}E(X - E(X)) = \frac{1}{\sqrt{D(X)}}[E(X) - E(X)] = 0,$

$D(Y) = D\left(\frac{X - E(X)}{\sqrt{D(X)}}\right) = \frac{1}{D(X)}D(X - E(X)) = \frac{1}{D(X)}[D(X) + D(-E(X))]$

$= \frac{D(X)}{D(X)} = 1.$

【2.9】 设 X 为随机变量，C 是常数，证明
$$D(X) < E\{(X-C)^2\}, \quad 对于 C \neq E(X).$$
(由于 $D(X) = E[X - E(X)]^2$，上式表明 $E\{(X-C)^2\}$ 当 $C = E(X)$ 时取到最小值。)

证法一 $E\{(X-C)^2\} = E(X^2 - 2CX + C^2) = E(X^2) - 2CE(X) + C^2$

$= E(X^2) - [E(X)]^2 + [E(X)]^2 - 2CE(X) + C^2$

$$= D(X) + [E(X) - C]^2 > D(X), \quad \text{当 } E(X) \neq C.$$

故当 $C = E(X)$ 时，$E(X-C)^2$ 取到最小值 DX.

证法二 $DX = E(X - EX)^2 = E[(X-C) + (C-EX)]^2$
$$= E(X-C)^2 + E(C-EX)^2 + 2E[(X-C)(C-EX)]$$
$$= E(X-C)^2 - (C-EX)^2 < E(X-C)^2.$$

【2.10】 设 $X_1, X_2, \cdots, X_n$ 是 n 个独立同分布的随机变量，$E(X_i) = \mu$，$D(X_i) = \sigma^2$，$i = 1, 2, \cdots, n$. 设 $\overline{X} = \dfrac{1}{n} \sum_{i=1}^{n} X_i$，求 $E(\overline{X})$ 和 $D(\overline{X})$.

解 $E(\overline{X}) = E\left[\dfrac{1}{n}(X_1 + X_2 + \cdots + X_n)\right] = \dfrac{1}{n}(EX_1 + EX_2 + \cdots + EX_n)$
$$= \dfrac{1}{n} \cdot n\mu = \mu.$$
$D(\overline{X}) = D\left[\dfrac{1}{n}(X_1 + X_2 + \cdots + X_n)\right] = \dfrac{1}{n^2}(DX_1 + DX_2 + \cdots + DX_n)$ （由独立性）
$$= \dfrac{1}{n^2} n\sigma^2 = \dfrac{\sigma^2}{n}.$$

【2.11】 一台设备由三大部件构成，在设备运转中各部件需要调整的概率相应为 0.10，0.20 和 0.30，假设各部件的状态相互独立，以 X 表示同时需要调整的部件数，试求 X 的数学期望 EX 和方差 DX.

解法一 先求 X 的分布律，根据分布律再求期望.

根据 X 的意义，显然有 $X = 0, 1, 2, 3$，事件 A_i 表示第 i 件需要调整，$i = 1, 2, 3$，并注意到事件之间的独立性.

$P\{X=0\} = P(\overline{A}_1 \overline{A}_2 \overline{A}_3) = 0.9 \times 0.8 \times 0.7 = 0.504$，

$P\{X=1\} = P(A_1 \overline{A}_2 \overline{A}_3) + P(\overline{A}_1 A_2 \overline{A}_3) + P(\overline{A}_1 \overline{A}_2 A_3)$
$= P(A_1)P(\overline{A}_2)P(\overline{A}_3) + P(\overline{A}_1)P(A_2)P(\overline{A}_3) + P(\overline{A}_1)P(\overline{A}_2)P(A_3)$
$= 0.1 \times 0.8 \times 0.7 + 0.9 \times 0.2 \times 0.7 + 0.9 \times 0.8 \times 0.3 = 0.398$，

$P\{X=2\} = P(A_1 A_2 \overline{A}_3) + P(A_1 \overline{A}_2 A_3) + P(\overline{A}_1 A_2 A_3)$
$= P(A_1)P(A_2)P(\overline{A}_3) + P(A_1)P(\overline{A}_2)P(A_3) + P(\overline{A}_1)P(A_2)P(A_3)$
$= 0.1 \times 0.2 \times 0.7 + 0.1 \times 0.8 \times 0.3 + 0.9 \times 0.2 \times 0.3 = 0.092$，

$P\{X=3\} = P(A_1 A_2 A_3) = P(A_1)P(A_2)P(A_3) = 0.1 \times 0.2 \times 0.3 = 0.006$，

所以

X	0	1	2	3
P	0.504	0.398	0.092	0.006

$E(X) = 0 \times 0.504 + 1 \times 0.398 + 2 \times 0.092 + 3 \times 0.006 = 0.6$，
$D(X) = E(X^2) - [E(X)]^2 = 1^2 \times 0.398 + 2^2 \times 0.092 + 3^2 \times 0.006 - (0.6)^2 = 0.46.$

解法二 不求 X 的分布律，引进新的随机变量，利用期望、方差的运算性质求出 X 的期望 $E(X)$，方差 $D(X)$.

现引进新随机变量 X_i，定义如下：

$$X_i = \begin{cases} 1, & \text{第 } i \text{ 个部件要调整,即事件 } A_i \text{ 发生} \\ 0, & \text{第 } i \text{ 个部件不要调整} \end{cases}$$

由此就有

$$X = \sum_{i=1}^{3} X_i \qquad E(X) = \sum_{i=1}^{3} E(X_i)$$

而

$$X_i \sim (0-1) \text{ 分布} \qquad E(X_i) = P\{X_i = 1\} = P(A_i)$$

所以 $\quad E(X) = \sum_{i=1}^{3} P(A_i) = P(A_1) + P(A_2) + P(A_3) = 0.1 + 0.2 + 0.3 = 0.6$

$$D(X_i) = P\{X_i = 1\} P\{X_i = 0\} = P(A_i) P(\overline{A_i}), \qquad X_i \text{ 之间相互独立}$$

所以

$$D(X) = \sum_{i=1}^{3} D(X_i) = \sum_{i=1}^{3} P(A_i) P(\overline{A_i}) = 0.1 \times 0.9 + 0.2 \times 0.8 + 0.3 \times 0.7 = 0.46.$$

点评 本题中解法二比解法一简单得多,这就是利用性质求 EX 和 DX 的好处,但如何引进新随机变量是问题的一个难点。一般地,总是引入 $X_i \sim (0-1)$ 分布,用 $\sum X_i$ 来解决问题。

题型 3. 关于重要分布的期望与方差

【2.12】 已知随机变量 X 服从二项分布,且 $EX = 2.4$,$DX = 1.44$,则二项分布的参数 n,p 的值为( )。

(A) $n = 4, p = 0.6$ (B) $n = 6, p = 0.4$

(C) $n = 8, p = 0.3$ (D) $n = 24, p = 0.1$

解 因为 X 服从二项分布,参数为 n, p,所以 $EX = np$,$DX = npq$,且

$$\begin{cases} np = 2.4 \\ np(1-p) = 1.44 \end{cases} \qquad \text{解方程组可得} \qquad \begin{cases} n = 6 \\ p = 0.4 \end{cases}$$

故选(B)。

【2.13】 设 X 服从参数为 $\lambda > 0$ 的泊松分布,且已知 $E[(X-1)(X-2)] = 1$,则 $\lambda = $ _____。

解 由 $X \sim P(\lambda)$ 有 $EX = DX = \lambda$ 且

$$EX^2 = (EX)^2 + DX = \lambda^2 + \lambda$$

而

$$E[(X-1)(X-2)] = E(X^2 - 3X + 2) = EX^2 - 3EX + 2 = 1$$

得

$$\lambda^2 + \lambda - 3\lambda + 2 = 1 \qquad \text{即} \quad \lambda^2 - 2\lambda + 1 = 0$$

有 $\lambda = 1$。

【2.14】 设一次试验成功的概率为 p,进行 100 次独立重复试验,当 $p = $ _____ 时,成功次数的标准差最大,其最大值为 _____。

解 成功次数 $X \sim B(100, p)$,$DX = 100p(1-p)$。

则 $\sqrt{DX} = 10\sqrt{p(1-p)}$,显然当 $p = \dfrac{1}{2}$ 时,标准差 $\sqrt{DX}$ 最大,最大值为 5。

故应填 $\dfrac{1}{2}$；5.

【2.15】 已知连续型随机变量 X 的概率密度函数为 $f(x) = \dfrac{1}{\sqrt{\pi}} \mathrm{e}^{-x^2+2x-1}$，则 X 的数学期望为＿＿＿＿；X 的方差为＿＿＿＿.

解 最简便的方法是利用均值为 μ，方差为 σ^2 的正态分布的密度函数为

$$\dfrac{1}{\sigma\sqrt{2\pi}} \mathrm{e}^{-\frac{(x-\mu)^2}{2\sigma^2}},$$

由于

$$f(x) = \dfrac{1}{\sqrt{\pi}} \mathrm{e}^{-x^2+2x-1} = \dfrac{1}{\sqrt{2\pi} \cdot \dfrac{1}{\sqrt{2}}} \mathrm{e}^{-\frac{(x-1)^2}{2 \cdot \frac{1}{2}}},$$

所以 X 的数学期望是 1，方差是 $\dfrac{1}{2}$.

另外也可由数学期望和方差的定义直接求 EX 和 DX.

【2.16】 设随机变量 X 服从参数为 λ 的指数分布，则 $P\{X > \sqrt{DX}\} = $＿＿＿＿.

分析 已知连续型随机变量 X 的分布，求其满足一定条件的概率，转化为定积分计算即可.

解 由题设，知 $DX = \dfrac{1}{\lambda^2}$，于是

$$P\{X > \sqrt{DX}\} = P\left\{X > \dfrac{1}{\lambda}\right\} = \int_{\frac{1}{\lambda}}^{+\infty} \lambda \mathrm{e}^{-\lambda x}\, \mathrm{d}x = -\mathrm{e}^{-\lambda x}\Big|_{\frac{1}{\lambda}}^{+\infty} = \dfrac{1}{\mathrm{e}}.$$

故应填 $\dfrac{1}{\mathrm{e}}$.

【2.17】 设随机变量 X_1, X_2, X_3 相互独立，且都服从参数为 λ 的泊松分布. 令 $Y = \dfrac{1}{3}(X_1 + X_2 + X_3)$，则 Y^2 的数学期望等于＿＿＿＿.

解 根据独立随机变量和的性质以及服从参数为 λ 的泊松分布的随机变量数学期望和方差均为 λ 知

$$EY = \dfrac{1}{3}(EX_1 + EX_2 + EX_3) = \lambda,$$

$$DY = \dfrac{1}{9}(DX_1 + DX_2 + DX_3) = \dfrac{1}{3}\lambda,$$

故 $EY^2 = (EY)^2 + DY = \lambda^2 + \dfrac{1}{3}\lambda.$

【2.18】 设电压（以 V 计）$X \sim N(0,9)$，将电压施加于一检波器，其输出电压为 $Y = 5X^2$，求输出电压的均值.

解 由 $X \sim N(0,9)$ 知 $EX = 0$，$DX = 9$，又 $Y = 5X^2$，

故 $EY = E(5X^2) = 5EX^2 = 5[DX + (EX)^2] = 5(9+0) = 45.$

§3. 协方差与相关系数

知识要点

1. 协方差 对于二维随机变量 (X,Y)，$\text{Cov}(X,Y) = E[E-E(X)][Y-E(Y)]$ 是其协方差，或用 $\text{Cov}(X,Y) = E(XY) - EX \cdot EY$ 表示.

协方差的性质

(1) $\text{Cov}(X,X) = DX$ (2) $\text{Cov}(X,Y) = \text{Cov}(Y,X)$

(3) $\text{Cov}(aX,bY) = ab\text{Cov}(X,Y)$ (4) $\text{Cov}(X_1+X_2,Y) = \text{Cov}(X_1,Y) + \text{Cov}(X_2,Y)$

(5) $D(X \pm Y) = D(X) + D(Y) \pm 2\text{Cov}(X,Y)$

2. 相关系数

$$\rho_{XY} = \frac{\text{Cov}(X,Y)}{\sqrt{D(X)}\sqrt{D(Y)}} \quad (D(X) > 0, D(Y) > 0)$$

当 $\rho_{XY} = 0$ 时，X 与 Y 是不相关的.

相关系数反映了两个随机变量的线性相关程度，当其绝对值越接近 1 时，X 与 Y 的线性相关程度就越强，反之，越接近 0 时，X 与 Y 线性相关程度就越弱.

相关系数的性质

(1) $-1 \leqslant \rho_{XY} \leqslant 1$.

(2) 若 X 与 Y 相互独立，则 $\rho_{XY} = 0$，即 X,Y 不相关. 反之不一定成立.

(3) 若 X,Y 之间有线性关系，即 $Y = aX + b$（a,b 为常数，$a \neq 0$），则 $|\rho_{XY}| = 1$，且 $a > 0$ 时，$\rho_{XY} = 1$；$a < 0$ 时，$\rho_{XY} = -1$.

3. 二维正态分布的参数意义

当 $(X,Y) \sim N(\mu_1, \sigma_1^2; \mu_2, \sigma_2^2; \rho)$ 时，

$$EX = \mu_1, \quad EY = \mu_2, \quad DX = \sigma_1^2, \quad DY = \sigma_2^2, \quad \rho_{XY} = \rho.$$

且 X,Y 相互独立 $\Leftrightarrow X、Y$ 不相关.

4. 矩

(1) **原点矩** 设 X 与 Y 是随机变量，如果 $E(X^k Y^l)$（$k, l = 0, 1, 2, \cdots$）存在，则称它为 X 与 Y 的 $k+l$ 阶混合原点矩.

特别地，当 $l = 0$ 时，称 EX^k 为 X 的 k 阶原点矩.

显然，随机变量 X 的一阶原点矩就是它的数学期望 EX.

(2) **中心矩** 设随机变量 $X、Y$ 的数学期望 $EX、EY$ 存在，且 $E(X-EX)^k (Y-EY)^l$ 存在，则称它为 X 与 Y 的 $k+l$ 阶混合中心矩.

特别地，当 $k = l = 1$ 时，就是 $X、Y$ 的协方差 $E(X-EX)(Y-EY)$，当 $l = 0$ 时，称 $E(X-EX)^k$ 为 X 的 k 阶中心矩.

显然，随机变量 X 的二阶中心矩就是它的方差 $DX = E(X-EX)^2$.

5. 协方差矩阵

设 $(X_1, X_2, \cdots, X_n)$ 为 n 维随机变量，记 $C_{ij} = \text{Cov}(X_i, X_j)$, $i, j = 1, 2, \cdots, n$, 称

$$\begin{bmatrix} C_{11} & C_{12} & \cdots & C_{1n} \\ C_{21} & C_{22} & \cdots & C_{2n} \\ \cdots & \cdots & \cdots & \cdots \\ C_{n1} & C_{n2} & \cdots & C_{nn} \end{bmatrix}$$

为 $(X_1, X_2, \cdots, X_n)$ 的协方差矩阵.

基 本 题 型

题型 1. 协方差与相关系数的计算

【3.1】设随机变量 X 和 Y 的联合概率分布为

概率 X \ Y	-1	0	1
0	0.07	0.18	0.15
1	0.08	0.32	0.20

则 X 和 Y 的相关系数 $\rho = $ _____ . X^2 和 Y^2 的协方差 $\text{Cov}(X^2, Y^2) = $ _____ .

解 X 的分布律

X	0	1
P	0.4	0.6

Y 的分布律

Y	-1	0	1
P	0.15	0.5	0.35

$E(X) = 0.6$,
$E(Y) = 0.35 - 0.15 = 0.2$,
$E(XY) = \sum_i \sum_j x_i y_j p_{ij} = -0.08 + 0.20 = 0.12$,
$\text{Cov}(X, Y) = E(XY) - E(X)E(Y) = 0$.

所以

$$\rho_{XY} = \frac{\text{Cov}(X, Y)}{\sqrt{D(X)}\sqrt{D(Y)}} = 0.$$

$E(X^2) = 0.6$,
$E(Y^2) = 0.5$,
$E(X^2 Y^2) = \sum_i \sum_j x_i^2 y_j^2 p_{ij} = 0.28$.

所以

$\text{Cov}(X^2, Y^2) = E(X^2 Y^2) - E(X^2)E(Y^2) = -0.02$.

故应填 0;-0.02.

【3.2】 已知 $X \sim \begin{bmatrix} -1 & 1 \\ \frac{1}{2} & \frac{1}{2} \end{bmatrix}$, $Y \sim \begin{bmatrix} 0 & 1 \\ \frac{1}{4} & \frac{3}{4} \end{bmatrix}$, $P\{X=Y\} = \frac{1}{4}$, 则 $\rho_{XY} = $ _____ .

解 由 $P\{X=Y\} = P\{X=1,Y=1\} = \frac{1}{4}$, 可求得 (X,Y) 联合分布律

X \ Y	0	1
-1	0	$\frac{1}{2}$
1	$\frac{1}{4}$	$\frac{1}{4}$

故 $E(XY) = -\frac{1}{4}$, 又

$$EX = 0, \quad DX = 1, \quad EY = \frac{3}{4}, \quad DY = \frac{3}{16},$$

则 $\rho_{XY} = \dfrac{\mathrm{Cov}(X,Y)}{\sqrt{DX} \cdot \sqrt{DY}} = \dfrac{E(XY) - EX \cdot EY}{\sqrt{DX} \cdot \sqrt{DY}} = -\dfrac{\sqrt{3}}{3}.$

【3.3】 设随机变量 (X,Y) 具有概率密度函数

$$f(x,y) = \begin{cases} \frac{1}{8}(x+y), & 0 \leqslant x \leqslant 2, 0 \leqslant y \leqslant 2 \\ 0, & \text{其他} \end{cases}$$

求 $E(X), E(Y), \mathrm{Cov}(X,Y), \rho_{XY}, D(X+Y)$.

解 由于

$$E(X) = \int_{-\infty}^{+\infty}\int_{-\infty}^{+\infty} xf(x,y)\mathrm{d}x\mathrm{d}y = \int_0^2 \mathrm{d}x \int_0^2 \frac{1}{8}x(x+y)\mathrm{d}y = \frac{7}{6}$$

$$E(Y) = \int_{-\infty}^{+\infty}\int_{-\infty}^{+\infty} yf(x,y)\mathrm{d}x\mathrm{d}y = \int_0^2 \mathrm{d}x \int_0^2 \frac{1}{8}y(x+y)\mathrm{d}y = \frac{7}{6}$$

$$E(X^2) = \int_{-\infty}^{+\infty}\int_{-\infty}^{+\infty} x^2 f(x,y)\mathrm{d}x\mathrm{d}y = \int_0^2 \mathrm{d}x \int_0^2 \frac{1}{8}x^2(x+y)\mathrm{d}y = \frac{10}{6}$$

同理 $E(Y^2) = \dfrac{10}{6}$ 故

$$D(X) = E(X^2) - (EX)^2 = \frac{10}{6} - \frac{49}{36} = \frac{11}{36}.$$

同理 $DY = \dfrac{11}{36}$.

又 $E(XY) = \int_{-\infty}^{+\infty}\int_{-\infty}^{+\infty} xyf(x,y)\mathrm{d}x\mathrm{d}y = \int_0^2 \mathrm{d}x \int_0^2 \frac{1}{8}xy(x+y)\mathrm{d}y = \dfrac{8}{6}$

故

$$\mathrm{Cov}(X,Y) = E(XY) - EX \cdot EY = \frac{8}{6} - \frac{49}{36} = -\frac{1}{36}$$

$$\rho_{XY} = \frac{\text{Cov}(X,Y)}{\sqrt{DX} \cdot \sqrt{DY}} = -\frac{\frac{1}{36}}{\sqrt{\frac{11}{36} \cdot \frac{11}{36}}} = -\frac{1}{11}$$

$$D(X+Y) = DX + DY + 2\text{Cov}(X,Y) = \frac{11}{36} + \frac{11}{36} - \frac{2}{36} = \frac{5}{9}.$$

【3.4】 某箱装有 100 件产品,其中一、二和三等品分别为 80、10 和 10 件,现在从中随机抽取一件,记

$$X_i = \begin{cases} 1, & \text{若抽到 } i \text{ 等品} \\ 0, & \text{其他} \end{cases} \quad (i=1,2,3)$$

试求(1) 随机变量 X_1 和 X_2 的联合分布;

(2) 随机变量 X_1 与 X_2 的相关系数 ρ.

解 (1) 设事件 A_i = "抽到 i 等品"($i = 1,2,3$). 由题意知 A_1,A_2,A_3 两两互不相容.

$$P(A_1) = 0.8, \quad P(A_2) = P(A_3) = 0.1.$$

易见,

$$P\{X_1 = 0, X_2 = 0\} = P(A_3) = 0.1,$$
$$P\{X_1 = 0, X_2 = 1\} = P(A_2) = 0.1;$$
$$P\{X_1 = 1, X_2 = 0\} = P(A_1) = 0.8,$$
$$P\{X_1 = 1, X_2 = 1\} = P(\emptyset) = 0.$$

故 X_1 和 X_2 的联合分布为

X_2 \ X_1	0	1
0	0.1	0.8
1	0.1	0

(2) $EX_1 = 0.8, \quad EX_2 = 0.1,$

$DX_1 = 0.8 \times 0.2 = 0.16, \quad DX_2 = 0.1 \times 0.9 = 0.09,$

$E(X_1 X_2) = 0 \times 0 \times 0.1 + 0 \times 1 \times 0.1 + 1 \times 0 \times 0.8 + 1 \times 1 \times 0 = 0,$

$\text{Cov}(X_1, X_2) = E(X_1 X_2) - EX_1 \cdot EX_2 = 0 - 0.8 \times 0.1 = -0.08,$

$$\rho = \frac{\text{Cov}(X_1,X_2)}{\sqrt{DX_1 \cdot DX_2}} = \frac{-0.08}{\sqrt{0.16 \times 0.09}} = -\frac{2}{3}.$$

题型 2. 关于重要性质及结论

【3.5】 设随机变量 X 和 Y 的的相关系数为 $0.5, EX = EY = 0, EX^2 = EY^2 = 2$,则 $E(X+Y)^2 = $ _____ .

解法一 由已知条件 $EX = EY = 0, EX^2 = EY^2 = 2$, 得到,

$$DX = EX^2 - (EX)^2 = 2$$

同理 $DY = 2.$ 所以

$$\text{Cov}(X,Y) = \rho_{XY} \sqrt{DX} \sqrt{DY} = 0.5 \times 2 = 1,$$

因此

$$E(X+Y)^2 = D(X+Y) + [E(X+Y)]^2 = D(X+Y) + (EX+EY)^2.$$

由 $EX, EY = 0$，得

$$E(X+Y)^2 = D(X+Y) = DX + DY + 2\text{Cov}(X,Y) = 2 + 2 + 2 \times 1 = 6.$$

解法二 $E(X+Y)^2 = EX^2 + 2E(XY) + EY^2 = 4 + 2[\text{Cov}(X,Y) + EX \cdot EY]$

$$= 4 + 2\rho_{XY}\sqrt{DX}\sqrt{DY} = 4 + 2 \times 0.5 \times 2 = 6.$$

【3.6】 设随机变量 $X_1, X_2, \cdots, X_n (n>1)$ 独立同分布，且其方差为 $\sigma^2 > 0$. 令 $Y = \dfrac{1}{n}\sum_{i=1}^{n} X_i$，则_____．

(A) $\text{Cov}(X_1, Y) = \dfrac{\sigma^2}{n}$ (B) $\text{Cov}(X_1, Y) = \sigma^2$

(C) $D(X_1 + Y) = \dfrac{n+2}{n}\sigma^2$ (D) $D(X_1 - Y) = \dfrac{n+1}{n}\sigma^2$

解 本题用方差和协方差的运算性质直接计算即可，注意利用独立性有：

$$\text{Cov}(X_1, X_i) = 0, \quad i = 2, 3, \cdots, n$$

$$\text{Cov}(X_1, Y) = \text{Cov}\left(X_1, \frac{1}{n}\sum_{i=1}^{n} X_i\right) = \frac{1}{n}\text{Cov}(X_1, X_1) + \frac{1}{n}\sum_{i=2}^{n}\text{Cov}(X_1, X_i)$$

$$= \frac{1}{n}DX_1 = \frac{1}{n}\sigma^2.$$

本题(C), (D) 两个选项的方差也直接计算得到：如

$$D(X_1 + Y) = D\left(\frac{1+n}{n}X_1 + \frac{1}{n}X_2 + \cdots + \frac{1}{n}X_n\right) = \frac{(1+n)^2}{n^2}\sigma^2 + \frac{n-1}{n^2}\sigma^2$$

$$= \frac{n^2 + 3n}{n^2}\sigma^2 = \frac{n+3}{n}\sigma^2,$$

$$D(X_1 - Y) = D\left(\frac{n-1}{n}X_1 - \frac{1}{n}X_2 - \cdots - \frac{1}{n}X_n\right) = \frac{(n-1)^2}{n^2}\sigma^2 + \frac{n-1}{n^2}\sigma^2$$

$$= \frac{n^2 - n}{n^2}\sigma^2 = \frac{n-1}{n}\sigma^2.$$

故应选(A).

【3.7】 将一枚硬币重复掷 n 次，以 X 和 Y 分别表示正面向上和反面向上的次数，则 X 和 Y 的相关系数等于_____．

(A) -1 (B) 0   (C) $\dfrac{1}{2}$ (D) 1

分析 根据本题的特点可通过相关系数的性质"$Y = aX + b \Rightarrow |\rho_{XY}| = 1$"求相关系数，亦可利用公式来求.

解法一 由题意可知 X 和 Y 的函数关系，即

$$X + Y = n,$$

又可表示为

$$Y = -X + n.$$

易知 Y 与 X 之间存在线性关系为负相关，

故 $\rho_{XY} = -1$.

解法二 利用相关系数公式计算.
$$\mathrm{Cov}(X,Y) = \mathrm{Cov}(X, n-X) = \mathrm{Cov}(X,n) - \mathrm{Cov}(X,X),$$
由 $\mathrm{Cov}(X,n) = 0$, 得
$$\mathrm{Cov}(X,Y) = -\mathrm{Cov}(X,X) = -D(X).$$
又由方差性质知 $D(Y) = D(-X+n) = D(X)$, 所以
$$\rho_{XY} = \frac{\mathrm{Cov}(X,Y)}{\sqrt{D(X)}\sqrt{D(Y)}} = \frac{-D(X)}{D(X)} = -1.$$
故应选(A).

【3.8】 设随机变量 X 和 Y 的相关系数为 0.9, 若 $Z = X - 0.4$, 则 Y 与 Z 的相关系数为 _____.

解 由于 $DZ = D(X - 0.4) = DX$, 而
$$\mathrm{Cov}(Y,Z) = \mathrm{Cov}(Y, X-0.4) = \mathrm{Cov}(Y,X),$$
因此
$$\rho_{YZ} = \frac{\mathrm{Cov}(Y,Z)}{\sqrt{D(Y)}\sqrt{D(Z)}} = \frac{\mathrm{Cov}(Y,X)}{\sqrt{D(Y)}\sqrt{D(X)}} = \rho_{YX} = 0.9.$$

点评 本题也可利用重要结论直接得出:由于 $\rho_{aX+b, cY+d} = \rho_{X,Y}$(当 a, c 同号时),故
$$\rho_{Y,Z} = \rho_{Y, X-0.4} = \rho_{Y,X} = 0.9.$$

【3.9】 随机变量 $(X,Y) \sim N(0,1; 0,4; \rho)$, $D(2X-Y) = 1$, 则 $\rho = $ _____.

解 因为 $(X,Y) \sim N(0,1; 0,4; \rho)$, 故
$$EX = 0, \quad DX = 1, \quad EY = 0, \quad DY = 4.$$
而 $D(2X-Y) = 4DX + DY - 4\mathrm{Cov}(X,Y) = 1$, 因此
$$\mathrm{Cov}(X,Y) = \frac{7}{4},$$
则
$$\rho_{XY} = \frac{\mathrm{Cov}(X,Y)}{\sqrt{D(X)} \cdot \sqrt{D(Y)}} = \frac{\frac{7}{4}}{2} = \frac{7}{8}.$$
故应填 $\frac{7}{8}$.

【3.10】 已知随机变量 X 和 Y 分别服从正态分布 $N(1, 3^2)$ 和 $N(0, 4^2)$, 且 X 与 Y 的相关系数 $\rho_{XY} = -\frac{1}{2}$. 设 $Z = \frac{X}{3} + \frac{Y}{2}$.

(1) 求 Z 的数学期望 EZ 和方差 DZ;
(2) 求 X 与 Z 的相关系数 ρ_{XZ}.

解 (1) $EZ = \frac{1}{3}EX + \frac{1}{2}EY = \frac{1}{3} + \frac{0}{2} = \frac{1}{3}$,
$$DZ = \frac{1}{3^2}DX + \frac{1}{2^2}DY + 2\mathrm{Cov}\left(\frac{X}{3}, \frac{Y}{2}\right)$$
$$= \frac{3^2}{3^2} + \frac{4^2}{2^2} + 2\left(-\frac{1}{2}\right) \cdot \frac{3}{3} \cdot \frac{4}{2} = 1 + 4 - 2 = 3.$$

(2)$\text{Cov}(X,Z) = \frac{1}{3}\text{Cov}(X,X) + \frac{1}{2}\text{Cov}(X,Y) = \frac{1}{3} \cdot 3^2 + \frac{1}{2}\left(-\frac{1}{2}\right) \cdot 3 \cdot 4 = 0.$

所以 $\rho_{XZ} = \dfrac{\text{Cov}(X,Z)}{\sqrt{D(X)} \cdot \sqrt{D(Z)}} = 0.$

【3.11】 设 X,Y 是随机变量,且有 $E(X) = 3, E(Y) = 1, D(X) = 4, D(Y) = 9$,令 $Z = 5X - Y + 15$,分别在下列三种情况下求 $E(Z)$ 和 $D(Z)$.

(1) X,Y 相互独立;

(2) X,Y 不相关;

(3) X 与 Y 的相关系数为 0.25.

解 对于 $E(Z)$:在 (1),(2),(3) 三种情形下都有
$$E(Z) = E(5X - Y + 15) = 5E(X) - E(Y) + 15 = 15 - 1 + 15 = 29.$$

对于 $D(Z)$:

(1) X,Y 独立,则
$$D(Z) = D(5X - Y + 15) = D(5X) + D(Y) = 25D(X) + D(Y)$$
$$= 25 \times 4 + 9 = 109.$$

(2) X,Y 不相关,即 $\text{Cov}(X,Y) = 0$,
$$D(Z) = D(5X) + D(Y) = 109.$$

(3) $\rho_{XY} = 0.25$,则 $\text{Cov}(X,Y) = \rho_{XY}\sqrt{D(X)}\sqrt{D(Y)} = 1.5$,
$$D(Z) = D(5X - Y + 15) = 25D(X) + D(Y) - 10\text{Cov}(X,Y)$$
$$= 100 + 9 - 10 \times 1.5 = 94.$$

题型 3. 独立与不相关的判断

【3.12】 设随机变量 X 的概率分布密度为 $f(x) = \dfrac{1}{2}e^{-|x|}$, $-\infty < x < +\infty$.

(1) 求 X 的数学期望 $E(X)$ 和方差 $D(X)$.

(2) 求 X 与 $|X|$ 的协方差,并问 X 与 $|X|$ 是否不相关?

(3) 问 X 与 $|X|$ 是否相互独立?为什么?

解 (1) $EX = \int_{-\infty}^{+\infty} xf(x)dx = 0,$

$DX = \int_{-\infty}^{+\infty} x^2 f(x)dx = \int_{0}^{+\infty} x^2 e^{-x}dx = 2.$

(2) $\text{Cov}(X, |X|) = E(X|X|) - EX \cdot E|X| = E(X|X|)$
$$= \int_{-\infty}^{+\infty} x|x|f(x)dx = 0,$$

故 X 与 $|X|$ 不相关.

(3) 对于给定 $0 < a < +\infty$,显然事件 $\{|X| < a\}$ 包含在事件 $\{X < a\}$ 内,且 $P\{X < a\} < 1$, $0 < P\{|X| < a\}$,故 $P\{X < a, |X| < a\} = P\{|X| < a\}$,但
$$P\{X < a\} \cdot P\{|X| < a\} < P\{|X| < a\},$$

所以
$$P\{X < a, |X| < a\} \neq P\{X < a\} \cdot P\{|X| < a\},$$

因此, X 与 $|X|$ 不独立.

【3.13】 设随机变量 X 和 Y 都服从正态分布, 且它们不相关, 则_____.

(A) X 与 Y 一定独立

(B) (X,Y) 服从二维正态分布

(C) X 与 Y 未必独立

(D) $X+Y$ 服从一维正态分布

解 只有当 (X,Y) 服从二维正态分布时, 不相关与独立才等价. 而本题仅知 X 和 Y 服从正态分布, 故 (A) 不正确. 从而 (B)、(D) 也不正确.

故应选(C).

【3.14】 设二维随机变量 (X,Y) 的联合概率密度为
$$f(x,y)=\begin{cases} y\mathrm{e}^{-(x+y)}, & x,y>0 \\ 0, & 其他 \end{cases}$$
试求 X,Y 是否相关, 是否独立.

解 已知 (X,Y) 联合密度为 $f(x,y)=\begin{cases} y\mathrm{e}^{-(x+y)}, & x,y>0 \\ 0, & 其他 \end{cases}$

所以
$$EX = \int_{-\infty}^{+\infty}\int_{-\infty}^{+\infty} xf(x,y)\mathrm{d}x\mathrm{d}y = \int_0^{+\infty}\mathrm{d}y\int_0^{+\infty} xy\mathrm{e}^{-(x+y)}\mathrm{d}x = 1,$$

$$EY = \int_{-\infty}^{+\infty}\int_{-\infty}^{+\infty} yf(x,y)\mathrm{d}x\mathrm{d}y = \int_0^{+\infty}\mathrm{d}x\int_0^{+\infty} y^2\mathrm{e}^{-(x+y)}\mathrm{d}y = 2,$$

$$EX^2 = \int_{-\infty}^{+\infty}\int_{-\infty}^{+\infty} x^2 f(x,y)\mathrm{d}x\mathrm{d}y = \int_0^{+\infty}\mathrm{d}y\int_0^{+\infty} x^2 y\mathrm{e}^{-(x+y)}\mathrm{d}x = 2,$$

$$EY^2 = \int_{-\infty}^{+\infty}\int_{-\infty}^{+\infty} y^2 f(x,y)\mathrm{d}x\mathrm{d}y = \int_0^{+\infty}\mathrm{d}x\int_0^{+\infty} y^2 y\mathrm{e}^{-(x+y)}\mathrm{d}y = 6,$$

故
$$DX = EX^2 - (EX)^2 = 2-1 = 1,$$
$$DY = EY^2 - (EY)^2 = 6-2^2 = 2.$$

因为
$$E(XY) = \int_{-\infty}^{+\infty}\int_{-\infty}^{+\infty} xyf(x,y)\mathrm{d}x\mathrm{d}y = \int_0^{+\infty}\int_0^{+\infty} xy\cdot y\mathrm{e}^{-(x+y)}\mathrm{d}x\mathrm{d}y$$
$$= \int_0^{+\infty} x\mathrm{e}^{-x}\mathrm{d}x\int_0^{+\infty} y^2\mathrm{e}^{-y}\mathrm{d}y = 2,$$

所以 $\mathrm{Cov}(X,Y) = E(XY) - (EX)(EY) = 0,$

即得 $\rho_{XY} = \dfrac{\mathrm{Cov}(X,Y)}{\sqrt{DX}\sqrt{DY}} = 0,$

故 X 与 Y 不相关.

下面判断独立性, 应用边缘密度和联合密度的关系.

由已知 $f(x,y)=\begin{cases} y\mathrm{e}^{-(x+y)}, & x,y>0 \\ 0, & 其他 \end{cases}$

所以 $f_X(x) = \int_{-\infty}^{+\infty} f(x,y)\mathrm{d}y = \begin{cases} \mathrm{e}^{-x}, & x>0 \\ 0, & x\leqslant 0 \end{cases}$

$$f_Y(y) = \int_{-\infty}^{+\infty} f(x,y)\mathrm{d}x = \begin{cases} y\mathrm{e}^{-y}, & y > 0 \\ 0, & y \leqslant 0 \end{cases}$$

所以 $\quad f_X(x)f_Y(y) = f(x,y) = \begin{cases} y\mathrm{e}^{-(x+y)}, & x,y > 0 \\ 0, & \text{其他} \end{cases}$

因此 X,Y 是相互独立的.

点评 本题也可以先判断出 X,Y 相互独立,既然 X,Y 相互独立,则 X,Y 一定不相关.这样可以减少计算量.

【3.15】 设随机变量 (X,Y) 的分布律为

Y \ X	−1	0	1
−1	$\frac{1}{8}$	$\frac{1}{8}$	$\frac{1}{8}$
0	$\frac{1}{8}$	0	$\frac{1}{8}$
1	$\frac{1}{8}$	$\frac{1}{8}$	$\frac{1}{8}$

验证 X 和 Y 是不相关的,但 X 和 Y 不是相互独立的.

证 由 (X,Y) 的分布律得 X 和 Y 的边缘分布分别为

X	−1	0	1
p	$\frac{3}{8}$	$\frac{2}{8}$	$\frac{3}{8}$

Y	−1	0	1
p	$\frac{3}{8}$	$\frac{2}{8}$	$\frac{3}{8}$

显然 $0 = P\{X=0, Y=0\} \neq P\{X=0\}P\{Y=0\} = \frac{2}{8} \times \frac{2}{8}$

故 X 和 Y 不是相互独立的.

而

$$E(X) = -1 \times \frac{3}{8} + 0 \times \frac{2}{8} + 1 \times \frac{3}{8} = 0$$

$$E(Y) = -1 \times \frac{3}{8} + 0 \times \frac{2}{8} + 1 \times \frac{3}{8} = 0$$

$$E(XY) = (-1) \times (-1) \times \frac{1}{8} + (-1) \times 1 \times \frac{1}{8} + 1 \times (-1) \times \frac{1}{8} + 1 \times 1 \times \frac{1}{8} = 0$$

所以 $\rho_{XY} = \dfrac{E(XY) - E(X)E(Y)}{\sqrt{D(X)}\sqrt{D(Y)}} = 0.$

从而 X 与 Y 是不相关的.

【3.16】 设 A 和 B 是试验 E 的两个事件,且 $P(A) > 0$,$P(B) > 0$,并定义随机变量 X,Y 如下:

$$X = \begin{cases} 1, & \text{若 } A \text{ 发生} \\ 0, & \text{若 } A \text{ 不发生} \end{cases}, \qquad Y = \begin{cases} 1, & \text{若 } B \text{ 发生} \\ 0, & \text{若 } B \text{ 不发生} \end{cases}$$

证明若 $\rho_{XY}=0$,则 X 和 Y 必定相互独立.

证 X 和 Y 的分布律分别为

X	1	0
p	$P(A)$	$P(\overline{A})$

Y	1	0
p	$P(B)$	$P(\overline{B})$

则 XY 的分布律为

XY	1	0
p	$P(AB)$	$1-P(AB)$

从而
$$E(X)=P(A),\quad E(Y)=P(B),\quad E(XY)=P(AB).$$
如果 $\rho_{XY}=0$,有
$$E(XY)=E(X)E(Y),\quad P(AB)=P(A)P(B),$$
所以事件 A 与 B 是相互独立的.由此事件 A 与 $\overline{B}$,$\overline{A}$ 与 $\overline{B}$,$\overline{A}$ 与 B 都是相互独立.故得
$$P\{X=1,Y=1\}=P(AB)=P(A)P(B)=P\{X=1\}P\{Y=1\}$$
$$P\{X=1,Y=0\}=P(A\overline{B})=P(A)P(\overline{B})=P\{X=1\}P\{Y=0\}$$
$$P\{X=0,Y=1\}=P(\overline{A}B)=P(\overline{A})P(B)=P\{X=0\}P\{Y=1\}$$
$$P\{X=0,Y=0\}=P(\overline{A}\overline{B})=P(\overline{A})P(\overline{B})=P\{X=0\}P\{Y=0\}$$
因此 X 与 Y 是相互独立的.

题型 4. 关于矩和协方差矩阵

【3.17】 设随机变量 X 在 $[a,b]$ 上服从均匀分布,求 X 的 k 阶原点矩和三阶中心矩.

解 $E(X^k)=\int_a^b x^k \frac{1}{b-a}\mathrm{d}x=\frac{1}{k+1}\cdot\frac{x^{k+1}}{b-a}\Big|_a^b=\frac{1}{k+1}\cdot\frac{b^{k+1}-a^{k+1}}{b-a}$,

当 $k=1$ 时,有 $EX=\frac{b+a}{2}$,故
$$E(X-EX)^3=\int_a^b\left(x-\frac{b+a}{2}\right)^3\frac{1}{b-a}\mathrm{d}x=0.$$

【3.18】 设 $X\sim N(0,1)$,求 X 的 k 阶原点矩及中心矩.

解 因为 $EX=\mu=0$,所以 X 的原点矩及中心矩相同,即
$$E(X-EX)^k=E(X^k)=\int_{-\infty}^{+\infty}x^k\frac{1}{\sqrt{2\pi}}\mathrm{e}^{-\frac{x^2}{2}}\mathrm{d}x=\frac{1}{\sqrt{2\pi}}\int_{-\infty}^{+\infty}x^k\mathrm{e}^{-\frac{x^2}{2}}\mathrm{d}x$$
当 k 为奇数时,上式积分中被积函数为奇函数,故
$$E(X^k)=0$$
当 k 为偶数时,被积函数为偶函数,此时

$$E(X^k) = \sqrt{\frac{2}{\pi}} \int_0^{+\infty} x^k e^{-\frac{x^2}{2}} dx$$

令 $y = \frac{x^2}{2}$,得

$$E(X^k) = \frac{1}{\sqrt{\pi}} 2^{\frac{k}{2}} \int_0^{+\infty} y^{\frac{k-1}{2}} e^{-y} dy = \frac{1}{\sqrt{\pi}} 2^{\frac{k}{2}} \Gamma\left(\frac{k+1}{2}\right)$$
$$= (k-1)(k-3)\cdots 3 \cdot 1.$$

【3.19】 设 (X,Y) 的协方差矩阵为 $C = \begin{pmatrix} 1 & -1 \\ -1 & 9 \end{pmatrix}$,求 ρ_{XY}.

解 由协方差矩阵的定义可知:
$$\text{Cov}(X,Y) = -1, \quad D(X) = 1, \quad D(Y) = 9,$$
则
$$\rho_{XY} = \frac{\text{Cov}(X,Y)}{\sqrt{D(X)} \sqrt{D(Y)}} = \frac{-1}{1 \cdot \sqrt{9}} = -\frac{1}{3}.$$

§4. 综合提高题型

题型1. 关于数字特征的判断与选择

【4.1】 设随机变量 $X \sim N(0,1), Y \sim N(1,4)$ 且相关系数 $\rho_{XY} = 1$,则( ).

(A) $P\{Y = -2X-1\} = 1$ (B) $P\{Y = 2X-1\} = 1$
(C) $P\{Y = -2X+1\} = 1$ (D) $P\{Y = 2X+1\} = 1$

解 由性质: $\rho_{XY} = 1 \Rightarrow P\{Y = aX+b\} = 1, (a > 0)$. 可排除(A),(C).
因为 $X \sim N(0,1)$,所以
$$2X-1 \sim N(-1,4), \quad 2X+1 \sim N(1,4).$$
而 $Y \sim N(1,4)$.
故应选(D).

【4.2】 设随机变量 X 和 Y 独立同分布,记 $U = X - Y, V = X + Y$,则随机变量 U 与 V 必然( ).

(A) 不独立 (B) 独立 (C) 相关系数不为零 (D) 相关系数为零

解 $\text{Cov}(U,V) = E(UV) - [E(U)E(V)]$
$= E(X^2 - Y^2) - [E(X)]^2 + [E(Y)]^2$
$= E(X^2) - E(Y^2) - [E(X)]^2 + [E(Y)]^2$
$= [E(X^2) - (EX)^2] - [E(Y^2) - (EY)^2] = D(X) - D(Y) = 0,$

所以
$$\rho_{UV} = \frac{\text{Cov}(U,V)}{\sqrt{D(U)} \cdot \sqrt{D(V)}} = 0.$$

故应选(D).

点评 当随机变量是线性函数时，求协方差用性质较为方便：
$$\text{Cov}(U,V) = \text{Cov}(X-Y, X+Y) = \text{Cov}(X,X) + \text{Cov}(X,Y) - \text{Cov}(X,Y) - \text{Cov}(Y,Y)$$
$$= DX - DY = 0.$$

【4.3】 设二维随机变量 (X,Y) 服从二维正态分布，则随机变量 $\xi = X+Y$ 与 $\eta = X-Y$ 不相关的充分必要条件为( ).

(A) $E(X) = E(Y)$

(B) $E(X^2) - [E(X)]^2 = E(Y^2) - [E(Y)]^2$

(C) $E(X^2) = E(Y^2)$

(D) $E(X^2) + [E(X)]^2 = E(Y^2) + [E(Y)]^2$

解 $\rho_{\xi,\eta} = 0 \Leftrightarrow \text{Cov}(\xi,\eta) = 0$，即
$$\text{Cov}(\xi,\eta) = E\xi\eta - E\xi \cdot E\eta = E(X^2 - Y^2) - (EX+EY)(EX-EY)$$
$$= EX^2 - EY^2 - [EX]^2 + [EY]^2 = 0,$$

也即 $EX^2 - [EX]^2 = EY^2 - [EY]^2$.

故应选(B).

【4.4】 设随机变量 X 和 Y 的方差存在且不等于 0，则 $D(X+Y) = DX + DY$ 是 X 和 Y ( ).

(A) 不相关的充分条件，但不是必要条件

(B) 独立的必要条件，但不是充分条件

(C) 不相关的充分必要条件

(D) 独立的充分必要条件

解 由公式 $D(X+Y) = DX + DY + 2\text{Cov}(X,Y)$

$D(X+Y) = DX + DY$ 的充分必要条件是 $\text{Cov}(X,Y) = 0$.

故应选(C).

【4.5】 设 X 是一随机变量，$EX = \mu$，$DX = \sigma^2$ ($\mu,\sigma > 0$ 常数)，则对任意常数 c，必有( ).

(A) $E(X-c)^2 = EX^2 - c^2$ (B) $E(X-c)^2 = E(X-\mu)^2$

(C) $E(X-c)^2 < E(X-\mu)^2$ (D) $E(X-c)^2 \geqslant E(X-\mu)^2$

解 由于 $E(X-c)^2 = E(X-\mu+\mu-c)^2 = E(X-\mu)^2 + E(\mu-c)^2 + 2(\mu-c)E(X-\mu)$
$$= E(X-\mu)^2 + (\mu-c)^2.$$

即有 $E(X-c)^2 \geqslant E(X-\mu)^2$.

故应选(D).

点评 因为 $DX = E(X-EX)^2 = E(X-\mu)^2$，所以如果考生对于常见不等式 $DX \leqslant E(X-c)^2$ 比较熟悉的话可以直接选择(D).

【4.6】 设随机变量 X 与 Y 相互独立，且 EX 与 EY 存在，记 $U = \max\{X,Y\}$，$V = \min\{X,Y\}$，则 $E(UV) = $ _____.

(A) $EU \cdot EV$ (B) $EX \cdot EY$ (C) $EU \cdot EY$ (D) $EX \cdot EV$

解 由于 $UV = \max\{X,Y\}\min\{X,Y\} = XY$,

可知 $E(UV) = E(\max\{X,Y\}\min\{X,Y\}) = E(XY) = E(X)E(Y).$

故应选(B).

题型 2. 利用公式求数字特征

【4.7】 设随机变量 X 的分布律为

$$P\{X=k\} = \frac{1}{1+a}\left(\frac{a}{1+a}\right)^k, \quad k=0,1,2,\cdots$$

其中 $a>0$ 为常数,求 $E(X)$, $D(X)$.

解法一 将 X 的分布律改写为

$$P\{X=k\} = pq^k, \quad k=0,1,2,\cdots$$

其中 $p = \dfrac{1}{1+a}$, $q = \dfrac{a}{1+a}$.

仿照几何分布的期望与方差计算方法可得:

$$E(X) = \sum_k k pq^k = pq\sum_k kq^{k-1} = pq\sum_k (q^k)' = pq\left(\frac{1}{1-q}\right)' = \frac{q}{p} = a.$$

同理可求 $D(X) = E(X^2) - [E(X)]^2 = (1+a)a$.

解法二 直接利用几何分布的期望与方差计算结果.

设 Y 服从参数为 p 的几何分布. 则 $P\{Y=k\} = pq^{k-1}$, $k=1,2,\cdots$. 且

$$E(Y) = \frac{1}{p}, \quad D(Y) = \frac{q}{p^2}.$$

而 $X = Y - 1$, 于是

$$E(X) = E(Y-1) = E(Y) - 1 = \frac{1}{p} - 1 = a,$$

$$D(X) = D(Y-1) = D(Y) = \frac{q}{p^2} = a(a+1).$$

【4.8】 设 $X \sim P(\lambda)$, 求 $E\left(\dfrac{1}{X+1}\right)$.

解 因为 $X \sim P(\lambda)$, 故 $P\{X=k\} = \dfrac{\lambda^k e^{-\lambda}}{k!}$, $k=0,1,2,\cdots$

$$E\left(\frac{1}{X+1}\right) = \sum_{k=0}^{\infty} \frac{1}{k+1} P\{X=k\} = \sum_{k=0}^{\infty} \frac{1}{k+1} \cdot \frac{\lambda^k e^{-\lambda}}{k!} = \sum_{k=0}^{\infty} \frac{\lambda^k e^{-\lambda}}{(k+1)!}$$

$$= \frac{e^{-\lambda}}{\lambda} \sum_{k=0}^{\infty} \frac{\lambda^{k+1}}{(k+1)!} = \frac{e^{-\lambda}}{\lambda} \sum_{n=1}^{\infty} \frac{\lambda^n}{n!} = \frac{e^{-\lambda}}{\lambda}\left(\sum_{n=0}^{\infty} \frac{\lambda^n}{n!} - 1\right)$$

$$= \frac{e^{-\lambda}}{\lambda}(e^{\lambda} - 1) = \frac{1}{\lambda}(1 - e^{-\lambda}).$$

【4.9】 设 (X,Y) 的分布律为

Y \ X	1	2	3
−1	0.2	0.1	0
0	0.1	0	0.3
1	0.1	0.1	0.1

(1) 求 $E(X),E(Y)$;

(2) 设 $Z=\dfrac{Y}{X}$, 求 $E(Z)$.

解 (1) 由分布律得 X 和 Y 的边缘分布分别为

X	1	2	3
p	0.4	0.2	0.4

Y	-1	0	1
p	0.3	0.4	0.3

从而

$$E(X)=1\times 0.4+2\times 0.2+3\times 0.4=2,$$
$$E(Y)=-1\times 0.3+0\times 0.4+1\times 0.3=0.$$

(2) $Z=\dfrac{Y}{X}$ 的分布律为

Z	-1	$-\dfrac{1}{2}$	$-\dfrac{1}{3}$	0	1	$\dfrac{1}{2}$	$\dfrac{1}{3}$
p_k	0.2	0.1	0	0.4	0.1	0.1	0.1

$$E(Z)=(-1)\times 0.2-\dfrac{1}{2}\times 0.1-\dfrac{1}{3}\times 0+0\times 0.4+1\times 0.1+\dfrac{1}{2}\times 0.1+\dfrac{1}{3}\times 0.1=-\dfrac{1}{15}.$$

点评 第(2)问可以直接利用公式

$$E(Z)=E[g(X,Y)]=\sum_i\sum_j g(x_i,y_j)p_{ij},$$

计算过程更加简便.

【4.10】 假设随机变量 U 在区间 $[-2,2]$ 上服从均匀分布,随机变量

$$X=\begin{cases}-1, & \text{若}U\leqslant -1\\ 1, & \text{若}U>-1\end{cases}\qquad Y=\begin{cases}-1, & \text{若}U\leqslant 1\\ 1, & \text{若}U>1\end{cases}$$

试求:(1)X 和 Y 的联合概率分布; (2)$D(X+Y)$.

解 (1) 随机向量 (X,Y) 有四个可能值:$(-1,-1)$, $(-1,1)$, $(1,-1)$, $(1,1)$.

$$P\{X=-1,Y=-1\}=P\{U\leqslant -1,U\leqslant 1\}=\dfrac{1}{4};$$
$$P\{X=-1,Y=1\}=P\{U\leqslant -1,U>1\}=0;$$
$$P\{X=1,Y=-1\}=P\{U>-1,U\leqslant 1\}=\dfrac{1}{2};$$
$$P\{X=1,Y=1\}=P\{U>-1,U>1\}=\dfrac{1}{4}.$$

于是,得 X 和 Y 的联合概率分布为

$$(X,Y)\sim\begin{bmatrix}(-1,-1) & (-1,1) & (1,-1) & (1,1)\\ \dfrac{1}{4} & 0 & \dfrac{1}{2} & \dfrac{1}{4}\end{bmatrix}.$$

(2) 利用公式 $E[g(X,Y)] = \sum_i \sum_j g(x_i, y_j) p_{ij}$

$$E(X+Y) = -\frac{2}{4} + \frac{2}{4} = 0, \qquad D(X+Y) = E(X+Y)^2 = 2.$$

点评 $E(X+Y), D(X+Y)$ 也可以用性质计算.

【4.11】 设随机变量 X 的概率密度为

$$f(x) = \begin{cases} 2^{-x} \ln 2, & x > 0, \\ 0, & x \leqslant 0. \end{cases}$$

对 X 进行独立重复的观测,直到第 2 个大于 3 的观测值出现时停止,记 Y 为观测次数.
(1) 求 Y 的概率分布;
(2) 求 EY.

解 (1) 每次观测中,观测值大于 3 的概率为

$$P\{X > 3\} = \int_3^{+\infty} f(x) dx = \int_3^{+\infty} 2^{-x} \ln 2 \, dx = \frac{1}{8},$$

故 Y 的概率分布为

$$P\{Y = k\} = (k-1) \left(\frac{7}{8}\right)^{k-2} \left(\frac{1}{8}\right)^2, k = 2, 3, \cdots.$$

(2) $EY = \sum_{k=2}^{\infty} k(k-1) \left(\frac{7}{8}\right)^{k-2} \left(\frac{1}{8}\right)^2$

$= \left(\frac{1}{8}\right)^2 \left(\sum_{k=2}^{\infty} x^k\right)'' \Big|_{x=\frac{7}{8}}$

$= \left(\frac{1}{8}\right)^2 \frac{2}{(1-x)^3} \Big|_{x=\frac{7}{8}}$

$= 16.$

【4.12】 设随机变量 X 的概率密度为

$$f(x) = \begin{cases} a + bx^2, & 0 < x < 1 \\ 0, & 其他 \end{cases}$$

已知 $E(X) = \frac{3}{5}$,则 $D(X) = $ _____.

解 由 $1 = \int_{-\infty}^{+\infty} f(x) dx = \int_0^1 (a + bx^2) dx = a + \frac{1}{3}b,$ 得

$$3a + b = 3 \qquad ①$$

再由 $\frac{3}{5} = EX = \int_{-\infty}^{+\infty} x f(x) dx = \int_0^1 (ax + bx^3) dx = \frac{1}{2}a + \frac{1}{4}b$ 得

$$2a + b = \frac{12}{5} \qquad ②$$

联立 ①、② 两式解得 $a = \frac{3}{5}, b = \frac{6}{5}$,代入 $f(x)$ 表达式中即得

$$DX = EX^2 - (EX)^2 = \int_{-\infty}^{+\infty} x^2 f(x) dx - \left(\frac{3}{5}\right)^2$$

$$= \frac{3}{5} \int_0^1 x^2 (1 + 2x^2) dx - \frac{9}{25} = \frac{11}{25} - \frac{9}{25} = \frac{2}{25}.$$

【4.13】 设随机变量 X 服从参数为 1 的指数分布,则数学期望 $E(X+\mathrm{e}^{-2X}) = $ _____ .

解 X 服从参数为 1 的指数分布,即知 X 的概率密度为

$$f(x) = \begin{cases} \mathrm{e}^{-x}, & x > 0 \\ 0, & x \leqslant 0 \end{cases}$$

所以

$$E(X+\mathrm{e}^{-2X}) = \int_{-\infty}^{+\infty} (x+\mathrm{e}^{-2x})f(x)\mathrm{d}x = \int_{0}^{+\infty} (x+\mathrm{e}^{-2x})\mathrm{e}^{-x}\mathrm{d}x$$
$$= \int_{0}^{+\infty} x\mathrm{e}^{-x}\mathrm{d}x + \int_{0}^{+\infty} \mathrm{e}^{-3x}\mathrm{d}x = 1 + \frac{1}{3} = \frac{4}{3}.$$

【4.14】 设随机变量 X 服从标准正态分布,即 $X \sim N(0,1)$,则 $E(X\mathrm{e}^{2X}) = $ _____ .

解 标准正态分布的密度函数为

$$f(x) = \frac{1}{\sqrt{2\pi}}\mathrm{e}^{-\frac{x^2}{2}}, \quad -\infty < x < +\infty,$$

所以

$$E(X\mathrm{e}^{2X}) = \int_{-\infty}^{+\infty} x\mathrm{e}^{2x} \frac{1}{\sqrt{2\pi}} \mathrm{e}^{-\frac{x^2}{2}} \mathrm{d}x = \int_{-\infty}^{+\infty} x \frac{1}{\sqrt{2\pi}} \mathrm{e}^{-\frac{x^2}{2}+2x} \mathrm{d}x$$
$$= \int_{-\infty}^{+\infty} x \frac{1}{\sqrt{2\pi}} \mathrm{e}^{-\frac{(x-2)^2}{2}+2} \mathrm{d}x = \mathrm{e}^2 \int_{-\infty}^{+\infty} x \frac{1}{\sqrt{2\pi}} \mathrm{e}^{-\frac{(x-2)^2}{2}} \mathrm{d}x = 2\mathrm{e}^2.$$

故应填 $2\mathrm{e}^2$.

【4.15】 设随机变量 (X,Y) 的概率分布为

Y\X	0	1	2
0	$\frac{1}{4}$	0	$\frac{1}{4}$
1	0	$\frac{1}{3}$	0
2	$\frac{1}{12}$	0	$\frac{1}{12}$

求(1) $P\{X=2Y\}$;(2) $\mathrm{Cov}(X-Y,Y)$.

解 (1) $P\{X=2Y\} = P\{X=2,Y=1\} + P\{X=0,Y=0\} = \frac{1}{4}.$

(2) X 的边缘分布律

X	0	1	2
P	$\frac{1}{2}$	$\frac{1}{3}$	$\frac{1}{6}$

Y 的边缘分布律

Y	0	1	2
P	$\frac{1}{3}$	$\frac{1}{3}$	$\frac{1}{3}$

$$\text{Cov}(X-Y,Y) = \text{Cov}(X,Y) - D(Y)$$

而 $\text{Cov}(X,Y) = E(XY) - E(X)E(Y)$,

其中 $E(XY) = 0 \times \frac{7}{12} + 1 \times \frac{1}{3} + 2 \times 0 + 4 \times \frac{1}{12} = \frac{2}{3}$,

$$E(X)E(Y) = \left(0 \times \frac{1}{2} + 1 \times \frac{1}{3} + 2 \times \frac{1}{6}\right) \times \left(0 \times \frac{1}{3} + 1 \times \frac{1}{3} + 2 \times \frac{1}{3}\right) = \frac{2}{3},$$

可得 $\text{Cov}(X,Y) = E(XY) - E(X)E(Y) = \frac{2}{3} - \frac{2}{3} = 0$,

$$D(Y) = E(Y^2) - E^2(Y) = \left(0 \times \frac{1}{3} + 1^2 \times \frac{1}{3} + 2^2 \times \frac{1}{3}\right) - \left(0 \times \frac{1}{3} + 1 \times \frac{1}{3} + 2 \times \frac{1}{3}\right)^2$$
$$= \frac{2}{3},$$

可得 $\text{Cov}(X-Y,Y) = \text{Cov}(X,Y) - D(Y) = -\frac{2}{3}$.

【4.16】 设随机变量 X 和 Y 的联合分布在以点 $(0,1),(1,0),(1,1)$ 为顶点的三角形区域上服从均匀分布. 试求随机变量 $Z = X+Y$ 的方差.

解法一 (X,Y) 的联合密度为

$$f(x,y) = \begin{cases} 2, & 0 \leqslant x \leqslant 1, 1-x \leqslant y \leqslant 1 \\ 0, & \text{其他} \end{cases}$$

由随机变量函数期望公式

$$E[g(X,Y)] = \int_{-\infty}^{+\infty}\int_{-\infty}^{+\infty} g(x,y)f(x,y)\mathrm{d}x\mathrm{d}y$$

可知,

$$EZ = E(X+Y) = \int_{-\infty}^{+\infty}\int_{-\infty}^{+\infty}(x+y)f(x,y)\mathrm{d}x\mathrm{d}y = \int_0^1 \mathrm{d}y \int_{1-y}^1 2(x+y)\mathrm{d}x$$
$$= \int_0^1 (y^2 + 2y)\mathrm{d}y = \frac{4}{3},$$

而

$$EZ^2 = E(X+Y)^2 = \int_{-\infty}^{+\infty}\int_{-\infty}^{+\infty}(x+y)^2 f(x,y)\mathrm{d}x\mathrm{d}y = \int_0^1 \mathrm{d}y \int_{1-y}^1 2(x^2 + 2xy + y^2)\mathrm{d}x$$
$$= \int_0^1 \left(2y + 2y^2 + \frac{3}{2}y^3\right)\mathrm{d}y = \frac{11}{6},$$

由方差的计算公式 $DZ = EZ^2 - (EZ)^2 = \frac{11}{6} - \frac{16}{9} = \frac{1}{18}$.

解法二 利用 $D(X+Y) = DX + DY + 2\text{Cov}(X,Y)$.

以 $f_X(x)$ 表示 X 的概率密度, 则当 $x \leqslant 0$ 或 $x \geqslant 1$ 时, $f_X(x) = 0$; 当 $0 < x < 1$ 时, 有

$$f_X(x) = \int_{-\infty}^{+\infty} f(x,y)\mathrm{d}y = \int_{1-x}^1 2\mathrm{d}y = 2x,$$

因此

$$EX = \int_0^1 2x^2 \mathrm{d}x = \frac{2}{3}, \qquad EX^2 = \int_0^1 2x^3 \mathrm{d}x = \frac{1}{2},$$

$$DX = EX^2 - (EX)^2 = \frac{1}{2} - \frac{4}{9} = \frac{1}{18}.$$

同理可得　$EY = \dfrac{2}{3}$，$DY = \dfrac{1}{18}$.

现在求 X 和 Y 的协方差

$$E(XY) = \iint_G 2xy\,\mathrm{d}x\,\mathrm{d}y = 2\int_0^1 x\,\mathrm{d}x \int_{1-x}^1 y\,\mathrm{d}y = \dfrac{5}{12}$$

$$\mathrm{Cov}(X,Y) = E(XY) - EX \cdot EY = \dfrac{5}{12} - \dfrac{4}{9} = -\dfrac{1}{36},$$

于是

$$DZ = D(X+Y) = DX + DY + 2\mathrm{Cov}(X,Y) = \dfrac{1}{18} + \dfrac{1}{18} - \dfrac{2}{36} = \dfrac{1}{18}.$$

解法三　由于 X, Y 服从均匀分布,所以当 $z < 1$ 时,$F(z) = 0$；
当 $z > 2$ 时,$F(z) = 1$；
当 $1 \leqslant z \leqslant 2$ 时,$F(z) = P\{X+Y \leqslant z\} = \dfrac{S_D'}{S_D}$,
因为 $S_D' = \dfrac{1}{2} - S_\Delta = \dfrac{1}{2} - \dfrac{1}{2}(2-z)^2$，$S_D = \dfrac{1}{2}$,
所以 $F(z) = 1 - (2-z)^2$,
故 $f(z) = F'(z) = \begin{cases} 2(2-z), & 1 \leqslant z \leqslant 2 \\ 0, & \text{其他} \end{cases}$

所以 $E(Z) = \dfrac{4}{3}$，$E(Z^2) = \dfrac{11}{6}$.

故 $D(Z) = D(X+Y) = E(Z^2) - (E(Z))^2 = \dfrac{1}{18}$.

点评　对本题而言,解法一最为简洁.

【4.17】 设 (X,Y) 的概率密度为 $f(x,y) = \begin{cases} 12y^2, & 0 \leqslant y \leqslant x \leqslant 1 \\ 0, & \text{其他} \end{cases}$

求 $E(X), E(Y), E(XY), E(X^2+Y^2)$.

解　X 的概率密度为

$$f_X(x) = \begin{cases} \int_0^x 12y^2\,\mathrm{d}y = 4x^3, & 0 \leqslant x \leqslant 1 \\ 0, & \text{其他} \end{cases}$$

Y 的概率密度为

$$f_Y(y) = \begin{cases} 12y^2(1-y), & 0 \leqslant y \leqslant 1 \\ 0, & \text{其他} \end{cases}$$

$$E(X) = \int_{-\infty}^{+\infty} x f_X(x)\,\mathrm{d}x = \int_0^1 x \cdot 4x^3\,\mathrm{d}x = \int_0^1 4x^4\,\mathrm{d}x = \dfrac{4}{5},$$

$$E(Y) = \int_{-\infty}^{+\infty} y f_Y(y)\,\mathrm{d}y = \int_0^1 y \cdot 12y^2(1-y)\,\mathrm{d}y = \int_0^1 12y^3(1-y)\,\mathrm{d}y = \dfrac{3}{5},$$

$$E(XY) = \int_{-\infty}^{+\infty}\int_{-\infty}^{+\infty} xy f(x,y)\,\mathrm{d}x\,\mathrm{d}y = \int_0^1\int_0^x xy \cdot 12y^2\,\mathrm{d}y\,\mathrm{d}x = \int_0^1 3x^5\,\mathrm{d}x = \dfrac{1}{2},$$

$$E(X^2+Y^2) = \int_{-\infty}^{+\infty}\int_{-\infty}^{+\infty} (x^2+y^2) f(x,y)\,\mathrm{d}x\,\mathrm{d}y = \int_0^1\int_0^x (x^2+y^2) \cdot 12y^2\,\mathrm{d}y\,\mathrm{d}x$$

$$= \int_0^1 \frac{32}{5} x^5 \mathrm{d}x = \frac{32}{5} \times \frac{1}{6} = \frac{16}{15}.$$

点评 本题也可以不求 $f_X(x)$, $f_Y(y)$, 直接利用 $f(x,y)$ 求 $E(X)$, $E(Y)$:

$$E(X) = \int_{-\infty}^{+\infty} \int_{-\infty}^{+\infty} xf(x,y)\mathrm{d}x\mathrm{d}y,$$

$$E(Y) = \int_{-\infty}^{+\infty} \int_{-\infty}^{+\infty} yf(x,y)\mathrm{d}x\mathrm{d}y.$$

【4.18】 设两个随机变量 X, Y 相互独立,且都服从均值为 0,方差为 $\frac{1}{2}$ 的正态分布,求随机变量 $|X-Y|$ 的期望与方差.

解法一 按照一维变量的函数处理.

令 $Z = X - Y$, 由于 $X \sim N(0, \frac{1}{2})$, $Y \sim N(0, \frac{1}{2})$, 且 X 和 Y 相互独立,故 $Z \sim N(0,1)$.

$$E(|X-Y|) = E(|Z|) = \int_{-\infty}^{+\infty} |z| \frac{1}{\sqrt{2\pi}} \mathrm{e}^{-\frac{z^2}{2}} \mathrm{d}z = \frac{2}{\sqrt{2\pi}} \int_0^{+\infty} z \mathrm{e}^{-\frac{z^2}{2}} \mathrm{d}z = \sqrt{\frac{2}{\pi}}$$

因为

$$D(|X-Y|) = D(|Z|) = E(|Z|^2) - [E(|Z|)]^2 = E(Z^2) - [E(|Z|)]^2$$

而 $E(Z^2) = D(Z) = 1$

所以 $D(|X-Y|) = 1 - \frac{2}{\pi}$.

解法二 按照二维随机变量的函数处理.

利用公式

$$E[g(X,Y)] = \int_{-\infty}^{+\infty} \int_{-\infty}^{+\infty} g(x,y) f(x,y) \mathrm{d}x\mathrm{d}y,$$

$$E(|X-Y|) = \int_{-\infty}^{+\infty} \int_{-\infty}^{+\infty} |x-y| f(x,y) \mathrm{d}x\mathrm{d}y = \int_{-\infty}^{+\infty} \int_{-\infty}^{+\infty} |x-y| \cdot \frac{1}{\pi} \mathrm{e}^{-(x^2+y^2)} \mathrm{d}x\mathrm{d}y$$

$$= \sqrt{\frac{2}{\pi}} \quad \text{(利用极坐标计算)}$$

$$E(|X-Y|^2) = E[(X-Y)^2] = D(X-Y) + [E(X-Y)]^2 = 1$$

故 $D(|X-Y|) = 1 - \frac{2}{\pi}$.

点评 解法一比解法二简便.

【4.19】 设随机变量 X 与 Y 相互独立,且都服从参数为 1 的指数分布.记

$$U = \max\{X,Y\}, V = \min\{X,Y\}.$$

(1) 求 V 的概率密度 $f_V(v)$;

(2) 求 $E(U+V)$.

解 (1) 因为 X, Y 的分布函数为

$$F(x) = \begin{cases} 1 - \mathrm{e}^{-x}, & x > 0 \\ 0, & x \leqslant 0 \end{cases}$$

则 $V = \min\{X,Y\}$ 的分布函数为

$$F_V(v) = 1 - [1-F(v)]^2 = \begin{cases} 1-e^{-2v}, & v > 0 \\ 0, & v \leq 0 \end{cases},$$

故 V 的概率密度为

$$f_V(v) = F_V'(v) = \begin{cases} 2e^{-2v}, & v > 0 \\ 0, & v \leq 0 \end{cases}.$$

(2) 同理可求 $U = \max\{X,Y\}$ 的概率密度为 $f_U(u) = \begin{cases} 2(1-e^{-u})e^{-u}, & u > 0 \\ 0, & u \leq 0 \end{cases},$

故 $E(U+V) = E(U) + E(V) = \int_{-\infty}^{+\infty} u f_U(u) du + \int_{-\infty}^{+\infty} v f_V(v) dv = \frac{3}{2} + \frac{1}{2} = 2.$

或者 $U+V = \max\{X,Y\} + \min\{X,Y\} = X+Y,$

故 $E(U+V) = E(X+Y) = EX + EY = 2.$

【4.20】 设二维随机变量 (X,Y) 的概率密度为

$$f(x,y) = \begin{cases} k\sin(x+y), & 0 \leq x, y \leq \frac{\pi}{2} \\ 0, & \text{其他} \end{cases}$$

求 k 值, $\text{Cov}(X,Y)$ 和 ρ_{XY}.

解 由 $\int_{-\infty}^{+\infty}\int_{-\infty}^{+\infty} f(x,y) dx dy = 1,$ 可知, $\int_0^{\frac{\pi}{2}}\int_0^{\frac{\pi}{2}} k\sin(x+y) dx dy = 1,$ 得 $k = \frac{1}{2}.$

因此, (X,Y) 的概率密度为

$$f(x,y) = \begin{cases} \frac{1}{2}\sin(x+y), & 0 \leq x, y \leq \frac{\pi}{2} \\ 0, & \text{其他} \end{cases}$$

所以

$$E(X) = \int_{-\infty}^{+\infty}\int_{-\infty}^{+\infty} x f(x,y) dx dy = \int_0^{\frac{\pi}{2}}\int_0^{\frac{\pi}{2}} x \cdot \frac{1}{2}\sin(x+y) dx dy = \frac{\pi}{4},$$

$$E(X^2) = \int_0^{\frac{\pi}{2}}\int_0^{\frac{\pi}{2}} x^2 \cdot \frac{1}{2}\sin(x+y) dx dy = \frac{\pi^2}{8} + \frac{\pi}{2} - 2,$$

$$D(X) = E(X^2) - [E(X)]^2 = \frac{\pi^2}{16} + \frac{\pi}{2} - 2.$$

同理可得

$$E(Y) = \frac{\pi}{4}, \qquad D(Y) = \frac{\pi^2}{16} + \frac{\pi}{2} - 2,$$

$$E(XY) = \int_{-\infty}^{+\infty}\int_{-\infty}^{+\infty} xy f(x,y) dx dy = \int_0^{\frac{\pi}{2}}\int_0^{\frac{\pi}{2}} xy \cdot \frac{1}{2}\sin(x+y) dx dy = \frac{\pi}{2} - 1.$$

所以

$$\text{Cov}(X,Y) = E(XY) - E(X)E(Y) = \frac{\pi}{2} - 1 - \frac{\pi}{4} \cdot \frac{\pi}{4} = \frac{\pi}{2} - \frac{\pi^2}{16} - 1,$$

因此

$$\rho_{XY} = \frac{\text{Cov}(X,Y)}{\sqrt{D(X)}\sqrt{D(Y)}} = \frac{\frac{\pi}{2} - \frac{\pi^2}{16} - 1}{\frac{\pi^2}{16} + \frac{\pi}{2} - 2} = \frac{8\pi - \pi^2 - 16}{\pi^2 + 8\pi - 32}.$$

【4.21】 箱中装有 6 个球,其中红、白、黑球的个数分别为 1,2,3 个. 现从箱中随机地取出 2 个球,记 X 为取出的红球个数,Y 为取出的白球个数.

(1) 求随机变量 (X,Y) 的概率分布;

(2) 求 $\text{Cov}(X,Y)$.

解 (1) 随机变量 (X,Y) 的概率分布为

X \ Y	0	1	2
0	$\frac{1}{5}$	$\frac{2}{5}$	$\frac{1}{15}$
1	$\frac{1}{5}$	$\frac{2}{15}$	0

(2) $P\{X=0\} = \frac{2}{3}$, $P\{X=1\} = \frac{1}{3}$, $EX = 0 \times \frac{2}{3} + 1 \times \frac{1}{3} = \frac{1}{3}$.

$P\{Y=0\} = \frac{2}{5}$, $P\{Y=1\} = \frac{8}{15}$, $P\{Y=2\} = \frac{1}{15}$,

$EY = 0 \times \frac{2}{5} + 1 \times \frac{8}{15} + 2 \times \frac{1}{15} = \frac{2}{3}$.

$E(XY) = 1 \times 1 \times \frac{2}{15} = \frac{2}{15}$.

$\text{Cov}(X,Y) = E(XY) - EX \cdot EY = \frac{2}{15} - \frac{1}{3} \times \frac{2}{3} = -\frac{4}{45}$.

【4.22】 假设二维随机变量 (X,Y) 在矩形 $G = \{(x,y) \mid 0 \leqslant x \leqslant 2, 0 \leqslant y \leqslant 1\}$ 上服从均匀分布,记

$$U = \begin{cases} 0, & \text{若 } X \leqslant Y \\ 1, & \text{若 } X > Y \end{cases}, \quad V = \begin{cases} 0, & \text{若 } X \leqslant 2Y \\ 1, & \text{若 } X > 2Y \end{cases}.$$

(1) 求 U 和 V 的联合分布;

(2) 求 U 和 V 的相关系数 ρ.

解 由题设及图 4-4.22,可得

$P\{X \leqslant Y\} = \frac{1}{4}$, $P\{X > 2Y\} = \frac{1}{2}$, $P\{Y < X \leqslant 2Y\} = \frac{1}{4}$.

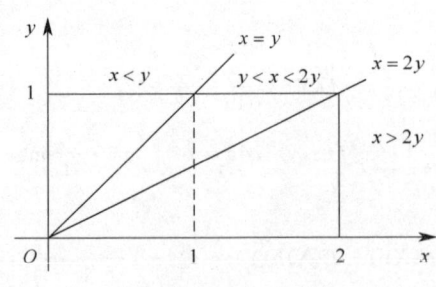

图 4-4.22

(1) (U,V) 有四个可能值: $(0,0), (0,1), (1,0), (1,1)$.

$$P\{U=0, V=0\} = P\{X \leqslant Y, X \leqslant 2Y\} = P\{X \leqslant Y\} = \frac{1}{4};$$

$$P\{U=0, V=1\} = P\{X \leqslant Y, X > 2Y\} = 0;$$

$$P\{U=1, V=0\} = P\{X > Y, X \leqslant 2Y\} = P\{Y < X \leqslant 2Y\} = \frac{1}{4};$$

$$P\{U=1, V=1\} = 1 - \left(\frac{1}{4} + \frac{1}{4}\right) = \frac{1}{2}.$$

(2) 由以上可见 UV 以及 U 和 V 的分布为

$$UV \sim \begin{bmatrix} 0 & 1 \\ \frac{1}{2} & \frac{1}{2} \end{bmatrix}; \quad U \sim \begin{bmatrix} 0 & 1 \\ \frac{1}{4} & \frac{3}{4} \end{bmatrix}, \quad V \sim \begin{bmatrix} 0 & 1 \\ \frac{1}{2} & \frac{1}{2} \end{bmatrix}.$$

于是，有

$$EU = \frac{3}{4}, \quad DU = \frac{3}{16}, \quad EV = \frac{1}{2}, \quad DV = \frac{1}{4}, \quad E(UV) = \frac{1}{2};$$

$$\text{Cov}(U,V) = E(UV) - EU \cdot EV = \frac{1}{8};$$

$$\rho = \frac{\text{Cov}(U,V)}{\sqrt{DU \cdot DV}} = \frac{1}{\sqrt{3}}.$$

【4.23】 设 $X \sim N(0,1)$，而 $Y = X^n$（n 为正整数），求 ρ_{XY}.

解 因为 $X \sim N(0,1)$，则 $E(X) = 0, D(X) = 1$. 另外当 $X \sim N(0,1)$ 时，可利用分部积分法或者 Γ 函数的公式得到下面结论：

$$E(X^{2n+1}) = 0,$$
$$E(X^{2n}) = (2n-1)!! = (2n-1)(2n-3)\cdots 3 \cdot 1.$$

故

$$\rho_{XY} = \frac{\text{Cov}(X,Y)}{\sqrt{DX} \cdot \sqrt{DY}} = \frac{E(XY) - EX \cdot EY}{\sqrt{DX} \cdot \sqrt{DY}} = \frac{E(X^{n+1})}{\sqrt{D(X^n)}} = \frac{E(X^{n+1})}{\sqrt{E(X^{2n}) - (EX^n)^2}}$$

$$= \begin{cases} 0, & \text{当 } n \text{ 为偶数时} \\ \dfrac{n!!}{\sqrt{(2n-1)!!}}, & \text{当 } n \text{ 为奇数时} \end{cases}$$

题型 3. 利用性质求数字特征

【4.24】 设随机变量 X_1, X_2, X_3, X_4 相互独立，且有 $E(X_i) = i, D(X_i) = 5-i, i=1,2,3,4$. 设 $Y = 2X_1 - X_2 + 3X_3 - \frac{1}{2}X_4$，求 $E(Y), D(Y)$.

解 $E(Y) = E(2X_1 - X_2 + 3X_3 - \frac{1}{2}X_4) = 2E(X_1) - E(X_2) + 3E(X_3) - \frac{1}{2}E(X_4)$

$$= 2 \times 1 - 2 + 3 \times 3 - \frac{1}{2} \times 4 = 7.$$

由于 X_1, X_2, X_3, X_4 相互独立，所以 $2X_1, X_2, 3X_3, \frac{1}{2}X_4$ 也相互独立，则

$$D(Y) = D(2X_1 - X_2 + 3X_3 - \frac{1}{2}X_4) = 4D(X_1) + D(X_2) + 9D(X_3) + \frac{1}{4}D(X_4)$$

$$= 4\times(5-1)+(5-2)+9\times(5-3)+\frac{1}{4}(5-4)=37.25.$$

【4.25】设随机变量 X,Y 不相关,且 $EX=2, EY=1, DX=3$,则 $E[X(X+Y-2)]=$ _____.
(A) -3 (B) 3   (C) -5 (D) 5

解 因为 X,Y 不相关,所以
$$\mathrm{Cov}(X,Y)=E(XY)-EX\cdot EY=0,$$
即 $E(XY)=EX\cdot EY$,则
$$E[X(X+Y-2)]=E(X^2+XY-2X)=E(X^2)+E(XY)-2EX$$
$$=[DX+(EX)^2]+EX\cdot EY-2EX=5.\text{故应选}(D).$$

【4.26】将 n 只球($1\sim n$ 号)随机地放进 n 只盒子($1\sim n$ 号)中去,一只盒子装一只球.若一只球装入与球同号的盒子中,称为一个配对,记 X 为总的配对数,求 $E(X)$.

解 引进随机变量
$$X_i=\begin{cases}1, & \text{第 }i\text{ 号球恰装入第 }i\text{ 号盒子}\\ 0, & \text{第 }i\text{ 号球不是装入第 }i\text{ 号盒子}\end{cases}, \quad i=1,2,\cdots,n.$$

则 $X=\sum\limits_{i=1}^{n}X_i, E(X)=\sum\limits_{i=1}^{n}E(X_i)$,而 X_i 显然服从 $(0-1)$ 分布,

$$P(X_i=1)=\frac{1}{n},\quad P\{X_i=0\}=\frac{n-1}{n},\quad E(X_i)=1\times\frac{1}{n}=\frac{1}{n},$$

从而 $E(X)=\sum\limits_{i=1}^{n}\frac{1}{n}=1.$

【4.27】若有 n 把看上去样子相同的钥匙,其中只有一把能打开门上的锁,用它们去试开门上的锁,设取到每只钥匙是等可能的,若每把钥匙试开一次后除去,试用下面两种方法求试开次数 X 的期望:

(1) 写出 X 的分布律;
(2) 不写出 X 的分布律.

解 (1) 因为是不重复抽样,而取到每只钥匙是等可能的,故试开次数 X 的分布律为

X	1	2	$\cdots$	i	$\cdots$	n
p	$\frac{1}{n}$	$\frac{1}{n}$	$\cdots$	$\frac{1}{n}$	$\cdots$	$\frac{1}{n}$

从而
$$EX=\frac{1}{n}+\frac{2}{n}+\cdots+\frac{i}{n}+\cdots+\frac{n}{n}=\frac{1}{n}(1+\cdots+n)=\frac{1}{2}(n+1).$$

(2) 引进随机变量
$$X_i=\begin{cases}i, & \text{第 }i\text{ 把钥匙把门打开}\\ 0, & \text{第 }i\text{ 把钥匙未把门打开}\end{cases}, \quad i=1,2,\cdots,n$$

则试开次数
$$X=\sum_{i=1}^{n}X_i,\qquad EX=\sum_{i=1}^{n}EX_i$$

而

X_i	i	0
P	$\dfrac{1}{n}$	$1-\dfrac{1}{n}$

故　$EX_i = \dfrac{i}{n}$

则　$EX = \sum\limits_{i=1}^{n} \dfrac{i}{n} = \dfrac{n+1}{2}$.

【4.28】 设随机变量 X_1, X_2 的概率密度分别为

$$f_1(x) = \begin{cases} 2e^{-2x}, & x>0 \\ 0, & x\leqslant 0 \end{cases}, \quad f_2(x) = \begin{cases} 4e^{-4x}, & x>0 \\ 0, & x\leqslant 0 \end{cases}$$

(1) 求 $E(X_1+X_2)$，$E(2X_1-3X_2^2)$；

(2) 又设 X_1, X_2 相互独立，求 $E(X_1 X_2)$.

解　(1) $EX_1 = \int_{-\infty}^{+\infty} x \cdot f_1(x)dx = \int_0^{+\infty} 2xe^{-2x}dx = xe^{-2x}\Big|_0^{+\infty} + \int_0^{+\infty} e^{-2x}dx = \dfrac{1}{2}$

$EX_2 = \int_{-\infty}^{+\infty} x \cdot f_2(x)dx = \int_0^{+\infty} 4xe^{-4x}dx = -xe^{-4x}\Big|_0^{+\infty} + \int_0^{+\infty} e^{-4x}dx = \dfrac{1}{4}$

$EX_2^2 = \int_{-\infty}^{+\infty} x^2 \cdot f_2(x)dx = \int_0^{+\infty} 4x^2 e^{-4x}dx = -x^2 e^{-4x}\Big|_0^{+\infty} + \int_0^{+\infty} 2xe^{-4x}dx$

$= -\dfrac{1}{2}xe^{-4x}\Big|_0^{+\infty} + \int_0^{+\infty} \dfrac{1}{2}e^{-4x}dx = \dfrac{1}{8}$,

所以

$E(X_1+X_2) = EX_1 + EX_2 = \dfrac{1}{2} + \dfrac{1}{4} = \dfrac{3}{4}$,

$E(2X_1 - 3X_2^2) = 2EX_1 - 3EX_2^2 = 2 \times \dfrac{1}{2} - 3 \times \dfrac{1}{8} = \dfrac{5}{8}$.

(2) 由 X_1, X_2 相互独立，则

$E(X_1 X_2) = EX_1 \cdot EX_2 = \dfrac{1}{2} \times \dfrac{1}{4} = \dfrac{1}{8}$.

【4.29】 已知三个随机变量 X, Y, Z 中，$E(X) = E(Y) = 1$，$E(Z) = -1$，$D(X) = D(Y) = D(Z) = 1$，$\rho_{XY} = 0$，$\rho_{XZ} = \dfrac{1}{2}$，$\rho_{YZ} = -\dfrac{1}{2}$，设 $W = X+Y+Z$，求 $E(W), D(W)$.

解　$E(W) = E(X+Y+Z) = EX + EY + EZ = 1$

$D(W) = D(X+Y+Z) = DX + DY + DZ + 2\text{Cov}(X,Y) + 2\text{Cov}(X,Z) + 2\text{Cov}(Y,Z)$

而

$\text{Cov}(X,Y) = \rho_{XY}\sqrt{DX} \cdot \sqrt{DY} = 0$

$\text{Cov}(X,Z) = \rho_{XZ}\sqrt{DX} \cdot \sqrt{DZ} = \dfrac{1}{2}$

$\text{Cov}(Y,Z) = \rho_{YZ}\sqrt{DY} \cdot \sqrt{DZ} = -\dfrac{1}{2}$

故　$D(W) = 3$.

【4.30】 设 $W = (aX+3Y)^2$，$E(X) = E(Y) = 0$，$D(X) = 4$，$D(Y) = 16$，$\rho_{XY} = -0.5$，求常数

a 使 $E(W)$ 为最小,并求 $E(W)$ 的最小值.

解 根据 $D(X) = E(X^2) - [E(X)]^2$, $D(Y) = E(Y^2) - [E(Y)]^2$,

$$\mathrm{Cov}(X,Y) = E(XY) - E(X) \cdot E(Y),$$

$$\rho_{XY} = \frac{\mathrm{Cov}(X,Y)}{\sqrt{D(X)} \sqrt{D(Y)}}$$

有 $E(W) = E(aX + 3Y)^2 = D(aX + 3Y) + [E(aX + 3Y)]^2$

$= a^2 D(X) + 9D(Y) + 2\mathrm{Cov}(aX, 3Y) + [aE(X) + 3E(Y)]^2$

$= a^2 D(X) + 9D(Y) + 6a\rho_{XY} \sqrt{D(X) \cdot D(Y)}$

$= 4a^2 + 9 \times 16 + 6a(-0.5) \sqrt{4 \times 16} = 4a^2 - 24a + 144$

$= (2a - 6)^2 + 108 \geqslant 108.$

因此当 $a = 3$ 时, $E(W)$ 最小值为 108.

【4.31】 设随机变量 $X \sim N(\mu, \sigma^2)$, $Y \sim N(\mu, \sigma^2)$, 且设 X, Y 相互独立,试求 $Z_1 = \alpha X + \beta Y$ 和 $Z_2 = \alpha X - \beta Y$ 的相关系数(其中 α, β 是不为零的常数).

解 由于 $X, Y \sim N(\mu, \sigma^2)$, 可得

$$EX = EY = \mu, \quad DX = DY = \sigma^2$$

Z_1 和 Z_2 的相关系数:

$$\rho_{Z_1 Z_2} = \frac{\mathrm{Cov}(Z_1, Z_2)}{\sqrt{DZ_1} \cdot \sqrt{DZ_2}} = \frac{E(Z_1 Z_2) - EZ_1 \cdot EZ_2}{\sqrt{DZ_1} \cdot \sqrt{DZ_2}}$$

由 $EZ_1 = E(\alpha X + \beta Y) = \alpha EX + \beta EY = (\alpha + \beta)\mu$

$EZ_2 = E(\alpha X - \beta Y) = \alpha EX - \beta EY = (\alpha - \beta)\mu$

又

$E(Z_1 Z_2) = E(\alpha X + \beta Y)(\alpha X - \beta Y) = E(\alpha^2 X^2 - \beta^2 Y^2) = \alpha^2 EX^2 - \beta^2 EY^2$

$= (\alpha^2 - \beta^2)(\sigma^2 + \mu^2)$

$D(Z_1) = D(\alpha X + \beta Y) = \alpha^2 DX + \beta^2 DY = (\alpha^2 + \beta^2)\sigma^2$

$D(Z_2) = D(\alpha X - \beta Y) = (\alpha^2 + \beta^2)\sigma^2$

于是

$$\rho_{Z_1 Z_2} = \frac{(\alpha^2 - \beta^2)(\sigma^2 + \mu^2) - (\alpha + \beta)\mu(\alpha - \beta)\mu}{\sqrt{(\alpha^2 + \beta^2)\sigma^2} \cdot \sqrt{(\alpha^2 + \beta^2)\sigma^2}} = \frac{(\alpha^2 - \beta^2)\sigma^2}{(\alpha^2 + \beta^2)\sigma^2} = \frac{\alpha^2 - \beta^2}{\alpha^2 + \beta^2}.$$

点评 因为 X 与 Y 相互独立,所以利用性质求 $\mathrm{Cov}(Z_1, Z_2)$ 更加简便.

$\mathrm{Cov}(Z_1, Z_2) = \mathrm{Cov}(\alpha X + \beta Y, \alpha X - \beta Y) = \alpha^2 \mathrm{Cov}(X, X) - \beta^2 \mathrm{Cov}(Y, Y)$

$= \alpha^2 D(X) - \beta^2 D(Y) = (\alpha^2 - \beta^2)\sigma^2.$

【4.32】 将长度为 1m 的木棒随机地截成两段,则两段长度的相关系数为_____.

(A) 1　　　　　　(B) $\frac{1}{2}$　　　　　　(C) $-\frac{1}{2}$　　　　　　(D) -1

解 设两段长度分别为 X 和 Y, 则 $Y = 1 - X$, 利用相关系数的性质或者计算公式 $\rho_{XY} = \frac{\mathrm{Cov}(X,Y)}{\sqrt{DX} \sqrt{DY}}$, 可得相关系数为 -1.

故应选(D).

【4.33】 设随机变量 X 与 Y 相互独立,且 $X \sim N(1,2), Y \sim N(1,4)$,则 $D(XY) =$ _____.
(A)6　　　　　(B)8　　　　　(C)14　　　　　(D)15

解 由方差计算公式以及 X,Y 的独立性:
$$D(XY) = E[(XY)^2] - [E(XY)]^2 = E(X^2Y^2) - (EX \cdot EY)^2$$
$$= E(X^2) \cdot E(Y^2) - (EX \cdot EY)^2 = 3 \times 5 - 1 = 14.$$
故应选(C).

题型 4. 关于重要分布的数字特征

【4.34】 设随机变量 X 服从参数为 1 的泊松分布,则 $P\{X = EX^2\} =$ _____.

解 因为 $X \sim P(1)$,故 $EX = DX = 1$,则
$$E(X^2) = DX + (EX)^2 = 2.$$
所以
$$P\{X = E(X^2)\} = P\{X = 2\} = \frac{1^2 \cdot e^{-1}}{2!} = \frac{1}{2e}.$$

【4.35】 设随机变量 X 的分布函数为 $F(x) = 0.3\Phi(x) + 0.7\Phi\left(\frac{x-1}{2}\right)$,其中 $\Phi(x)$ 为标准正态分布函数,则 $EX = (\quad)$.
(A)0　　　　　(B)0.3　　　　　(C)0.7　　　　　(D)1

解 因为 $F(x) = 0.3\Phi(x) + 0.7\Phi\left(\frac{x-1}{2}\right)$,所以
$$F'(x) = 0.3\Phi'(x) + \frac{0.7}{2}\Phi'\left(\frac{x-1}{2}\right) = 0.3\frac{1}{\sqrt{2\pi}}e^{-\frac{x^2}{2}} + 0.7\frac{1}{2\sqrt{2\pi}}e^{-\frac{(x-1)^2}{2\times 2^2}},$$

由于 $\frac{1}{\sqrt{2\pi}}e^{-\frac{x^2}{2}}$ 是 $N(0,1)$ 的密度函数,故其随机变量的期望为 0,

$\frac{1}{2\sqrt{2\pi}}e^{-\frac{(x-1)^2}{2\times 2^2}}$ 是 $N(1,2^2)$ 的密度函数,其随机变量的期望为 1,

所以
$$EX = \int_{-\infty}^{+\infty} xF'(x)dx = 0.3 \times 0 + 0.7 \times 1 = 0.7,$$
故选(C).

【4.36】 设 X 表示 10 次独立重复射击命中目标的次数,每次射中目标的概率为 0.4,则 X^2 的数学期望 $E(X^2) =$ _____.

分析 利用二项分布的方差和期望公式.

解 由于 X 服从二项分布 $B(10, 0.4)$,所以
$$EX = np = 10 \times 0.4 = 4, \quad DX = npq = 10 \times 0.4 \times (1-0.4) = 2.4.$$
由方差公式 $EX^2 = DX + (EX)^2$ 得,
$$EX^2 = 2.4 + 4^2 = 18.4.$$

【4.37】 设随机变量 X 的概率密度为
$$f(x) = \begin{cases} \frac{1}{2}\cos\frac{x}{2}, & 0 \leq x < \pi \\ 0, & 其他 \end{cases}$$

对 X 独立地重复观察 4 次,用 Y 表示观察值大于 $\frac{\pi}{3}$ 的次数,求 Y^2 的数学期望.

解法一 由于 $P\left\{X>\frac{\pi}{3}\right\}=\int_{\frac{\pi}{3}}^{\pi}\frac{1}{2}\cos\frac{x}{2}\mathrm{d}x=\frac{1}{2}$, $Y\sim B\left(4,\frac{1}{2}\right)$, 因此

$$EY=4\times\frac{1}{2}=2, \qquad DY=4\times\frac{1}{2}\times\left(1-\frac{1}{2}\right)=1,$$

所以

$$EY^2=DY+(EY)^2=1+2^2=5.$$

解法二 由于 $P\left\{X>\frac{\pi}{3}\right\}=\int_{\frac{\pi}{3}}^{\pi}\frac{1}{2}\cos\frac{x}{2}\mathrm{d}x=\frac{1}{2}$, $Y\sim B\left(4,\frac{1}{2}\right)$,

因此,Y 的概率分布为

Y	0	1	2	3	4
P	$\frac{1}{16}$	$\frac{4}{16}$	$\frac{6}{16}$	$\frac{4}{16}$	$\frac{1}{16}$

所以

$$EY^2=\frac{1}{16}(0\times 1+1\times 4+2^2\times 6+3^2\times 4+4^2\times 1)=5.$$

[4.38] 已知 (X,Y) 服从二维正态分布 $N\left(0,0;1^2,2^2;\frac{1}{2}\right)$. 若 $Z=aX+Y$ 与 Y 独立,则 a 等于( ).

(A)2   (B)-2 (C)4   (D)-4

解 由题设 $(X,Y)\sim N\left(0,0;1,4;\frac{1}{2}\right)$, $EX=EY=0$, $DX=1$, $DY=4$, $\rho_{XY}=\frac{1}{2}$,

若 Z 与 Y 独立,则 Z 与 Y 不相关,即 $\mathrm{Cov}(Z,Y)=0$.

$$\mathrm{Cov}(Z,Y)=\mathrm{Cov}(aX+Y,Y)=a\mathrm{Cov}(X,Y)+DY=a\rho_{XY}\sqrt{DX}\sqrt{DY}+DY$$

$$=a\cdot\frac{1}{2}\cdot 2+4=0\Rightarrow a=-4.$$

故应选(D).

[4.39] 设 $X\sim P(16)$, $Y\sim E(2)$, $\rho_{XY}=-0.5$, 则 $\mathrm{Cov}(X,Y+1)=$ _____, $E(Y^2+XY)=$ _____, $D(X-2Y)=$ _____.

解 由已知,$EX=DX=16$, $EY=\frac{1}{2}$, $DY=\frac{1}{4}$, 则

$$\mathrm{Cov}(X,Y+1)=\mathrm{Cov}(X,Y)=\rho_{XY}\cdot\sqrt{DX}\cdot\sqrt{DY}=-1;$$

$$E(Y^2+XY)=E(Y^2)+E(XY)=[DY+(EY)^2]+[\mathrm{Cov}(X,Y)+EX\cdot EY]=\frac{15}{2};$$

$$D(X-2Y)=DX+4DY-4\mathrm{Cov}(X,Y)=21.$$

[4.40] 设一物体是圆截面,测量其直径,设其直径 X 服从 $[0,3]$ 上的均匀分布,则求横截面积 Y 的数学期望和方差.

解 由题意可知

$$f_X(x) = \begin{cases} \dfrac{1}{3}, & 0 \leqslant x \leqslant 3 \\ 0, & 其他 \end{cases}$$

利用均匀分布的数字特征公式,所以

$$EX = \dfrac{3}{2}, \qquad DX = \dfrac{3}{4}.$$

由横截面积 $Y = \pi \cdot \dfrac{X^2}{4}$ 得,

$$EY = \dfrac{\pi}{4}EX^2 = \dfrac{\pi}{4}[DX + (EX)^2] = \dfrac{\pi}{4}\left(\dfrac{3}{4} + \dfrac{9}{4}\right) = \dfrac{3}{4}\pi,$$

$$DY = EY^2 - (EY)^2 = \dfrac{\pi^2}{16}EX^4 - \dfrac{9}{16}\pi^2 = \dfrac{\pi^2}{16}\int_0^3 x^4 \cdot \dfrac{1}{3} dx - \dfrac{9}{16}\pi^2 = \dfrac{9}{20}\pi^2.$$

【4.41】 设二维随机变量 (X,Y) 服从 $N(\mu,\mu;\sigma^2,\sigma^2;0)$,则 $E(XY^2) = $ _____.

解 由于 $\rho = 0$,由二维正态分布的性质可知随机变量 X,Y 独立.
因此 $E(XY^2) = EX \cdot EY^2$. 由于 (X,Y) 服从 $N(\mu,\mu;\sigma^2,\sigma^2;0)$,可知 $EX = \mu$,$EY^2 = DY + (EY)^2 = \mu^2 + \sigma^2$,则

$$E(XY^2) = \mu(\mu^2 + \sigma^2) = \mu^3 + \mu\sigma^2.$$

故应填 $\mu^3 + \mu\sigma^2$.

【4.42】 一本 500 页的书共有 100 个错误,设每页上错误的个数为随机变量 X,已知它服从泊松分布,现随机地取 1 页,求下列事件的概率:

(1) 该页上没有错误;

(2) 这页上错误不少于 2 个.

解 因为 $X \sim P(\lambda)$,故 $EX = \lambda$. 由题意可知每页上平均有 $\dfrac{1}{5}$ 个错误,即 $EX = \dfrac{1}{5}$,则 $\lambda = \dfrac{1}{5}$.

$$(1)\ P\{X = 0\} = \dfrac{\left(\dfrac{1}{5}\right)^0 e^{-\frac{1}{5}}}{0!} = e^{-\frac{1}{5}}.$$

$$(2)\ P\{X \geqslant 2\} = 1 - P\{X = 0\} - P\{X = 1\} = 1 - \dfrac{6}{5}e^{-\frac{1}{5}}$$

或查表得 $P\{X \geqslant 2\} = 0.0175.$

题型 5. 数字特征应用题

【4.43】 设某企业生产线上产品合格率为 0.96,不合格产品中只有 $\dfrac{3}{4}$ 产品可进行再加工,且再加工的合格率为 0.8,其余均为废品,每件合格品获利 80 元,每件废品亏损 20 元,为保证该企业每天平均利润不低于 2 万元,问企业每天至少生产多少产品?

解法一 设每天至少生产 x 件产品. 则合格产品为

$$0.96x + (1 - 0.96)x \cdot \dfrac{3}{4} \cdot 0.8 = 0.984x,$$

废品为 $x - 0.984x = 0.016x$,由题意知

$$80 \times 0.984x - 20 \times 0.016x \geqslant 2 \times 10^4,$$

解得 $x \geqslant 255.10,$

因为 x 为整数，所以 $x = 256$.

解法二 进行再加工后，产品的合格率
$$p = 0.96 + 0.04 \times 0.75 \times 0.8 = 0.984.$$
记 X 为 n 件产品中的合格产品数，$T(n)$ 为 n 件产品的利润，则
$$X \sim B(n, p),$$
$$EX = np = 0.984n,$$
$$T(n) = 80X - 20(n - X),$$
$$ET(n) = 80EX - 20n + 20EX = 100EX - 20n = 78.4n,$$
要 $ET(n) \geqslant 20000$，则 $n \geqslant 256$，即该企业每天至少应生产 256 件产品.

【4.44】一商店经销某种商品，每周进货的数量 X 与顾客对该种商品的需求量 Y 是相互独立的随机变量，且都服从区间 $[10, 20]$ 上的均匀分布. 商店每售出一单位商品可得利润 1000 元；若需求量超过了进货量，商店可从其他商店调剂供应，这时每单位商品获利润 500 元. 试计算此商店经销该种商品每周所得利润的期望值.

解 设 Z 表示商店每周所得的利润，则
$$Z = \begin{cases} 1000Y, & Y \leqslant X \\ 1000X + 500(Y - X) = 500(X + Y), & Y > X \end{cases}$$
由于 X 与 Y 的联合概率密度为：
$$\varphi(x, y) = \begin{cases} \dfrac{1}{100}, & 10 \leqslant x \leqslant 20,\ 10 \leqslant y \leqslant 20 \\ 0, & \text{其他} \end{cases}$$

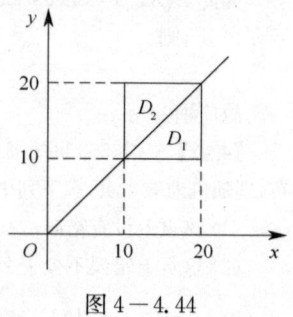

图 4-4.44

$$E(Z) = \iint_{D_1} 1000y \times \frac{1}{100} \mathrm{d}x\mathrm{d}y + \iint_{D_2} 500(x+y) \times \frac{1}{100} \mathrm{d}x\mathrm{d}y$$
$$= 10 \int_{10}^{20} \mathrm{d}y \int_y^{20} y \mathrm{d}x + 5 \int_{10}^{20} \mathrm{d}y \int_{10}^y (x+y) \mathrm{d}x$$
$$= 10 \int_{10}^{20} y(20-y) \mathrm{d}y + 5 \int_{10}^{20} \left(\frac{3}{2} y^2 - 10y - 50\right) \mathrm{d}y$$
$$= \frac{20000}{3} + 5 \times 1500 \approx 14166.67 (元).$$

【4.45】一工厂生产的某种设备的寿命 X（以年计）服从指数分布，概率密度为
$$f(x) = \begin{cases} \dfrac{1}{4} \mathrm{e}^{-\frac{x}{4}} & x > 0 \\ 0, & x \leqslant 0 \end{cases}$$

工厂规定，出售的设备若在一年之内损坏可予以调换. 若工厂售出一台设备赢利 100 元，调换一台设备厂方需花费 300 元. 试求厂方出售一台设备净赢利的数学期望.

解 出售的设备在售出一年之内调换的概率为
$$p_1 = P\{X \leqslant 1\} = \int_0^1 f(x) \mathrm{d}x = \int_0^1 \frac{1}{4} \mathrm{e}^{-\frac{x}{4}} \mathrm{d}x = 1 - \mathrm{e}^{-\frac{1}{4}}$$
不需调换的概率为 $p_2 = 1 - p_1 = \mathrm{e}^{-\frac{1}{4}}$
记 Y 为工厂出售一台设备的净赢利，则 Y 的分布律为

Y	100	$-300+100$
P	$e^{-\frac{1}{4}}$	$1-e^{-\frac{1}{4}}$

从而厂方出售一台设备净赢利的数学期望

$$E(Y) = 100e^{-\frac{1}{4}} - 200(1-e^{-\frac{1}{4}}) = 33.64.$$

【4.46】某流水生产线上每个产品不合格的概率为 p $(0<p<1)$,各产品合格与否相互独立,当出现一个不合格产品时即停机检修.设开机后第一次停机时已生产了的产品个数为 X,求 X 的数学期望 $E(X)$ 和方差 $D(X)$.

解 记 $q=1-p$, X 的概率分布为

$$P\{X=i\} = q^{i-1}p, \quad i=1,2,\cdots.$$

X 的数学期望为

$$E(X) = \sum_{i=1}^{\infty} iq^{i-1}p = p\sum_{i=1}^{\infty}(q^i)' = p\left(\sum_{i=1}^{\infty}q^i\right)' = p\left(\frac{q}{1-q}\right)' = \frac{1}{p}.$$

因为

$$E(X^2) = \sum_{i=1}^{\infty} i^2 q^{i-1}p = p\left[q\left(\sum_{i=1}^{\infty}q^i\right)'\right]' = p\left[\frac{q}{(1-q)^2}\right]' = \frac{2-p}{p^2},$$

所以 X 的方差为

$$D(X) = E(X^2) - [E(X)]^2 = \frac{2-p}{p^2} - \frac{1}{p^2} = \frac{1-p}{p^2}.$$

【4.47】已知甲、乙两箱中装有同种产品,其中甲箱中装有3件合格品和3件次品,乙箱中仅装有3件合格品.从甲箱中任取3件产品放入乙箱后,求

(1) 乙箱中次品件数 X 的数学期望;

(2) 从乙箱中任取一件产品是次品的概率.

解法一 (1) X 的可能取值为 $0,1,2,3$,X 的概率分布为

$$P\{X=k\} = \frac{C_3^k C_3^{3-k}}{C_6^3}, \quad k=0,1,2,3, \quad 即$$

X	0	1	2	3
P	$\frac{1}{20}$	$\frac{9}{20}$	$\frac{9}{20}$	$\frac{1}{20}$

因此

$$EX = 0\times\frac{1}{20} + 1\times\frac{9}{20} + 2\times\frac{9}{20} + 3\times\frac{1}{20} = \frac{3}{2}.$$

(2) 设 A 表示事件"从乙箱中任意取出的一件产品是次品",根据全概率公式,有

$$P(A) = \sum_{k=0}^{3} P\{X=k\}P\{A|X=k\} = \frac{1}{20}\times 0 + \frac{9}{20}\times\frac{1}{6} + \frac{9}{20}\times\frac{2}{6} + \frac{1}{20}\times\frac{3}{6} = \frac{1}{4}.$$

解法二 (1) 设 $X_i = \begin{cases} 0, & \text{从甲箱中取出的第}i\text{件产品是合格品} \\ 1, & \text{从甲箱中取出的第}i\text{件产品是次品} \end{cases}$,则 X_i 的概率分布为

X_i	0	1
P	$\frac{1}{2}$	$\frac{1}{2}$

, $i=1,2,3$

且 $EX_i = \dfrac{1}{2}$ $(i=1,2,3)$.

因为 $X = X_1 + X_2 + X_3$，所以
$$EX = E(X_1 + X_2 + X_3) = EX_1 + EX_2 + EX_3 = \dfrac{3}{2}.$$

(2) 设 A 表示事件"从乙箱中任意取出的一件产品是次品"，由于 $\{X=0\},\{X=1\},\{X=2\}$ 和 $\{X=3\}$ 构成完全事件组，因此根据全概率公式，有
$$P(A) = \sum_{k=0}^{3} P\{X=k\} P\{A \mid X=k\} = \sum_{k=0}^{3} P\{X=k\} \cdot \dfrac{k}{6} = \dfrac{1}{6}\sum_{k=0}^{3} kP\{X=k\}$$
$$= \dfrac{1}{6} EX = \dfrac{1}{6} \cdot \dfrac{3}{2} = \dfrac{1}{4}.$$

【4.48】 假设由自动线加工的某种零件的内径 X（毫米）服从正态分布 $N(\mu,1)$，内径小于 10 或大于 12 的为不合格品，其余为合格品，销售每件合格品获利，销售每件不合格品亏损. 已知销售利润 T（单位:元）与销售零件的内径 X 有如下关系：
$$T = \begin{cases} -1, & \text{若 } X < 10 \\ 20, & \text{若 } 10 \leqslant X \leqslant 12 \\ -5, & \text{若 } X > 12 \end{cases}$$

问平均内径 μ 取何值时，销售一个零件的平均利润最大？

解 由条件知，平均利润为
$$E(T) = 20P\{10 \leqslant X \leqslant 12\} - P\{X<10\} - 5P\{X>12\}$$
$$= 20[\Phi(12-\mu) - \Phi(10-\mu)] - \Phi(10-\mu) - 5[1-\Phi(12-\mu)]$$
$$= 25\Phi(12-\mu) - 21\Phi(10-\mu) - 5,$$

其中 $\Phi(x)$ 是标准正态分布函数，设 $\varphi(x)$ 为标准正态密度，则有
$$\dfrac{dE(T)}{d\mu} = -25\varphi(12-\mu) + 21\varphi(10-\mu).$$

令其等于 0，得
$$\dfrac{-25}{\sqrt{2\pi}} e^{-\frac{(12-\mu)^2}{2}} + \dfrac{21}{\sqrt{2\pi}} e^{-\frac{(10-\mu)^2}{2}} = 0,$$

即 $25 e^{-\frac{(12-\mu)^2}{2}} = 21 e^{-\frac{(10-\mu)^2}{2}}$，

由此得 $\mu = \mu_0 = 11 - \dfrac{1}{2}\ln\dfrac{25}{11} \approx 10.9$.

由题意知，当 $\mu = \mu_0 \approx 10.9$ 毫米时，平均利润最大.

【4.49】 从学校乘汽车到火车站的途中有 3 个交通岗，假设在各个交通岗遇到红灯的事件是相互独立的，并且概率都是 $\dfrac{2}{5}$，设 X 为途中遇到红灯的次数，求随机变量 X 的分布律、分布函数和数学期望.

解 X 服从二项分布 $B\left(3, \dfrac{2}{5}\right)$，$X$ 可能取值为 $0,1,2,3$，从而
$$P\{X=0\} = \left(1-\dfrac{2}{5}\right)^3 = \dfrac{27}{125}$$

$$P\{X=1\} = C_3^1 \cdot \frac{2}{5} \cdot \left(1-\frac{2}{5}\right)^2 = \frac{54}{125}$$

$$P\{X=2\} = C_3^2 \cdot \left(\frac{2}{5}\right)^2 \cdot \left(1-\frac{2}{5}\right) = \frac{36}{125}$$

$$P\{X=3\} = \left(\frac{2}{5}\right)^3 = \frac{8}{125}$$

即 X 的分布律为

X	0	1	2	3
P	$\frac{27}{125}$	$\frac{54}{125}$	$\frac{36}{125}$	$\frac{8}{125}$

因此, X 的分布函数为

$$F(x) = P\{X \leqslant x\} = \begin{cases} 0, & x < 0 \\ \frac{27}{125}, & 0 \leqslant x < 1 \\ \frac{81}{125}, & 1 \leqslant x < 2 \\ \frac{117}{125}, & 2 \leqslant x < 3 \\ 1, & x \geqslant 3 \end{cases}$$

X 的数学期望为 $E(X) = 3 \cdot \frac{2}{5} = \frac{6}{5}$.

【4.50】 两台同样的自动记录仪,每台无故障工作的时间服从参数为 5 的指数分布;首先开动其中一台,当其发生故障时停用而另一台自动开动,试求两台记录仪无故障工作的总时间 T 的概率密度 $f(t)$,数学期望和方差.

解 以 X_1 和 X_2 表示先后开动的记录仪无故障工作的时间,则 $T = X_1 + X_2$,由条件知 $X_i (i=1,2)$ 的概率密度为

$$p_i(x) = \begin{cases} 5e^{-5x}, & \text{若 } x > 0 \\ 0, & \text{若 } x \leqslant 0 \end{cases}$$

两台仪器无故障工作时间 X_1 和 X_2 显然相互独立.

利用二独立随机变量和的密度公式求 T 的概率密度,对于 $t > 0$,有

$$f(t) = \int_{-\infty}^{+\infty} p_1(x) p_2(t-x) \mathrm{d}x = 25 \int_0^t e^{-5x} e^{-5(t-x)} \mathrm{d}x = 25 e^{-5t} \int_0^t \mathrm{d}x$$
$$= 25 t e^{-5t}$$

当 $t \leqslant 0$ 时,显然 $f(t) = 0$,于是,得

$$f(t) = \begin{cases} 25t e^{-5t}, & \text{若 } t > 0 \\ 0, & \text{若 } t \leqslant 0 \end{cases}$$

由于 X_i 服从参数为 $\lambda = 5$ 的指数分布,知

$$EX_i = \frac{1}{5}; \qquad DX_i = \frac{1}{25} \quad (i=1,2)$$

因此,有

$$ET = E(X_1 + X_2) = EX_1 + EX_2 = \frac{2}{5}$$

由于 X_1 和 X_2 独立,可见

$$DT = D(X_1 + X_2) = DX_1 + DX_2 = \frac{2}{25}.$$

点评 ET 和 DT 也可由 T 的密度 $f(t)$ 求得:

$$ET = \int_{-\infty}^{+\infty} tf(t)\mathrm{d}t$$

$$E(T^2) = \int_{-\infty}^{+\infty} t^2 f(t)\mathrm{d}t$$

$$DT = E(T^2) - (ET)^2$$

题型 6. 独立与不相关

【4.51】 若 $X \sim N(0,1)$,且 $Y = X^2$,问 X 与 Y 是否不相关?是否相互独立?

解 因为 $X \sim N(0,1)$,密度函数 $f(x) = \frac{1}{\sqrt{2\pi}} \mathrm{e}^{-\frac{x^2}{2}}$ 为偶函数,所以 $E(X) = E(X^3) = 0$. 于是由

$$\mathrm{Cov}(X,Y) = E(XY) - E(X)E(Y) = E(X^3) - E(X)E(X^2) = 0$$

得 $\rho_{XY} = \dfrac{\mathrm{Cov}(X,Y)}{\sqrt{D(X)}\sqrt{D(Y)}} = 0.$

这说明 X 与 Y 是不相关的,但 $Y = X^2$,显然,X 与 Y 是不相互独立的.

【4.52】 若 $X \sim U(0,1)$,$Y = X^2$,问 X 与 Y 是否不相关?是否独立?

解 因为 $X \sim U(0,1)$,故

$$E(X) = \frac{1}{2},$$

$$E(Y) = E(X^2) = \int_0^1 x^2 \mathrm{d}x = \frac{1}{3},$$

$$E(XY) = E(X^3) = \int_0^1 x^3 \mathrm{d}x = \frac{1}{4},$$

则 $\mathrm{Cov}(X,Y) = E(XY) - E(X) \cdot E(Y) \neq 0.$

故 X,Y 不是不相关,从而 X,Y 不独立.

【4.53】 设二维随机变量 (X,Y) 的概率密度为

$$f(x,y) = \begin{cases} \dfrac{1}{\pi}, & x^2 + y^2 \leqslant 1 \\ 0, & \text{其他} \end{cases}$$

试验证 X 和 Y 是不相关的,但 X 和 Y 不是相互独立的.

解 由于 $f_X(x) = \int_{-\infty}^{+\infty} f(x,y)\mathrm{d}y = \begin{cases} \dfrac{1}{\pi}\int_{-\sqrt{1-x^2}}^{\sqrt{1-x^2}} \mathrm{d}y = \dfrac{2}{\pi}\sqrt{1-x^2}, & -1 \leqslant x \leqslant 1 \\ 0, & \text{其他} \end{cases}$

由 X 和 Y 的对称性,同理可得

$$f_Y(y) = \begin{cases} \dfrac{2}{\pi}\sqrt{1-y^2}, & -1 \leqslant y \leqslant 1 \\ 0, & \text{其他} \end{cases}$$

显然,$f(x,y) \neq f_X(x)f_Y(y)$,故 X 和 Y 不是相互独立的.

又 $E(X) = \int_{-\infty}^{+\infty} xf_X(x)\mathrm{d}x = \int_{-1}^{1} \dfrac{2}{\pi} x \sqrt{1-x^2}\,\mathrm{d}x = 0$

同理 $E(Y) = 0$.

$$E(XY) = \int_{-\infty}^{+\infty}\int_{-\infty}^{+\infty} xyf(x,y)\mathrm{d}x\mathrm{d}y = \dfrac{1}{\pi}\int_{-1}^{1}\mathrm{d}x\int_{-\sqrt{1-x^2}}^{\sqrt{1-x^2}} xy\mathrm{d}y = 0$$

从而 $\rho_{XY} = \dfrac{\mathrm{Cov}(X,Y)}{\sqrt{D(X)}\sqrt{D(Y)}} = \dfrac{E(XY)-E(X)E(Y)}{\sqrt{D(X)}\sqrt{D(Y)}} = 0.$ 故 X 和 Y 不相关.

【4.54】 设 (X,Y) 服从二维正态分布,且有 $D(X) = \sigma_X^2$,$D(Y) = \sigma_Y^2$,证明当 $a^2 = \dfrac{\sigma_X^2}{\sigma_Y^2}$ 时随机变量 $W = X - aY$ 与 $V = X + aY$ 相互独立.

解 $E(W) = E(X) - aE(Y) = \mu_X - a\mu_Y$

$E(V) = E(X) + aE(Y) = \mu_X + a\mu_Y$

$D(W) = D(X) + a^2 D(Y) - 2a\mathrm{Cov}(X,Y) = \sigma_X^2 + a^2\sigma_Y^2 - 2a\rho_{XY}\sigma_X\sigma_Y$

$D(V) = D(X) + a^2 D(Y) + 2a\mathrm{Cov}(X,Y) = \sigma_X^2 + a^2\sigma_Y^2 + 2a\rho_{XY}\sigma_X\sigma_Y$

$E(WV) = E(X^2 - a^2Y^2) = E(X^2) - a^2E(Y^2) = D(X) + \mu_X^2 - a^2[D(Y) + \mu_Y^2]$

$\qquad = \sigma_X^2 + \mu_X^2 - a^2\sigma_Y^2 - a^2\mu_Y^2$

$\mathrm{Cov}(W,V) = E(WV) - E(W)E(V) = \sigma_X^2 + \mu_X^2 - a^2\sigma_Y^2 - a^2\mu_Y^2 - (\mu_X - a\mu_Y)(\mu_X + a\mu_Y)$

$\qquad = \sigma_X^2 - a^2\sigma_Y^2$

由于 (W,V) 服从二维正态分布,W 与 V 相互独立的充要条件是 W 与 V 不相关,即 $\mathrm{Cov}(W,V) = 0$,则 $\sigma_X^2 - a^2\sigma_Y^2 = 0$,即

$$a^2 = \dfrac{\sigma_X^2}{\sigma_Y^2}.$$

【4.55】 设 A,B 是二随机事件;随机变量

$$X = \begin{cases} 1, & \text{若 } A \text{ 出现} \\ -1, & \text{若 } A \text{ 不出现} \end{cases} \qquad Y = \begin{cases} 1, & \text{若 } B \text{ 出现} \\ -1, & \text{若 } B \text{ 不出现} \end{cases}$$

试证明随机变量 X 和 Y 不相关的充分必要条件是 A 与 B 相互独立.

证 记 $P(A) = p_1$,$P(B) = p_2$,$P(AB) = p_{12}$,由数学期望的定义,可见

$EX = P(A) - P(\overline{A}) = 2p_1 - 1,$

$EY = 2p_2 - 1,$

现在求 EXY. 由于 XY 只有两个可能值 1 和 -1,可见

$P\{XY = 1\} = P(AB) + P(\overline{A}\,\overline{B}) = 2p_{12} - p_1 - p_2 + 1$

$P\{XY = -1\} = 1 - P\{XY = 1\} = p_1 + p_2 - 2p_{12}$

$EXY = P\{XY = 1\} - P\{XY = -1\} = 4p_{12} - 2p_1 - 2p_2 + 1$

从而

$\mathrm{Cov}(X,Y) = EXY - EX \cdot EY = 4p_{12} - 4p_1 p_2$

因此,$\text{Cov}(X,Y) = 0$ 当且仅当 $p_{12} = p_1 p_2$,即 X 和 Y 不相关当且仅当事件 A 和 B 相互独立.

【4.56】 设二维随机变量 (X,Y) 的密度函数为

$$f(x,y) = \frac{1}{2}[\varphi_1(x,y) + \varphi_2(x,y)],$$

其中 $\varphi_1(x,y)$ 和 $\varphi_2(x,y)$ 都是二维正态密度函数,且它们对应的二维随机变量的相关系数分别为 $\frac{1}{3}$ 和 $-\frac{1}{3}$,它们的边缘密度函数所对应的随机变量的数学期望都是零,方差都是 1.

(1) 求随机变量 X 和 Y 的密度函数 $f_1(x)$ 和 $f_2(y)$,及 X 和 Y 的相关系数 ρ(可以直接利用二维正态密度的性质).

(2) 问 X 和 Y 是否独立?为什么?

解 (1) 由于二维正态密度函数的两个边缘密度都是正态密度函数,因此 $\varphi_1(x,y)$ 和 $\varphi_2(x,y)$ 的两个边缘密度为标准正态密度函数,故

$$f_1(x) = \int_{-\infty}^{+\infty} f(x,y) \mathrm{d}y = \frac{1}{2}\left[\int_{-\infty}^{+\infty} \varphi_1(x,y)\mathrm{d}y + \int_{-\infty}^{+\infty} \varphi_2(x,y)\mathrm{d}y\right]$$

$$= \frac{1}{2}\left[\frac{1}{\sqrt{2\pi}} \mathrm{e}^{-\frac{x^2}{2}} + \frac{1}{\sqrt{2\pi}} \mathrm{e}^{-\frac{x^2}{2}}\right] = \frac{1}{\sqrt{2\pi}} \mathrm{e}^{-\frac{x^2}{2}}.$$

同理,$f_2(y) = \frac{1}{\sqrt{2\pi}} \mathrm{e}^{-\frac{y^2}{2}}$.

由于 $X \sim N(0,1)$, $Y \sim N(0,1)$,可见 $EX = EY = 0$, $DX = DY = 1$. 随机变量 X 和 Y 的相关系数

$$\rho = \int_{-\infty}^{+\infty}\int_{-\infty}^{+\infty} xy f(x,y) \mathrm{d}x\mathrm{d}y$$

$$= \frac{1}{2}\left[\int_{-\infty}^{+\infty}\int_{-\infty}^{+\infty} xy\varphi_1(x,y)\mathrm{d}x\mathrm{d}y + \int_{-\infty}^{+\infty}\int_{-\infty}^{+\infty} xy\varphi_2(x,y)\mathrm{d}x\mathrm{d}y\right]$$

$$= \frac{1}{2}\left[\frac{1}{3} - \frac{1}{3}\right] = 0.$$

(2) 由题设

$$f(x,y) = \frac{3}{8\pi\sqrt{2}}\left[\mathrm{e}^{-\frac{9}{16}(x^2 - \frac{2}{3}xy + y^2)} + \mathrm{e}^{-\frac{9}{16}(x^2 + \frac{2}{3}xy + y^2)}\right],$$

$$f_1(x) \cdot f_2(y) = \frac{1}{2\pi}\mathrm{e}^{-\frac{x^2}{2}} \cdot \mathrm{e}^{-\frac{y^2}{2}} = \frac{1}{2\pi}\mathrm{e}^{-\frac{(x^2+y^2)}{2}},$$

$$f(x,y) \neq f_1(x) \cdot f_2(y).$$

所以 X 与 Y 不独立.

【4.57】 对于任意二事件 A 和 B,$0 < P(A) < 1$, $0 < P(B) < 1$,

$$\rho = \frac{P(AB) - P(A)P(B)}{\sqrt{P(A)P(B)P(\overline{A})P(\overline{B})}}$$

称做事件 A 和 B 的相关系数.

(1) 证明事件 A 和 B 独立的充分必要条件是其相关系数等于零;

(2) 利用随机变量相关系数的基本性质,证明 $|\rho| \leqslant 1$.

证 (1) 由 ρ 的定义,可见 $\rho=0$ 当且仅当 $P(AB)-P(A)P(B)=0$,而这恰好是二事件 A 和 B 独立的定义,即 $\rho=0$ 是 A 和 B 独立的充分必要条件.

(2) 考虑随机变量 X 和 Y:
$$X=\begin{cases}1, & \text{若 }A\text{ 出现}\\ 0, & \text{若 }A\text{ 不出现}\end{cases}, \qquad Y=\begin{cases}1, & \text{若 }B\text{ 出现}\\ 0, & \text{若 }B\text{ 不出现}\end{cases}.$$

由条件知,X 和 Y 都服从 $0\sim1$ 分布:
$$X\sim\begin{pmatrix}0 & 1\\ 1-P(A) & P(A)\end{pmatrix}, \qquad Y\sim\begin{pmatrix}0 & 1\\ 1-P(B) & P(B)\end{pmatrix}.$$

易知
$$EX=P(A), \quad EY=P(B);$$
$$DX=P(A)P(\overline{A}), \quad D(Y)=P(B)P(\overline{B});$$
$$E(XY)=P(AB),$$
$$\operatorname{Cov}(X,Y)=P(AB)-P(A)P(B).$$

因此,事件 A 和 B 的相关系数就是随机变量 X 和 Y 的相关系数.

于是由二随机变量相关系数的基本性质,可见 $|\rho|\leqslant 1$.

第五章 大数定律与中心极限定理

知识要点

1. 切比雪夫不等式

假设随机变量 X 具有数学期望 EX 及方差 DX,则对任意的 $\varepsilon > 0$,有

$$P\{|X-EX| \geqslant \varepsilon\} \leqslant \frac{DX}{\varepsilon^2}.$$

或者有时候也可以写成

$$P\{|X-EX| < \varepsilon\} \geqslant 1 - \frac{DX}{\varepsilon^2}.$$

2. 大数定律

(1) 切比雪夫大数定律

如果随机变量序列 $\{X_n\}$ 相互独立,各随机变量的期望和方差都有限,而且方差有公共上界,即 $DX_i \leqslant l$, $i = 1,2,\cdots$,其中 l 是与 i 无关的常数,则对任意的 $\varepsilon > 0$,有

$$\lim_{n \to \infty} P\left\{\left|\frac{1}{n}\sum_{i=1}^{n} X_i - \frac{1}{n}\sum_{i=1}^{n} EX_i\right| < \varepsilon\right\} = 1.$$

切比雪夫大数定律的特例:设随机变量 $X_1, X_2, \cdots, X_n, \cdots$ 相互独立,且 $E(X_i) = \mu$, $D(X_i) = \sigma^2$ $(i = 1,2,\cdots)$,则对任意的 $\varepsilon > 0$,总有

$$\lim_{n \to \infty} P\left\{\left|\frac{1}{n}\sum_{i=1}^{n} X_i - \mu\right| < \varepsilon\right\} = 1.$$

该定律说明:在定律的条件下,当 n 充分大时,n 个独立随机变量的平均数的离散程度很小.

(2) 伯努利大数定律

如果 u_n 是 n 次重复独立试验中事件 A 发生的次数,p 是事件 A 在每次试验中发生的概率,则对任意给定的 $\varepsilon > 0$,有

$$\lim_{n \to \infty} P\left\{\left|\frac{u_n}{n} - p\right| < \varepsilon\right\} = 1.$$

该定律说明:在试验条件不改变的情况下,将试验重复进行多次,则随机事件的频率在它发生的概率附近摆动.

(3) 辛钦大数定律

如果 $\{X_n\}$ 是相互独立同分布的随机变量序列,其数学期望 $EX_i = \mu$, $i = 1,2,\cdots$,则对任意给定的 $\varepsilon > 0$,有

$$\lim_{n \to \infty} P\left\{\left|\frac{1}{n}\sum_{i=1}^{n} X_i - \mu\right| < \varepsilon\right\} = 1.$$

该定律说明:对独立同分布的随机变量序列,只要验证数学期望是否存在,就可判定其是否服从大数定律.

3. 中心极限定理

(1) 列维－林德伯格定理(独立同分布的中心极限定理)

设随机变量 $X_1, X_2, \cdots, X_n, \cdots$ 独立同分布,且 $E(X_i) = \mu$, $D(X_i) = \sigma^2 < +\infty$ ($i = 1, 2, \cdots$),则对任意实数 x,有

$$\lim_{n\to\infty} P\left\{\frac{\sum_{i=1}^{n} X_i - n\mu}{\sqrt{n}\sigma} \leqslant x\right\} = \int_{-\infty}^{x} \frac{1}{\sqrt{2\pi}} e^{-\frac{t^2}{2}} dt = \Phi(x).$$

(2) 李雅普诺夫定理

若随机变量序列 $\{X_n\}$ 相互独立,每个随机变量有期望值 $EX_n = \mu_n$ 及方差 $DX_n = \sigma_n^2 < +\infty$, $n = 1, 2, \cdots$,若每个 X_n 对总和 $\sum_{n=1}^{m} X_n$ 影响不大,记 $S_m = \left(\sum_{n=1}^{m} \sigma_n^2\right)^{\frac{1}{2}}$,则

$$\lim_{m\to\infty} P\left\{\frac{1}{S_m}\sum_{n=1}^{m}(X_n - \mu_n) \leqslant x\right\} = \frac{1}{\sqrt{2\pi}} \int_{-\infty}^{x} e^{-\frac{t^2}{2}} dt = \Phi(x).$$

(3) 棣莫弗－拉普拉斯定理

设随机变量 $Y_1, Y_2, \cdots$ 服从参数为 n, p 的二项分布,则对于任何实数 x,有

$$\lim_{n\to\infty} P\left\{\frac{Y_n - np}{\sqrt{npq}} \leqslant x\right\} = \int_{-\infty}^{x} \frac{1}{\sqrt{2\pi}} e^{-\frac{t^2}{2}} dt = \Phi(x).$$

其中 $q = 1 - p$.

基 本 题 型

题型 1. 利用切比雪夫不等式估计概率

【1.1】 设随机变量 X 的数学期望 $EX = \mu$,方差 $DX = \sigma^2$,则由切比雪夫不等式,有 $P\{|X - \mu| \geqslant 3\sigma\} \leqslant \underline{\qquad}$.

解 由切比雪夫不等式

$$P\{|X - \mu| \geqslant 3\sigma\} \leqslant \frac{DX}{(3\sigma)^2} = \frac{\sigma^2}{9\sigma^2} = \frac{1}{9}.$$

点评 此类题型的求解方法比较单一,在随机变量 X 的期望 EX 和方差 DX 已知的情况下,直接应用切比雪夫不等式即可;若 EX 和 DX 未知,当根据题意并结合数学期望和方差的性质计算出 EX 和 DX,然后再套用切比雪夫不等式.

【1.2】 设随机变量 X 的方差为 2,则根据切比雪夫不等式估计 $P\{|X - E(X)| \geqslant 2\} \leqslant \underline{\qquad}$.

解 根据切比雪夫不等式有

$$P\{|X - E(X)| \geqslant 2\} \leqslant \frac{D(X)}{2^2} = \frac{2}{4} = \frac{1}{2}.$$

【1.3】 设随机变量 X 和 Y 的数学期望分别为 -2 和 2,方差分别为 1 和 4,而相关系数为 -0.5,则根据切比雪夫不等式 $P\{|X + Y| \geqslant 6\} \leqslant \underline{\qquad}$.

解 根据期望和方差的性质

$$E(X + Y) = EX + EY = -2 + 2 = 0,$$
$$D(X + Y) = DX + DY + 2\text{Cov}(X, Y) = DX + DY + 2\rho_{XY}\sqrt{DX}\sqrt{DY}$$

$$= 1 + 4 + 2 \times (-0.5) \times \sqrt{1} \times \sqrt{4} = 3.$$

那么 $P\{|X+Y| \geqslant 6\} \leqslant \dfrac{D(X+Y)}{6^2} = \dfrac{3}{6^2} = \dfrac{1}{12}.$

【1.4】已知正常男性成人血液中,每一毫升白细胞数平均是7300,均方差是700,利用切比雪夫不等式估计每毫升含白细胞数在$5200 \sim 9400$之间的概率p.

解 假设正常男性成人血液中每毫升白细胞数为X,依题设$E(X) = 7300, D(X) = 700^2$,于是

$$P\{5200 < X < 9400\} = P\{|X - 7300| < 2100\} \geqslant 1 - \dfrac{700^2}{2100^2} = \dfrac{8}{9},$$

即每毫升含白细胞数在$5200 \sim 9400$之间的概率不低于$\dfrac{8}{9}$.

【1.5】设随机变量$X \sim B(n,p)$,试用切比雪夫不等式证明

$$P\{|X - np| \geqslant \sqrt{n}\} \leqslant \dfrac{1}{4}.$$

证 $E(X) = np, D(X) = np(1-p)$,由切比雪夫不等式,

$$P\{|X - EX| \geqslant \sqrt{n}\} \leqslant \dfrac{DX}{(\sqrt{n})^2},$$

即

$$P\{|X - np| \geqslant \sqrt{n}\} \leqslant p(1-p) \leqslant \dfrac{1}{4},$$

其中最后的不等式来自二次函数的极值.

题型2. 关于大数定律

【1.6】设总体X服从参数为2的指数分布,$X_1, X_2, \cdots, X_n$为来自总体的简单随机样本,则当$n \to \infty$时,$Y_n = \dfrac{1}{n} \sum\limits_{i=1}^{n} X_i^2$ 依概率收敛于_____.

解 因为$X_i \sim E(2)$,所以$E(X_i) = \dfrac{1}{2}, D(X_i) = \dfrac{1}{4}.$

由已知$X_1^2, X_2^2, \cdots, X_n^2$独立同分布,且

$$E(X_i^2) = DX_i + (EX_i)^2 = \dfrac{1}{4} + \dfrac{1}{4} = \dfrac{1}{2},$$

由大数定律得:$Y_n = \dfrac{1}{n} \sum\limits_{i=1}^{n} X_i^2$ 依概率收敛于 $\dfrac{1}{2}.$

故应填$\dfrac{1}{2}.$

【1.7】设随机变量$X_1, \cdots, X_n, \cdots$是独立同分布的随机变量,其分布函数为$F(x) = A + \dfrac{1}{\pi}\arctan\dfrac{x}{B}$,其中$B \neq 0$,则辛钦大数定律对此序列(   ).

(A) 适用 (B) 当常数A, B取适当数值时适用
(C) 无法判断 (D) 不适用

分析 辛钦大数定律成立的条件有两条:(1)随机变量序列$\{X_n\}$独立同分布;(2)数学期望EX_n, $n = 1, 2, \cdots$存在.

判断随机变量序列是否服从辛钦大数定律,只要验证上述两个条件即可.

解 根据题意,只需判断 $E(X_n)$ 是否存在,即广义积分 $\int_{-\infty}^{+\infty}\left|x\dfrac{\mathrm{d}F(x)}{\mathrm{d}x}\right|\mathrm{d}x$ 是否收敛即可.

因为 $f(x)=\dfrac{\mathrm{d}F(x)}{\mathrm{d}x}=\dfrac{B}{\pi(B^2+x^2)}$,那么

$$\int_{-\infty}^{+\infty}\left|x\dfrac{\mathrm{d}F(x)}{\mathrm{d}x}\right|\mathrm{d}x = \int_{-\infty}^{+\infty}\dfrac{|B|\,|x|}{\pi(B^2+x^2)}\mathrm{d}x = \dfrac{2|B|}{\pi}\int_0^{+\infty}\dfrac{x}{B^2+x^2}\mathrm{d}x$$

$$=\dfrac{|B|}{\pi}\int_0^{+\infty}\dfrac{\mathrm{d}(B^2+x^2)}{B^2+x^2} = \dfrac{|B|}{\pi}\lim_{a\to+\infty}\int_0^a\dfrac{\mathrm{d}(B^2+x^2)}{B^2+x^2}$$

$$=\dfrac{|B|}{\pi}\lim_{a\to+\infty}\ln\left(1+\dfrac{a^2}{B^2}\right)=+\infty.$$

即辛钦大数定律不满足.

故应选(D).

题型 3. 与中心极限定理条件及结论有关的题目

【1.8】 设随机变量 $X_1,X_2,\cdots,X_n$ 相互独立,$S_n=X_1+X_2+\cdots+X_n$,则根据列维-林德伯格(Levy-Lindberg)中心极限定理,当 n 充分大时,S_n 近似服从正态分布,只要 $X_1,X_2,\cdots,X_n$ ( ).

(A) 有相同的数学期望 (B) 有相同的方差

(C) 服从同一指数分布 (D) 服从同一离散型分布

分析 列维-林德伯格定理成立的条件有三条:(1)随机变量序列 $\{X_n\}$ 相互独立;(2)各随机变量服从同一分布;(3)各随机变量的数学期望和方差存在.

要判定当 n 充分大时,$S_n=\sum_{i=1}^n X_i$ 是否近似服从正态分布,只需验证随机变量序列 $\{X_n\}$ 是否满足上述三个条件即可.

解 根据题意知,选项(A)、(B) 不能保证 $X_1,\cdots,X_n,\cdots$ 同分布;选项(D) 不能保证数学期望存在.

因此应选(C).

【1.9】 设 $X_1,X_2,\cdots,X_n,\cdots$ 为独立同分布的随机变量序列,且均服从参数为 $\lambda(\lambda>1)$ 的指数分布,记 $\Phi(x)$ 为标准正态分布函数,则( ).

(A) $\lim\limits_{n\to\infty}P\left\{\dfrac{\sum_{i=1}^n X_i-n\lambda}{\lambda\sqrt{n}}\leqslant x\right\}=\Phi(x)$ (B) $\lim\limits_{n\to\infty}P\left\{\dfrac{\sum_{i=1}^n X_i-n\lambda}{\sqrt{n\lambda}}\leqslant x\right\}=\Phi(x)$

(C) $\lim\limits_{n\to\infty}P\left\{\dfrac{\lambda\sum_{i=1}^n X_i-n}{\sqrt{n}}\leqslant x\right\}=\Phi(x)$ (D) $\lim\limits_{n\to\infty}P\left\{\dfrac{\sum_{i=1}^n X_i-\lambda}{\sqrt{n\lambda}}\leqslant x\right\}=\Phi(x)$

解 根据题意知,该随机变量序列满足列维-林德伯格中心极限定理. 因为

$$E\left(\sum_{i=1}^n X_i\right)=\sum_{i=1}^n EX_i=\dfrac{n}{\lambda},\quad D\left(\sum_{i=1}^n X_i\right)=\sum_{i=1}^n DX_i=\dfrac{n}{\lambda^2},$$

所以

$$\dfrac{\sum_{i=1}^n X_i-\dfrac{n}{\lambda}}{\sqrt{\dfrac{n}{\lambda^2}}}=\dfrac{\lambda\sum_{i=1}^n X_i-n}{\sqrt{n}}$$

的极限分布为标准正态分布.

故应选(C).

【1.10】 假设 $X_1, X_2, \cdots, X_n$ 是来自总体 X 的简单随机样本,已知 $EX^k = a_k (k=1,2,3,4)$,并且 $a_4 - a_2^2 > 0$. 证明当 n 充分大时,随机变量 $Z_n = \frac{1}{n} \sum_{i=1}^{n} X_i^2$ 近似服从正态分布,并指出其分布参数.

证 根据简单随机样本的特性,$X_1, X_2, \cdots, X_n$ 独立同分布,那么 $X_1^2, X_2^2, \cdots, X_n^2$ 也独立同分布. 由 $EX^k = a_k, k=1,2,3,4$,有

$$EZ_n = \frac{1}{n} \sum_{i=1}^{n} EX_i^2 = a_2,$$

并且也有

$$DZ_n = \frac{1}{n^2} \sum_{i=1}^{n} DX_i^2 = \frac{1}{n^2} \sum_{i=1}^{n} [EX_i^4 - (EX_i^2)^2] = \frac{1}{n}(a_4 - a_2^2) > 0.$$

所以根据中心极限定理 $\frac{Z_n - a_2}{\sqrt{\frac{a_4 - a_2^2}{n}}}$ 的极限分布为标准正态分布,即 $Z_n = \frac{1}{n} \sum_{i=1}^{n} X_i^2$ 近似服从正态分布(n 充分大时),其分布参数为 $\left(a_2, \frac{a_4 - a_2^2}{n}\right)$.

题型 4. 利用中心极限定理求概率

方法与技巧 中心极限定理常用来解决概率的近似计算问题,使用方法如下:

(1) 列维—林德伯格定理用于随机变量之和或均值的概率的近似计算.

列维—林德伯格中心极限定理表明,当 n 充分大时,相互独立服从同一分布且存在有限期望与方差的随机变量之和近似服从正态分布,该定理实质上提供了计算独立同分布的随机变量之和的概率的近似方法,若 $X_1, X_2, \cdots, X_n$ 独立同分布且 $EX_i = \mu, DX_i = \sigma^2, i=1,2,\cdots,n$,则 $S_n = \sum_{i=1}^{n} X_i$ 近似服从 $N(n\mu, n\sigma^2)$,因此当 n 比较大时,求 $P\{a \leqslant S_n \leqslant b\}$ 需首先将 S_n 标准化,也就是说

$$P\{a \leqslant S_n \leqslant b\} = \left\{\frac{a - n\mu}{\sigma\sqrt{n}} \leqslant \frac{S_n - n\mu}{\sigma\sqrt{n}} \leqslant \frac{b - n\mu}{\sigma\sqrt{n}}\right\} \approx \Phi\left(\frac{b - n\mu}{\sigma\sqrt{n}}\right) - \Phi\left(\frac{a - n\mu}{\sigma\sqrt{n}}\right),$$

其中 $\Phi(x)$ 是标准正态分布函数.

定理的另一种形式为:当 n 充分大时,$\overline{X} = \frac{1}{n} \sum_{i=1}^{n} X_i$ 近似服从 $N\left(\mu, \frac{\sigma^2}{n}\right)$,该形式可近似计算关于均值的概率.

(2) 棣莫弗—拉普拉斯定理用于二项分布的近似计算. 定理表明:设 $X \sim B(n,p)$,则当 n 充分大时,X 近似服从 $N(np, np(1-p))$.

【1.11】 一生产线生产的产品成箱包装,每箱的重量是随机的,假设每箱平均重 50 千克,标准差为 5 千克,若用最大载重量为 5 吨的汽车承运,试利用中心极限定理说明每辆车最多可以装多少箱,才能保障不超载的概率大于 0.977. ($\Phi(2) = 0.977$,其中的 $\Phi(x)$ 是标准正态分布函数).

解 设 $X_i =$ "装运的第 i 箱的重量(单位:千克)",$i=1,2,\cdots,n$. n 为箱数. 根据题意,$X_1, X_2, \cdots, X_n$ 独立同分布,而 n 箱的总重量可记为 $U_n = \sum_{i=1}^{n} X_i$. 因为 $EX_i = 50$,$\sqrt{DX_i} = 5$,所以

$$EU_n = \sum_{i=1}^{n} EX_i = 50n, \qquad \sqrt{DU_n} = \sqrt{\sum_{i=1}^{n} DX_i} = 5\sqrt{n},$$

那么由列维－林德伯格中心极限定理知,U_n 近似服从于 $N(50n, 25n)$.而所求的箱数 n 取决于条件

$$P\{U_n \leqslant 5000\} = P\left\{\frac{U_n - 50n}{5\sqrt{n}} \leqslant \frac{5000 - 50n}{5\sqrt{n}}\right\} \approx \Phi\left(\frac{1000 - 10n}{\sqrt{n}}\right) > 0.977 = \Phi(2).$$

所以 $\frac{1000 - 10n}{\sqrt{n}} > 2$,即 $n < 98.0199$.亦即每辆车最多可以装 98 箱.

【1.12】某单位设置一电话总机,共有 200 个电话分机,设每个电话分机有 5% 的时间要使用外线通话,假设每个分机是否使用外线通话是相互独立的.问总机要多少外线才能以 90% 的概率保证每个分机要使用外线时可供使用.

解 设同时使用外线的分机的台数为 X,则 $X \sim B(n, p)$,其中 $n = 200$,$p = 0.05$,$np = 10$,$\sqrt{np(1-p)} = 3.08$.

又设该单位安装 N 条外线,依题意,求 $P\{X \leqslant N\} \geqslant 0.9$ 的最小 N,由棣莫弗－拉普拉斯中心极限定理

$$P\{X \leqslant N\} = P\left\{\frac{X - np}{\sqrt{np(1-p)}} \leqslant \frac{N - np}{\sqrt{np(1-p)}}\right\} \approx \Phi\left(\frac{N - 10}{3.08}\right).$$

查标准正态分布表,可知 $\Phi(1.28) = 0.9$,故 N 应满足

$$\frac{N - 10}{3.08} \geqslant 1.28 \qquad 即 \qquad N \geqslant 10 + 1.28 \times 3.08 = 13.94.$$

取 $N = 14$,即至少要安装 14 条外线.

【1.13】测量某物体的长度时,由于存在测量误差,每次测得的长度只能是近似值.现进行多次测量,然后取这些测量值的平均值作为实际长度的估计值,假定 n 个测量值 $X_1, X_2, \cdots, X_n$ 是独立同分布的随机变量,具有共同的期望 μ(即实际长度) 及方差 $\sigma = 1$,试问要以 95% 的把握可以确信其估计值精确到 ± 0.2 以内,必须测量多少次?

解 考虑用中心极限定理来估计,则有

$$P\left\{\left|\frac{1}{n}\sum_{i=1}^{n} X_i - \mu\right| \leqslant 0.2\right\} = P\left\{\left|\frac{\frac{1}{n}\sum_{i=1}^{n} X_i - \mu}{\frac{\sigma}{\sqrt{n}}}\right| \leqslant \frac{0.2\sqrt{n}}{\sigma}\right\} \approx 2\Phi\left(\frac{0.2\sqrt{n}}{\sigma}\right) - 1$$

$$= 2\Phi(0.2\sqrt{n}) - 1 \qquad (由 \sigma = 1)$$

要求 $\quad 2\Phi(0.2\sqrt{n}) - 1 = 0.95 \quad \Phi(0.2\sqrt{n}) = 0.975$

所以 $\quad 0.2\sqrt{n} = 1.96,$

解得 $\quad n \geqslant 96.04.$

需要测量 97 次以上,以 95% 的把握确信估计值与真值之差的绝对值不超过 0.2.

题型 5. 综合提高题型

【1.14】设 $X_1, X_2, \cdots, X_n, \cdots$ 是独立同分布的随机变量序列,且

X_i	0	1
P	$1-p$	p

$i = 1, 2, \cdots$,$0 < p < 1$,

令 $Y_n = \sum_{i=1}^{n} X_i, n = 1, 2, \cdots, \Phi(x)$ 为标准正态分布函数,则 $\lim_{n \to \infty} P\left\{\dfrac{Y_n - np}{\sqrt{np(1-p)}} \leqslant 1\right\} = ($ $)$.

(A)0　　　(B)$\Phi(1)$　　　(C)$1 - \Phi(1)$　　　(D)1

解 由中心极限定理

$$\lim_{n \to \infty} P\left\{\dfrac{Y_n - np}{\sqrt{np(1-p)}} \leqslant x\right\} = \Phi(x), \quad x \text{ 为任意实数}$$

则

$$\lim_{n \to \infty} P\left\{\dfrac{Y_n - np}{\sqrt{np(1-p)}} \leqslant 1\right\} = \Phi(1).$$

故应选(B).

【1.15】 设随机变量 $X_1, X_2, \cdots, X_n, \cdots$ 相互独立,且 X_i 都服从参数为 $\dfrac{1}{2}$ 的指数分布,则当 n 充分大时,随机变量 $Z_n = \dfrac{1}{n} \sum_{i=1}^{n} X_i$ 的概率分布近似服从(　　).

(A)$N(2, 4)$　　(B)$N(2, \dfrac{4}{n})$　　(C)$N(\dfrac{1}{2}, \dfrac{1}{4n})$　　(D)$N(2n, 4n)$

解 因为 $X_i \sim E(\dfrac{1}{2})$,所以 $EX_i = 2, DX_i = 4$.

由中心极限定理,$\sum_{i=1}^{n} X_i$ 近似服从 $N(2n, 4n)$,或者 $\dfrac{1}{n} \sum_{i=1}^{n} X_i$ 近似服从 $N(2, \dfrac{4}{n})$(当 n 充分大时).

故应选(B).

【1.16】 设 $\Phi(x)$ 为标准正态分布函数,

$$X_i = \begin{cases} 0, & A \text{ 不发生} \\ 1, & A \text{ 发生} \end{cases} \quad (i = 1, 2, \cdots, 100),$$

且 $P(A) = 0.8, X_1, X_2, \cdots, X_{100}$ 相互独立.令 $Y = \sum_{i=1}^{100} X_i$,则由中心极限定理知 Y 的分布函数 $F(y)$ 近似于(　　).

(A)$\Phi(y)$　　(B)$\Phi(\dfrac{y - 80}{4})$　　(C)$\Phi(16y + 8)$　　(D)$\Phi(4y + 80)$

解 由题意 Y 服从二项分布 $B(100, 0.8)$,

$$EY = 80, \quad DY = 16,$$

故由中心极限定理可知,当 n 充分大时,Y 近似服从正态分布 $N(80, 16)$,

则 Y 的分布函数 $F(y) \approx \Phi(\dfrac{y - 80}{4})$(当 n 充分大时).

故应选(B).

【1.17】 假设随机变量 $X_1, X_2, \cdots, X_n, \cdots$ 独立同分布,且 $EX_n = 0$,则 $\lim_{n \to \infty} P\left\{\sum_{i=1}^{n} X_i < n\right\} = ($　$)$.

(A)0　　　(B)$\dfrac{1}{4}$　　　(C)$\dfrac{1}{2}$　　　(D)1

解 由此题条件及所求概率,考虑用辛钦大数定律:

对 $\forall \varepsilon > 0$, $\lim_{n \to \infty} P\left\{ \left| \frac{1}{n} \sum_{i=1}^{n} X_i - EX_n \right| < \varepsilon \right\} = 1$.

因为 $EX_n = 0$, 取 $\varepsilon = 1$, 则

$$\lim_{n \to \infty} P\left\{ \left| \sum_{i=1}^{n} X_i \right| < n \right\} = 1. \quad 又 \quad \left\{ \left| \sum_{i=1}^{n} X_i \right| < n \right\} \subset \left\{ \sum_{i=1}^{n} X_i < n \right\},$$

所以 $\lim_{n \to \infty} \left\{ \sum_{i=1}^{n} X_i < n \right\} = 1$.

故应选(D).

【1.18】 设随机变量 X 的概率密度为 $f(x) = \begin{cases} \frac{1}{2} x^2 \mathrm{e}^{-x}, & x > 0 \\ 0, & x \leqslant 0 \end{cases}$, 试用切比雪夫不等式估计概率 $P\{1 < X < 5\} >$ _____ .

解 $EX = \int_{-\infty}^{+\infty} x f(x) \mathrm{d}x = 3$,

$$DX = E(X^2) - (EX)^2 = \int_{-\infty}^{+\infty} x^2 f(x) \mathrm{d}x - 9 = 3.$$

则 $P\{1 < X < 5\} = P\{|X - 3| < 2\} > 1 - \frac{DX}{2^2} = 1 - \frac{3}{4} = \frac{1}{4}$.

故应填 $\frac{1}{4}$.

【1.19】 设 $X \sim U[-1, b]$, 若由切比雪夫不等式有 $P\{|X - 1| < \varepsilon\} \geqslant \frac{2}{3}$, 则 $b =$ _____ ; $\varepsilon =$ _____ .

解 因为 $EX = \frac{b-1}{2}$, $DX = \frac{(b+1)^2}{12}$, 所以 $\frac{b-1}{2} = 1$, $1 - \frac{\frac{(b+1)^2}{12}}{\varepsilon^2} = \frac{2}{3}$,

则 $b = 3$, $\varepsilon = 2$.

【1.20】 在每次试验中事件 A 发生的概率等于 0.5, 利用切比雪夫不等式, 则在 1000 次独立试验中事件 A 发生的次数在 450 至 550 之间的概率为 _____ .

解 设随机变量 X 表示事件 A 在 1000 次试验中发生的次数, 则 X 服从二项分布 $B(1000, 0.5)$, 易知

$$E(X) = np = 1000 \times 0.5 = 500.$$
$$D(X) = np(1-p) = 1000 \times 0.5 \times 0.5 = 250.$$

因为 $P\{450 \leqslant X \leqslant 550\} = P\{|X - 500| \leqslant 50\}$, 由切比雪夫不等式

$$P\{|X - E(X)| < \varepsilon\} \geqslant 1 - \frac{D(X)}{\varepsilon^2},$$

所以 $P\{|X - 500| \leqslant 50\} \geqslant 1 - \frac{250}{50^2} = 0.9$, 即

$$P\{450 \leqslant X \leqslant 550\} \geqslant 0.9.$$

故应填 0.9.

【1.21】 设 $X_1, X_2, \cdots, X_n, \cdots$ 为相互独立的随机变量序列, 且 $X_i (i = 1, 2, \cdots)$ 服从参数为 λ 的泊

松分布,则 $\lim\limits_{n\to\infty} P\left\{ \dfrac{\sum\limits_{i=1}^{n} X_i - n\lambda}{\sqrt{n\lambda}} \leqslant x \right\} = $ _____ .

解 $E(X_i) = \lambda$,$D(X_i) = \lambda$,代入独立同分布的中心极限定理,即得

$$\lim_{n\to\infty} P\left\{ \frac{\sum_{i=1}^{n} X_i - n\lambda}{\sqrt{n\lambda}} \leqslant x \right\} = \int_{-\infty}^{x} \frac{1}{\sqrt{2\pi}} e^{-\frac{t^2}{2}} dt \quad 或 \quad \Phi(x).$$

【**1.22**】一加法器同时收到20个噪声电压 $V_i (i = 1,\cdots,20)$. 设它们相互独立且都服从$(0,10)$上的均匀分布,则 $P\left\{\sum_{i=1}^{20} V_i > 105\right\} = $ _____ .

解 因为 $EV_i = 5$,$DV_i = \dfrac{100}{12}$,由中心极限定理可知 $\sum_{i=1}^{20} V_i$ 近似服从 $N\left(100, \dfrac{500}{3}\right)$,所以

$$P\left\{\sum_{i=1}^{20} V_i > 105\right\} \approx 1 - \Phi\left[\frac{105 - 100}{\sqrt{\dfrac{500}{3}}}\right] = 1 - \Phi(0.39) = 0.3483.$$

【**1.23**】某市有50个无线寻呼台,每个寻呼台在每分钟内收到的电话呼叫次数服从参数 $\lambda = 0.05$ 的泊松分布,则该市在某时刻一分钟内的呼叫次数的总和大于3次的概率是 _____ .

解 设第 i 个寻呼台在给定时刻一分钟内收到的呼叫次数为 $X_i (i = 1, 2, \cdots, 50)$,则该市在此时刻一分钟内收到的呼叫总数为 $S = \sum_{i=1}^{50} X_i$,且

$$E(X_i) = \lambda = 0.05$$
$$D(X_i) = \lambda = 0.05 \qquad i = 1, 2, \cdots, 50$$

所以,根据独立同分布中心极限定理,有

$$S \text{ 近似服从 } N(50 \times 0.05, 50 \times 0.05) = N(2.5, 2.5)$$

于是,所求概率为

$$P\{S > 3\} = 1 - P\{S \leqslant 3\} \approx 1 - \Phi\left(\frac{3 - 2.5}{\sqrt{2.5}}\right) = 1 - \Phi(0.3162) = 0.3745.$$

【**1.24**】在一家保险公司里有10000人参加保险,每人每年付12元保险费. 在一年内一个人死亡的概率为0.006,死亡后家属可向保险公司领取1000元. 试求:(1) 保险公司亏本的概率;(2) 保险公司一年的利润不少于60000元的概率.

解 (1) 设参加保险的10000人中一年死亡的人数为 X,则有 $X \sim B(10000, 0.006)$,$EX = 60$,$DX \approx 7.72^2$

公司一年收保险费120000元,付给死者家属 $1000X$ 元. 当 $1000X - 120000 > 0$ 时,即 $X > 120$ 时公司就亏本了. 所以亏本的概率为:

$$P\{X > 120\} = 1 - P\{X \leqslant 120\}.$$

由中心极限定理,X 近似服从 $N(60, 7.72^2)$. 于是

$$P\{X > 120\} = 1 - P\left\{\frac{X - 60}{7.72} \leqslant \frac{120 - 60}{7.72}\right\} = 1 - P\left\{\frac{X - 60}{7.72} \leqslant 7.77\right\}$$
$$\approx 1 - \Phi(7.77) \approx 1 - 1 = 0.$$

(2) 公司年利润不少于 60000 元就是 $120000 - 1000X \geqslant 60000$，即 $0 \leqslant X \leqslant 60$，其概率为

$$P\{0 \leqslant X \leqslant 60\} = P\left\{\frac{0-60}{7.72} \leqslant \frac{X-60}{7.72} \leqslant \frac{60-60}{7.72}\right\} = P\left\{-7.77 \leqslant \frac{X-60}{7.72} \leqslant 0\right\}$$

$$\approx \Phi(0) - \Phi(-7.77) \approx 0.5 - 0 = 0.5.$$

【1.25】现有一大批种子，其中良种占 $\frac{1}{6}$，现从中任取 6000 粒. 试分别 (1) 用切比雪夫不等式估计；(2) 用中心极限定理计算：这 6000 粒中良种所占的比例与 $\frac{1}{6}$ 之差的绝对值不超过 0.01 的概率.

解 设 6000 粒中的良种数量为 X，则 $X \sim B\left(6000, \frac{1}{6}\right)$.

(1) 要估计的概率为

$$P\left\{\left|\frac{X}{6000} - \frac{1}{6}\right| < \frac{1}{100}\right\} = P\{|X - 1000| < 60\}$$

相当于在切比雪夫不等式中取 $\varepsilon = 60$，于是由切比雪夫不等式可得

$$P\left\{\left|\frac{X}{6000} - \frac{1}{6}\right| < \frac{1}{100}\right\} = P\{|X - 1000| < 60\}$$

$$\geqslant 1 - \frac{D(X)}{60^2} = 1 - \frac{5}{6} \times 1000 \times \frac{1}{3600}$$

$$= 1 - 0.2315 = 0.7685,$$

即用切比雪夫不等式估计此概率值不小于 0.7685.

(2) 由拉普拉斯中心极限定理，二项分布 $B\left(6000, \frac{1}{6}\right)$ 可用正态分布 $N\left(1000, \frac{5}{6} \times 1000\right)$ 近似，于是，所求概率为

$$P\left\{\left|\frac{X}{6000} - \frac{1}{6}\right| < \frac{1}{100}\right\} = P\{|X - 1000| < 60\} = P\left\{\left|\frac{X - 1000}{\sqrt{\frac{5}{6} \times 1000}}\right| < \frac{60}{\sqrt{\frac{5}{6} \times 1000}}\right\}$$

$$\approx 2\Phi(2.0784) - 1 = 2 \times 0.98124 - 1 \approx 0.9625.$$

比较两个结果，用切比雪夫不等式估计是比较粗略的.

【1.26】据以往经验，某种电气元件的寿命服从均值为 100 小时的指数分布，现随机地取 16 只，设它们的寿命是相互独立的，求这 16 只元件的寿命的总和大于 1920 小时的概率.

解 记 16 只电气元件的寿命分别为 $X_1, X_2, \cdots, X_{16}$，则 16 只元件的寿命之和为 $\sum_{i=1}^{16} X_i$，依题意，$E(X_i) = 100$，$D(X_i) = 100^2$，根据独立同分布的中心极限定理

$$Z = \frac{\sum_{i=1}^{16} X_i - 16 \times 100}{4 \times 100} = \frac{X - 1600}{400}$$

近似地服从 $N(0,1)$，于是

$$P\{X > 1920\} = 1 - P\{X \leqslant 1920\} = 1 - P\left\{\frac{X - 1600}{400} \leqslant \frac{1920 - 1600}{400}\right\}$$

$$\approx 1 - \Phi(0.8) = 0.2119.$$

【1.27】某保险公司多年的统计资料表明，在索赔户中被盗索赔户占 20%，以 X 表示在随意

抽查的 100 个索赔户中因被盗向保险公司索赔的户数.

(1) 写出 X 的概率分布；

(2) 利用棣莫弗－拉普拉斯定理,求被盗索赔户不少于 14 户且不多于 30 户的概率的近似值.

附表：设 $\Phi(x)$ 是标准正态分布函数

x	0	0.5	1.0	1.5	2.0	2.5	3.0
$\Phi(x)$	0.500	0.692	0.841	0.933	0.977	0.944	0.999

解 (1) X 服从二项分布,参数 $n = 100$, $p = 0.2$,
$$P\{X = k\} = C_{100}^k \, 0.2^k \, 0.8^{100-k} \quad (k = 0, 1, \cdots, 100);$$

(2) $E(X) = np = 20$, $D(X) = np(1-p) = 16$.

根据棣莫弗－拉普拉斯定理

$$P\{14 \leqslant X \leqslant 30\} = P\left\{\frac{14-20}{\sqrt{16}} \leqslant \frac{X-20}{\sqrt{16}} \leqslant \frac{30-20}{\sqrt{16}}\right\} = P\left\{-1.5 \leqslant \frac{X-20}{4} \leqslant 2.5\right\}$$

$$\approx \Phi(2.5) - \Phi(-1.5) = \Phi(2.5) - [1 - \Phi(1.5)]$$

$$= 0.994 - (1 - 0.933) = 0.927.$$

【1.28】 一部件包括 10 部分,每部分的长度是一个随机变量,它们相互独立,且服从同一分布,其数学期望为 2mm,均方差为 0.05mm,规定总长度为 (20 ± 0.1)mm 时产品合格,试求产品合格的概率.

解 设 X_i 表示该部件第 i 部分的长度 $(i = 1, 2, \cdots, 10)$,由题意知 $EX_i = 2$, $DX_i = 0.05^2$, $X_1, X_2, \cdots, X_{10}$ 独立同分布,由中心极限定理知 $\sum_{i=1}^{10} X_i$ 近似服从 $N(10 \times 2, 10 \times 0.05^2)$ 分布.

$$P\left\{19.9 < \sum_{i=1}^{10} X_i < 20.1\right\} = P\left\{\frac{19.9 - 10 \times 2}{\sqrt{10} \times 0.05} < \frac{\sum_{i=1}^{10} X_i - 10 \times 2}{\sqrt{10} \times 0.05} < \frac{20.1 - 10 \times 2}{\sqrt{10} \times 0.05}\right\}$$

$$= P\left\{-0.6325 < \frac{\sum_{i=1}^{10} X_i - 20}{\sqrt{10} \times 0.05} < 0.6325\right\}$$

$$\approx \Phi(0.6235) - \Phi(-0.6235) = 2\Phi(0.6235) - 1$$

$$\approx 2 \times 0.7357 - 1 = 0.4714.$$

【1.29】 计算器在进行加法时,将每个加数舍入最靠近它的整数. 设所有舍入误差是独立的且在 $(-0.5, 0.5)$ 上服从均匀分布. (1) 若将 1500 个数相加,问误差总和的绝对值超过 15 的概率是多少？(2) 最多可有几个数相加使得误差总和的绝对值小于 10 的概率不少于 0.90？

解 设每个加数的舍入误差为 $X_i (i = 1, 2, \cdots, 1500)$,由题设知 X_i 独立同分布,且在 $(-0.5, 0.5)$ 上服从均匀分布,从而

$$E(X_i) = \frac{-0.5 + 0.5}{2} = 0, \qquad D(X_i) = \frac{(0.5 + 0.5)^2}{12} = \frac{1}{12}.$$

(1) 设 $X = \sum_{i=1}^{1500} X_i$，由独立同分布的中心极限定理有 $\dfrac{X - 1500 \times 0}{\sqrt{1500} \times \sqrt{\frac{1}{12}}}$ 近似地服从 $N(0,1)$，

从而

$$P\{|X| > 15\} = 1 - P\{|X| \leqslant 15\} = 1 - P\left\{-\frac{15}{\sqrt{125}} \leqslant \frac{X}{\sqrt{125}} \leqslant \frac{15}{\sqrt{125}}\right\}$$
$$\approx 2 - 2\Phi(1.34) = 0.1802.$$

即误差总和的绝对值超过 15 的概率约为 0.1802.

(2) 记 $Y = \sum_{i=1}^{n} X_i$，要使 $P\{|Y| < 10\} \geqslant 0.90$. 由独立同分布的中心极限定理，近似地有

$$P\{|Y| < 10\} = P\{-10 < Y < 10\}$$
$$= P\left\{\frac{-10}{\sqrt{\frac{n}{12}}} < \frac{Y}{\sqrt{\frac{n}{12}}} < \frac{10}{\sqrt{\frac{n}{12}}}\right\} \approx 2\Phi\left(\frac{10}{\sqrt{\frac{n}{12}}}\right) - 1 \geqslant 0.90$$

即 $\Phi\left(\dfrac{10}{\sqrt{\frac{n}{12}}}\right) \geqslant 0.95$，查表得 $\dfrac{10}{\sqrt{\frac{n}{12}}} \geqslant 1.645$，

故 $n \leqslant 443$. 即最多有 443 个数相加使得误差总和的绝对值小于 10 的概率不少于 0.90.

【1.30】有一批建筑房屋用的木柱，其中 80% 的长度不小于 3m，现在这批木柱中随机地取出 100 根，问其中至少有 30 根短于 3m 的概率是多少？

解 记 X 为 100 根木柱中长度小于 3m 的木柱根数，则 $X \sim B(100, 0.2)$. 由棣莫弗－拉普拉斯中心极限定理知

$$P\{X \geqslant 30\} = 1 - P\{X < 30\} = 1 - P\left\{\frac{X - 100 \times 0.2}{\sqrt{100 \times 0.2 \times 0.8}} < \frac{30 - 100 \times 0.2}{\sqrt{100 \times 0.2 \times 0.8}}\right\}$$
$$= 1 - \Phi\left(\frac{30 - 20}{4}\right) = 1 - \Phi(2.5) = 1 - 0.9938 = 0.0062.$$

【1.31】一公寓有 200 户住户，一户住户拥有汽车辆数 X 的分布律为

X	0	1	2
p_k	0.1	0.6	0.3

问需要多少车位，才能使每辆汽车都具有一个车位的概率至少为 0.95.

解 设需要车位数为 n，且设第 $i(i=1,2,\cdots,200)$ 户有车辆数为 X_i，则由 X_i 的分布律知

$$E(X_i) = 0 \times 0.1 + 1 \times 0.6 + 2 \times 0.3 = 1.2,$$
$$E(X_i^2) = 0^2 \times 0.1 + 1^2 \times 0.6 + 2^2 \times 0.3 = 1.8,$$

故

$$D(X_i) = E(X_i^2) - [E(X_i)]^2 = 1.8 - 1.2^2 = 0.36.$$

因共有 200 户，各户占有车位数相互独立. 从而近似地有

$$\sum_{i=1}^{200} X_i \sim N(200 \times 1.2, 200 \times 0.36).$$

今要求车位数 n 满足
$$0.95 \leqslant P\left\{\sum_{i=1}^{200} X_i \leqslant n\right\},$$
由正态近似知,上式中 n 应满足
$$0.95 \leqslant \Phi\left(\frac{n-200\times 1.2}{\sqrt{200\times 0.36}}\right) = \Phi\left(\frac{n-240}{\sqrt{72}}\right),$$
因 $0.95 = \Phi(1.645)$,从而由 $\Phi(x)$ 的单调性知 $\dfrac{n-240}{\sqrt{72}} \geqslant 1.645$,故
$$n \geqslant 240 + 1.645 \times \sqrt{72} = 253.96.$$
由此知至少需 254 个车位.

【1.32】 某种小汽车氧化氮的排放量的数学期望为 0.9g/km,标准差为 1.9g/km,某公司有这种汽车 100 辆,以 $\overline{X}$ 表示这些车辆的氧化氮排放量的算数平均,问当 L 何值时,$\overline{X} > L$ 的概率不超过 0.01.

解 设以 $X_i(i=1,2,\cdots,100)$ 表示第 i 辆小汽车氧化氮的排放量,则
$$\overline{X} = \frac{1}{100}\sum_{i=1}^{100} X_i.$$
由已知条件 $E(X_i) = 0.9$,$D(X_i) = 1.9^2$ 得
$$E(\overline{X}) = 0.9, \quad D(\overline{X}) = \frac{1.9^2}{100}.$$
各辆汽车氧化氮的排放量相互独立,故可认为近似地有
$$\overline{X} \sim N\left(0.9, \frac{1.9^2}{100}\right).$$
需要计算的是满足 $P\{\overline{X} > L\} \leqslant 0.01$ 的最小值 L.

由中心极限定理
$$P\{\overline{X} > L\} = P\left\{\frac{\overline{X}-0.9}{0.19} > \frac{L-0.9}{0.19}\right\} \leqslant 0.01.$$
L 应为满足 $1-\Phi\left(\dfrac{L-0.9}{0.19}\right) \leqslant 0.01$ 的最小值,即
$$\Phi\left(\frac{L-0.9}{0.19}\right) \geqslant 0.99 = \Phi(2.33), \quad 即 \quad \frac{L-0.9}{0.19} \geqslant 2.33,$$
故 $L \geqslant 0.9 + 0.19 \times 2.33 = 1.3427$,应取 $L = 1.3427$g/km.

【1.33】 随机地选取两组学生,每组 80 人,分别在两个实验室里测量某种化合物的 pH 值. 各人测量的结果是随机变量,它们相互独立,且服从同一分布,其数学期望为 5,方差为 0.3,以 $\overline{X}, \overline{Y}$ 分别表示第一组和第二组所得结果的算数平均:

(1) 求 $P\{4.9 < \overline{X} < 5.1\}$;

(2) 求 $P\{-0.1 < \overline{X} - \overline{Y} < 0.1\}$.

解 (1) 令 X_i 表示第一组第 i 人测量结果,则 $EX_i = 5$,$DX_i = 0.3$,$(i=1,2,\cdots,80)$. 由中心极限定理
$$P\{4.9 < \overline{X} < 5.1\} = \left\{\frac{4.9-5}{\sqrt{\frac{0.3}{80}}} < \frac{\overline{X}-5}{\sqrt{\frac{0.3}{80}}} < \frac{5.1-5}{\sqrt{\frac{0.3}{80}}}\right\} \approx \Phi\left(\frac{4}{\sqrt{6}}\right) - \Phi\left(-\frac{4}{\sqrt{6}}\right)$$

$$= 2\Phi(1.63) - 1 = 0.8968.$$

(2) 令 Y_j 表示第二组第 j 人测量结果，则 $EY_j = 5, DY_j = 0.3 \quad (j = 1, 2, \cdots, 80)$

$$E\overline{X} = E\overline{Y} = 5, \qquad D\overline{X} = D\overline{Y} = \frac{0.3}{80} = \frac{3}{800},$$

$$E(\overline{X} - \overline{Y}) = 0, \qquad D(\overline{X} - \overline{Y}) = D\overline{X} + D\overline{Y} = \frac{3}{400},$$

$$P\{-0.1 < \overline{X} - \overline{Y} < 0.1\} = P\left\{\frac{-0.1}{\sqrt{\frac{3}{400}}} < \frac{\overline{X} - \overline{Y}}{\sqrt{\frac{3}{400}}} < \frac{0.1}{\sqrt{\frac{3}{400}}}\right\} \approx \Phi\left(\frac{2}{\sqrt{3}}\right) - \Phi\left(-\frac{2}{\sqrt{3}}\right)$$

$$= 2\Phi(1.16) - 1 = 0.754.$$

【1.34】 某种电子器件的寿命（小时）具有数学期望 μ（未知），方差 $\sigma^2 = 400$. 为了估计 μ，随机地取 n 只这种器件，在时刻 $t = 0$ 投入测试（设测试是相互独立的）直至失效，测得其寿命为 $X_1, X_2, \cdots, X_n$，以 $\overline{X} = \frac{1}{n}\sum_{k=1}^{n} X_k$ 作为 μ 的估计. 为了使 $P\{|\overline{X} - \mu| < 1\} \geqslant 0.95$，问 n 至少为多少？

解 X_k 表示第 k 个器件寿命，$k = 1, 2, \cdots, n$，

$$EX_k = \mu, \qquad DX_k = 400, \qquad E\overline{X} = \mu, \qquad D\overline{X} = \frac{DX_k}{n} = \frac{400}{n},$$

$$P\{|\overline{X} - \mu| < 1\} = P\left\{\left|\frac{\overline{X} - \mu}{\sqrt{\frac{400}{n}}}\right| < \frac{1}{\sqrt{\frac{400}{n}}}\right\} = \Phi\left(\frac{\sqrt{n}}{20}\right) - \Phi\left(-\frac{\sqrt{n}}{20}\right)$$

$$= 2\Phi\left(\frac{\sqrt{n}}{20}\right) - 1 \geqslant 0.95.$$

故 $\Phi\left(\frac{\sqrt{n}}{20}\right) \geqslant 0.975 = \Phi(1.96)$. 有 $\frac{\sqrt{n}}{20} \geqslant 1.96$，得 $n \geqslant 1536.64$.

因此 n 至少为 1537.

【1.35】 一工人修理一台机器需两个阶段，第一阶段所需时间（小时）服从均值为 0.2 的指数分布，第二阶段服从均值为 0.3 的指数分布，且与第一阶段独立. 现有 20 台机器需要修理. 求他在 8 小时内完成的概率.

解 设修理第 i 台机器（$i = 1, 2, \cdots, 20$）第一阶段耗时 X_i，第二阶段耗时 Y_i，则共耗时 $Z_i = X_i + Y_i$.

由已知 $E(X_i) = 0.2, E(Y_i) = 0.3$，故

$$E(Z_i) = E(X_i) + E(Y_i) = 0.5,$$

$$D(Z_i) = D(X_i) + D(Y_i) = 0.2^2 + 0.3^2 = 0.13.$$

由中心极限定理，20 台机器需要修理的时间近似服从正态分布，即

$$\sum_{i=1}^{20} Z_i \overset{\text{近似}}{\sim} N(20 \times 0.5, 20 \times 0.13) = N(10, 2.6),$$

所以概率为

$$P\left\{\sum_{i=1}^{20} Z_i \leqslant 8\right\} \approx \Phi\left(\frac{8 - 10}{\sqrt{2.6}}\right) = \Phi(-1.24) = 0.1075.$$

【1.36】 某药厂断言,该厂生产的某种药品对于医治一种血液病的治愈率为 0.8,医院任意抽查 100 个服用此药品的病人,若其中多于 75 人治愈,就接受此断言,否则就拒绝此断言.

(1) 若实际上此药品对该病治愈率是 0.8,求接受此断言的概率;

(2) 若实际上此药品对该病治愈率是 0.7,求接受此断言的概率.

解 设 100 人中的治愈人数为 X,则 $X \sim B(100, p)$.

(1) $p = 0.8$,即 $X \sim B(100, 0.8)$.

由中心极限定理,X 近似服从 $N(80, 4^2)$.

则接受药厂断言的概率为

$$P\{X > 75\} = 1 - P\{X \leqslant 75\} \approx 1 - \Phi(\frac{75-80}{4})$$

$$= 1 - \Phi(-\frac{5}{4}) = \Phi(1.25) = 0.8944.$$

(2) $p = 0.7$,即 $X \sim B(100, 0.7)$.

由中心极限定理,X 近似服从 $N(70, 21)$.

则接受药厂断言的概率为

$$P\{X > 75\} = 1 - P\{X \leqslant 75\} \approx 1 - \Phi(\frac{75-70}{\sqrt{21}})$$

$$= 1 - \Phi(1.09) = 1 - 0.8621 = 0.1379.$$

第六章 数理统计基本概念

知识要点

1. 总体 是指研究对象的某个性能指标的全体,通常用一随机变量 X 代表总体.

2. 个体 是指每一个研究对象.

3. 样本 从总体中取 n 个个体,称作来自总体的容量为 n 的样本.

简单随机样本 是指 n 个相互独立,而且与总体 X 同分布的随机变量 $X_1, X_2, \cdots, X_n$,简称随机样本,也常以随机向量 $(X_1, X_2, \cdots, X_n)$ 表示. 它们的一组观察值 $x_1, x_2, \cdots, x_n$ 称为样本值.

4. 统计量 称不含未知参数的样本函数 $g(X_1, X_2, \cdots, X_n)$ 为统计量.

常见统计量 $\overline{X} = \dfrac{1}{n}\sum\limits_{i=1}^{n} X_i$ 为样本均值,

$S^2 = \dfrac{1}{n-1}\sum\limits_{i=1}^{n}(X_i - \overline{X})^2$ 为样本方差,

$S = \sqrt{S^2}$ 称为样本标准差,

$A_k = \dfrac{1}{n}\sum\limits_{i=1}^{n} X_i^k$ 为 k 阶样本原点矩,

$B_k = \dfrac{1}{n}\sum\limits_{i=1}^{n}(X_i - \overline{X})^k$ 为 k 阶样本中心矩,

其中 $B_2 = S_n^2 = \dfrac{1}{n}\sum\limits_{i=1}^{n}(X_i - \overline{X})^2 = \dfrac{n-1}{n}S^2$.

5. 经验分布函数

从总体 X 中抽取一个容量为 n 的样本,将其观察值 $(x_1, x_2, \cdots, x_n)$ 按大小顺序,重新排列如下

$$x_1^* \leqslant x_2^* \leqslant \cdots \leqslant x_n^*,$$

对于任意的实数 x,定义函数

$$F_n(x) = \begin{cases} 0, & x < x_1^* \\ \dfrac{k}{n}, & x_k^* \leqslant x < x_{k+1}^*, \quad k = 1, 2, \cdots, n-1 \\ 1, & x_n^* \leqslant x \end{cases}$$

称 $F_n(x)$ 为总体 X 由 $x_1, x_2, \cdots, x_n$ 所决定的样本分布函数或经验分布函数.

格列汶科定理 当 $n \to \infty$ 时,$F_n(x)$ 依概率 1 关于 x 均匀地收敛于 $F(x)$. 即说明:当 n 很大时,样本分布函数 $F_n(x)$ 近似于总体分布函数 $F(x)$.

6. χ^2 分布

(1) 定义:设随机变量 $X_1, \cdots, X_n$ 相互独立同分布 $N(0,1)$,若有 $\chi^2 = \sum\limits_{i=1}^{n} X_i^2$,则随机变量 χ^2

的分布称为 n 个自由度的 χ^2 分布. 即 $\chi^2 \sim \chi^2(n)$. 其概率密度函数为

$$\varphi(x) = \begin{cases} \dfrac{1}{2^{\frac{n}{2}} \Gamma(\frac{n}{2})} x^{\frac{n}{2}-1} e^{-\frac{x}{2}}, & x > 0 \\ 0, & x \leqslant 0 \end{cases}$$

用图形表示其密度函数为图 6－1.

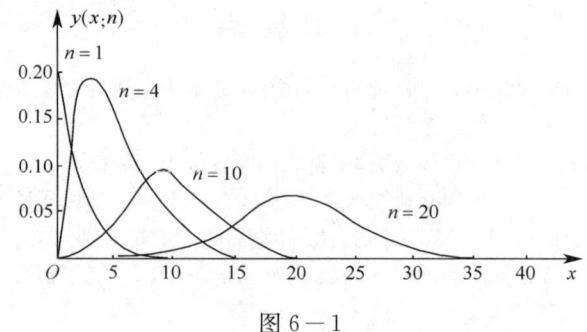

图 6－1

(2) 性质：① $E(\chi^2(n)) = n, D(\chi^2(n)) = 2n$.

② 设 $X \sim \chi^2(m), Y \sim \chi^2(n)$，且 X 与 Y 相互独立. 则

$$X + Y \sim \chi^2(m+n).$$

(3) 上 α 分位点：对于给定的正数 $\alpha(0 < \alpha < 1)$，称满足条件

$$P\{\chi^2 > \chi^2_\alpha(n)\} = \alpha$$

的点 $\chi^2_\alpha(n)$ 为 χ^2 分布的上 α 分位点.

7. t 分布

(1) 定义：设随机变量 X 与 Y 相互独立. $X \sim N(0,1), Y \sim \chi^2(n)$，若 $T = \dfrac{X}{\sqrt{\dfrac{Y}{n}}}$，则随机变量

T 的分布称为 n 个自由度的 t 分布，即 $T \sim t(n)$，其概率密度函数为

$$\varphi(x) = \frac{\Gamma(\frac{n+1}{2})}{\sqrt{n\pi} \Gamma(\frac{n}{2})} \left(1 + \frac{x^2}{n}\right)^{-\frac{n+1}{2}} \quad (-\infty < x < +\infty).$$

用图形表示其概率密度为图 6－2.

(2) 性质：① $E(t(n)) = 0, D(t(n)) = \dfrac{n}{n-2}$ $(n > 2)$；

② $\lim\limits_{n \to \infty} \varphi(x) = \dfrac{1}{\sqrt{2\pi}} e^{-\frac{x^2}{2}}$，故 n 足够大时，t 分布近似于 $N(0,1)$；

③ 若 $T \sim t(n)$，则 $T^2 \sim F(1,n)$；

(3) 上 α 分位点：$t(n)$ 分布的上 α 分位点 $t_\alpha(n)$ 是指满足

$$P\{T > t_\alpha(n)\} = \alpha \quad (0 < \alpha < 1) \quad \text{的点 } t_\alpha(n).$$

其中 $t_{1-\alpha}(n) = -t_\alpha(n)$.

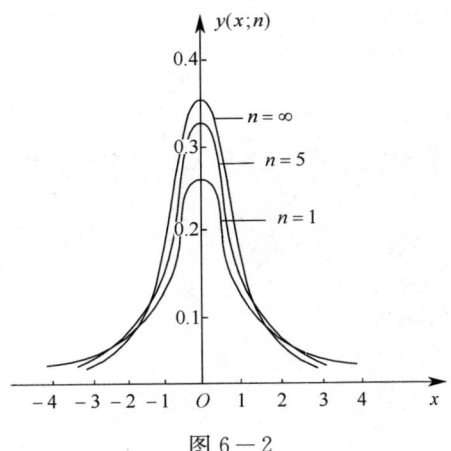

图 6－2

8. F 分布

(1) 定义:设随机变量 X 与 Y 相互独立,且分别服从 $\chi^2(m)$ 和 $\chi^2(n)$ 分布,若 $F = \dfrac{\dfrac{X}{m}}{\dfrac{Y}{n}}$,则 F 服从自由度为 m,n 的 F 分布. 即 $F \sim F(m,n)$,其概率密度函数为

$$\varphi(x) = \begin{cases} \dfrac{\Gamma(\frac{m+n}{2})}{\Gamma(\frac{m}{2})\Gamma(\frac{n}{2})} m^{\frac{m}{2}} n^{\frac{n}{2}} \dfrac{x^{\frac{m}{2}-1}}{(mx+n)^{\frac{m+n}{2}}}, & x > 0 \\ 0, & x \leqslant 0 \end{cases}$$

用图形表示其概率密度函数为图 6－3.

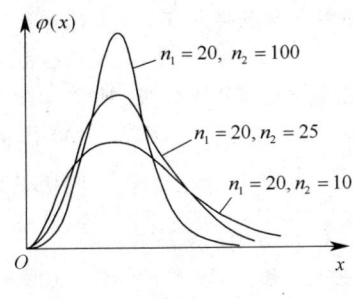

图 6－3

(2) 性质:① 若 $X \sim F(m,n)$,则

$$E(X) = \frac{n}{n-2} \quad (n>2),$$

$$D(X) = \frac{n^2(2m+2n-4)}{m(n-2)^2(n-4)} \quad (n>4);$$

② 若 $X \sim F(m,n)$,则 $\dfrac{1}{X} \sim F(n,m)$;

(3) 上 α 分位点:满足 $P\{F > F_\alpha(m,n)\} = \alpha$ $(0 < \alpha < 1)$ 的点 $F_\alpha(m,n)$ 称为上 α 分位点,且 $F_{1-\alpha}(m,n) = \dfrac{1}{F_\alpha(n,m)}$.

9. 正态总体的常用结论

(1) 若总体 X 服从正态分布 $N(\mu, \sigma^2)$, $X_1, \cdots, X_n$ 是其样本, $\overline{X}$ 和 S^2 分别为样本均值和方差,则

① $\overline{X} \sim N(\mu, \dfrac{\sigma^2}{n})$ 或 $\dfrac{\overline{X}-\mu}{\sigma}\sqrt{n} \sim N(0,1)$;

② $\dfrac{(n-1)S^2}{\sigma^2} \sim \chi^2(n-1)$;

③ $\dfrac{\overline{X}-\mu}{S}\sqrt{n} \sim t(n-1)$;

④ $\overline{X}$ 与 S^2 相互独立.

(2) 若 $X_1, X_2, \cdots, X_n$ 和 $Y_1, Y_2, \cdots, Y_m$ 分别表示取自两个正态总体 $N(\mu_1, \sigma_1^2)$ 和 $N(\mu_2, \sigma_2^2)$ 的简单随机样本, $\overline{X}, \overline{Y}$ 和 S_1^2, S_2^2 分别表示其样本均值和方差,则有

① $\dfrac{S_1^2/\sigma_1^2}{S_2^2/\sigma_2^2} \sim F(n-1, m-1)$;

② $\sqrt{\dfrac{mn(n+m-2)}{n+m}}\;\dfrac{(\overline{X}-\overline{Y})-(\mu_1-\mu_2)}{\sqrt{(n-1)S_1^2 + (m-1)S_2^2}} \sim t(n+m-2)$. (当 $\sigma_1^2 = \sigma_2^2$ 时)

基 本 题 型

题型 1. 判断抽样分布

方法与技巧 判断统计量服从什么抽样分布是本章的重点题型之一. 要做到判断准确,必须首先将 χ^2 分布, t 分布, F 分布的定义及性质熟记,其次正态总体下的抽样分布结论要掌握.

【1.1】 设随机变量 X 和 Y 都服从标准正态分布,则( ).

(A) $X+Y$ 服从正态分布 (B) $X^2 + Y^2$ 服从 χ^2 分布

(C) X^2 和 Y^2 都服从 χ^2 分布 (D) $\dfrac{X^2}{Y^2}$ 服从 F 分布

分析 利用正态分布的性质和 χ^2 分布的表达式判断.

解 因为 X 与 Y 是否相互独立不确定,故 $X+Y$ 不一定服从正态分布,同理 $X^2 + Y^2$ 不一定服从 χ^2 分布, $\dfrac{X^2}{Y^2}$ 服从 F 分布也不确定. 而 $X^2 \sim \chi^2(1)$, $Y^2 \sim \chi^2(1)$.

故答案为(C).

【1.2】 设总体 X 服从正态分布 $N(0, 2^2)$, 而 $X_1, X_2, \cdots, X_{15}$ 是来自总体 X 的简单随机样本,则随机变量

$$Y = \dfrac{X_1^2 + \cdots + X_{10}^2}{2(X_{11}^2 + \cdots + X_{15}^2)}$$

服从_____分布,参数为_____.

分析 利用 χ^2 分布与 F 分布的定义可判断分布并解得参数.

解 由于 $X_1, X_2, \cdots, X_{15}$ 是简单随机样本,所以 $X_i (i=1,2,\cdots,15)$ 相互独立且服从 $N(0, 2^2)$ 分布,因此 $X_1^2 + \cdots + X_{10}^2$ 与 $X_{11}^2 + \cdots + X_{15}^2$ 也相互独立,而

$$\frac{X_i}{2} \sim N(0,1) \quad (i=1,2,\cdots,15),$$

故

$$\left(\frac{X_1}{2}\right)^2 + \cdots + \left(\frac{X_{10}}{2}\right)^2 = \frac{1}{4}(X_1^2 + \cdots + X_{10}^2) \sim \chi^2(10),$$

$$\left(\frac{X_{11}}{2}\right)^2 + \cdots + \left(\frac{X_{15}}{2}\right)^2 = \frac{1}{4}(X_{11}^2 + \cdots + X_{15}^2) \sim \chi^2(5),$$

所以有

$$\frac{\frac{1}{4}(X_1^2 + \cdots + X_{10}^2) \frac{1}{10}}{\frac{1}{4}(X_{11}^2 + \cdots + X_{15}^2) \frac{1}{5}} = \frac{X_1^2 + \cdots + X_{10}^2}{2(X_{11}^2 + \cdots + X_{15}^2)} \sim F(10,5),$$

故 Y 服从 F 分布,参数为 $(10,5)$.

【1.3】设 $X_1, X_2, \cdots, X_9$ 是总体 X 的一个简单随机样本, X 服从正态分布 $N(\mu, \sigma^2)$, $Y_1 = \frac{1}{6}(X_1 + X_2 + \cdots + X_6)$, $Y_2 = \frac{1}{3}(X_7 + X_8 + X_9)$, $S^2 = \frac{1}{2}\sum_{i=7}^{9}(X_i - Y_2)^2$, $T = \frac{\sqrt{2}(Y_1 - Y_2)}{S}$.

证明 $T \sim t(2)$.

证 因为 $X \sim N(\mu, \sigma^2), X_i \sim N(\mu, \sigma^2)$,所以 $Y_1 \sim N\left(\mu, \frac{\sigma^2}{6}\right)$, $Y_2 \sim N\left(\mu, \frac{\sigma^2}{3}\right)$,

故 $Y_1 - Y_2 \sim N\left(0, \frac{\sigma^2}{2}\right)$,因此有

$$\frac{Y_1 - Y_2}{\frac{\sigma}{\sqrt{2}}} = \frac{\sqrt{2}(Y_1 - Y_2)}{\sigma} \sim N(0,1).$$

又由于

$$S^2 = \frac{1}{2}\sum_{i=7}^{9}(X_i - Y_2)^2 = \frac{1}{3-1}\sum_{i=7}^{9}(X_i - Y_2)^2,$$

而

$$\frac{(n-1)S^2}{\sigma^2} \sim \chi^2(n-1),$$

所以 $\frac{2S^2}{\sigma^2} \sim \chi^2(2)$.

因为 Y_2 和 S^2 相互独立,而且 Y_1 与 Y_2, Y_1 与 S^2 也相互独立,所以 $Y_1 - Y_2$ 与 S^2 相互独立.

则有 $\frac{\sqrt{2}(Y_1 - Y_2)}{\sigma}$ 与 $\frac{2S^2}{\sigma^2}$ 相互独立.

那么

$$T = \frac{\sqrt{2}(Y_1 - Y_2)}{S} = \frac{\frac{\sqrt{2}(Y_1 - Y_2)}{\sigma}}{\sqrt{\frac{2S^2}{2\sigma^2}}} \sim t(2),$$

故 T 服从自由度为 2 的 t 分布.

【1.4】 设 X_1, X_2, X_3, X_4 为来自总体 $X \sim N(1, \sigma^2)$ 的简单随机样本，则统计量 $\dfrac{X_1 - X_2}{|X_3 + X_4 - 2|}$ 的分布为_____．

(A) $N(0,1)$ (B) $t(1)$ (C) $\chi^2(1)$ (D) $F(1,1)$

解 $\dfrac{X_1 - X_2}{|X_3 + X_4 - 2|} = \dfrac{\dfrac{X_1 - X_2}{\sqrt{2}\,\sigma}}{\sqrt{\left(\dfrac{X_3 + X_4 - 2}{\sqrt{2}\,\sigma}\right)^2}}$,

因为 $\dfrac{X_1 - X_2}{\sqrt{2}\,\sigma} \sim N(0,1), \dfrac{X_3 + X_4 - 2}{\sqrt{2}\,\sigma} \sim N(0,1), \left(\dfrac{X_3 + X_4 - 2}{\sqrt{2}\,\sigma}\right)^2 \sim \chi^2(1)$,

所以 $\dfrac{X_1 - X_2}{|X_3 + X_4 - 2|} = \dfrac{\dfrac{X_1 - X_2}{\sqrt{2}\,\sigma}}{\sqrt{\left(\dfrac{X_3 + X_4 - 2}{\sqrt{2}\,\sigma}\right)^2}} \sim t(1)$.

故应选(B)．

【1.5】 设随机变量 $X \sim t(n)$ $(n > 1), Y = \dfrac{1}{X^2}$，则(　　)．

(A) $Y \sim \chi^2(n)$ (B) $Y \sim \chi^2(n-1)$
(C) $Y \sim F(n,1)$ (D) $Y \sim F(1,n)$

解法一 利用 t 分布和 F 分布的性质求解．

因为 $X \sim t(n)$，由 t 分布性质可得 $X^2 \sim F(1,n)$．
又根据 F 分布的性质

$$\frac{1}{X^2} \sim F(n,1),$$

故 $Y = \dfrac{1}{X^2} \sim F(n,1)$ 分布，答案为(C)．

解法二 利用 t 分布和 F 分布的定义求解．

因 $X \sim t(n)$，所以 X 具有如下结构：

$$X = \frac{U}{\sqrt{\dfrac{V}{n}}},$$

其中 $U \sim N(0,1), V \sim \chi^2(n)$，且 U 与 V 相互独立．从而

$$X^2 = \frac{U^2}{\dfrac{V}{n}}, \quad 即 \quad \frac{1}{X^2} = \frac{\dfrac{V}{n}}{U^2}.$$

$U^2 \sim \chi^2(1)$，且 U^2 与 V 也相互独立，由定义

$$\frac{1}{X^2} = \frac{\dfrac{V}{n}}{\dfrac{U^2}{1}} \sim F(n,1).$$

【1.6】 设 $X_1, X_2, \cdots, X_n$ 是来自总体 $X \sim N(\mu, \sigma^2)$ 的一个样本，样本均值和方差分别为 $\overline{X}$

和 S^2，X_{n+1} 为对 X 的又一独立观测值，求统计量 $Y = \dfrac{X_{n+1} - \overline{X}}{S}\sqrt{\dfrac{n}{n+1}}$ 的分布.

解 因为 $\overline{X} \sim N\left(\mu, \dfrac{\sigma^2}{n}\right)$，$X_{n+1} \sim N(\mu, \sigma^2)$ 且两者独立.

所以
$$X_{n+1} - \overline{X} \sim N\left(0, \dfrac{n+1}{n}\sigma^2\right),$$

$$U = \dfrac{X_{n+1} - \overline{X}}{\sqrt{\dfrac{n+1}{n}}\,\sigma} \sim N(0,1),$$

而 $\chi^2 = \dfrac{(n-1)S^2}{\sigma^2} \sim \chi^2(n-1)$ 且与 U 独立，则由 t 分布定义可知，

$$\dfrac{U}{\sqrt{\dfrac{\chi^2}{n-1}}} = \sqrt{\dfrac{n}{n+1}} \cdot \dfrac{X_{n+1} - \overline{X}}{S} \sim t(n-1).$$

题型 2. 利用抽样分布确定参数

【1.7】 设 X_1, X_2, X_3, X_4 是来自正态总体 $N(0, 2^2)$ 的简单随机样本，
$$X = a(X_1 - 2X_2)^2 + b(3X_3 - 4X_4)^2,$$
则当 $a = $ _____，$b = $ _____ 时，统计量 X 服从 χ^2 分布，其自由度为 _____.

解 令 $Y_1 = X_1 - 2X_2$，则 $\dfrac{Y_1}{\sqrt{20}} \sim N(0,1)$，

所以 $a = \dfrac{1}{20}$ 时，$\sqrt{a}(X_1 - 2X_2) \sim N(0,1)$.

同样令 $Y_2 = 3X_3 - 4X_4$，则 $\dfrac{Y_2}{10} \sim N(0,1)$，

所以 $b = \dfrac{1}{100}$ 时，$\sqrt{b}(3X_3 - 4X_4) \sim N(0,1)$，此时 $X = \dfrac{Y_1^2}{20} + \dfrac{Y_2^2}{100} \sim \chi^2(2)$.

故应填 $\dfrac{1}{20}, \dfrac{1}{100}, 2$.

【1.8】 设 $X_1, X_2, \cdots, X_5$ 是取自正态分布 $N(0, \sigma^2)$ 的一个简单随机样本，若 $\dfrac{a(X_1 + X_2)}{\sqrt{X_3^2 + X_4^2 + X_5^2}}$ 服从 t 分布，则 $a = $ _____.

解 因为
$$\dfrac{X_1 + X_2}{\sqrt{2}\,\sigma} \sim N(0,1), \qquad \dfrac{1}{\sigma^2}(X_3^2 + X_4^2 + X_5^2) \sim \chi^2(3)$$

且 $\dfrac{X_1 + X_2}{\sqrt{2}\,\sigma}$ 与 $\dfrac{1}{\sigma^2}(X_3^2 + X_4^2 + X_5^2)$ 独立，于是

$$\dfrac{\dfrac{X_1 + X_2}{\sqrt{2}\,\sigma}}{\sqrt{\dfrac{\dfrac{1}{\sigma^2}(X_3^2 + X_4^2 + X_5^2)}{3}}} = \dfrac{\sqrt{\dfrac{3}{2}}(X_1 + X_2)}{\sqrt{X_3^2 + X_4^2 + X_5^2}} \sim t(3) \Rightarrow a = \sqrt{\dfrac{3}{2}}.$$

题型 3. 利用抽样分布求概率

【1.9】 在总体 $N(12,4)$ 中随机抽一容量为 5 的样本 X_1, X_2, X_3, X_4, X_5.
(1) 求样本均值与总体均值之差的绝对值大于 1 的概率.
(2) 求概率 $P\{\max(X_1, X_2, X_3, X_4, X_5) > 15\}$.
(3) 求概率 $P\{\min(X_1, X_2, X_3, X_4, X_5) < 10\}$.

解 (1) 因 $\overline{X} \sim N(12, \frac{4}{5})$, 所以

$$P\{|\overline{X}-12|>1\} = P\left\{\left|\frac{\overline{X}-12}{\sqrt{\frac{4}{5}}}\right| > \frac{\sqrt{5}}{2}\right\}$$

$$= 2 - 2\Phi(\frac{\sqrt{5}}{2}) = 2 \times [1 - \Phi(1.12)] = 2 \times (1 - 0.8686) = 0.2628.$$

(2) $P\{\max(X_1, X_2, X_3, X_4, X_5) > 15\}$
$= 1 - P\{X_1 \leqslant 15, X_2 \leqslant 15, X_3 \leqslant 15, X_4 \leqslant 15, X_5 \leqslant 15\}$
$= 1 - \prod_{i=1}^{5} P\{X_i \leqslant 15\} = 1 - \prod_{i=1}^{5} P\left\{\frac{X_i-12}{2} \leqslant \frac{15-12}{2}\right\}$
$= 1 - [\Phi(1.5)]^5 = 1 - (0.9332)^5 = 0.2923.$

(3) $P\{\min(X_1, X_2, X_3, X_4, X_5) < 10\}$
$= 1 - P\{X_1 \geqslant 10, X_2 \geqslant 10, X_3 \geqslant 10, X_4 \geqslant 10, X_5 \geqslant 10\}$
$= 1 - \prod_{i=1}^{5} P\{X_i \geqslant 10\} = 1 - \prod_{i=1}^{5} P\left\{\frac{X_i-12}{2} \geqslant \frac{10-12}{2}\right\}$
$= 1 - [1 - \Phi(-1)]^5 = 1 - [\Phi(1)]^5$
$= 1 - (0.8413)^5 = 0.5785.$

点评 本题(2)、(3)也可利用第三章的公式:
$M = \max(X_1, X_2, X_3, X_4, X_5)$ 的分布函数为
$$F_M(z) = [F(z)]^5.$$
$N = \min(X_1, X_2, X_3, X_4, X_5)$ 的分布函数为
$$F_N(z) = 1 - [1 - F(z)]^5.$$
则 (2) $P\{M > 15\} = 1 - F_M(15)$.
(3) $P\{N < 10\} = F_N(10)$.

【1.10】 设 $X \sim N(0, 0.3^2), (X_1, X_2, \cdots, X_{10})$ 是取自 X 的一个样本, 求
$$P\left\{\sum_{i=1}^{10} X_i^2 > 1.44\right\}.$$

解 由 $X_i \sim N(0, 0.3^2)$ 知
$$\frac{X_i}{0.3} \sim N(0,1), \quad i = 1, 2, \cdots, 10$$

故

$$\sum_{i=1}^{10}\left(\frac{X_i}{0.3}\right)^2 = \frac{1}{0.09}\cdot\sum_{i=1}^{10}X_i^2 \sim \chi^2(10),$$

$$P\left\{\sum_{i=1}^{10}X_i^2 > 1.44\right\} = P\left\{\frac{1}{0.09}\sum_{i=1}^{10}X_i^2 > \frac{1.44}{0.09}\right\}$$

$$= P\left\{\frac{1}{0.09}\sum_{i=1}^{10}X_i^2 > 16\right\} = 0.1.$$

【1.11】 从正态总体 $N(3.4, 6^2)$ 中抽取容量为 n 的样本,如果要求其样本均值位于区间 $(1,4,5,4)$ 内的概率不小于 0.95,问样本容量 n 至少应取多大?

附表: 标准正态分布表

$$\Phi(z) = \int_{-\infty}^{z}\frac{1}{\sqrt{2\pi}}e^{-\frac{t^2}{2}}dt$$

z	1.28	1.645	1.96	2.33
$\Phi(z)$	0.900	0.950	0.975	0.990

解 以 $\overline{X}$ 表示该样本均值,则

$$\overline{X} \sim N(3.4, \frac{6^2}{n}),$$

从而有

$$P\{1.4 < \overline{X} < 5.4\} = P\{-2 < \overline{X} - 3.4 < 2\} = P\{|\overline{X} - 3.4| < 2\}$$

$$= P\left\{\frac{|\overline{X}-3.4|}{6}\sqrt{n} < \frac{2\sqrt{n}}{6}\right\} = 2\Phi\left(\frac{\sqrt{n}}{3}\right) - 1 \geqslant 0.95.$$

故 $\Phi\left(\frac{\sqrt{n}}{3}\right) \geqslant 0.975.$ 由此得 $\frac{\sqrt{n}}{3} \geqslant 1.96.$

即 $n \geqslant (1.96 \times 3)^2 \approx 34.57$, 所以 n 至少应取 35.

【1.12】 从方差为 20 和 35 的正态总体分别抽取容量为 8 和 10 的两个样本. 试求第一个样本方差大于等于第二个样本方差两倍的概率.

分析 本题考察 F 分布的判断以及 F 分布表的熟练掌握程度.

解 由题意可知

$$P\{S_1^2 \geqslant 2S_2^2\} = P\left\{\frac{S_1^2}{S_2^2} \geqslant 2\right\}$$

$$= P\left\{\frac{\frac{S_1^2}{20}}{\frac{S_2^2}{35}} \geqslant 2 \times \frac{35}{20}\right\} \quad \left(\text{因为} \frac{\frac{S_1^2}{\sigma_1^2}}{\frac{S_2^2}{\sigma_2^2}} \sim F(n_1-1, n_2-1)\right)$$

$$= P\{F \geqslant 3.5\},$$

其中 $F \sim F(7,9)$ 分布, 查 F 分布表可得

$$F_{0.05}(7,9) = 3.29, \ P\{F > 3.29\} = 0.05,$$

$$F_{0.025}(7,9) = 4.20, \ P\{F > 4.20\} = 0.025.$$

因为 $3.29 < 3.5 < 4.20$, 所以 $0.025 < P\{F \geqslant 3.5\} < 0.05.$

根据插值求得 $P\{F \geqslant 3.5\} = 0.0276$, 即 $P\{S_1^2 \geqslant 2S_2^2\} = 0.0276.$

【1.13】 设随机变量 $X \sim t(n), Y \sim F(1,n)$,给定 $\alpha(0 < \alpha < 0.5)$,常数 c 满足 $P\{X > c\} = \alpha$,则 $P\{Y > c^2\} = $ _____.

(A)α　　　　　(B)$1-\alpha$　　　　　(C)2α　　　　　(D)$1-2\alpha$

解　$X \sim t(n), Y \sim F(1,n)$,则 $X^2 \sim F(1,n)$ 与 Y 同分布.

所以 $P\{Y > c^2\} = P\{X^2 > c^2\} = P\{X > c\} + P\{X < -c\} = 2P\{X > c\} = 2\alpha$,
故应选(C).

点评　不同分布之间的关系也是考研中的常考题型.本题考查的便是 t 分布和 F 分布之间的关系.

若 $X \sim t(n)$,则 $X^2 \sim F(1,n)$.

另外,本题也用到了 t 分布的对称性,即 $P\{X > c\} = P\{X < -c\} = \alpha$.如图所示.

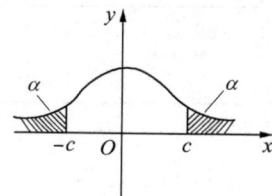

【1.14】 设在总体 $N(\mu, \sigma^2)$ 中抽取一个容量为 16 的样本,求 $P\left\{\dfrac{S^2}{\sigma^2} \leqslant 1.664\right\}$.

解　因为 $\dfrac{(n-1)S^2}{\sigma^2} \sim \chi^2(n-1)$,所以

$$P\left\{\dfrac{S^2}{\sigma^2} \leqslant 1.664\right\} = P\left\{\dfrac{(n-1)S^2}{\sigma^2} \leqslant (n-1) \times 1.664\right\}$$
$$= P\left\{\dfrac{(n-1)S^2}{\sigma^2} \leqslant 15 \times 1.664\right\}$$
$$= P\{\chi^2(n-1) \leqslant 24.96\} = 1 - P\{\chi^2(15) > 24.96\}$$
$$= 1 - 0.05 = 0.95$$

(其中 $\chi^2_{0.05}(15) = 24.996$).

【1.15】 设 $X \sim F(n,n), p_1 = P\{X \geqslant 1\}, p_2 = P\{X \leqslant 1\}$,则( ).

(A)$p_1 < p_2$　　　(B)$p_1 = p_2$　　　(C)$p_1 > p_2$　　　(D)$p_1、p_2$ 无法比较

解　因为 $X \sim F(n,n)$,所以 $\dfrac{1}{X} \sim F(n,n)$,故

$$p_1 = P\{X \geqslant 1\} = P\left\{\dfrac{1}{X} \leqslant 1\right\} = P\{X \leqslant 1\} = p_2.$$

则应选(B).

【1.16】 某厂生产的灯泡使用寿命 $X \sim N(2250, 250^2)$ 分布,现进行质量检查,方法如下:任意挑选若干个灯泡,如果这些灯泡的平均寿命超过 2200 小时,就认为该厂生产的灯泡质量合格,若要使检查能通过的概率超过 0.997,问至少应检查多少个灯泡?

解　设至少应检查 n 个灯泡,依题意有 $X_1, X_2, \cdots, X_n$ 均服从 $N(2250, 250^2)$,且相互独立.

$$\overline{X} \sim N(2250, \frac{250^2}{n}), \qquad \frac{\overline{X}-2250}{\frac{250}{\sqrt{n}}} \sim N(0,1),$$

$$P\{\overline{X} > 2200\} = P\left\{\frac{\overline{X}-2250}{\frac{250}{\sqrt{n}}} > \frac{2200-2250}{\frac{250}{\sqrt{n}}}\right\}$$

$$= 1 - P\left\{\frac{\overline{X}-2250}{\frac{250}{\sqrt{n}}} \leqslant \frac{2200-2250}{\frac{250}{\sqrt{n}}}\right\}$$

$$= 1 - \Phi\left(-\frac{\sqrt{n}}{5}\right) = 1 - \left[1 - \Phi\left(\frac{\sqrt{n}}{5}\right)\right] = \Phi\left(\frac{\sqrt{n}}{5}\right) \geqslant 0.997,$$

查表得：$\frac{\sqrt{n}}{5} \geqslant 2.75$，$n \geqslant 189.1$，取 $n = 190$.

即至少应检查 190 个灯泡.

题型 4. 统计量求数字特征

方法与技巧 统计量求期望，方差等数字特征是数理统计中的基本题型. 另外在后面的有关估计量的无偏性及有效性内容当中也会用到此类计算. 统计量求数字特征时经常用到以下公式，需熟记：

$$E(\overline{X}) = E(X) \ (或 \mu),$$
$$D(\overline{X}) = \frac{D(X)}{n} \ (或 \frac{\sigma^2}{n}),$$
$$E(S^2) = D(X) \ (或 \sigma^2),$$

【1.17】 设总体 X 服从正态分布 $N(\mu, \sigma^2)$，$X_1, X_2, \cdots, X_n$ 为其样本，$\overline{X}$ 为均值，S^2 为样本方差. 试求：

(1) $\overline{X}$ 的数学期望与方差.

(2) S^2 的数学期望.

分析 本题既可以利用公式 $E(\overline{X}) = E(X)$、$D(\overline{X}) = \frac{D(X)}{n}$、$E(S^2) = D(X)$ 直接计算，也可利用期望与方差的性质推导，其中在求 S^2 的期望时，采用 S^2 的另一种表达式，即

$$S^2 = \frac{1}{n-1}\left(\sum_{i=1}^n X_i^2 - n\overline{X}^2\right),$$

问题就变得简单了.

解 (1) $X_1, X_2, \cdots, X_n$ 相互独立且与 X 有相同的分布，所以

$$E(X_i) = E(X),$$
$$E(\overline{X}) = E\left(\frac{1}{n}\sum_{i=1}^n X_i\right) = \frac{1}{n}\sum_{i=1}^n E(X_i) = \frac{1}{n}nE(X) = E(X).$$

故 $E(\overline{X}) = E(X) = \mu$.

又因为 $X_1, X_2, \cdots, X_n$ 相互独立，而且与 X 分布相同，所以

$$D(X_i) = D(X) \quad (i = 1, 2, \cdots, n),$$

$$D(\overline{X}) = D\left(\frac{1}{n}\sum_{i=1}^{n}X_i\right) = \frac{1}{n^2}\sum_{i=1}^{n}D(X_i) = \frac{1}{n^2}nD(X) = \frac{1}{n}D(X).$$

故 $D(\overline{X}) = \frac{\sigma^2}{n}$.

(2) $E(S^2) = E\left[\frac{1}{n-1}\left(\sum_{i=1}^{n}X_i^2 - n\overline{X}^2\right)\right] = \frac{1}{n-1}\left[\sum_{i=1}^{n}E(X_i^2) - nE(\overline{X}^2)\right].$

因为

$$E(X_i^2) = D(X_i) + [E(X_i)]^2 \quad (i=1,2,\cdots,n),$$
$$E(\overline{X}^2) = D(\overline{X}) + [E(\overline{X})]^2,$$

因此

$$E(X_i^2) = D(X) + [E(X)]^2 \quad (i=1,2,\cdots,n),$$
$$E(\overline{X}^2) = \frac{1}{n}D(X) + [E(X)]^2,$$

故

$$E(S^2) = \frac{1}{n-1}\{nD(X) + n[E(X)]^2 - D(X) - n[E(X)]^2\} = D(X),$$

所以 $E(S^2) = \sigma^2$.

【1.18】设 $X_1, X_2, \cdots, X_m$ 为来自二项分布总体 $B(n,p)$ 的简单随机样本，$\overline{X}$ 和 S^2 分别为样本均值和样本方差. 记统计量 $T = \overline{X} - S^2$，则 $E(T) =$ _____.

解 因为 $X \sim B(n,p)$，则 $EX = np, DX = np(1-p)$.

则 $E(T) = E(\overline{X} - S^2) = E(\overline{X}) - E(S^2)$
$= EX - DX = np - np(1-p) = np^2.$

故应填 np^2.

【1.19】设 $X_1, X_2, \cdots, X_n$ 为来自总体 $N(\mu, \sigma^2)$ 的简单随机样本，记统计量 $T = \frac{1}{n}\sum_{i=1}^{n}X_i^2$，则 $E(T) =$ _____.

解 因为 $X_i \sim N(\mu, \sigma^2)$，所以 $EX_i = \mu, DX_i = \sigma^2$. 则

$$E(T) = E\left(\frac{1}{n}\sum_{i=1}^{n}X_i^2\right) = \frac{1}{n}\sum_{i=1}^{n}E(X_i^2)$$
$$= \frac{1}{n}\sum_{i=1}^{n}[DX_i + (EX_i)^2] = \frac{1}{n}\sum_{i=1}^{n}(\sigma^2 + \mu^2)$$
$$= \sigma^2 + \mu^2.$$

【1.20】设总体 X 的概率密度为 $f(x) = \frac{1}{2}e^{-|x|} (-\infty < x < +\infty)$，$X_1, X_2, \cdots, X_n$ 为总体 X 的简单随机样本，其样本方差为 S^2，则 $ES^2 =$ _____.

解 因为 $E(S^2) = DX$，而

$$EX = \int_{-\infty}^{+\infty} x f(x) \mathrm{d}x = 0,$$
$$E(X^2) = \int_{-\infty}^{+\infty} x^2 f(x) \mathrm{d}x = \int_{-\infty}^{+\infty} x^2 \cdot \frac{1}{2}e^{-|x|} \mathrm{d}x$$

$$= \int_0^{+\infty} x^2 e^{-x} dx = -x^2 e^{-x} \Big|_0^{+\infty} + \int_0^{+\infty} 2x e^{-x} dx = 2,$$
$$DX = E(X^2) - (EX)^2 = 2,$$

则 $E(S^2) = 2$.

【1.21】 设总体 X 服从正态分布 $N(\mu, \sigma^2)$ ($\sigma > 0$). 从该总体中抽取简单随机样本 $X_1, X_2, \cdots, X_{2n}$ ($n \geqslant 2$). 其样本均值为 $\overline{X} = \frac{1}{2n} \sum_{i=1}^{2n} X_i$, 试求统计量

$$Y = \sum_{i=1}^{n} (X_i + X_{n+i} - 2\overline{X})^2$$

的数学期望 $E(Y)$.

解法一 由已知条件 $X_1, X_2, \cdots, X_{2n}$ 均服从 $N(\mu, \sigma^2)$ 且相互独立, 所以 $(X_1 + X_{n+1}), (X_2 + X_{n+2}), \cdots, (X_n + X_{2n})$ 相互独立且服从 $N(2\mu, 2\sigma^2)$, 故

$$(X_1 + X_{n+1}), (X_2 + X_{n+2}), \cdots, (X_n + X_{2n})$$

可作为来自总体 $N(2\mu, 2\sigma^2)$ 的样本.

其样本均值为

$$\frac{1}{n} \sum_{i=1}^{n} (X_i + X_{n+i}) = \frac{1}{n} \sum_{i=1}^{2n} X_i = 2\overline{X},$$

其样本方差为

$$\frac{1}{n-1} \sum_{i=1}^{n} (X_i + X_{n+i} - 2\overline{X})^2 = \frac{1}{n-1} Y,$$

因为 $E(S^2) = \sigma^2$, 故

$$E\left(\frac{1}{n-1} Y\right) = 2\sigma^2, \quad 得 \quad E(Y) = 2(n-1)\sigma^2.$$

解法二 记 $\overline{X}' = \frac{1}{n} \sum_{i=1}^{n} X_i$, $\overline{X}'' = \frac{1}{n} \sum_{i=1}^{n} X_{n+i}$,

显然有 $2\overline{X} = \overline{X}' + \overline{X}''$. 因此

$$E(Y) = E\left[\sum_{i=1}^{n} (X_i + X_{n+i} - 2\overline{X})^2\right]$$
$$= E\left\{\sum_{i=1}^{n} [(X_i - \overline{X}') + (X_{n+i} - \overline{X}'')]^2\right\}$$
$$= E\left\{\sum_{i=1}^{n} [(X_i - \overline{X}')^2 + 2(X_i - \overline{X}')(X_{n+i} - \overline{X}'') + (X_{n+i} - \overline{X}'')^2]\right\}$$
$$= E\left[\sum_{i=1}^{n} (X_i - \overline{X}')^2\right] + 0 + E\left[\sum_{i=1}^{n} (X_{n+i} - \overline{X}'')^2\right]$$
$$= (n-1)\sigma^2 + (n-1)\sigma^2 = 2(n-1)\sigma^2.$$

解法三 $Y = \sum_{i=1}^{n} (X_i + X_{n+i} - 2\overline{X})^2$

$$= \sum_{i=1}^{n} (X_i^2 + X_{n+i}^2 + 2X_i X_{n+i} - 4\overline{X} X_i - 4\overline{X} X_{n+i} + 4\overline{X}^2)$$
$$= \sum_{i=1}^{2n} X_i^2 + 2\sum_{i=1}^{n} X_i X_{n+i} - 4\overline{X} \sum_{i=1}^{2n} X_i + 4n\overline{X}^2$$

$$= \sum_{i=1}^{2n} X_i^2 + 2\sum_{i=1}^{n} X_i X_{n+i} - 4n\overline{X}^2.$$

又由 $D\overline{X} = E(\overline{X}^2) - (E\overline{X})^2$ 可得,$E(\overline{X}^2) = \dfrac{\sigma^2}{2n} + \mu^2.$

同理 $EX_i^2 = \mu^2 + \sigma^2.$

因此 $E(Y) = \sum_{i=1}^{2n} EX_i^2 + 2\sum_{i=1}^{n} EX_i EX_{n+i} - 4nE(\overline{X}^2)$

$$= 2n(\sigma^2 + \mu^2) + 2n\mu^2 - 4n\Big(\dfrac{\sigma^2}{2n} + \mu^2\Big) = 2(n-1)\sigma^2.$$

点评 本题方法一和方法二都用到了 $E(S^2) = \sigma^2$ 这个结论,非常方便.

【1.22】 设总体 X 服从参数 $\lambda(\lambda>0)$ 的泊松分布,$X_1,X_2,\cdots,X_n(n\geqslant 2)$ 为来自总体的简单随机样本,则对于统计量 $T_1 = \dfrac{1}{n}\sum_{i=1}^{n} X_i$,$T_2 = \dfrac{1}{n-1}\sum_{i=1}^{n-1} X_i + \dfrac{1}{n}X_n$ 有 _____.

(A) $ET_1 > ET_2, DT_1 > DT_2$ (B) $ET_1 > ET_2, DT_1 < DT_2$
(C) $ET_1 < ET_2, DT_1 > DT_2$ (D) $ET_1 < ET_2, DT_1 < DT_2$

解 由 $X_1,\cdots,X_n \sim P(\lambda)$ 知

$$EX_i = \lambda, DX_i = \lambda, i = 1,2,\cdots,n.$$

从而 $ET_1 = E\Big(\dfrac{1}{n}\sum_{i=1}^{n} X_i\Big) = \lambda,$

$$ET_2 = \dfrac{1}{n-1}\sum_{i=1}^{n-1} EX_i + \dfrac{1}{n}EX_n = \lambda + \dfrac{\lambda}{n},$$

故 $ET_1 < ET_2$,

$$DT_1 = \dfrac{1}{n^2}D\Big(\sum_{i=1}^{n} X_i\Big) = \dfrac{n\lambda}{n^2} = \dfrac{\lambda}{n},$$

$$DT_2 = \dfrac{1}{(n-1)^2}\sum_{i=1}^{n-1} DX_i + \dfrac{1}{n^2}DX_n$$

$$= \dfrac{\lambda}{n-1} + \dfrac{\lambda}{n^2} > \dfrac{\lambda}{n} = DT_1.$$

故应选(D).

【1.23】 设 $X_1,X_2,\cdots,X_n$ 是取自 $N(0,\sigma^2)$ 的简单样本,$\overline{X}_k = \dfrac{1}{k}\sum_{i=1}^{k} X_i$,$1\leqslant k\leqslant n$,则 $\mathrm{Cov}(\overline{X}_k,\overline{X}_{k+1}) = (\quad).$

(A) σ^2 (B) $\dfrac{\sigma^2}{k}$ (C) $\dfrac{\sigma^2}{k+1}$ (D) $\dfrac{\sigma^2}{k(k+1)}$

解 $\mathrm{Cov}(\overline{X}_k,\overline{X}_{k+1}) = \dfrac{1}{k(k+1)}\mathrm{Cov}\Big(\sum_{i=1}^{k} X_i, \sum_{i=1}^{k} X_i + X_{k+1}\Big)$

$$= \dfrac{1}{k(k+1)}\mathrm{Cov}\Big(\sum_{i=1}^{k} X_i, \sum_{i=1}^{k} X_i\Big) = \dfrac{1}{k(k+1)}D\Big(\sum_{i=1}^{k} X_i\Big)$$

$$= \dfrac{1}{k(k+1)} \cdot k\sigma^2 = \dfrac{\sigma^2}{k+1}.$$

故应选(C).

【1.24】 设 $X_1, X_2, \cdots, X_n$ 是来自总体 $N(\mu, \sigma^2)$ 的样本,记 $Y = \dfrac{1}{n} \sum\limits_{i=1}^{n} |X_i - \mu|$,试证:

$$E(Y) = \sqrt{\dfrac{2}{\pi}} \sigma, \qquad D(Y) = \left(1 - \dfrac{2}{\pi}\right) \dfrac{\sigma^2}{n}.$$

分析 $Y_i = X_i - \mu \sim N(0, \sigma^2)$,$E(|Y_i|) = \dfrac{2}{\sqrt{2\pi}\sigma} \int_0^{+\infty} y e^{-\frac{y^2}{2\sigma^2}} \mathrm{d}y$.

证 记 $Y_i = X_i - \mu$,得 $Y_i \sim N(0, \sigma^2)$,$i = 1, 2, \cdots, n$.

$$E(|X_i - \mu|) = E(|Y_i|) = \dfrac{1}{\sqrt{2\pi}\sigma} \int_{-\infty}^{+\infty} |y| e^{-\frac{y^2}{2\sigma^2}} \mathrm{d}y = \dfrac{2}{\sqrt{2\pi}\sigma} \int_0^{+\infty} y e^{-\frac{y^2}{2\sigma^2}} \mathrm{d}y$$

$$= -\dfrac{2\sigma}{\sqrt{2\pi}} e^{-\frac{y^2}{2\sigma^2}} \Big|_0^{+\infty} = \sqrt{\dfrac{2}{\pi}} \sigma.$$

$$D(|X_i - \mu|) = D(|Y_i|) = E(Y_i^2) - [E(|Y_i|)]^2$$

$$= D(Y_i) + (EY_i)^2 - \left(\sqrt{\dfrac{2}{\pi}} \sigma\right)^2$$

$$= \sigma^2 + 0 - \dfrac{2}{\pi} \sigma^2 = \left(1 - \dfrac{2}{\pi}\right) \sigma^2.$$

所以 $E(Y) = E\left(\dfrac{1}{n} \sum\limits_{i=1}^{n} |X_i - \mu|\right) = \dfrac{1}{n} \sum\limits_{i=1}^{n} E(|X_i - \mu|)$

$$= \dfrac{1}{n} \cdot n \sqrt{\dfrac{2}{\pi}} \sigma = \sqrt{\dfrac{2}{\pi}} \sigma,$$

$$D(Y) = D\left(\dfrac{1}{n} \sum\limits_{i=1}^{n} |X_i - \mu|\right) = \dfrac{1}{n^2} \sum\limits_{i=1}^{n} D(|X_i - \mu|)$$

$$= \left(1 - \dfrac{2}{\pi}\right) \dfrac{\sigma^2}{n}.$$

题型 5. 关于分位点

【1.25】 设 $F \sim F(m, n)$,证明:$F_{1-\alpha}(m, n) = \dfrac{1}{F_\alpha(n, m)}$.

证 由分位点定义:

$$1 - \alpha = P\{F > F_{1-\alpha}(m, n)\} = P\left\{\dfrac{1}{F} < \dfrac{1}{F_{1-\alpha}(m, n)}\right\}$$

$$= 1 - P\left\{\dfrac{1}{F} > \dfrac{1}{F_{1-\alpha}(m, n)}\right\},$$

则 $P\left\{\dfrac{1}{F} > \dfrac{1}{F_{1-\alpha}(m, n)}\right\} = \alpha$,

由 F 分布性质可知 $\dfrac{1}{F} \sim F(n, m)$,故 $\dfrac{1}{F_{1-\alpha}(m, n)} = F_\alpha(n, m)$,

即 $F_{1-\alpha}(m, n) = \dfrac{1}{F_\alpha(n, m)}$.

题型 6. 关于样本及统计量

【1.26】 设总体 $X \sim N(\mu, \sigma^2)$,其中 μ 和 σ^2 都是未知参数,随机变量 $X_1, X_2, \cdots, X_n$ 是来自总体的样本.

(1) 写出样本$(X_1, X_2, \cdots, X_n)$的样本空间和联合分布密度；

(2) 指出下列样本函数哪些是统计量，哪些不是统计量.

$$T_1 = \frac{1}{n-1}\sum_{i=1}^{n} X_i, \qquad T_2 = X_n - E(X_1),$$

$$T_3 = 2X_2 + X_3, \qquad T_4 = \max(X_1, X_2, \cdots, X_n),$$

$$T_5 = \frac{X_1 - \mu}{\sigma}, \qquad T_6 = \sum_{i=1}^{n}\left(\frac{X_i}{\sigma}\right)^2.$$

解 (1) 样本空间

$$\Omega = \{(x_1, x_2, \cdots, x_n) \mid x_i \in R,\ i = 1, 2, \cdots, n\} = R^n.$$

联合分布密度

$$f(x_1, x_2, \cdots, x_n) = \prod_{i=1}^{n} f(x_i) = \prod_{i=1}^{n} \frac{1}{\sqrt{2\pi}\sigma} e^{\frac{(x_i - \mu)^2}{2\sigma^2}}$$

$$= \frac{1}{(2\pi)^{\frac{n}{2}}\sigma^n} e^{-\frac{1}{2\sigma^2}\sum_{i=1}^{n}(x_i - \mu)^2}.$$

(2) 因为T_1, T_3, T_4中不含未知参数，故T_1, T_3, T_4是统计量，而T_2, T_5, T_6中含未知参数（其中T_2中$EX_1 = \mu$），故T_2, T_5, T_6不是统计量.

【1.27】设$X_1, X_2, \cdots, X_n$和$Y_1, Y_2, \cdots, Y_n$是两个样本，且有如下关系：$Y_i = \frac{1}{b}(X_i - a)$ $(i = 1, 2, \cdots, n, a, b$不等于零都为常数），试求样本均值$\overline{X}$和$\overline{Y}$，修正的样本方差$S_X^2$与$S_Y^2$之间的关系.

解 $\overline{Y} = \frac{1}{n}\sum_{i=1}^{n} Y_i = \frac{1}{n}\sum_{i=1}^{n} \frac{1}{b}(X_i - a) = \frac{1}{b}(\overline{X} - a).$

则得 $\overline{X} = b\overline{Y} + a.$

$$S_Y^2 = \frac{1}{n-1}\sum_{i=1}^{n}(Y_i - \overline{Y})^2 = \frac{1}{n-1}\sum_{i=1}^{n}\left(\frac{X_i - a}{b} - \frac{\overline{X} - a}{b}\right)^2$$

$$= \frac{1}{b^2} \cdot \frac{1}{n-1}\sum_{i=1}^{n}(X_i - \overline{X})^2 = \frac{1}{b^2} S_X^2.$$

即得 $S_X^2 = b^2 S_Y^2.$

点评 当样本值$x_1, x_2, \cdots, x_n$中的每一个分量过大或过小时，为了计算简便，提高精度，可适当选择常数$a, b \neq 0$，作线性变换$y_i = \frac{1}{b}(x_i - a)$ $(i = 1, 2, \cdots, n)$，使变换后的数据$y_1, y_2, \cdots, y_n$大小适中，首先计算$\overline{Y}, S_Y^2$，只需做上述线性变换即得$\overline{X}$和S_X^2的值.

题型7. 求经验分布函数

【1.28】设对总体X得到一个容量为10的样本，样本值分别为

4.5, 2, 1, 1.5, 3.5, 4.5, 6.5, 5, 3.5, 4

分别计算样本均值，样本方差和经验分布函数.

解 因为$\overline{X} = \frac{1}{n}\sum_{i=1}^{n} X_i$，所以$\overline{x} = \frac{1}{10}\sum_{i=1}^{10} x_i = 3.6.$

因为$S^2 = \frac{1}{n-1}\sum_{i=1}^{n}(X_i - \overline{X})^2$，所以

$$s^2 = \frac{1}{9}\sum_{i=1}^{10}(x_i - \overline{x})^2 \quad \text{或} \quad \frac{1}{9}(\sum_{i=1}^{10}x_i^2 - 10\overline{x}^2)$$
$$= 2.88.$$

将 10 个样本值由小到大排序为
$$1 < 1.5 < 2 < 3.5 = 3.5 < 4 < 4.5 = 4.5 < 5 < 6.5,$$
其经验分布函数为
$$F_n(x) = \begin{cases} 0, & x < 1 \\ \frac{1}{10}, & 1 \leqslant x < 1.5 \\ \frac{2}{10}, & 1.5 \leqslant x < 2 \\ \frac{3}{10}, & 2 \leqslant x < 3.5 \\ \frac{5}{10}, & 3.5 \leqslant x < 4 \\ \frac{6}{10}, & 4 \leqslant x < 4.5 \\ \frac{8}{10}, & 4.5 \leqslant x < 5 \\ \frac{9}{10}, & 5 \leqslant x < 6.5 \\ 1, & x \geqslant 6.5 \end{cases}$$

题型 8. 画直方图

【1.29】下面列出了 30 个美国 NBA 球员的体重(以磅计,1 磅 = 0.454kg) 数据. 这些数据是从美国 NBA 球队 1990～1991 赛季的花名册中抽样得到的.

225	232	232	245	235	245	270	225	240	240
217	195	225	185	200	220	200	210	271	240
220	230	215	252	225	220	206	185	227	236

画出这些数据的频率直方图(提示:最大和最小观察值分别为 271 和 185,区间 [184.5, 271.5] 包含所有数据,将整个区间分为 5 等份,为计算方便,将区间调整为 (179.5, 279.5)).

解 最大和最小观察值分别为 271 和 185,考虑到这些数据是将实测数据经四舍五入后得到的,取区间 $I = [184.5, 271.5]$ 使得所有实测数据都落在 I 上. 将区间 I 等分为若干小区间,小区间的个数与数据个数 n 有关,取为 $\sqrt{n}$ 左右为佳. 现在取小区间的个数为 5,于是小区间的长度为 $\frac{271.5 - 184.5}{5} = 17.4$. 这一长度使用起来不方便. 为此,将区间 I 的下限延伸至 179.5,上限延伸至 279.5,这样小区间的长度调整为
$$\Delta = \frac{279.5 - 179.5}{5} = 20.$$

数出落在每小区间内的数据的个数 f_i, $i = 1,2,3,4,5$, 算出数据落在各个小区间的频率 $\frac{f_i}{n}$ ($n = 30$, $i = 1,2,3,4,5$), 所得结果列表如下：

组　　限	频数 f_i	频率 $\frac{f_i}{n}$	累积频率
179.5 ~ 199.5	3	0.1	0.10
199.5 ~ 219.5	6	0.2	0.30
219.5 ~ 239.5	13	0.43	0.73
239.5 ~ 259.5	6	0.2	0.93
259.5 ~ 279.5	2	0.07	1

在每个小区间上作以对应的频率为高(或者以 $\frac{f_i}{n\Delta}$ 为高)以小区间为底的小长方形,这就是所求的频率直方图(如图 6－1.29).

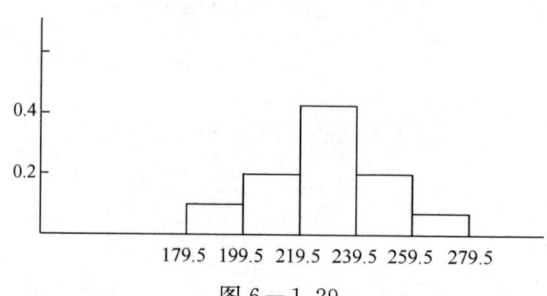

图 6－1.29

【1.30】 观察一个连续型随机变量,抽到 100 株豫农一号玉米的穗位(单位:cm),得到下列表中所列数据,按区间 $[70,80]$, $[80,90]$, ⋯, $[150,160]$, 将 100 个数据分成 9 个组,列出分组数据的统计表(包括频率及累积频率),并画出频率的直方图.

127	118	121	113	145	125	87	94	118	111
102	72	113	76	101	134	107	118	114	128
118	114	117	120	128	94	124	87	88	105
115	134	89	141	114	119	150	107	126	95
137	108	129	136	98	121	91	111	134	123
103	104	107	121	94	126	108	114	103	129
109	84	117	112	112	125	94	73	93	94
102	108	158	89	127	115	112	94	118	114
88	111	111	104	101	129	144	128	131	142

解 分组数据统计表为

分组编号	1	2	3	4	5	6	7	8	9
组限	70|80	80|90	90|100	100|110	110|120	120|130	130|140	140|150	150|160
组中值	75	85	95	105	115	125	135	145	155
组频数	3	9	13	16	26	20	7	4	2
组频率(%)	3	9	13	16	26	20	7	4	2
累积频率(%)	3	12	25	41	67	87	94	98	100

频率直方图和累积频率直方图分别为如下图 6－1.30－1 及 6－1.30－2 所示.

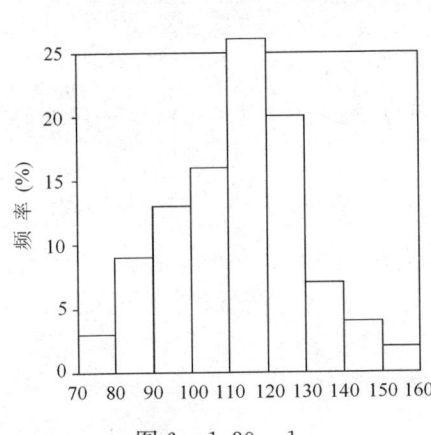

图 6－1.30－1   图 6－1.30－2

题型 9. 综合提高题型

【1.31】设 $X_1, X_2, \cdots, X_n$ 是来自正态总体 $N(\mu, \sigma^2)$ 的简单随机样本,$\overline{X}$ 是样本均值,记

$$S_1^2 = \frac{1}{n-1}\sum_{i=1}^n (X_i - \overline{X})^2, \quad S_2^2 = \frac{1}{n}\sum_{i=1}^n (X_i - \overline{X})^2,$$

$$S_3^2 = \frac{1}{n-1}\sum_{i=1}^n (X_i - \mu)^2, \quad S_4^2 = \frac{1}{n}\sum_{i=1}^n (X_i - \mu)^2,$$

则服从自由度为 $n-1$ 的 t 分布的随机变量是( ).

(A) $t = \dfrac{\overline{X} - \mu}{\dfrac{S_1}{\sqrt{n-1}}}$ (B) $t = \dfrac{\overline{X} - \mu}{\dfrac{S_2}{\sqrt{n-1}}}$ (C) $t = \dfrac{\overline{X} - \mu}{\dfrac{S_3}{\sqrt{n}}}$ (D) $t = \dfrac{\overline{X} - \mu}{\dfrac{S_4}{\sqrt{n}}}$.

分析 根据 t 分布的表达形式及推导可判断出正确选项.

解 因为 $X_1, X_2, \cdots, X_n$ 服从 $N(\mu, \sigma^2)$ 分布,所以有

$$\frac{\overline{X} - \mu}{\sigma}\sqrt{n} \sim N(0,1), \quad \sum_{i=1}^n \frac{(X_i - \overline{X})^2}{\sigma^2} \sim \chi^2(n-1),$$

$$\frac{\overline{X}-\mu}{\sqrt{\dfrac{1}{n-1}\sum_{i=1}^{n}(X_i-\overline{X})^2}}\sqrt{n}\sim t(n-1),$$

所以

$$\frac{(\overline{X}-\mu)\sqrt{n}}{\sqrt{\dfrac{1}{n-1}\sum_{i=1}^{n}(X_i-\overline{X})^2}}=\frac{\overline{X}-\mu}{\sqrt{\dfrac{1}{n}\cdot\dfrac{1}{n-1}\sum_{i=1}^{n}(X_i-\overline{X})^2}}=\frac{\overline{X}-\mu}{\dfrac{S_2}{\sqrt{n-1}}}\sim t(n-1).$$

故答案为(B).

点评 如果牢记正态总体抽样分布的有关结论,则此题也直接选(B).

【1.32】 设随机变量 X 和 Y 相互独立且都服从正态分布 $N(0,3^2)$,而 $X_1,\cdots,X_9$ 和 $Y_1,\cdots,Y_9$ 分别是来自总体 X 和 Y 的简单随机样本,则统计量 $U=\dfrac{X_1+X_2+\cdots+X_9}{\sqrt{Y_1^2+Y_2^2+\cdots+Y_9^2}}$ 服从_____分布,参数为_____.

分析 $X_1,\cdots,X_9$ 相互独立且与 X 同分布,所以 $\dfrac{1}{9}(X_1+\cdots+X_9)\sim N(0,1)$,同理 $\dfrac{1}{9}(Y_1^2+\cdots+Y_9^2)\sim \chi^2(9)$.

解 因为 $X_i\sim N(0,3^2)$ $(i=1,\cdots,9)$,所以 $X_1+X_2+\cdots+X_9\sim N(0,9^2)$,则

$$\frac{X_1+X_2+\cdots+X_9}{9}\sim N(0,1).$$

因为 $Y_i\sim N(0,3^2)$,所以 $\dfrac{Y_i}{3}\sim N(0,1)$,则

$$\frac{1}{9}(Y_1^2+Y_2^2+\cdots+Y_9^2)\sim\chi^2(9).$$

由 t 分布的定义可知

$$\frac{X_1+X_2+\cdots+X_9}{\sqrt{Y_1^2+Y_2^2+\cdots+Y_9^2}}=\frac{\dfrac{1}{9}(X_1+X_2+\cdots+X_9)}{\dfrac{1}{9}\sqrt{Y_1^2+Y_2^2+\cdots+Y_9^2}}\sim t(9),$$

因此 U 服从 t 分布,参数为 9.

【1.33】 设 $X_1,X_2,\cdots,X_{10}$ 是来自标准正态总体的一组简单随机样本,

$$Y=\frac{1}{2}\sum_{i=1}^{10}X_i^2+\sum_{i=1}^{5}X_{2i-1}X_{2i},$$

则 $EY=$ _____;Y 服从_____分布;参数是_____.

解 因为 $EX_i=0, EX_i^2=DX_i=1$,所以 $EY=5$;

$$Y=\left(\frac{X_1+X_2}{\sqrt{2}}\right)^2+\cdots+\left(\frac{X_9+X_{10}}{\sqrt{2}}\right)^2\sim\chi^2(5).$$

其中 $\dfrac{X_1+X_2}{\sqrt{2}}\sim N(0,1),\cdots,\dfrac{X_9+X_{10}}{\sqrt{2}}\sim N(0,1)$.

【1.34】 设 $X_1,X_2,\cdots\cdots,X_n(n\geqslant 2)$ 为来自总体 $N(\mu,1)$ 的简单随机样本,记 $\overline{X}=\dfrac{1}{n}\sum_{i=1}^{n}X_i$,则下列结论中不正确的是_____.

(A) $\sum_{i=1}^{n}(X_i-\mu)^2$ 服从 χ^2 分布   (B) $2(X_n-X_1)^2$ 服从 χ^2 分布

(C) $\sum_{i=1}^{n}(X_i-\overline{X})^2$ 服从 χ^2 分布   (D) $n(\overline{X}-\mu)^2$ 服从 χ^2 分布

解 $X_i-\mu \sim N(0,1)$，则 $\sum_{i=1}^{n}(X_i-\mu)^2 \sim \chi^2(n)$，故(A) 正确；

$\sum_{i=1}^{n}(X_i-\overline{X})^2 = (n-1)S^2 \sim \chi^2(n-1)$，故(C) 正确；

$\overline{X} \sim N\left(\mu, \dfrac{1}{n}\right)$，则 $\dfrac{\overline{X}-\mu}{1/\sqrt{n}} \sim N(0,1)$，

故 $n(\overline{X}-\mu)^2 \sim \chi^2(1)$，(D) 正确；

因为 $X_n-X_1 \sim N(0,2)$，故 $\dfrac{X_n-X_1}{\sqrt{2}} \sim N(0,1)$，则 $\dfrac{(X_n-X_1)^2}{2} \sim \chi^2(1)$，故(B) 不正确。

【1.35】 设 X_1, X_2, X_3, X_4 是来自总体 $N(0,2^2)$ 的样本.

(1) 求常数 C，使 $Y=C[(X_1-X_2)^2+(X_3+X_4)^2]$ 服从 χ^2 分布，并指出自由度是多少？

(2) 证明 $Z=\dfrac{(X_1-X_2)^2}{(X_3+X_4)^2}$ 服从 $F(1,1)$.

(1) **解** 因为 $X_i \sim N(0,2^2), i=1,2,3,4$. 故

$$X_1-X_2 \sim N(0,8), \quad X_3+X_4 \sim N(0,8).$$

则

$$\dfrac{X_1-X_2}{\sqrt{8}} \sim N(0,1), \quad \dfrac{X_3+X_4}{\sqrt{8}} \sim N(0,1),$$

所以

$$\dfrac{(X_1-X_2)^2}{8}+\dfrac{(X_3+X_4)^2}{8} \sim \chi^2(2).$$

故 $C=\dfrac{1}{8}, n=2$.

(2) **证** 因为 $\dfrac{(X_1-X_2)^2}{8} \sim \chi^2(1), \quad \dfrac{(X_3+X_4)^2}{8} \sim \chi^2(1)$.

由 F 分布的定义可知：$Z=\dfrac{(X_1-X_2)^2}{(X_3+X_4)^2}$ 服从 $F(1,1)$.

【1.36】 设 $X_1, X_2, \cdots, X_n (n \geqslant 2)$ 为来自总体 $N(0,1)$ 的简单随机样本，$\overline{X}$ 为样本均值，S^2 为样本方差，则（   ）.

(A) $n\overline{X} \sim N(0,1)$ (B) $nS^2 \sim \chi^2(n)$

(C) $\dfrac{(n-1)\overline{X}}{S} \sim t(n-1)$ (D) $\dfrac{(n-1)X_1^2}{\sum_{i=2}^{n}X_i^2} \sim F(1,n-1)$

解 因为 $X_1, X_2, \cdots, X_n$ 为总体 $N(0,1)$ 的简单随机样本，所以

$$\overline{X} \sim N\left(0,\dfrac{1}{n}\right), \quad n\overline{X} \sim N(0,n),$$

$$(n-1)S^2 = \sum_{i=1}^{n}(X_i - \overline{X})^2 \sim \chi^2(n-1),$$

$$\frac{\overline{X}}{\frac{S}{\sqrt{n}}} = \frac{\sqrt{n}\,\overline{X}}{S} \sim t(n-1),$$

故(A)、(B)、(C) 不正确.

而 $X_1^2 \sim \chi^2(1),\quad \sum_{i=2}^{n}X_i^2 \sim \chi^2(n-1),$

$$\frac{X_1^2}{\dfrac{\sum_{i=2}^{n}X_i^2}{n-1}} = \frac{(n-1)X_1^2}{\sum_{i=2}^{n}X_i^2} \sim F(1, n-1).$$

故答案为(D).

【1.37】 设总体 X 服从正态分布 $N(0,\sigma^2)$ (σ^2 已知), $X_1,\cdots,X_n$ 是取自总体 X 的简单随机样本, S^2 为样本方差,则( ).

(A) $\sum_{i=1}^{n}X_i^2 \sim \chi^2(n)$

(B) $\left(\dfrac{X_i}{\sigma}\right)^2 + \dfrac{(n-1)S^2}{\sigma^2} \sim \chi^2(n)$

(C) $\dfrac{1}{n}\sum_{i=1}^{n}\left(\dfrac{X_i}{\sigma}\right)^2 + \dfrac{(n-1)S^2}{\sigma^2} \sim \chi^2(n)$

(D) $\dfrac{1}{n}\left(\sum_{i=1}^{n}\dfrac{X_i}{\sigma}\right)^2 + \dfrac{(n-1)S^2}{\sigma^2} \sim \chi^2(n)$

解 $X_i \sim N(0,\sigma^2),\quad \dfrac{X_i}{\sigma} \sim N(0,1),\quad \overline{X} \sim N\left(0, \dfrac{\sigma^2}{n}\right),$

$$\frac{(n-1)}{\sigma^2}S^2 = \sum_{i=1}^{n}\left(\frac{X_i - \overline{X}}{\sigma}\right)^2 \sim \chi^2(n-1),$$

$$\frac{\sqrt{n}\,\overline{X}}{\sigma} = \frac{1}{\sqrt{n}}\sum_{i=1}^{n}\frac{X_i}{\sigma} \sim N(0,1),$$

故有 $\dfrac{1}{n}\left(\sum_{i=1}^{n}\dfrac{X_i}{\sigma}\right)^2 \sim \chi^2(1)$,由 $\overline{X}$ 与 S^2 独立,所以

$$n\left(\frac{\overline{X}}{\sigma}\right)^2 + \frac{(n-1)S^2}{\sigma^2} = \frac{1}{n}\left(\sum_{i=1}^{n}\frac{X_i}{\sigma}\right)^2 + \frac{(n-1)S^2}{\sigma^2} \sim \chi^2(n).$$

因此答案为(D).

【1.38】 设 $X_1, X_2, \cdots, X_m$ 和 $Y_1, Y_2, \cdots, Y_n$ 分别是从正态总体 $X \sim N(\mu_1, \sigma^2)$ 和总体 $Y \sim N(\mu_2, \sigma^2)$ 中抽取的两个独立样本. $\overline{X}$ 和 $\overline{Y}$ 分别表示 X 和 Y 的样本均值,S_1^2 和 S_2^2 分别表示 X 和 Y 的修正的样本方差,a 和 b 是两个非零实数. 试求

$$Z = \frac{a(\overline{X} - \mu_1) + b(\overline{Y} - \mu_2)}{\sqrt{\dfrac{(m-1)S_1^2 + (n-1)S_2^2}{m+n-2}}\sqrt{\dfrac{a^2}{m} + \dfrac{b^2}{n}}}$$

的概率分布.

证 因为总体 $X \sim N(\mu_1, \sigma^2)$, $Y \sim N(\mu_2, \sigma^2)$,所以

$$\overline{X} \sim N\left(\mu_1, \frac{\sigma^2}{m}\right),\quad \overline{Y} \sim N\left(\mu_2, \frac{\sigma^2}{n}\right)$$

且知 $\overline{X}$ 与 $\overline{Y}$ 相互独立.

又

$$E[a(\overline{X}-\mu_1)+b(\overline{Y}-\mu_2)]=0;$$
$$D[a(\overline{X}-\mu_1)+b(\overline{Y}-\mu_2)]=a^2D(\overline{X}-\mu_1)+b^2D(\overline{Y}-\mu_2)$$
$$=a^2\frac{\sigma^2}{m}+b^2\frac{\sigma^2}{n}=\left(\frac{a^2}{m}+\frac{b^2}{n}\right)\sigma^2.$$

因为相互独立的正态随机变量的线性组合仍是正态随机变量,所以

$$a(\overline{X}-\mu_1)+b(\overline{Y}-\mu_2)\sim N\left[0,\left(\frac{a^2}{m}+\frac{b^2}{n}\right)\sigma^2\right],$$

于是

$$\frac{a(\overline{X}-\mu_1)+b(\overline{Y}-\mu_2)}{\sqrt{\frac{a^2}{m}+\frac{b^2}{n}}\,\sigma}\xrightarrow{\text{记}}U\sim N(0,1).$$

又知 $\overline{X}$ 与 S_1^2 独立,$\overline{Y}$ 与 S_2^2 独立,且

$$\frac{(m-1)S_1^2}{\sigma^2}\sim\chi^2(m-1),\qquad\frac{(n-1)S_2^2}{\sigma^2}\sim\chi^2(n-1),$$

由两个样本 $X_1,X_2,\cdots,X_m$ 与 $Y_1,Y_2,\cdots,Y_n$ 相互独立知道 S_1^2 与 S_2^2 相互独立,由 χ^2 分布性质可知

$$\frac{(m-1)S_1^2}{\sigma^2}+\frac{(n-1)S_2^2}{\sigma^2}\xrightarrow{\text{记}}W\sim\chi^2(m+n-2),$$

又由上述证明可知 U 与 W 相互独立,由 t 分布的定义可知

$$\frac{U}{\sqrt{\frac{W}{m+n-2}}}=\frac{a(\overline{X}-\mu_1)+b(\overline{Y}-\mu_2)}{\sqrt{\frac{(m-1)S_1^2+(n-1)S_2^2}{m+n-2}}\sqrt{\frac{a^2}{m}+\frac{b^2}{n}}}\sim t(m+n-2).$$

【1.39】 在天平上重复称量一重为 a 的物品,假设各次称量结果相互独立且同服从正态分布 $N(a,0.2^2)$. 若以 $\overline{X}_n$ 表示 n 次称量结果的算术平均值,则为使 $P\{|\overline{X}_n-a|<0.1\}\geqslant 0.95$, n 的最小值应不小于自然数_____.

解 设 $X_1,X_2,\cdots,X_n$ 为相互独立的随机变量,且 $X_i\sim N(a,0.2^2)$,则

$$\overline{X}_n=\frac{1}{n}\sum_{i=1}^n X_i\sim N\left(a,\frac{0.2^2}{n}\right),$$

有

$$U=\frac{\overline{X}_n-a}{\frac{0.2}{\sqrt{n}}}\sim N(0,1),\qquad P\{|U|<1.96\}\geqslant 0.95,$$

于是有

$$P\{|\overline{X}_n-a|<0.1\}=P\left\{\frac{\sqrt{n}|\overline{X}-a|}{0.2}<\frac{\sqrt{n}}{2}\right\}\geqslant 0.95,$$

得 $\frac{\sqrt{n}}{2}\geqslant 1.96$, $n\geqslant 15.3664$. 则有 n 的最小值应不小于 16.

故应填 16.

【1.40】 在总体 $N(52,6.3^2)$ 中随机抽一容量为 36 的样本,求样本均值 $\overline{X}$ 落在 50.8 到 53.

8 之间的概率.

解 因 $\bar{X} \sim N(52, \frac{6.3^2}{36})$,所以

$$P\{50.8 < \bar{X} < 53.8\} = P\left\{\frac{50.8-52}{\frac{6.3}{6}} < \frac{\bar{X}-52}{\frac{6.3}{6}} < \frac{53.8-52}{\frac{6.3}{6}}\right\}$$

$$= P\left\{-\frac{8}{7} < \frac{\bar{X}-52}{\frac{6.3}{6}} < \frac{12}{7}\right\}$$

$$= \Phi\left(\frac{12}{7}\right) - \Phi\left(-\frac{8}{7}\right) = \Phi\left(\frac{12}{7}\right) + \Phi\left(\frac{8}{7}\right) - 1$$

$$\approx 0.9564 + 0.8729 - 1$$

$$= 0.8293.$$

【1.41】 设在总体 $N(\mu, \sigma^2)$ 中抽取一容量为 16 的样本,这里 μ, σ^2 均为未知.

(1) 求 $P\left\{\frac{S^2}{\sigma^2} \leqslant 2.041\right\}$,其中 S^2 为样本方差;

(2) 求 $D(S^2)$.

解 (1) 由样本来自总体 $N(\mu, \sigma^2)$ 知,$\frac{(16-1)S^2}{\sigma^2} \sim \chi^2(16-1)$. 从而

$$P\left\{\frac{S^2}{\sigma^2} \leqslant 2.041\right\} = P\left\{\frac{15S^2}{\sigma^2} \leqslant 15 \times 2.041\right\}$$

$$= 1 - P\left\{\frac{15S^2}{\sigma^2} > 30.615\right\} = 1 - P\{\chi^2(15) > 30.615\}$$

$$= 1 - 0.01 = 0.99.$$

(2) 由 $(n-1)\frac{S^2}{\sigma^2} \sim \chi^2(n-1)$,有 $D\left[(n-1)\frac{S^2}{\sigma^2}\right] = 2(n-1)$,

即 $\frac{(n-1)^2}{\sigma^4} D(S^2) = 2(n-1)$,从而 $D(S^2) = \frac{2\sigma^4}{n-1}$,

当 $n = 16$ 时,$D(S^2) = \frac{2}{15}\sigma^4$.

【1.42】 求总体 $N(20, 3)$ 的容量分别为 10, 15 的两独立样本均值差的绝对值大于 0.3 的概率.

解 记 $\bar{X} = \frac{1}{10}\sum_{i=1}^{10} X_i, \bar{Y} = \frac{1}{15}\sum_{i=1}^{15} Y_i, \bar{X}$ 与 $\bar{Y}$ 独立,且 $\bar{X} \sim N(20, \frac{3}{10}), \bar{Y} \sim N(20, \frac{3}{15})$,

则 $\bar{X} - \bar{Y} \sim N(0, \frac{1}{2})$,于是

$$P\{|\bar{X}-\bar{Y}| > 0.3\} = \left\{\left|\frac{\bar{X}-\bar{Y}}{\frac{1}{\sqrt{2}}}\right| > 0.3 \times \sqrt{2}\right\}$$

$$= 2 \times [1 - \Phi(0.3 \times \sqrt{2})] \approx 2 \times [1 - \Phi(0.4243)]$$

$$= 2 \times (1 - 0.6628) = 0.6744.$$

【1.43】 设 $X_1, X_2, \cdots, X_8$ 为 $N(0, 0.2^2)$ 的一个样本,求 a,使 $P\left\{\sum_{i=1}^{8} X_i^2 < a\right\} = 0.95$.

解 由 $X_1, X_2, \cdots, X_8$ 独立同服从 $N(0, 0.2^2)$ 分布,知
$$\sum_{i=1}^{8}\left(\frac{X_i}{0.2}\right)^2 = \frac{1}{0.2^2}\sum_{i=1}^{8}X_i^2 \sim \chi^2(8),$$
因此
$$P\left\{\sum_{i=1}^{8}X_i^2 < a\right\} = P\left\{\frac{1}{0.2^2}\sum_{i=1}^{8}X_i^2 < \frac{a}{0.2^2}\right\}$$
$$= P\left\{\chi^2(8) < \frac{a}{0.04}\right\} = 0.95,$$

即 $P\left\{\chi^2(8) > \frac{a}{0.04}\right\} = 0.05,$ 故 $\frac{a}{0.04} = \chi^2_{0.05}(8) = 15.507,$

则 $a = 0.04 \times 15.507 = 0.62028.$

【1.44】 设总体 $X \sim N(\mu_1, \sigma_1^2), Y \sim N(\mu_2, \sigma_2^2)$,从两个总体中分别抽样得: $n_1 = 8, S_1^2 = 8.75; n_2 = 10, S_2^2 = 2.66.$ 求概率 $P\{\sigma_1^2 > \sigma_2^2\}.$

解 因为
$$\frac{\frac{S_1^2}{\sigma_1^2}}{\frac{S_2^2}{\sigma_2^2}} \sim F(7, 9),$$

所以
$$P\{\sigma_1^2 > \sigma_2^2\} = P\left\{\frac{\sigma_2^2}{\sigma_1^2} < 1\right\} = P\left\{\frac{\frac{S_1^2}{\sigma_1^2}}{\frac{S_2^2}{\sigma_2^2}} < \frac{S_1^2}{S_2^2}\right\}$$
$$= P\left\{F(7, 9) < \frac{8.75}{2.66}\right\} = P\{F(7, 9) < 3.829\}$$
$$= 1 - P\{F(7, 9) \geqslant 3.289\} = 1 - 0.05 = 0.95.$$

【1.45】 设总体 X 服从正态分布 $N(\mu_1, \sigma^2)$,总体 Y 服从正态分布 $N(\mu_2, \sigma^2), X_1, X_2, \cdots, X_{n_1}$ 和 $Y_1, Y_2, \cdots, Y_{n_2}$ 分别是来自总体 X 和 Y 的简单随机样本,则
$$E\left[\frac{\sum_{i=1}^{n_1}(X_i - \overline{X})^2 + \sum_{j=1}^{n_2}(Y_j - \overline{Y})^2}{n_1 + n_2 - 2}\right] = \underline{\qquad}.$$

解 因为 S^2 是 σ^2 的无偏估计,即 $E(S^2) = \sigma^2.$
所以
$$E\left[\frac{1}{n_1 - 1}\sum_{i=1}^{n_1}(X_i - \overline{X})^2\right] = \sigma^2, \quad E\left[\frac{1}{n_2 - 1}\sum_{j=1}^{n_2}(Y_j - \overline{Y})^2\right] = \sigma^2,$$
则
$$E\left[\frac{\sum_{i=1}^{n_1}(X_i - \overline{X})^2 + \sum_{j=1}^{n_2}(Y_j - \overline{Y})^2}{n_1 + n_2 - 2}\right] = \sigma^2.$$

故应填 $\sigma^2.$

【1.46】 设总体 $X \sim N(\mu, 2^2), X_1, X_2, \cdots, X_n$ 为取自总体的一个样本,$\overline{X}$ 为样本均值,要使 $E(\overline{X} - \mu)^2 \leqslant 0.1$ 成立,则样本容量 n 至少应取 _____.

解 $E(\overline{X}-\mu)^2 = D\overline{X} = \frac{1}{n}DX = \frac{1}{n} \cdot 2^2 \leqslant 0.1$,得 $n \geqslant 40$.

或 $E(\overline{X}-\mu)^2 = E[(\overline{X})^2 - 2\mu(\overline{X}) + \mu^2] = E[(\overline{X})^2] - 2\mu E(\overline{X}) + E(\mu^2)$

$= D(\overline{X}) + [E(\overline{X})]^2 - 2\mu EX + \mu^2 = \frac{DX}{n} + [E(X)]^2 - 2\mu^2 + \mu^2$

$= \frac{2^2}{n} + \mu^2 - 2\mu^2 + \mu^2 = \frac{4}{n} \leqslant 0.1$.

故 $n \geqslant 40$.

【1.47】 设总体 $X \sim B(1,p)$, $X_1, X_2, \cdots, X_n$ 是来自 X 的样本.

(1) 求 $(X_1, X_2, \cdots, X_n)$ 的分布律；

(2) 求 $\sum_{i=1}^{n} X_i$ 的分布律；

(3) 求 $E(\overline{X}), D(\overline{X}), E(S^2)$.

解 (1) $P\{X_1 = x_1, X_2 = x_2, \cdots, X_n = x_n\}$

$= P\{X_1 = x_1\}P\{X_2 = x_2\}\cdots P\{X_n = x_n\}$

$= p^{\sum_{i=1}^{n} x_i}(1-p)^{n-\sum_{i=1}^{n} x_i}$, $x_i = 0,1; i = 1,2,\cdots,n$.

(2) $X_1, X_2, \cdots, X_n$ 独立同服从 $B(1,p)$，则 $X = \sum_{i=1}^{n} X_i \sim B(n,p)$，因此

$$P\{\sum_{i=1}^{n} X_i = k\} = C_n^k p^k (1-p)^{n-k} \quad (k = 0,1,2,\cdots,n).$$

(3) 由于 $\sum_{i=1}^{n} X_i \sim B(n,p)$，所以

$$E(\overline{X}) = E(\frac{1}{n}\sum_{i=1}^{n} X_i) = \frac{1}{n}E(\sum_{i=1}^{n} X_i) = \frac{1}{n} \cdot np = p;$$

$$D(\overline{X}) = D(\frac{1}{n}\sum_{i=1}^{n} X_i) = \frac{1}{n^2}D(\sum_{i=1}^{n} X_i) = \frac{1}{n^2}np(1-p) = \frac{p(1-p)}{n};$$

$$E(S^2) = E(\frac{1}{n-1}\sum_{i=1}^{n}(X_i - \overline{X})^2) = \frac{1}{n-1}E(\sum_{i=1}^{n} X_i^2 - n\overline{X}^2)$$

$$= \frac{1}{n-1}(\sum_{i=1}^{n} EX_i^2 - nE\overline{X}^2)$$

$$= \frac{1}{n-1}\{\sum_{i=1}^{n}[DX_i + (EX_i)^2] - n[D\overline{X} + (E\overline{X})^2]\}$$

$$= \frac{n}{n-1}[p(1-p) + p^2 - \frac{p(1-p)}{n} - p^2] = p(1-p).$$

【1.48】 设总体 $X \sim \chi^2(n)$, $X_1, X_2, \cdots, X_{10}$ 是来自 X 的样本，求 $E(\overline{X}), D(\overline{X}), E(S^2)$.

解 $EX_i = EX = n, DX_i = DX = 2n$，则

$$E(\overline{X}) = E(\frac{1}{10}\sum_{i=1}^{10} X_i) = \frac{1}{10}\sum_{i=1}^{10} EX_i = n.$$

$$D(\overline{X}) = D(\frac{1}{10}\sum_{i=1}^{10} X_i) = \frac{1}{10^2}\sum_{i=1}^{10} DX_i = \frac{1}{100} \times 10 \times 2n = \frac{n}{5}.$$

$$E(S^2) = \frac{1}{10-1}E(\sum_{i=1}^{10}X_i^2 - 10\overline{X}^2) = \frac{1}{9}(\sum_{i=1}^{10}EX_i^2 - 10E\overline{X}^2)$$

$$= \frac{1}{9}\{\sum_{i=1}^{10}[DX_i + (EX_i)^2] - 10[D\overline{X} + (E\overline{X})^2]\}$$

$$= \frac{1}{9} \times [10 \times (2n + n^2) - 10 \times (\frac{n}{5} + n^2)] = 2n.$$

点评 上述两题也可直接用公式

$$E(\overline{X}) = EX, \quad D(\overline{X}) = \frac{DX}{n}, \quad E(S^2) = DX$$

进行计算,简化推导过程.

【1.49】设 $X_1, X_2, \cdots, X_n (n > 2)$ 为来自总体 $N(0, \sigma^2)$ 的简单随机样本,其样本均值为 $\overline{X}$. 记 $Y_i = X_i - \overline{X}, i = 1, 2, \cdots, n$.

(1) 求 Y_i 的方差 $DY_i, i = 1, 2, \cdots, n$;
(2) 求 Y_1 与 Y_n 的协方差 $\text{Cov}(Y_1, Y_n)$;
(3) 若 $c(Y_1 + Y_n)^2$ 是 σ^2 的无偏估计量,求常数 c.

解 (1) $DY_i = D(X_i - \overline{X}) = D\left[(1 - \frac{1}{n})X_i - \frac{1}{n}\sum_{k \neq i}X_k\right] = \frac{n-1}{n}\sigma^2, \quad i = 1, 2, \cdots, n.$

(2) $\text{Cov}(Y_1, Y_n) = E(Y_1 - EY_1)(Y_n - EY_n) = E(X_1 - \overline{X})(X_n - \overline{X})$

$$= E(X_1 X_n) + E(\overline{X}^2) - E(X_1\overline{X}) - E(X_n\overline{X})$$

$$= EX_1 EX_n + D\overline{X} - \frac{1}{n}E(X_1^2) - \frac{1}{n}\sum_{i=2}^{n}E(X_1 X_i)$$

$$- \frac{1}{n}E(X_n^2) - \frac{1}{n}\sum_{i=1}^{n-1}E(X_i X_n)$$

$$= -\frac{1}{n}\sigma^2.$$

(3) $E[c(Y_1 + Y_n)^2] = cD(Y_1 + Y_n) = c[DY_1 + DY_n + 2\text{Cov}(Y_1, Y_n)]$

$$= c\left[\frac{n-1}{n} + \frac{n-1}{n} - \frac{2}{n}\right]\sigma^2$$

$$= \frac{2(n-2)}{n}c\sigma^2 = \sigma^2, \quad (\text{无偏性定义见第七章})$$

故 $c = \frac{n}{2(n-2)}$.

点评 本题(1)、(2)也可利用性质计算:

$$DY_i = D(X_i - \overline{X}) = D(X_i) + D(\overline{X}) - 2\text{Cov}(X_i, \overline{X})$$

$$= D(X_i) + \frac{D(X_i)}{n} - \frac{2}{n}D(X_i) = \frac{n-1}{n}\sigma^2.$$

$$\text{Cov}(Y_1, Y_n) = \text{Cov}(X_1 - \overline{X}, X_n - \overline{X})$$

$$= -\text{Cov}(X_1, \overline{X}) - \text{Cov}(X_n, \overline{X}) + \text{Cov}(\overline{X}, \overline{X})$$

$$= -\frac{1}{n}D(X_1) - \frac{1}{n}D(X_n) + D(\overline{X})$$

$$= -\frac{2}{n}D(X) + \frac{1}{n}D(X) = -\frac{1}{n}\sigma^2.$$

【1.50】 设总体服从泊松分布 $P(\lambda)$,$X_1,X_2,\cdots,X_n$ 是一样本.

(1) 写出 $X_1,X_2,\cdots,X_n$ 的概率分布.

(2) 计算 $E(\overline{X}),D(\overline{X})$ 和 $E(S^2)$.

(3) 设总体的容量为 10 的一组样本观察值为 $(1,2,4,3,3,4,5,6,4,8)$,试计算样本均值、样本方差和经验分布函数.

解 (1) 由于 $P\{X_i=x_i\}=\dfrac{\lambda^{x_i}}{x_i!}\mathrm{e}^{-\lambda}$, $(x_i=0,1,2,\cdots)$ $\lambda>0$

因此 $(X_1,X_2,\cdots,X_n)$ 的概率分布为

$$p(x_1,x_2,\cdots,x_n)=\prod_{i=1}^{n}\dfrac{\lambda^{x_i}}{x_i!}\mathrm{e}^{-\lambda}=\dfrac{\mathrm{e}^{-n\lambda}\lambda^{\sum\limits_{i=1}^{n}x_i}}{\prod\limits_{i=1}^{n}x_i!}.$$

(2) 由于 $X\sim P(\lambda)$,所以 $E(X)=D(X)=\lambda$,则有

$$E(\overline{X})=E(X)=\lambda, \quad D(\overline{X})=\dfrac{D(X)}{n}=\dfrac{\lambda}{n}, \quad E(S^2)=D(X)=\lambda.$$

(3) $\overline{X}=\dfrac{1}{10}\sum\limits_{i=1}^{10}X_i=4,$

$$S^2=\dfrac{1}{n-1}\sum_{i=1}^{n}(X_i-\overline{X})^2=\dfrac{1}{n-1}\left[\sum_{i=1}^{n}X_i^2-n\overline{X}^2\right]=4.$$

经验分布函数 $F_{10}(x)$ 为

$$F_{10}(x)=\begin{cases}0, & x<1 \\ \dfrac{1}{10}, & 1\leqslant x<2 \\ \dfrac{2}{10}, & 2\leqslant x<3 \\ \dfrac{4}{10}, & 3\leqslant x<4 \\ \dfrac{7}{10}, & 4\leqslant x<5 \\ \dfrac{8}{10}, & 5\leqslant x<6 \\ \dfrac{9}{10}, & 6\leqslant x<8 \\ 1, & x\geqslant 8\end{cases}$$

【1.51】 测得 20 个毛坯重量(单位:g),列成简单表如下

毛坯重量	185	187	192	195	200	202	205	206
频数	1	1	1	1	1	2	1	1
毛坯重量	207	208	210	214	215	216	218	220
频数	2	1	1	1	2	1	2	1

将其按区间 $[183.5,192.5),\cdots,[219.5,228.5)$ 分为 5 组,列出分组统计表,并画出频率直方图.

解 分组统计表为

分组编号	1	2	3	4	5
组　　限	183.5〜192.5	192.5〜201.5	201.5〜210.5	210.5〜219.5	219.5〜228.5
组中值	188	197	206	215	224
组频数	3	2	8	6	1
组频率(%)	15	10	40	30	5

频率直方图如图 6－1.51 所示.

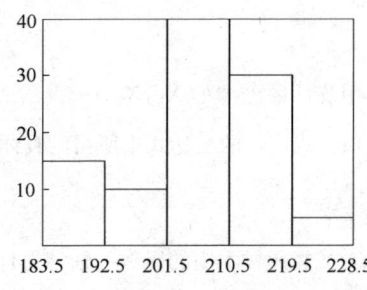

图 6－1.51

【1.52】 设 $X_1, X_2, \cdots, X_n$ 是来自总体 X 的样本,总体 X 的分布函数为 $F(x)$,密度函数为 $f(x)$,记 $Y = \max(X_1, X_2, \cdots, X_n)$, $Z = \min(X_1, X_2, \cdots, X_n)$,试求 Y, Z 的密度函数及 (Y, Z) 的联合密度函数.

解 因为 $X_1, X_2, \cdots, X_n$ 独立同分布,且 X_i 分布函数为 $F(x)$,则由第三章公式可得:
$$F_Y(y) = [F(y)]^n, \quad F_Z(z) = 1 - [1 - F(z)]^n,$$
故
$$f_Y(y) = F'_Y(y) = nF^{n-1}(y)f(y),$$
$$f_Z(z) = F'_Z(z) = n[1 - F(z)]^{n-1}f(z).$$

设 (Y, Z) 的联合分布函数为 $G(y, z)$, $G(y, z) = P\{Y \leqslant y, Z \leqslant z\}$,

当 $y < z$ 时, $G(y, z) = P\{Y \leqslant y\} = F_Y(y) = [F(y)]^n$,

当 $y \geqslant z$ 时, $G(y, z) = P\{Y \leqslant y, Z \leqslant z\} = P\{Y \leqslant y\} - P\{Y \leqslant y, Z > z\}$
$$= P\{Y \leqslant y\} - P\{\max(X_i) \leqslant y, \min(X_i) > z\}$$
$$= P\{Y \leqslant y\} - P\{z < X_1 \leqslant y, z < X_2 \leqslant y, \cdots, z < X_n \leqslant y\}$$
$$= P\{Y \leqslant y\} - [P\{z < X_i \leqslant y\}]^n$$
$$= [F(y)]^n - [F(y) - F(z)]^n,$$

即
$$G(y, z) = \begin{cases} [F(y)]^n, & y < z \\ [F(y)]^n - [F(y) - F(z)]^n, & y \geqslant z \end{cases}$$

故 (Y, Z) 的联合密度为
$$g(y, z) = \frac{\partial^2 G}{\partial y \partial z} = \begin{cases} n(n-1)f(y)f(z)[F(y) - F(z)]^{n-2}, & y \geqslant z \\ 0, & y < z \end{cases}$$

第七章 参数估计

§1. 点 估 计

知识要点

1. 点估计

设 θ 是总体 X 的未知参数,用统计量 $\hat{\theta} = \hat{\theta}(X_1, X_2, \cdots, X_n)$ 来估计 θ,称 $\hat{\theta}$ 为 θ 的估计量. 对于样本的一组观察值 $x_1, x_2, \cdots, x_n$,代入 $\hat{\theta}$ 的表达式中所得的具体数值称为 θ 的估计值. 这样的方法称为参数的点估计.

2. 矩估计

用样本矩去估计相应总体矩,或者用样本矩的函数去估计总体矩的同一函数的估计方法就是矩估计.

设总体 X 的概率分布含有 m 个未知参数 $\theta_1, \theta_2, \cdots, \theta_m$,假定总体的 k 阶原点矩存在,记 $\mu_k = E(X^k)$ $(k=1,2,\cdots,m)$,$A_k = \dfrac{1}{n}\sum_{i=1}^{n} X_i^k$ 为样本 k 阶矩,令

$$\mu_k(\theta_1, \theta_2, \cdots, \theta_m) = A_k \quad (k=1,2,\cdots,m),$$

则此方程组的解 $(\hat{\theta}_1, \hat{\theta}_2, \cdots, \hat{\theta}_m)$ 称为参数 $(\theta_1, \theta_2, \cdots, \theta_m)$ 的矩估计量. 矩估计量的观察值称为矩估计值.

3. 最大似然估计(极大似然估计)

(1) 设总体 X 的概率分布为 $p(x;\theta)$(当 X 为连续型时,其为概率密度函数,当 X 为离散型时,其为分布律),$\theta = (\theta_1, \theta_2, \cdots, \theta_m)$ 为未知参数,$x_1, \cdots, x_n$ 为样本观察值.

$$L(x_1, \cdots, x_n, \theta) = \prod_{i=1}^{n} p(x_i;\theta) = L(\theta),$$

称为 θ 的似然函数.

(2) 对给定的 $x_1, \cdots, x_n$,使似然函数达到最大值的 $\hat{\theta}(x_1, \cdots, x_n)$ 称为 θ 的最大似然估计值,相应地 $\hat{\theta}(X_1, \cdots, X_n)$ 称为 θ 的最大似然估计量.

(3) 最大似然估计的常用求解方法. 由于 $\ln L(\theta)$ 与 $L(\theta)$ 有相同的最大值点,若 $L(\theta)$ 可导,则可由方程组

$$\dfrac{\partial \ln L(\theta_1, \theta_2, \cdots, \theta_m)}{\partial \theta_i} = 0 \quad (i=1,2,\cdots,m),$$

求出 θ_i 的最大似然估计量,需注意的是这一方法并不都是有效的,对于有些似然函数,其驻点或导数不存在,这时应考虑其他方法求似然函数的最大值点.

基 本 题 型

题型 1:求矩估计

【1.1】 设总体 X 的概率密度函数为
$$f(x;\theta) = \begin{cases} \theta x^{\theta-1}, & 0 < x < 1 \\ 0, & \text{其他} \end{cases} \quad (\theta > 0)$$
求未知参数 θ 的矩估计量.

分析 根据求矩估计量的求解步骤,先求出 X 的数学期望,得到参数 θ 与期望的关系,然后由样本均值替换总体期望,即是 θ 的矩估计.

解 $EX = \int_{-\infty}^{+\infty} x \cdot f(x;\theta) \mathrm{d}x = \int_0^1 x\theta x^{\theta-1} \mathrm{d}x = \dfrac{\theta}{\theta+1}$,

令 $EX = \overline{X}$,则 $\hat{\theta} = \dfrac{\overline{X}}{1-\overline{X}}$,其中 $\overline{X} = \dfrac{1}{n}\sum\limits_{i=1}^n X_i$,则 $\hat{\theta}$ 即为参数 θ 的矩估计.

【1.2】 设总体 X 的分布律为 $P\{X=x\} = (1-p)^{x-1}p, x=1,2,\cdots,(X_1,X_2,\cdots,X_n)$ 是来自总体 X 的样本,试求 p 的矩估计量.

分析 对离散型随机变量同样是从求其数学期望出发,得到参数和数学期望之间的关系,用样本均值替代总体期望.

解 因为 X 服从几何分布,所以由几何分布的数字特征结论.

$E(X) = \dfrac{1}{p}$,令 $EX = \overline{X}$.

因此参数 p 的矩估计量 $\hat{p} = \dfrac{1}{\overline{X}}$.

【1.3】 设总体 X 在 $[a,b]$ 上服从均匀分布,$(X_1,X_2,\cdots,X_n)$ 为其样本,样本均值 $\overline{X}$,样本方差 S^2,则 a,b 的矩估计 $\hat{a} = \underline{\qquad}$,$\hat{b} = \underline{\qquad}$.

解 由均匀分布的数字特征结论:
$$EX = \dfrac{a+b}{2}, \quad DX = \dfrac{(b-a)^2}{12}.$$

令 $EX = \overline{X}, DX = S^2$,解得
$$\hat{a} = \overline{X} - \sqrt{3}S, \quad \hat{b} = \overline{X} + \sqrt{3}S,$$
即为 a,b 的矩估计.

点评 因为需要估计两个参数 a,b,所以应该构造两个方程:(1) 求出期望 EX 用 $\overline{X}$ 代替;(2) 求出方差 DX 用 S^2 代替,也可以求出 $E(X^2)$ 用 $A_2 = \dfrac{1}{n}\sum\limits_{i=1}^n X_i^2$ 代替,这样结果变成
$$\hat{a} = \overline{X} - \sqrt{3B_2}, \quad \hat{b} = \overline{X} + \sqrt{3B_2},$$
其中 $B_2 = \dfrac{1}{n}\sum\limits_{i=1}^n (X_i - \overline{X})^2$ 为二阶样本中心距.

【1.4】 随机地取 8 只活塞环,测得它们的直径为(单位:mm)
74.001 74.005 74.003 74.001 74.000 73.993 74.006 74.002

试求总体均值 μ 及方差 σ^2 的矩估计值,并求样本方差 S^2.

解 由矩法估计知
$$\begin{cases} \mu_1 = E(X) = \mu \\ \mu_2 = E(X^2) = D(X) + [E(X)]^2 = \sigma^2 + \mu^2 \end{cases}$$

令 $\begin{cases} \mu = A_1 \\ \sigma^2 + \mu^2 = A_2 \end{cases}$,解之得

$$\hat{\mu} = A_1 = \overline{X} = \frac{1}{n}\sum_{i=1}^{n} X_i,$$

$$\hat{\sigma}^2 = A_2 - A_1^2 = \frac{1}{n}\sum_{i=1}^{n} X_i^2 - \overline{X}^2 = \frac{1}{n}\sum_{i=1}^{n}(X_i - \overline{X})^2.$$

由题中数据得 $\hat{\mu} = 74.001$, $\hat{\sigma}^2 = 6 \times 10^{-6}$.

样本方差 $s^2 = \frac{1}{n-1}\sum_{i=1}^{n}(x_i - \overline{x})^2 = 6.86 \times 10^{-6}$.

题型 2:求最大似然估计

方法与技巧 求最大似然估计的一般步骤为:

(1) 构造似然函数;

(2) 求似然函数的最大值点,此即所求最大似然估计.

求最大似然估计的三种情形:

(1) 解极大似然方程(组);

(2) 利用定义 $L(\hat{\theta}) = \max L(\theta)$;

(3) 按照极大似然的不变性.

【1.5】 设总体 X 的概率密度为

$$f(x;\lambda) = \begin{cases} \lambda\alpha x^{\alpha-1} e^{-\lambda x^\alpha}, & \text{若 } x > 0 \\ 0, & \text{若 } x \leqslant 0 \end{cases}$$

其中 $\lambda > 0$ 是未知参数,$\alpha > 0$ 是已知常数,根据来自总体 X 的简单随机样本 $X_1, X_2, \cdots, X_n$,求 λ 的最大似然估计量 $\hat{\lambda}$.

分析 求最大似然估计关键是要确定似然函数.

解 由已知条件可得似然函数为

$$L(x_1, x_2, \cdots, x_n; \lambda) = \prod_{i=1}^{n} f(x_i;\lambda) = (\lambda\alpha)^n e^{-\lambda \sum_{i=1}^{n} x_i^\alpha} \prod_{i=1}^{n} x_i^{\alpha-1}.$$

当 $x_i > 0$ 时,$L > 0$,且有

$$\ln L = n\ln(\lambda\alpha) + \ln\prod_{i=1}^{n} x_i^{\alpha-1} - \lambda\sum_{i=1}^{n} x_i^\alpha,$$

根据对数似然方程

$$\frac{d\ln L}{d\lambda} = \frac{n}{\lambda} - \sum_{i=1}^{n} x_i^\alpha = 0,$$

解得 λ 的最大似然估计 $\hat{\lambda} = \dfrac{n}{\sum\limits_{i=1}^{n} x_i^\alpha}$.

则 λ 的最大似然估计量为 $\hat{\lambda} = \dfrac{n}{\sum_{i=1}^{n} X_i^{\alpha}}$.

【1.6】 设某种元件的使用寿命 X 的概率密度为

$$f(x;\theta) = \begin{cases} 2e^{-2(x-\theta)}, & x > \theta \\ 0, & x \leqslant \theta \end{cases}$$

其中 $\theta > 0$ 为未知参数,又设 $x_1, x_2, \cdots, x_n$ 是 X 的一组样本观测值,求参数 θ 的最大似然估计值.

分析 多数情况下,最大似然估计值可以由似然函数的驻点求得,但是在有些情况下,似然函数的驻点不存在,此时,可以通过参数的取值范围求最大似然估计.

解 由题意知,似然函数为

$$L(\theta) = L(x_1, x_2, \cdots, x_n; \theta) = \begin{cases} 2^n e^{-2\sum_{i=1}^{n}(x_i-\theta)}, & x_i > \theta \ (i=1,2,\cdots,n) \\ 0, & \text{其他} \end{cases}$$

当 $x_i > 0$ 时,$L(\theta) > 0$,两边取对数

$$\ln L(\theta) = n\ln 2 - 2\sum_{i=1}^{n}(x_i - \theta),$$

因为 $\dfrac{\mathrm{d}\ln L(\theta)}{\mathrm{d}\theta} = 2n > 0$,所以 $L(\theta)$ 单调增加.

由于 θ 要满足 $\theta < x_i (i=1,2,\cdots,n)$,所以当 θ 取 $x_1, x_2, \cdots, x_n$ 中的最小值时,$L(\theta)$ 取最大值.

故 θ 的最大似然估计值为 $\hat{\theta} = \min(x_1, x_2, \cdots, x_n)$.

【1.7】 设总体 X 的概率分布为

X	0	1	2	3
p	θ^2	$2\theta(1-\theta)$	θ^2	$1-2\theta$

其中 $\theta \left(0 < \theta < \dfrac{1}{2}\right)$ 是未知参数,利用总体 X 的如下样本值

$$3, 1, 3, 0, 3, 1, 2, 3$$

求 θ 的矩估计值和最大似然估计值.

分析 矩估计用基本求解方法即可. 对于最大似然估计,若似然函数出现多个驻点应该根据题意选择.

解 由离散型随机变量的期望公式

$$EX = 0 \times \theta^2 + 1 \times 2\theta(1-\theta) + 2 \times \theta^2 + 3 \times (1-2\theta)$$
$$= 2\theta - 2\theta^2 + 2\theta^2 + 3 - 6\theta = 3 - 4\theta,$$

令 $EX = \overline{X}$,而由样本观测值可得

$$\overline{X} = \dfrac{1}{8}(3+1+3+0+3+1+2+3) = \dfrac{1}{8} \times 16 = 2,$$

所以 θ 的矩估计值为

$$\hat{\theta} = \dfrac{1}{4}(3 - \overline{X}) = \dfrac{1}{4}(3-2) = \dfrac{1}{4}.$$

根据题意,似然函数为
$$L(\theta) = 4\theta^6(1-\theta)^2(1-2\theta)^4,$$
两边取对数可得
$$\ln L(\theta) = \ln 4 + 6\ln\theta + 2\ln(1-\theta) + 4\ln(1-2\theta),$$
$$\frac{\mathrm{d}\ln L(\theta)}{\mathrm{d}\theta} = \frac{6}{\theta} - \frac{2}{1-\theta} - \frac{8}{1-2\theta} = \frac{24\theta^2 - 28\theta + 6}{\theta(1-\theta)(1-2\theta)},$$
令 $\dfrac{\mathrm{d}\ln L(\theta)}{\mathrm{d}\theta} = 0$,得 $12\theta^2 - 14\theta + 3 = 0$,解之得 $\theta = \dfrac{7-\sqrt{13}}{12}$ 或 $\dfrac{7+\sqrt{13}}{12}$.

因为已知 $0 < \theta < \dfrac{1}{2}$,故 $\theta = \dfrac{7-\sqrt{13}}{12}$.

因此 θ 的最大似然估计值为 $\hat{\theta} = \dfrac{7-\sqrt{13}}{12}$.

【1.8】 设总体 X 的概率密度为
$$f(x;\theta) = \begin{cases} \theta, & 0 < x < 1 \\ 1-\theta, & 1 \leqslant x < 2 \\ 0, & \text{其他} \end{cases}$$

其中 θ 是未知参数 $(0 < \theta < 1)$. $X_1, X_2, \cdots, X_n$ 为来自总体 X 的简单随机样本,记 N 为样本值 $x_1, x_2, \cdots, x_n$ 中小于 1 的个数. 求

(1) θ 的矩估计;

(2) θ 的最大似然估计.

解 (1) 由于
$$EX = \int_{-\infty}^{+\infty} xf(x;\theta)\mathrm{d}x = \int_0^1 \theta x\mathrm{d}x + \int_1^2 (1-\theta)x\mathrm{d}x$$
$$= \frac{1}{2}\theta + \frac{3}{2}(1-\theta) = \frac{3}{2} - \theta.$$

令 $\dfrac{3}{2} - \theta = \overline{X}$,解得 $\theta = \dfrac{3}{2} - \overline{X}$,所以参数 θ 的矩估计为 $\hat{\theta} = \dfrac{3}{2} - \overline{X}$.

(2) 似然函数为
$$L(\theta) = \prod_{i=1}^n f(x_i;\theta) = \theta^N(1-\theta)^{n-N},$$
取对数,得
$$\ln L(\theta) = N\ln\theta + (n-N)\ln(1-\theta),$$
两边对 θ 求导,得
$$\frac{\mathrm{d}\ln L(\theta)}{\mathrm{d}\theta} = \frac{N}{\theta} - \frac{n-N}{1-\theta}.$$

令 $\dfrac{\mathrm{d}\ln L(\theta)}{\mathrm{d}\theta} = 0$,得 $\theta = \dfrac{N}{n}$,

所以 θ 的最大似然估计为 $\hat{\theta} = \dfrac{N}{n}$.

【1.9】 设 $X \sim N(\mu, \sigma^2)$, $x_1, x_2, \cdots, x_n$ 为一组样本值,求参数 μ, σ^2 的极大似然估计.

解 似然函数

$$L(\mu,\sigma^2) = \prod_{i=1}^{n} \frac{1}{\sqrt{2\pi}\sigma} e^{-\frac{(x_i-\mu)^2}{2\sigma^2}} = \frac{1}{(\sqrt{2\pi}\sigma)^n} e^{-\frac{\sum(x_i-\mu)^2}{2\sigma^2}},$$

两边取对数得

$$\ln L(\mu,\sigma^2) = -\frac{n}{2}\ln(2\pi\sigma^2) - \frac{1}{2\sigma^2}\sum_{i=1}^{n}(x_i-\mu)^2,$$

似然方程组为

$$\begin{cases} \dfrac{\partial}{\partial \mu}\ln L = \dfrac{1}{\sigma^2}\left(\sum_{i=1}^{n}x_i - n\mu\right) = 0, \\ \dfrac{\partial}{\partial \sigma^2}\ln L = -\dfrac{n}{2\sigma^2} + \dfrac{1}{2(\sigma^2)^2}\sum_{i=1}^{n}(x_i-\mu)^2 = 0. \end{cases}$$

由前一式解得 $\hat{\mu} = \dfrac{1}{n}\sum_{i=1}^{n}x_i = \overline{x}$,代入后一式得 $\hat{\sigma}^2 = \dfrac{1}{n}\sum_{i=1}^{n}(x_i-\overline{x})^2$. 因此得 μ,σ^2 的最大似然估计量为

$$\hat{\mu} = \overline{X}, \qquad \hat{\sigma}^2 = B_2 = \frac{1}{n}\sum_{i=1}^{n}(X_i-\overline{X})^2.$$

它们与相应的矩估计量相同.

【1.10】 设总体 X 在 $[a,b]$ 上服从均匀分布,a,b 未知,$x_1,x_2,\cdots,x_n$ 是一个样本值. 试求 a,b 的最大似然估计量.

解 记 $x_{(1)} = \min(x_1,x_2,\cdots,x_n), x_{(n)} = \max(x_1,x_2,\cdots,x_n)$. X 的概率密度是

$$f(x;a,b) = \begin{cases} \dfrac{1}{b-a}, & a \leqslant x \leqslant b \\ 0, & 其他 \end{cases}$$

由于 $a \leqslant x_1,x_2,\cdots,x_n \leqslant b$,等价于 $a \leqslant x_{(1)}, x_{(n)} \leqslant b$. 似然函数为

$$L(a,b) = \frac{1}{(b-a)^n}, \quad a \leqslant x_{(1)}, b \geqslant x_{(n)},$$

于是对于满足条件 $a \leqslant x_{(1)}, b \geqslant x_{(n)}$ 的任意 a,b 有

$$L(a,b) = \frac{1}{(b-a)^n} \leqslant \frac{1}{(x_{(n)}-x_{(1)})^n},$$

即 $L(a,b)$ 在 $a = x_{(1)}, b = x_{(n)}$ 时取到最大值 $(x_{(n)} - x_{(1)})^{-n}$. 故 a,b 的最大似然估计值为

$$\hat{a} = x_{(1)} = \min_{1 \leqslant i \leqslant n} x_i, \qquad \hat{b} = x_{(n)} = \max_{1 \leqslant i \leqslant n} x_i.$$

a,b 的最大似然估计量为 $\hat{a} = \min_{1 \leqslant i \leqslant n} X_i, \qquad \hat{b} = \max_{1 \leqslant i \leqslant n} X_i.$

【1.11】 (1) 设 $X_1,X_2,\cdots,X_n$ 是来自概率密度为

$$f(x;\theta) = \begin{cases} \theta x^{\theta-1}, & 0 < x < 1 \\ 0, & 其他 \end{cases}$$

的总体样本,θ 未知,求 $U = e^{-\frac{1}{\theta}}$ 的最大似然估计值.

(2) 设 $X_1,X_2,\cdots,X_n$ 是来自正态总体 $N(\mu,1)$ 的样本. μ 未知,求 $\theta = P\{X > 2\}$ 的最大似然估计值.

解 (1) 先求 θ 的最大似然估计. 似然函数为

$$L(\theta) = \prod_{i=1}^{n} \theta x_i^{\theta-1} = \theta^n \Big(\prod_{i=1}^{n} x_i\Big)^{\theta-1},$$

$$\ln L(\theta) = n\ln\theta + (\theta-1)\ln\Big(\prod_{i=1}^{n} x_i\Big).$$

令

$$\frac{\mathrm{d}\ln L(\theta)}{\mathrm{d}\theta} = \frac{n}{\theta} + \sum_{i=1}^{n} \ln x_i = 0,$$

得 θ 的最大似然估计值为

$$\hat{\theta} = \frac{-n}{\sum_{i=1}^{n} \ln x_i}.$$

$U = \mathrm{e}^{-\frac{1}{\theta}}$ 具有单调反函数,故由最大似然估计的不变性知 U 的最大似然估计值为

$$\hat{U} = \mathrm{e}^{-\frac{1}{\hat{\theta}}} = \mathrm{e}^{\frac{\sum_{i=1}^{n} \ln x_i}{n}}.$$

(2) 已知 μ 的最大似然估计为 $\hat{\mu} = \bar{x}$. 而 $\theta = P\{X > 2\} = 1 - P\{X \leq 2\} = 1 - \Phi(2-\mu)$ 具有单调反函数. 由最大似然估计的不变性得 $\theta = P\{X > 2\}$ 的最大似然估计值为

$$\hat{\theta} = 1 - \Phi(2 - \hat{\mu}) = 1 - \Phi(2 - \bar{x}).$$

点评 最大似然估计的不变性:

如果 $\hat{\theta}$ 是 θ 的最大似然估计,则对 θ 的任一函数 $g(\theta)$,其最大似然估计为 $g(\hat{\theta})$.

§2. 估计量的评选标准

知 识 要 点

1. 无偏性

设 $X_1, X_2, \cdots, X_n$ 为来自总体 X 的样本,$\hat{\theta}$ 为 θ 的一个估计量,如果 $E(\hat{\theta}) = \theta$ 成立,则称估计量 $\hat{\theta}$ 为参数 θ 的无偏估计.

2. 有效性

设 $\hat{\theta}_1, \hat{\theta}_2$ 都为参数 θ 的无偏估计量,若 $D(\hat{\theta}_1) \leq D(\hat{\theta}_2)$,则称 $\hat{\theta}_1$ 比 $\hat{\theta}_2$ 有效.

特别地,若对于 θ 的任一无偏估计 $\hat{\theta}$,有

$$D(\hat{\theta}_1) \leq D(\hat{\theta})$$

则称 $\hat{\theta}_1$ 是 θ 的最小方差无偏估计(最佳无偏估计).

3. 一致性

设 $\hat{\theta}$ 为未知参数 θ 的估计量,若对任意给定的 $\varepsilon > 0$,都有

$$\lim_{n \to \infty} P\{|\hat{\theta} - \theta| < \varepsilon\} = 1,$$

即 $\hat{\theta}$ 依概率收敛于参数 θ,则 $\hat{\theta}$ 称为 θ 的一致估计或相合估计.

基本题型

题型1：估计量的无偏性问题

【2.1】 已知总体 X 的期望 $EX=0$，方差 $DX=\sigma^2$，$X_1,\cdots,X_n$ 为其简单样本，均值为 $\overline{X}$，方差为 S^2. 则 σ^2 的无偏估计量为_____.

(A) $n\overline{X}^2+S^2$ (B) $\dfrac{1}{2}n\overline{X}^2+\dfrac{1}{2}S^2$

(C) $\dfrac{1}{3}n\overline{X}^2+S^2$ (D) $\dfrac{1}{4}n\overline{X}^2+\dfrac{1}{4}S^2$

解 由于
$$E\overline{X}=EX=0,\quad E(\overline{X}^2)=D\overline{X}+(E\overline{X})^2,\quad D\overline{X}=\dfrac{\sigma^2}{n},\quad ES^2=\sigma^2,$$

所以
$$E(n\overline{X}^2+S^2)=n\cdot\dfrac{\sigma^2}{n}+\sigma^2=2\sigma^2.$$

则 $E\left(\dfrac{1}{2}n\overline{X}^2+\dfrac{1}{2}S^2\right)=\sigma^2$，故 $\dfrac{1}{2}n\overline{X}^2+\dfrac{1}{2}S^2$ 为 σ^2 无偏估计.

应选(B).

【2.2】 设 $X_1,X_2,\cdots,X_n$ 是取自总体的样本，为了估计总体方差 σ^2，我们利用统计量
$$\hat{\sigma}^2=K\sum_{i=1}^{n-1}(X_{i+1}-X_i)^2$$

则 $K=$_____时，$\hat{\sigma}^2$ 是 σ^2 的无偏估计量.

解 由题意 $E(\hat{\sigma}^2)=\sigma^2$.

因为
$$E(X_{i+1}-X_i)^2=D(X_{i+1}-X_i)+[E(X_{i+1}-X_i)]^2$$
$$=(DX_{i+1}+DX_i)+(EX_{i+1}-EX_i)^2=(\sigma^2+\sigma^2)+0=2\sigma^2,$$

所以
$$E(\hat{\sigma}^2)=K\sum_{i=1}^{n-1}E(X_{i+1}-X_i)^2=K\sum_{i=1}^{n-1}2\sigma^2=2K(n-1)\sigma^2.$$

故 $K=\dfrac{1}{2(n-1)}$.

【2.3】 设样本 $X_1,X_2,\cdots,X_n$ 来自于参数为 λ 的泊松分布.

试证明 $\overline{X}$ 与 $S^2=\dfrac{1}{n-1}\sum_{i=1}^n(X_i-\overline{X})^2$ 都是 λ 的无偏估计，且对任一 a 值，$0\leqslant a\leqslant 1$，统计量 $a\overline{X}+(1-a)S^2$ 也是 λ 的无偏估计.

证 因为总体 $X\sim P(\lambda)$，故 $E(X)=\lambda,D(X)=\lambda$. 而
$$E(\overline{X})=E(X)=\lambda,\quad E(S^2)=D(X)=\lambda,$$

由无偏性定义，$\overline{X}$ 与 S^2 都是 λ 的无偏估计.

当 $0 \leqslant a \leqslant 1$ 时,
$$E[a\overline{X}+(1-a)S^2] = aE(\overline{X})+(1-a)E(S^2) = a\lambda+(1-a)\lambda = \lambda.$$
故 $a\overline{X}+(1-a)S^2$ 也是 λ 的无偏估计.

【2.4】 已知总体 X 的概率密度为
$$f(x) = \begin{cases} \dfrac{1}{\theta}e^{-\frac{x}{\theta}}, & x>0 \\ 0, & x \leqslant 0 \end{cases}$$
其中未知参数 $\theta>0$. 设 $X_1, X_2, \cdots, X_n$ 为取自总体 X 的一个样本,
(1) 求 θ 的最大似然估计量;
(2) 试问该估计量是否为无偏估计量? 说明理由.

解 (1) 设 $x_1, x_2, \cdots, x_n$ 为相应于样本 $X_1, X_2, \cdots, X_n$ 的一个样本值, 似然函数为
$$L(\theta) = \begin{cases} \dfrac{1}{\theta^n}e^{-\frac{1}{\theta}\sum_{i=1}^{n}x_i}, & x_1, x_2, \cdots, x_n > 0, \\ 0, & \text{其他} \end{cases}$$
当 $x_1, x_2, \cdots, x_n > 0$ 时, 有
$$\ln L(\theta) = -n\ln\theta - \frac{1}{\theta}\sum_{i=1}^{n}x_i.$$
将上式对 θ 求导数并令其等于零, 得
$$\frac{\mathrm{d}\ln L(\theta)}{\mathrm{d}\theta} = -\frac{n}{\theta}+\frac{1}{\theta^2}\sum_{i=1}^{n}x_i = 0.$$
解得 θ 的最大似然估计值为 $\hat{\theta} = \dfrac{1}{n}\sum_{i=1}^{n}x_i = \overline{x}.$

因此, θ 的最大似然估计量为 $\hat{\theta} = \overline{X}.$

(2) 由于
$$E(\hat{\theta}) = E(\overline{X}) = E\left(\frac{1}{n}\sum_{i=1}^{n}X_i\right) = \frac{1}{n}\sum_{i=1}^{n}E(X_i) = E(X),$$
而 X 服从指数分布, $E(X) = \theta$, 所以 $E(\hat{\theta}) = \theta$, 故 $\hat{\theta} = \overline{X}$ 为未知参数 θ 的无偏估计量.

【2.5】 设总体 X 的概率密度为
$$f(x;\theta) = \begin{cases} \dfrac{1}{2\theta}, & 0<x<\theta \\ \dfrac{1}{2(1-\theta)}, & \theta \leqslant x < 1 \\ 0, & \text{其他} \end{cases}$$
其中参数 $\theta(0<\theta<1)$ 未知, $X_1, X_2, \cdots, X_n$ 是来自总体 X 的简单随机样本, $\overline{X}$ 是样本均值.
(1) 求参数 θ 的矩估计量 $\hat{\theta}$;
(2) 判断 $4\overline{X}^2$ 是否为 θ^2 的无偏估计量, 并说明理由.

解 (1) $EX = \displaystyle\int_{-\infty}^{+\infty}xf(x;\theta)\mathrm{d}x = \int_0^\theta \frac{x}{2\theta}\mathrm{d}x + \int_\theta^1 \frac{x}{2(1-\theta)}\mathrm{d}x = \frac{1}{4}+\frac{\theta}{2}.$

令 $\overline{X} = EX$, 即 $\overline{X} = \dfrac{1}{4}+\dfrac{\theta}{2}$, 得 θ 的矩估计量为

$$\hat{\theta} = 2\overline{X} - \frac{1}{2}.$$

(2) 因为
$$E(4\overline{X}^2) = 4E\overline{X}^2 = 4[D\overline{X} + (E\overline{X})^2]$$
$$= 4\left[\frac{1}{n}DX + \left(\frac{1}{4} + \frac{1}{2}\theta\right)^2\right] = \frac{4}{n}DX + \frac{1}{4} + \theta + \theta^2,$$

又 $DX \geq 0, \theta > 0$, 所以 $E(4\overline{X}^2) > \theta^2$, 即 $E(4\overline{X}^2) \neq \theta^2$,
因此 $4\overline{X}^2$ 不是 θ^2 的无偏估计量.

题型 2:估计量的有效性问题

【2.6】 设总体 $X \sim N(\mu, \sigma^2)$, $X_1, X_2, \cdots, X_n$ 为来自总体 X 的样本, 当用 $2\overline{X} - X_1, \overline{X}$ 及 $\frac{1}{2}X_1 + \frac{2}{3}X_2 - \frac{1}{6}X_3$ 作为 μ 的估计时, 最有效的是哪个估计量?

分析 先验证估计量是否是无偏估计量, 再根据有效性的定义判断有效性.

解 由无偏性的定义
$$E(2\overline{X} - X_1) = 2E\overline{X} - EX_1 = 2\mu - \mu = \mu,$$
$$E\overline{X} = \mu,$$
$$E\left(\frac{1}{2}X_1 + \frac{2}{3}X_2 - \frac{1}{6}X_3\right) = \frac{1}{2}\mu + \frac{2}{3}\mu - \frac{1}{6}\mu = \mu,$$

可知 $2\overline{X} - X_1, \overline{X}$ 与 $\frac{1}{2}X_1 + \frac{2}{3}X_2 - \frac{1}{6}X_3$ 均是 μ 的无偏估计量.

$$D(2\overline{X} - X_1) = D\left(\frac{2}{n}\sum_{i=1}^{n}X_i - X_1\right) = D\left[\left(\frac{2}{n} - 1\right)X_1 + \frac{2}{n}\sum_{i=2}^{n}X_i\right]$$
$$= \left(\frac{2-n}{n}\right)^2 DX_1 + \left(\frac{2}{n}\right)^2 \sum_{i=2}^{n}DX_i$$
$$= \frac{1}{n^2}\left[(2-n)^2\sigma^2 + 4(n-1)\sigma^2\right] = \sigma^2,$$
$$D\overline{X} = \frac{\sigma^2}{n},$$
$$D\left(\frac{1}{2}X_1 + \frac{2}{3}X_2 - \frac{1}{6}X_3\right) = \frac{1}{4}DX_1 + \frac{4}{9}DX_2 + \frac{1}{36}DX_3 = \frac{13}{18}\sigma^2.$$

经过比较可知 $D\overline{X}$ 最小, 因此 $\overline{X}$ 是最有效的估计量.

【2.7】 设总体 X 的样本是 $X_1, X_2, \cdots, X_n$, 试证明:

(1) $\sum_{i=1}^{n}a_iX_i (a_i > 0, i = 1, 2, \cdots, n, \sum_{i=1}^{n}a_i = 1)$ 是 $E(X)$ 的无偏估计量;

(2) 在 $E(X)$ 的所有形如 $\sum_{i=1}^{n}a_iX_i$ 的无偏估计量中, $\overline{X}$ 为最有效的估计.

分析 证明估计量的有效性时, 需要证明不等式成立, 因此采用 Cauchy-Schwarz 公式是很有效的方法

证 (1) 根据无偏性估计的定义有

$$E\left(\sum_{i=1}^n a_i X_i\right) = \sum_{i=1}^n a_i E(X_i) = E(X)\sum_{i=1}^n a_i = E(X),$$

故 $\sum_{i=1}^n a_i X_i$ 是 $E(X)$ 的无偏估计量.

(2) 由样本均值的性质可知

$$E(\overline{X}) = \frac{1}{n} E\sum_{i=1}^n X_i = EX,$$

因此 $\overline{X}$ 也是 $E(X)$ 的无偏估计量.

又由 Cauchy—Schwarz 不等式

$$\left(\sum_{i=1}^n x_i y_i\right)^2 \leqslant \left(\sum_{i=1}^n x_i^2\right)\left(\sum_{i=1}^n y_i^2\right),$$

令 $x_i = a_i, y_i = 1$,则

$$\left(\sum_{i=1}^n a_i\right)^2 = 1 \leqslant n\sum_{i=1}^n a_i^2,$$

故

$$D(\overline{X}) = \frac{1}{n} D(X) = \frac{1}{n} D(X)\left(\sum_{i=1}^n a_i\right)^2$$

$$\leqslant D(X)\left(\sum_{i=1}^n a_i^2\right) = \sum_{i=1}^n D(a_i X_i) = D\left(\sum_{i=1}^n a_i X_i\right).$$

证毕.

点评 本题也可以用导数知识求 $\sum_{i=1}^n a_i^2$ 的最小值,从而得出结论. 另外本题的结论可以记住并当作定理应用,见下面例题.

【2.8】 设 (X_1, X_2, X_3) 是来自总体 X 的一个简单样本,则在下列 EX 的估计量中,最有效的估计量是( ).

(A) $\frac{1}{4}(X_1 + 2X_2 + X_3)$ (B) $\frac{1}{3}(X_1 + X_2 + X_3)$

(C) $\frac{1}{5}(X_1 + 3X_2 + X_3)$ (D) $\frac{1}{5}(2X_1 + 2X_2 + X_3)$

解 可以将 4 个选项中统计量的方差求出,经比较,(B) 中统计量 $\overline{X}$ 的方差 $\frac{D(X)}{3}$ 为最小,故最有效.

也可以直接利用上题的结论,选择 (B).

题型 3:估计量的相合性(一致性)问题

方法与技巧 相合性的证明一般有两种方法:

方法一   利用定义证明,往往需要结合大数定律;

方法二   利用定理证明,结论如下:

设 $\hat{\theta}_n$ 是 θ 的一个估计量,若

$$\lim_{n\to\infty} E(\hat{\theta}_n) = \theta, \qquad \lim_{n\to\infty} D(\hat{\theta}_n) = 0,$$

则 $\hat{\theta}_n$ 是 θ 的相合估计.

【2.9】 设 $X_1, X_2, \cdots, X_n$ 是取自正态总体 $N(\mu, \sigma^2)$ 的样本,证明 S^2 是 σ^2 的一致估计.

证法一 由大数定律

$$\lim_{n\to\infty} P\left\{\left|\frac{1}{n}\sum_{i=1}^{n} X_i - \mu\right| < \varepsilon\right\} = 1,$$

所以 $\overline{X}$ 是 μ 的一致估计.

同理,因 $X_1^2, X_2^2, \cdots, X_n^2$ 也独立同分布,故 $\frac{1}{n}\sum_{i=1}^{n} X_i^2$ 是 $E(X^2)$ 的一致估计.

而

$$S^2 = \frac{1}{n-1}\sum_{i=1}^{n}(X_i - \overline{X})^2 = \frac{n}{n-1}\left(\frac{1}{n}\sum_{i=1}^{n} X_i^2 - \overline{X}^2\right),$$

故当 $n \to \infty$ 时,

$$\frac{n}{n-1} \to 1, \quad \frac{1}{n}\sum_{i=1}^{n} X_i^2 \xrightarrow{P} E(X^2), \quad \overline{X}^2 \xrightarrow{P} \mu^2,$$

即 $S^2 \xrightarrow{P} E(X^2) - \mu^2 = \sigma^2$. 则 S^2 是 σ^2 的一致估计.

证法二 因为 $E(S^2) = \sigma^2$, $D(S^2) = \dfrac{2\sigma^4}{n-1}$,故

$$\lim_{n\to\infty} E(S^2) = \sigma^2, \quad \lim_{n\to\infty} D(S^2) = \lim_{n\to\infty}\frac{2\sigma^4}{n-1} = 0,$$

由定理可知,S^2 是 σ^2 的一致估计.

§3. 区 间 估 计

知 识 要 点

1. 区间估计

设 θ 为总体的未知参数,$\hat{\theta}_1$ 和 $\hat{\theta}_2$ 均为估计量,若对于给定的 $\alpha(0<\alpha<1)$,满足 $P\{\hat{\theta}_1 \leqslant \theta \leqslant \hat{\theta}_2\} = 1-\alpha$,则称 $[\hat{\theta}_1, \hat{\theta}_2]$ 为 θ 的置信度为 $1-\alpha$ 的置信区间.通过构造一个置信区间对未知参数进行估计的方法称为区间估计.

2. 单个正态总体的区间估计

设 $X_1, X_2, \cdots, X_n$ 为来自 $N(\mu, \sigma^2)$ 的样本,则

(1) 当 σ^2 已知时,μ 的置信度为 $1-\alpha$ 的置信区间为

$$\left[\overline{X} - \frac{\sigma}{\sqrt{n}} u_{\frac{\alpha}{2}}, \quad \overline{X} + \frac{\sigma}{\sqrt{n}} u_{\frac{\alpha}{2}}\right].$$

(2) 当 σ^2 未知时,μ 的置信度为 $1-\alpha$ 的置信区间为

$$\left[\overline{X} - \frac{S}{\sqrt{n}} t_{\frac{\alpha}{2}}(n-1), \quad \overline{X} + \frac{S}{\sqrt{n}} t_{\frac{\alpha}{2}}(n-1)\right].$$

(3) 当 μ 已知时,σ^2 的置信度为 $1-\alpha$ 的置信区间为

$$\left[\frac{\sum\limits_{i=1}^{n}(X_i-\mu)^2}{\chi_{\frac{\alpha}{2}}^2(n)},\ \frac{\sum\limits_{i=1}^{n}(X_i-\mu)^2}{\chi_{1-\frac{\alpha}{2}}^2(n)}\right].$$

(4) 当 μ 未知时，σ^2 的置信度为 $1-\alpha$ 的置信区间为

$$\left[\frac{(n-1)S^2}{\chi_{\frac{\alpha}{2}}^2(n-1)},\ \frac{(n-1)S^2}{\chi_{1-\frac{\alpha}{2}}^2(n-1)}\right].$$

3. 双正态总体的区间估计

设 $X\sim N(\mu_1,\sigma_1^2)$，$X_1,X_2,\cdots,X_{n_1}$ 为其样本，$Y\sim N(\mu_2,\sigma_2^2)$，$Y_1,Y_2,\cdots,Y_{n_2}$ 为其样本，且 X 与 Y 独立.

(1) σ_1^2,σ_2^2 都为已知：$\mu_1-\mu_2$ 的 $1-\alpha$ 置信区间为

$$\left[\overline{X}-\overline{Y}-u_{\frac{\alpha}{2}}\sqrt{\frac{\sigma_1^2}{n_1}+\frac{\sigma_2^2}{n_2}},\ \overline{X}-\overline{Y}+u_{\frac{\alpha}{2}}\sqrt{\frac{\sigma_1^2}{n_1}+\frac{\sigma_2^2}{n_2}}\right].$$

(2) σ_1^2,σ_2^2 都未知：$\mu_1-\mu_2$ 的 $1-\alpha$ 置信区间为

$$\left[\overline{X}-\overline{Y}-t_{\frac{\alpha}{2}}(\gamma)\sqrt{\frac{S_1^2}{n_1}+\frac{S_2^2}{n_2}},\ \overline{X}-\overline{Y}+t_{\frac{\alpha}{2}}(\gamma)\sqrt{\frac{S_1^2}{n_1}+\frac{S_2^2}{n_2}}\right].$$

其中 $\gamma=\left[\dfrac{\left(\dfrac{S_1^2}{n_1}+\dfrac{S_2^2}{n_2}\right)^2}{\dfrac{\left(\dfrac{S_1^2}{n_1}\right)^2}{n_1-1}+\dfrac{\left(\dfrac{S_2^2}{n_2}\right)^2}{n_2-1}}\right]$ （取整）.

特殊情形：

① σ_1^2,σ_2^2 未知，但 n_1,n_2 较大时：$\mu_1-\mu_2$ 的 $1-\alpha$ 置信区间为

$$\left[\overline{X}-\overline{Y}-u_{\frac{\alpha}{2}}\sqrt{\frac{S_1^2}{n_1}+\frac{S_2^2}{n_2}},\ \overline{X}-\overline{Y}+u_{\frac{\alpha}{2}}\sqrt{\frac{S_1^2}{n_1}+\frac{S_2^2}{n_2}}\right].$$

② $\sigma_1^2=\sigma_2^2=\sigma^2$ 未知：$\mu_1-\mu_2$ 的 $1-\alpha$ 置信区间为

$$\left[\overline{X}-\overline{Y}-t_{\frac{\alpha}{2}}S_w\sqrt{\frac{1}{n_1}+\frac{1}{n_2}},\ \overline{X}-\overline{Y}+t_{\frac{\alpha}{2}}S_w\sqrt{\frac{1}{n_1}+\frac{1}{n_2}}\right],$$

其中 $S_w^2=\dfrac{(n_1-1)S_1^2+(n_2-1)S_2^2}{n_1+n_2-2}$，$t$ 分布为 $t(n_1+n_2-2)$.

(3) μ_1,μ_2 已知：$\dfrac{\sigma_1^2}{\sigma_2^2}$ 的 $1-\alpha$ 置信区间为

$$\left[\frac{\dfrac{1}{n_1}\sum\limits_{i=1}^{n_1}(X_i-\mu_1)^2}{\dfrac{1}{n_2}\sum\limits_{j=1}^{n_2}(Y_j-\mu_2)^2}F_{1-\frac{\alpha}{2}}(n_2,n_1),\ \frac{\dfrac{1}{n_1}\sum\limits_{i=1}^{n_1}(X_i-\mu_1)^2}{\dfrac{1}{n_2}\sum\limits_{j=1}^{n_2}(Y_j-\mu_2)^2}F_{\frac{\alpha}{2}}(n_2,n_1)\right].$$

(4) μ_1,μ_2 未知：$\dfrac{\sigma_1^2}{\sigma_2^2}$ 的 $1-\alpha$ 置信区间为

$$\left[\frac{S_1^2}{S_2^2}F_{1-\frac{\alpha}{2}}(n_2-1,n_1-1),\ \frac{S_1^2}{S_2^2}F_{\frac{\alpha}{2}}(n_2-1,n_1-1)\right].$$

4. (0-1) 分布参数的区间估计

设总体 $X \sim (0-1)$ 分布,$P\{X=1\}=p, P\{X=0\}=1-p, X_1, X_2, \cdots, X_n (n \geqslant 50)$ 为其样本,则 p 的 $1-\alpha$ 置信区间为

$$\left[\overline{X} - u_{\frac{\alpha}{2}}\sqrt{\frac{\overline{X}(1-\overline{X})}{n}},\ \overline{X} + u_{\frac{\alpha}{2}}\sqrt{\frac{\overline{X}(1-\overline{X})}{n}}\right].$$

5. 单侧置信区间

设 θ 为总体的未知参数,对于给定值 $\alpha (0<\alpha<1)$,若 $P\{\theta \geqslant \underline{\theta}\}=1-\alpha$,则称 $[\underline{\theta}, +\infty)$ 为 θ 的满足置信度 $1-\alpha$ 的单侧置信区间,$\underline{\theta}$ 称为单侧置信下限. 若 $P\{\theta \leqslant \overline{\theta}\}=1-\alpha$,则称 $(-\infty, \overline{\theta}]$ 为 θ 的满足置信度 $1-\alpha$ 的单侧置信区间,$\overline{\theta}$ 称为单侧置信上限.

例如,对于正态分布 $N(\mu, \sigma^2), \sigma^2$ 未知,可得 μ 的置信水平为 $1-\alpha$ 的单侧置信区间为

① $\left(-\infty, \overline{X} + t_\alpha(n-1)\dfrac{S}{\sqrt{n}}\right)$,单侧置信上限为 $\overline{\mu} = \overline{X} + t_\alpha(n-1)\dfrac{S}{\sqrt{n}}$.

② $\left(\overline{X} - t_\alpha(n-1)\dfrac{S}{\sqrt{n}}, +\infty\right)$,单侧置信下限为 $\underline{\mu} = \overline{X} - t_\alpha(n-1)\dfrac{S}{\sqrt{n}}$.

也即只需将双侧置信区间的上下限中的"$\dfrac{\alpha}{2}$"改成"α",就得到相应的单侧置信上下限了.

基 本 题 型

方法与技巧 求未知参数的置信区间是区间估计的基本内容,常用方法如下:

(1) 一般方法

① 寻求一个样本 $X_1, X_2, \cdots, X_n$ 的函数(枢轴变量)

$$W = W(X_1, X_2, \cdots, X_n; \theta)$$

它包含待估参数 θ,而不含其他未知参数,并且 W 的分布已知且不依赖于任何未知参数(当然不依赖于待估参数 θ);

② 对于给定的置信水平 $1-\alpha$,定出两个常数 a, b,使

$$P\{a < W(X_1, X_2, \cdots, X_n; \theta) < b\} = 1-\alpha;$$

③ 若能从 $a < W(X_1, X_2, \cdots, X_n; \theta) < b$ 得到等价的不等式 $\underline{\theta} < \theta < \overline{\theta}$,其中

$$\underline{\theta} = \underline{\theta}(X_1, X_2, \cdots, X_n),\ \overline{\theta} = \overline{\theta}(X_1, X_2, \cdots, X_n)$$

都是统计量,那么 $(\underline{\theta}, \overline{\theta})$ 就是 θ 的一个置信水平为 $1-\alpha$ 的置信区间.

函数 $W(X_1, X_2, \cdots, X_n; \theta)$ 的构造,通常可以从 θ 的点估计着手考虑. 常用的正态总体参数的置信区间可以用上述步骤推得.

(2) 正态总体参数的置信区间

利用一般方法推出了参数的置信区间公式,针对具体题目,可以分清类型,代入公式计算.

(3) 非正态总体参数的置信区间

情形比较复杂,一般采用大样本,利用中心极限定理近似视为正态分布,借用正态总体的某些特殊结论.

题型 1：正态总体参数 μ 的区间估计

【3.1】 设由来自正态总体 $X \sim N(\mu, 0.9^2)$ 容量为 9 的简单随机样本，得样本均值 $\overline{X} = 5$，则未知参数 μ 的置信度为 0.95 的置信区间是_____。

分析 本题是一个正态总体在方差已知的情况下求期望值 μ 的置信区间的问题，由公式

$$\left[\overline{X} - \frac{\sigma}{\sqrt{n}} u_{\frac{\alpha}{2}}, \quad \overline{X} + \frac{\sigma}{\sqrt{n}} u_{\frac{\alpha}{2}} \right]$$

求解该置信区间。

解 由置信度 $1 - \alpha = 0.95$ 可得 $\alpha = 0.05$。

查 $N(0,1)$ 分布表得到 $u_{0.025} = 1.96$。

代入 $\overline{X} = 5, n = 9, \sigma = 0.9$ 得

$$\left[5 - \frac{0.9}{\sqrt{9}} \times 1.96, \quad 5 + \frac{0.9}{\sqrt{9}} \times 1.96 \right],$$

因此参数 μ 置信度 0.95 的置信区间为 $[4.412, 5.588]$。

【3.2】 设一批零件的长度服从正态分布 $N(\mu, \sigma^2)$，其中 μ, σ^2 均未知，现从中随机抽取 16 个零件，测得样本均值 $\overline{x} = 20 (\text{cm})$，样本标准差 $s = 1 (\text{cm})$。则 μ 的置信度为 0.90 的置信区间是（　　）。

(A) $\left(20 - \frac{1}{4} t_{0.05}(16), \quad 20 + \frac{1}{4} t_{0.05}(16) \right)$

(B) $\left(20 - \frac{1}{4} t_{0.1}(16), \quad 20 + \frac{1}{4} t_{0.1}(16) \right)$

(C) $\left(20 - \frac{1}{4} t_{0.05}(15), \quad 20 + \frac{1}{4} t_{0.05}(15) \right)$

(D) $\left(20 - \frac{1}{4} t_{0.1}(15), \quad 20 + \frac{1}{4} t_{0.1}(15) \right)$

解 经过分析本题属于在方差未知情况下求一个正态总体期望的置信区间，其公式为

$$\left(\overline{X} - \frac{S}{\sqrt{n}} t_{\frac{\alpha}{2}}(n-1), \quad \overline{X} + \frac{S}{\sqrt{n}} t_{\frac{\alpha}{2}}(n-1) \right).$$

根据题意 $\overline{x} = 20, s = 1, n = 16, \frac{\alpha}{2} = 0.05$，代入公式。

可知应选 (C)。

【3.3】 设总体 $X \sim N(\mu, \sigma^2)$，已知 σ^2。则样本容量 n 至少为_____时，才能保证 μ 的置信度 $1 - \alpha$ 的置信区间长度不大于 d。

解 因为 μ 的置信区间为

$$\left[\overline{X} - u_{\frac{\alpha}{2}} \frac{\sigma}{\sqrt{n}}, \quad \overline{X} + u_{\frac{\alpha}{2}} \frac{\sigma}{\sqrt{n}} \right]$$

所以区间长度为 $2 u_{\frac{\alpha}{2}} \frac{\sigma}{\sqrt{n}}$，则 $2 u_{\frac{\alpha}{2}} \frac{\sigma}{\sqrt{n}} \leqslant d$，故 $n \geqslant \left(\frac{2 u_{\frac{\alpha}{2}} \sigma}{d} \right)^2$。

【3.4】 从总体 $X_1 \sim N(\mu_1, 25)$ 中取出一容量为 $n_1 = 10$ 的样本，其样本均值 $\overline{X}_1 = 19.8$；从总体 $X_2 \sim N(\mu_2, 36)$ 中取出容量为 $n_2 = 12$ 的样本，其样本均值 $\overline{X}_2 = 24.0$，已知两个样本之间相互独立，求 $\mu_1 - \mu_2$ 的 0.90 置信区间。

解 这是 σ_1^2, σ_2^2 都为已知时,求均值差的区间估计问题.

由于 $1-\alpha = 0.90$,故 $\frac{\alpha}{2} = 0.05$, $u_{\frac{\alpha}{2}} = 1.645$,

又因为 $n_1 = 10, n_2 = 12, \sigma_1^2 = 25, \sigma_2^2 = 36$,所以

$$\sqrt{\frac{\sigma_1^2}{n_1} + \frac{\sigma_2^2}{n_2}} = \sqrt{\frac{25}{10} + \frac{36}{12}} = \sqrt{5.5} = 2.345,$$

$$\overline{X}_1 - \overline{X}_2 - u_{\frac{\alpha}{2}}\sqrt{\frac{\sigma_1^2}{n_1} + \frac{\sigma_2^2}{n_2}} = 19.8 - 24.0 - 1.645 \times 2.345$$

$$= -4.2 - 3.858 = -8.06,$$

$$\overline{X}_1 - \overline{X}_2 + u_{\frac{\alpha}{2}}\sqrt{\frac{\sigma_1^2}{n_1} + \frac{\sigma_2^2}{n_2}} = -4.2 + 3.858 = -0.34.$$

因此,所求的 $\mu_1 - \mu_2$ 的 0.90 置信区间为 $[-8.06, -0.34]$.

【3.5】设有甲、乙两种安眠药,随机变量 X,Y 分别表示患者服用甲、乙药后睡眠时间的延长数,并假设 $X \sim N(\mu_1, \sigma^2), Y \sim N(\mu_2, \sigma^2)$. 为比较两种药品的疗效,随机地从服用甲药的患者中选取 10 人,从服用乙药的患者中选取 10 人,分别测得睡眠延长时间的均值与方差:$\overline{X} = 2.33, S_1^2 = (1.9)^2, \overline{Y} = 0.75, S_2^2 = (28.9)^2$. 试求方差未知情况下 $\mu_1 - \mu_2$ 的 95% 置信区间.

解 两正态总体的方差未知但相等,小样本,取

$$T = \frac{(\overline{X} - \overline{Y}) - (\mu_1 - \mu_2)}{S_w\sqrt{\frac{1}{n_1} + \frac{1}{n_2}}} \sim t(n_1 + n_2 - 2) \quad (\text{这里 } n_1 = n_2 = 10),$$

$$P\{|T| < t_{\frac{\alpha}{2}}(18)\} = 1 - \alpha \quad (\alpha = 0.05),$$

查得 $t_{0.025}(18) = 2.101$. 于是算得置信下限、上限分别为

$$(\bar{x} - \bar{y}) - t_{0.025}(18) \cdot S_w\sqrt{\frac{1}{n_1} + \frac{1}{n_2}}$$

$$= (2.33 - 0.75) - 2.101 \times \sqrt{\frac{36.1 + 28.9}{18}} \times \sqrt{\frac{2}{10}}$$

$$= 1.58 - 1.78 = -0.20,$$

$$(\bar{x} - \bar{y}) + t_{0.025}(18) \cdot S_w\sqrt{\frac{1}{n_1} + \frac{1}{n_2}} = 1.58 + 1.78 = 3.36.$$

从而得 $\mu_1 - \mu_2$ 的 95% 置信区间为 $(-0.20, 3.36)$.

【3.6】为研究正常成年男、女血液红细胞的平均数的差别,检查某地正常成年男子 156 名,正常成年女子 74 名,计算得男性红细胞平均数为 465.13 万/mm³,样本标准差为 54.80 万/mm³;女子红细胞平均数为 422.16 万/mm³,样本标准差为 49.20 万/mm³. 试问能否以 95% 的把握判定男子血红细胞均值高于女子血红细胞均值?

解 设正常成年男女血红细胞数构成的两个总体为 X,Y,则 $X \sim N(\mu_1, \sigma_1^2), Y \sim N(\mu_2, \sigma_2^2)$, X 与 Y 独立,由 $1 - \alpha = 0.95$,得 $\alpha = 0.05, u_{\frac{\alpha}{2}} = 1.96$,又 $n_1 = 156, n_2 = 74, \bar{x} = 465.13, \bar{y} = 422.16, s_1 = 54.80, s_2 = 49.20$. 虽然 σ_1^2, σ_2^2 未知,但因为两组样本都属于大样本,故 $\sigma_1^2 \approx s_1^2, \sigma_2^2 \approx s_2^2$. 则 $\mu_1 - \mu_2$ 的置信限为:$(\overline{X} - \overline{Y}) \pm u_{\frac{\alpha}{2}}\sqrt{\frac{S_1^2}{n_1} + \frac{S_2^2}{n_2}}$.

代入数值：

$$(\bar{x}-\bar{y}) - u_{\frac{\alpha}{2}}\sqrt{\frac{s_1^2}{n_1}+\frac{s_2^2}{n_2}} \approx 28.04, \qquad (\bar{x}-\bar{y}) + u_{\frac{\alpha}{2}}\sqrt{\frac{s_1^2}{n_1}+\frac{s_2^2}{n_2}} \approx 57.1,$$

因此，$\mu_1 - \mu_2$ 的 95% 置信区间为 $[28.04, 57.1]$。

因置信下限 $28.04 > 0$，从而 $\mu_1 > \mu_2$，所以有 95% 的把握判定男性血红细胞均值高于女性血红细胞均值。

题型 2：正态总体参数 σ^2 的区间估计

【3.7】 若在某学校中，随机抽取 25 名同学测量身高数据，假设所测身高近似服从正态分布，算得平均高为 170cm，标准差为 12cm，试求该班学生身高标准差 σ 的 0.95 置信区间。

分析 根据题意分析，本题属于正态总体 μ 未知，求方差 σ^2 的区间估计，其置信区间公式为

$$\left(\frac{(n-1)S^2}{\chi^2_{\frac{\alpha}{2}}(n-1)}, \frac{(n-1)S^2}{\chi^2_{1-\frac{\alpha}{2}}(n-1)}\right).$$

解 取统计量

$$\chi^2 = \frac{(n-1)S^2}{\sigma^2} \sim \chi^2(n-1),$$

根据 $P\{\chi^2 > \chi^2_{\frac{\alpha}{2}}(n-1)\} = P\{\chi^2 < \chi^2_{1-\frac{\alpha}{2}}(n-1)\} = \frac{\alpha}{2}$。

经过查 χ^2 分布表，得 $\chi^2_{1-\frac{\alpha}{2}}(n-1) = \chi^2_{0.975}(24) = 12.401$,

$$\chi^2_{\frac{\alpha}{2}}(n-1) = \chi^2_{0.025}(24) = 39.364,$$

因此参数 σ^2 的置信度为 $1-\alpha = 0.95$ 的置信区间为

$$\left(\frac{(n-1)S^2}{\chi^2_{\frac{\alpha}{2}}(n-1)}, \frac{(n-1)S^2}{\chi^2_{1-\frac{\alpha}{2}}(n-1)}\right) = (87.80, 278.69),$$

故 σ 的 0.95 置信区间为 $(\sqrt{87.80}, \sqrt{278.69}) \approx (9.34, 16.69)$。

【3.8】 冷抽铜丝的折断力服从正态分布。从一批铜丝中任取 10 根，测试折断力，得数据（单位：kg）如下：

578, 572, 570, 568, 572, 570, 570, 596, 584, 572

求方差 σ^2 和标准差 σ 的 90% 的置信区间。

解 $\bar{X} = \frac{1}{10}(578+572+570+568+572+570+570+596+584+572) = 575.2$,

$$\begin{aligned}
S^2 &= \frac{1}{10-1}\big[(578-575.2)^2 + (572-575.2)^2 + (570-575.2)^2 + (568-575.2)^2 \\
&\quad + (572-575.2)^2 + (570-575.2)^2 + (570-575.2)^2 + (596-575.2)^2 \\
&\quad + (584-575.2)^2 + (572-575.2)^2\big] \\
&= 75.73,
\end{aligned}$$

查 χ^2 分布表得

$$\chi^2_{\frac{\alpha}{2}}(9) = \chi^2_{0.05}(9) = 16.919, \quad \chi^2_{1-\frac{\alpha}{2}}(9) = \chi^2_{0.95}(9) = 3.325,$$

故

$$\frac{(n-1)S^2}{\chi^2_{\frac{\alpha}{2}}(9)} = \frac{9 \times 75.73}{16.919} = 40.28, \quad \frac{(n-1)S^2}{\chi^2_{1-\frac{\alpha}{2}}(9)} = \frac{9 \times 75.73}{3.325} = 204.98,$$

于是得 σ^2 的 90% 的置信区间为 $[40.28, 240.98]$. σ 的 90% 置信区间为 $[6.35, 14.32]$.

【3.9】 两个正态总体 $N(\mu_1, \sigma_1^2)$、$N(\mu_2, \sigma_2^2)$ 的参数均未知,分别从两个总体中抽取容量为 25 和 15 的两个独立样本,测得样本方差分别为 6.38, 5.15,求 $\dfrac{\sigma_1^2}{\sigma_2^2}$ 的置信区间($\alpha = 0.10$).

解 $n_1 = 25, S_1^2 = 6.38, n_2 = 15, S_2^2 = 5.15, \alpha = 0.10, \dfrac{\alpha}{2} = 0.05$,

查 F 分布表得
$$F_{0.05}(24, 14) = 2.35, \quad F_{0.05}(14, 24) = 2.13,$$

而 $\dfrac{S_1^2}{S_2^2} = \dfrac{6.38}{5.15} \approx 1.24.$

由置信区间公式得 $\dfrac{\sigma_1^2}{\sigma_2^2}$ 的 90% 置信区间为
$$\left(\dfrac{S_1^2}{S_2^2} F_{0.95}(14, 24), \dfrac{S_1^2}{S_2^2} F_{0.05}(14, 24) \right) = (0.528, 2.641).$$

【3.10】 设 $X_1, X_2, \cdots, X_n$ 是来自分布 $N(\mu, \sigma^2)$ 的样本,μ 已知,σ 未知.

(1) 验证 $\sum\limits_{i=1}^{n} \dfrac{(X_i - \mu)^2}{\sigma^2} \sim \chi^2(n)$. 利用这一结果构造 σ^2 的置信水平为 $1 - \alpha$ 的置信区间.

(2) 设 $\mu = 6.5$,且有样本值 7.5, 2.0, 12.1, 8.8, 9.4, 7.3, 1.9, 2.8, 7.0, 7.3. 试求 σ 的置信水平为 0.95 的置信区间.

解 (1) 因 $X_i \sim N(\mu, \sigma^2)$, 故
$$\dfrac{X_i - \mu}{\sigma} \sim N(0, 1), \quad i = 1, 2, \cdots, n.$$

由 $\dfrac{X_1 - \mu}{\sigma}, \dfrac{X_2 - \mu}{\sigma}, \cdots, \dfrac{X_n - \mu}{\sigma}$ 相互独立,得
$$\sum_{i=1}^{n} \left(\dfrac{X_i - \mu}{\sigma} \right)^2 \sim \chi^2(n).$$

于是有
$$P\left\{ \chi^2_{1-\frac{\alpha}{2}}(n) < \sum_{i=1}^{n} \dfrac{(X_i - \mu)^2}{\sigma^2} < \chi^2_{\frac{\alpha}{2}}(n) \right\} = 1 - \alpha,$$

即有
$$P\left\{ \dfrac{\sum\limits_{i=1}^{n}(X_i - \mu)^2}{\chi^2_{\frac{\alpha}{2}}(n)} < \sigma^2 < \dfrac{\sum\limits_{i=1}^{n}(X_i - \mu)^2}{\chi^2_{1-\frac{\alpha}{2}}(n)} \right\} = 1 - \alpha.$$

得 σ^2 的置信水平为 $1 - \alpha$ 的置信区间为
$$\left(\dfrac{\sum\limits_{i=1}^{n}(X_i - \mu)^2}{\chi^2_{\frac{\alpha}{2}}(n)}, \dfrac{\sum\limits_{i=1}^{n}(X_i - \mu)^2}{\chi^2_{1-\frac{\alpha}{2}}(n)} \right).$$

(2) 现在 $n = 10, \mu = 6.5, 1 - \alpha = 0.95, \alpha = 0.05$, 由样本值经计算得 $\sum\limits_{i=1}^{10}(X_i - \mu)^2 = 102.69$, 查表知, $\chi^2_{0.025}(10) = 20.483, \chi^2_{0.975}(10) = 3.247$.

于是 σ^2 的置信水平为 0.95 的置信区间为 $(5.013, 31.626)$. σ 的置信水平为 0.95 的置信区间

为 $(2.239, 5.624)$.

题型3:单侧置信限问题

【3.11】 从一批电子元件中随机地抽取10只作寿命试验,其寿命(以小时计)如下:

1498 1499 1501 1503 1500 1499 1499 1498 1500 1503

设寿命服从正态分布,试求其平均寿命的95%置信下限.

解 本例中,总体 $X \sim N(\mu, \sigma^2)$,且方差 σ^2 未知,故应使用 t 分布. 因

$$\frac{(\overline{X} - \mu) \cdot \sqrt{n}}{S} \sim t(n-1),$$

此时要求

$$P\left\{\frac{(\overline{X} - \mu)\sqrt{n}}{S} < t_\alpha(n-1)\right\} = 1 - \alpha,$$

于是得 μ 的置信度 $1-\alpha$ 单侧置信区间为

$$\left(\overline{X} - t_\alpha(n-1) \cdot \frac{S}{\sqrt{n}}, +\infty\right).$$

对于给定的数据,具体计算如下:

$$\overline{x} = \frac{1}{10}(1498+1499+1501+1503+1500+1499+1499+1498+1500+1503) = 1500,$$

$$s^2 = \frac{1}{10-1}\big[(1498-1500)^2 + (1499-1500)^2 + (1501-1500)^2$$
$$+ (1503-1500)^2 + (1500-1500)^2 + (1499-1500)^2 + (1499-1500)^2$$
$$+ (1498-1500)^2 + (1500-1500)^2 + (1503-1500)^2\big]$$
$$= \frac{10}{3},$$

又

$$1 - \alpha = 0.95, \quad \alpha = 0.05, \quad t_{0.05}(10-1) = 1.8331,$$

故寿命均值的95% 单侧置信区间为

$$\left(1500 - \frac{1}{\sqrt{10}} \times \sqrt{\frac{10}{3}} \times 1.8331, +\infty\right) \approx (1498.942, +\infty).$$

1498.942就是所求的置信下限.

题型4:非正态总体参数的区间估计

【3.12】 在一大批产品中取100件,经检验有92件正品,若记这批产品的正品率为 p,求 p 的置信度0.95的置信区间.

解 本题中的正品率 p 就是(0-1)分布中的参数 p,而 $n = 100$ 属于大样本.

由 $1-\alpha = 0.95$ 知 $\alpha = 0.05$,查得 $u_{0.025} = 1.96$,而样本中平均正品率 $\overline{x} = \frac{92}{100}$,代入公式

$$\overline{p} = \overline{x} + u_{\frac{\alpha}{2}}\sqrt{\frac{\overline{x}(1-\overline{x})}{n}} = 0.92 + 1.96\sqrt{\frac{0.92 \times 0.08}{100}} = 0.97,$$

$$\underline{p} = \overline{x} - u_{\frac{\alpha}{2}}\sqrt{\frac{\overline{x}(1-\overline{x})}{n}} = 0.92 - 1.96\sqrt{\frac{0.92 \times 0.08}{100}} = 0.87,$$

所以 p 的置信度 0.95 的置信区间为 $(0.87, 0.97)$.

【3.13】 设总体 X 的方差 $\sigma^2 = 1$,根据来自 X 的容量为 100 的简单样本,测得样本均值为 5,则 X 的数学期望的置信度近似等于 0.95 的置信区间为 _____.

解 设 $EX = \mu$,由中心极限定理 $U = \dfrac{\overline{X} - \mu}{\dfrac{\sigma}{\sqrt{n}}}$ 近似服从 $N(0,1)$,

令
$$P\{|U| < u_{\frac{\alpha}{2}}\} \approx 1 - 0.05 = 0.95,$$

查正态分布表,得 $u_{\frac{\alpha}{2}} = 1.96$,代入 X 的数学期望的置信区间

$$\left[\overline{X} - u_{\frac{\alpha}{2}} \frac{\sigma}{\sqrt{n}}, \quad \overline{X} + u_{\frac{\alpha}{2}} \frac{\sigma}{\sqrt{n}} \right],$$

经计算为 $(4.804, 5.196)$.

故应填 $(4.804, 5.196)$.

点评 本题未说明总体 X 为正态分布,因此直接套用正态总体 μ 的置信区间公式不妥,应该先用中心极限定理取近似,再根据定义求出置信区间.

§4. 综合提高题型

题型 1: 关于点估计

【4.1】 设总体 X 的概率密度为

$$f(x;\theta) = \begin{cases} e^{-(x-\theta)}, & \text{若 } x \geq \theta \\ 0, & \text{若 } x < \theta \end{cases}$$

而 $X_1, X_2, \cdots, X_n$ 是来自总体 X 的简单随机样本,则未知参数 θ 的矩估计量为 _____.

解 $EX = \displaystyle\int_0^{+\infty} x e^{-(x-\theta)} dx = \theta + 1$, 即 $\theta = EX - 1$.

因此 θ 的矩估计量为

$$\hat{\theta} = \overline{X} - 1 = \frac{1}{n}\sum_{i=1}^{n} X_i - 1.$$

【4.2】 设总体 X 的概率密度为

$$f(x) = \begin{cases} \dfrac{6x}{\theta^3}(\theta - x), & 0 < x < \theta \\ 0, & \text{其他} \end{cases}$$

$X_1, X_2, \cdots, X_n$ 是取自总体 X 的简单随机样本.

(1) 求 θ 的矩估计量 $\hat{\theta}$;

(2) 求 $\hat{\theta}$ 的方差 $D(\hat{\theta})$.

解 (1) $EX = \displaystyle\int_{-\infty}^{+\infty} x f(x) dx = \int_0^{\theta} \frac{6x^2}{\theta^3}(\theta - x) dx = \int_0^{\theta} \left(\frac{6x^2}{\theta^2} - \frac{6x^3}{\theta^3} \right) dx = \frac{\theta}{2}$,

因此 $\theta = 2EX$,所以 θ 的矩估计量为 $\hat{\theta} = 2\overline{X}$.

(2) 由(1)可知,

$$EX = \frac{\theta}{2}, \qquad EX^2 = \int_0^\theta \frac{6x^3}{\theta^3}(\theta - x)\mathrm{d}x = \frac{6\theta^2}{20},$$

故

$$DX = EX^2 - (EX)^2 = \frac{6\theta^2}{20} - \left(\frac{\theta}{2}\right)^2 = \frac{\theta^2}{20},$$

因此

$$D(\hat{\theta}) = D(2\overline{X}) = 4D(\overline{X}) = \frac{4}{n}D(X) = \frac{4}{n} \times \frac{\theta^2}{20} = \frac{\theta^2}{5n}.$$

【4.3】 设 $X_1, X_2, \cdots, X_n$ 为总体的一个样本，求下列各总体的密度函数或分布律中的未知参数的矩估计量和最大似然估计量.

(1) $f(x) = \begin{cases} \theta c^\theta x^{-(\theta+1)}, & x > c \\ 0, & \text{其他} \end{cases}$，其中 $c > 0$ 为已知，$\theta > 1, \theta$ 为未知参数.

(2) $f(x) = \begin{cases} \sqrt{\theta} x^{\sqrt{\theta}-1}, & 0 \leqslant x \leqslant 1 \\ 0, & \text{其他} \end{cases}$，其中 $\theta > 0, \theta$ 为未知参数.

(3) $P\{X = x\} = C_m^x p^x (1-p)^{m-x}$，$x = 0, 1, 2, \cdots, m, 0 < p < 1, p$ 为未知参数.

解 (1) $E(X) = \int_c^\infty x \theta c^\theta x^{-(\theta+1)} \mathrm{d}x = \int_c^\infty \theta c^\theta x^{-\theta} \mathrm{d}x = \theta c^\theta \int_c^\theta x^{-\theta} \mathrm{d}x = \theta c^\theta \left. \frac{x^{-\theta+1}}{-\theta+1} \right|_c^{+\infty}$

$= \frac{\theta c}{\theta - 1}.$

令 $\frac{\theta c}{\theta - 1} = \overline{X}$，解得 $\hat{\theta} = \frac{\overline{X}}{\overline{X} - c}$，即为 θ 的矩估计量.

似然函数为

$$L(\theta) = \prod_{i=1}^n \theta \cdot c^\theta x_i^{-(\theta+1)} = \theta^n c^{n\theta} \prod_{i=1}^n x_i^{-(\theta+1)},$$

而

$$\ln L(\theta) = n\ln\theta + n\theta \ln c - (\theta+1) \sum_{i=1}^n \ln x_i,$$

令

$$\frac{\mathrm{d}}{\mathrm{d}\theta}\ln L(\theta) = \frac{n}{\theta} + n\ln c - \sum_{i=1}^n \ln x_i = 0,$$

解得 θ 的最大似然估计量 $\hat{\theta} = \dfrac{n}{\sum\limits_{i=1}^n \ln X_i - n\ln c}.$

(2) $EX = \int_0^1 x \sqrt{\theta} x^{\sqrt{\theta}-1} \mathrm{d}x = \int_0^1 \sqrt{\theta} x^{\sqrt{\theta}} \mathrm{d}x = \left. \frac{\sqrt{\theta}}{\sqrt{\theta}+1} x^{\sqrt{\theta}+1} \right|_0^1 = \frac{\sqrt{\theta}}{\sqrt{\theta}+1}.$

令 $\frac{\sqrt{\theta}}{\sqrt{\theta}+1} = \overline{X}$，解得 $\hat{\theta} = \left(\frac{\overline{X}}{\overline{X}-1}\right)^2$，即为 θ 的矩估计量.

似然函数为：

$$L(\theta) = \prod_{i=1}^n \sqrt{\theta} x_i^{\sqrt{\theta}-1} = \theta^{\frac{n}{2}} \prod_{i=1}^n x_i^{\sqrt{\theta}-1},$$

对数似然函数为:
$$\ln L(\theta) = \frac{n}{2}\ln\theta + (\sqrt{\theta}-1)\sum_{i=1}^{n}\ln x_i,$$

对数似然方程为:
$$\frac{\mathrm{d}\ln L(\theta)}{\mathrm{d}\theta} = \frac{n}{2\theta} + \frac{\sum_{i=1}^{n}\ln x_i}{2\sqrt{\theta}} = 0,$$

其最大似然估计值为 $\hat{\theta} = \dfrac{n^2}{\left(\sum\limits_{i=1}^{n}\ln x_i\right)^2}$, $\hat{\theta} = \dfrac{n^2}{\left(\sum\limits_{i=1}^{n}\ln X_i\right)^2}$ 即为 θ 的最大似然估计量.

(3) 因为 $X \sim B(m,p)$, 所以
$$E(X) = \sum_{i=1}^{n} x C_m^x p^x (1-p)^{m-x} = mp,$$

所以 $mp = \overline{X}$, $\hat{p} = \dfrac{\overline{X}}{m}$ 为 p 的矩估计.

似然函数为:
$$L(p) = \prod_{i=1}^{n} C_m^{x_i} p^{x_i}(1-p)^{m-x_i} = p^{\sum_{i=1}^{n}x_i}(1-p)^{nm-\sum_{i=1}^{n}x_i}\prod_{i=1}^{n} C_m^{x_i},$$

对数似然函数为:
$$\ln L(p) = \sum_{i=1}^{n} x_i \ln p + \left(nm - \sum_{i=1}^{n} x_i\right)\ln(1-p) + \sum_{i=1}^{n}\ln C_m^{x_i},$$

对数似然方程为:
$$\frac{\mathrm{d}\ln L(p)}{\mathrm{d}p} = \frac{\sum_{i=1}^{n} x_i}{p} + \frac{nm - \sum_{i=1}^{n} x_i}{1-p}(-1) = 0,$$

则 $\hat{p} = \dfrac{\overline{x}}{m}$ 为 p 的最大似然估计值. $\hat{p} = \dfrac{\overline{X}}{m}$ 为 p 的最大似然估计量.

【4.4】某工程师为了解一台天平的精度,用该天平对一物体的质量做 n 次测量,该物质的质量 μ 是已知的,设 n 次测量结果 $X_1, X_2, \cdots, X_n$ 相互独立且均服从正态分布 $N(\mu, \sigma^2)$. 该工程师记录的是 n 次测量的绝对误差 $Z_i = |X_i - \mu|$ $(i = 1, 2, \cdots, n)$, 利用 $Z_1, Z_2, \cdots, Z_n$ 估计 σ.

(1) 求 Z_1 的概率密度; (2) 利用一阶矩求 σ 的矩估计量; (3) 求 σ 的最大似然估计量.

解 (1) Z_1 的分布函数为
$$F(z) = P\{Z_1 \leqslant z\} = P\{|X_1 - \mu| \leqslant z\} = \begin{cases} 2\Phi\left(\dfrac{z}{\sigma}\right) - 1, & z \geqslant 0, \\ 0, & z < 0, \end{cases}$$

所以 Z_1 的概率密度为
$$f(z) = \begin{cases} \dfrac{2}{\sqrt{2\pi}\sigma} \mathrm{e}^{-\frac{z^2}{2\sigma^2}}, & z \geqslant 0, \\ 0, & z < 0 \end{cases}$$

(2) $EZ_1 = \int_{-\infty}^{+\infty} zf(z)\mathrm{d}z = \frac{2}{\sqrt{2\pi}\sigma}\int_{-\infty}^{+\infty} ze^{-\frac{z^2}{2\sigma^2}}\mathrm{d}z = \frac{2}{\sqrt{2\pi}}\sigma.$

$\sigma = \frac{\sqrt{2\pi}}{2}EZ_1$,令 $\overline{Z} = \frac{1}{n}\sum_{i=1}^{n}Z_i$,得 σ 的矩估计量为 $\hat{\sigma} = \frac{\sqrt{2\pi}}{2}\overline{Z}.$

(3) 记 $z_1, z_2, \cdots, z_n$ 为样本 $Z_1, Z_2, \cdots, Z_n$ 的观测值,则似然函数为

$$L(\sigma) = \prod_{i=1}^{n}f(z_i) = \left(\frac{2}{\sqrt{2\pi}}\right)^n \sigma^{-n}e^{-\frac{1}{2\sigma^2}\sum_{i=1}^{n}z_i^2},$$

对数似然函数为 $\ln L(\sigma) = n\ln\frac{2}{\sqrt{2\pi}} - n\ln\sigma - \frac{1}{2\sigma^2}\sum_{i=1}^{n}z_i^2.$

令 $\frac{\mathrm{d}\ln L(\sigma)}{\mathrm{d}\sigma} = -\frac{n}{\sigma} + \frac{1}{\sigma^3}\sum_{i=1}^{n}z_i^2 = 0$,得 σ 的最大似然估计值为 $\hat{\sigma} = \sqrt{\frac{1}{n}\sum_{i=1}^{n}z_i^2}$,所以 σ 的最大似然估计量为 $\hat{\sigma} = \sqrt{\frac{1}{n}\sum_{i=1}^{n}z_i^2}.$

【4.5】设总体 X 的概率密度为

$$f(x;\theta) = \begin{cases} \dfrac{\theta^2}{x^3}e^{-\frac{\theta}{x}}, & x > 0, \\ 0, & \text{其他}, \end{cases}$$

其中 θ 为未知参数且大于零,$X_1, X_2, \cdots, X_n$ 为来自总体 X 的简单随机样本.
(1) 求 θ 的矩估计量;
(2) 求 θ 的最大似然估计量.

解 (1) $EX = \int_0^{+\infty} x \cdot \dfrac{\theta^2}{x^3}e^{-\frac{\theta}{x}}\mathrm{d}x$

$\qquad\quad = \int_0^{+\infty} \dfrac{\theta^2}{x^2}e^{-\frac{\theta}{x}}\mathrm{d}x = \theta.$

所以 θ 的矩估计量为 $\hat{\theta} = \overline{X}$,其中 $\overline{X} = \dfrac{1}{n}\sum_{i=1}^{n}X_i.$

(2) 设 $x_1, x_2, \cdots, x_n$ 为样本观测值,似然函数为

$$L(\theta) = \prod_{i=1}^{n}f(x_i;\theta)$$

$$= \begin{cases} \dfrac{\theta^{2n}}{(x_1 x_2 \cdots x_n)^3}e^{-\theta\sum_{i=1}^{n}\frac{1}{x_i}}, & x_1, x_2, \cdots, x_n > 0, \\ 0, & \text{其他}. \end{cases}$$

当 $x_1, x_2, \cdots, x_n > 0$ 时,$\ln L(\theta) = 2n\ln\theta - \theta\sum_{i=1}^{n}\dfrac{1}{x_i} - 3\sum_{i=1}^{n}\ln x_i.$

令 $\dfrac{\mathrm{d}\ln L(\theta)}{\mathrm{d}\theta} = \dfrac{2n}{\theta} - \sum_{i=1}^{n}\dfrac{1}{x_i} = 0$,得 θ 的最大似然估计值为 $\hat{\theta} = \dfrac{2n}{\sum_{i=1}^{n}\dfrac{1}{x_i}}$,所以 θ 的最大似然估计量为 $\hat{\theta} = \dfrac{2n}{\sum_{i=1}^{n}\dfrac{1}{X_i}}.$

【4.6】 设总体 X 服从几何分布 $P\{X=k\}=p(1-p)^{k-1}, k=1,2,\cdots$. 又 $x_1,x_2,\cdots,x_n$ 是来自 X 的样本值,则 p 与 EX 的最大似然估计分别为多少?

解 $L(p) = p^n(1-p)^{\sum\limits_{i=1}^{n}x_i-n}$,

令 $\dfrac{\mathrm{d}\ln L}{\mathrm{d}p}=0$, 解得 $p=\dfrac{n}{\sum\limits_{i=1}^{n}x_i}=\dfrac{1}{\overline{X}}$, 故 $\hat{p}=\dfrac{1}{\overline{X}}$ 即为 p 的最大似然估计.

而 $EX=\dfrac{1}{p}$, 故由最大似然估计不变性 $\widehat{EX}=\dfrac{1}{\hat{p}}=\overline{X}$ 为 EX 的最大似然估计.

【4.7】 设总体 X 的概率密度为
$$f(x)=\begin{cases}\lambda^2 x\mathrm{e}^{-\lambda x},&x>0\\0,&\text{其他}\end{cases}$$
其中参数 $\lambda(\lambda>0)$ 未知, $X_1,X_2,\cdots,X_n$ 是来自总体 X 的简单随机样本.
(1) 求参数 λ 的矩估计量;
(2) 求参数 λ 的最大似然估计量.

解 (1) $EX=\int_{-\infty}^{+\infty}xf(x)\mathrm{d}x=\int_{0}^{+\infty}\lambda^2 x^2\mathrm{e}^{-\lambda x}\mathrm{d}x=\dfrac{2}{\lambda}$.

令 $\overline{X}=EX$, 即 $\overline{X}=\dfrac{2}{\lambda}$, 得 λ 的矩估计量为 $\hat{\lambda}=\dfrac{2}{\overline{X}}$.

(2) 设 $x_1,x_2,\cdots,x_n(x_i>0,i=1,2,\cdots,n)$ 为样本观测值, 则似然函数为
$$L(x_1,x_2,\cdots,x_n;\lambda)=\lambda^{2n}\mathrm{e}^{-\lambda\sum\limits_{i=1}^{n}x_i}\prod_{i=1}^{n}x_i,$$
$$\ln L = 2n\ln\lambda-\lambda\sum_{i=1}^{n}x_i+\sum_{i=1}^{n}\ln x_i,$$
由 $\dfrac{\mathrm{d}\ln L}{\mathrm{d}\lambda}=\dfrac{2n}{\lambda}-\sum\limits_{i=1}^{n}x_i=0$, 得 λ 的最大似然估计量为 $\hat{\lambda}=\dfrac{2}{\overline{X}}$.

【4.8】 设随机变量 X 的分布函数为
$$F(x;\alpha,\beta)=\begin{cases}1-\left(\dfrac{\alpha}{x}\right)^{\beta},&x>\alpha\\0,&x\leqslant\alpha\end{cases}$$
其中参数 $\alpha>0,\beta>1$, 设 $X_1,X_2,\cdots,X_n$ 为来自总体 X 的简单随机样本.
(1) 当 $\alpha=1$ 时, 求未知参数 β 的矩估计量;
(2) 当 $\alpha=1$ 时, 求未知参数 β 的最大似然估计量;
(3) 当 $\beta=2$ 时, 求未知参数 α 的最大似然估计量.

解 (1) 由已知 X 的分布函数可得其概率密度为
$$f(x;\alpha,\beta)=\begin{cases}\dfrac{\beta\alpha^{\beta}}{x^{\beta+1}},&x>\alpha\\0,&x\leqslant\alpha\end{cases}$$

当 $\alpha=1$ 时, X 的概率密度为

$$f(x;\beta) = \begin{cases} \dfrac{\beta}{x^{\beta+1}}, & x > 1 \\ 0, & x \leqslant 1 \end{cases},$$

$$EX = \int_{-\infty}^{+\infty} x f(x;\beta) \mathrm{d}x = \int_{1}^{+\infty} \dfrac{\beta}{x^{\beta}} \mathrm{d}x = \dfrac{\beta}{\beta-1},$$

令 $\dfrac{\beta}{\beta-1} = \overline{X}$，解得 $\beta = \dfrac{\overline{X}}{\overline{X}-1}$，所以 β 的矩估计量为 $\hat{\beta} = \dfrac{\overline{X}}{\overline{X}-1}$，其中 $\overline{X} = \dfrac{1}{n}\sum_{i=1}^{n} X_i$.

(2) 对于总体 X 的样本值 $x_1, x_2, \cdots, x_n$，似然函数为

$$L(\beta) = \begin{cases} \dfrac{\beta^n}{(x_1 x_2 \cdots x_n)^{\beta+1}}, & x_i > 1 \; (i=1,2,\cdots,n) \\ 0, & \text{其他} \end{cases}$$

当 $x_i > 1$ 时，两边取对数得

$$\ln L(\beta) = n\ln\beta - (\beta+1)\sum_{i=1}^{n} \ln x_i, \qquad \dfrac{\mathrm{d}\ln L(\beta)}{\mathrm{d}\beta} = \dfrac{n}{\beta} - \sum_{i=1}^{n} \ln x_i,$$

令 $\dfrac{\mathrm{d}\ln L(\beta)}{\mathrm{d}\beta} = 0$，解之得 $\beta = \dfrac{n}{\sum_{i=1}^{n}\ln x_i}$.

故 β 的最大似然估计量为 $\hat{\beta} = \dfrac{n}{\sum_{i=1}^{n}\ln X_i}$.

(3) 当 $\beta = 2$ 时，X 的概率密度为

$$f(x;\alpha) = \begin{cases} \dfrac{2\alpha^2}{x^3}, & x > \alpha \\ 0, & x \leqslant \alpha \end{cases}$$

对于总体 X 的样本值 $x_1, x_2, \cdots, x_n$，其似然函数为

$$L(\alpha) = \begin{cases} \dfrac{2^n \alpha^{2n}}{(x_1 x_2 \cdots x_n)^3}, & x_i > \alpha \; (i=1,2,\cdots,n) \\ 0, & \text{其他} \end{cases}$$

$$\ln L(\alpha) = n\ln 2 + 2n\ln\alpha - 3\sum_{i=1}^{n}\ln x_i, \qquad \dfrac{\mathrm{d}\ln L(\alpha)}{\mathrm{d}\alpha} = \dfrac{2n}{\alpha} > 0,$$

所以 $L(\alpha)$ 单调递增.

当 $x_i > \alpha$ $(i=1,2,\cdots,n)$ 时，α 越大，$L(\alpha)$ 就越大，因此 α 的最大似然估计值为

$$\hat{\alpha} = \min(x_1, x_2, \cdots, x_n).$$

则 α 的最大似然估计量为 $\hat{\alpha} = \min(X_1, X_2, \cdots, X_n)$.

【4.9】设某种电子器件的寿命(以小时计) T 服从双参数的指数分布，其概率密度为

$$f(t) = \begin{cases} \dfrac{1}{\theta} \mathrm{e}^{-\frac{t-c}{\theta}}, & t \geqslant c \\ 0, & \text{其他} \end{cases}$$

其中 $c, \theta (c, \theta > 0)$ 为未知参数，自一批这种器件中随机地取 n 件进行寿命试验. 设它们的失效时间依次为 $x_1 \leqslant x_2 \leqslant \cdots \leqslant x_n$.

(1) 求 θ 与 c 的最大似然估计；
(2) 求 θ 与 c 的矩估计.

解 (1) 似然函数为

$$L(\theta,c) = \begin{cases} \dfrac{1}{\theta^n} e^{-\frac{1}{\theta}\sum_{i=1}^{n}(x_i-c)}, & x_i \geqslant c,\ i=1,2,\cdots,n \\ 0, & \text{其他} \end{cases}$$

$$= \begin{cases} \dfrac{1}{\theta^n} e^{-\frac{1}{\theta}\sum_{i=1}^{n}(x_i-c)}, & x_n \geqslant x_{n-1} \geqslant \cdots \geqslant x_2 \geqslant x_1 \geqslant c \\ 0, & \text{其他} \end{cases}$$

对数似然函数为：

$$\ln L(\theta,c) = -n\ln\theta - \frac{1}{\theta}\sum_{i=1}^{n}(x_i-c),$$

对数似然方程为：

$$\frac{\partial \ln L(\theta,c)}{\partial c} = \frac{n}{\theta} > 0,$$

故 $\ln L(\theta,c)$ 关于 c 单调增加，故 $\hat{c} = x_1$.

由

$$\frac{\partial \ln L(\theta,c)}{\partial \theta} = -\frac{n}{\theta} + \frac{1}{\theta^2}\sum_{i=1}^{n}(x_i-c) = 0,$$

得 θ 的最大似然估计值为 $\hat{\theta} = \overline{x} - x_1$.

(2) $EX = \displaystyle\int_{-\infty}^{+\infty} xf(x)dx = \int_c^{+\infty} \frac{x}{\theta} e^{-\frac{x-c}{\theta}} dx = \theta + c,$

$E(X^2) = \displaystyle\int_c^{+\infty} \frac{x^2}{\theta} e^{-\frac{x-c}{\theta}} dx = \theta^2 + (\theta+c)^2,$

令 $EX = \overline{x},\ E(X^2) = \dfrac{1}{n}\sum_{i=1}^{n}x_i^2,$ 那么 θ 和 c 的矩估计为

$$\hat{\theta} = \sqrt{\frac{1}{n}\sum_{i=1}^{n}(x_i-\overline{x})^2},\quad \hat{c} = \overline{x} - \sqrt{\frac{1}{n}\sum_{i=1}^{n}(x_i-\overline{x})^2}.$$

【4.10】 设总体 X 的概率密度为

$$f(x) = \begin{cases} 2e^{-2(x-\theta)}, & x > \theta \\ 0, & x \leqslant \theta \end{cases}$$

其中 $\theta > 0$ 是未知参数，从总体中抽取简单随机样本 $X_1, X_2, \cdots, X_n$. 记 $\hat{\theta} = \min(X_1, X_2, \cdots, X_n)$.

(1) 求总体 X 的分布函数 $F(x)$；
(2) 求统计量 $\hat{\theta}$ 的分布函数 $F_{\hat{\theta}}(x)$；
(3) 如果用 $\hat{\theta}$ 作为 θ 的估计量，讨论它是否具有无偏性.

解 (1) 由总体 X 的概率密度可得

$$F(x) = \int_{-\infty}^{x} f(t)dt = \begin{cases} 1-e^{-2(x-\theta)}, & x \geqslant \theta \\ 0, & x < \theta \end{cases}$$

(2) $F_{\hat{\theta}}(x) = P\{\hat{\theta} \leqslant x\} = P\{\min(X_1, X_2, \cdots, X_n) \leqslant x\}$
$= 1 - P\{\min(X_1, X_2, \cdots, X_n) > x\}$
$= 1 - P\{X_1 > x, X_2 > x, \cdots, X_n > x\}$
$= 1 - P\{X_1 > x\}P\{X_2 > x\} \cdots P\{X_n > x\}.$

由于 $P\{X_i > x\} = 1 - P\{X_i \leqslant x\} = 1 - F(x)$,因此 $F_{\hat{\theta}}(x) = 1 - [1 - F(x)]^n$.

即 $F_{\hat{\theta}}(x) = \begin{cases} 1 - e^{-2n(x-\theta)}, & x \geqslant \theta \\ 0, & x < \theta \end{cases}$

(3) 由 $F_{\hat{\theta}}(x) = \begin{cases} 1 - e^{-2n(x-\theta)}, & x \geqslant \theta \\ 0, & x < \theta \end{cases}$,可得 $\hat{\theta}$ 的概率密度为

$$f_{\hat{\theta}}(x) = F'_{\hat{\theta}}(x) = \begin{cases} 2n e^{-2n(x-\theta)}, & x \geqslant \theta \\ 0, & x < \theta \end{cases}$$

则

$$E\hat{\theta} = \int_{-\infty}^{\infty} x f_{\hat{\theta}}(x) dx = \int_{\theta}^{\infty} 2nx e^{-2n(x-\theta)} dx = \theta + \frac{1}{2n},$$

故 $E\hat{\theta} \neq \theta$. 因此 $\hat{\theta}$ 不是 θ 的无偏估计.

【4.11】 设总体 X 的概率密度为

$$f(x;\theta) = \begin{cases} \dfrac{2x}{3\theta^2}, & \theta < x < 2\theta, \\ 0, & \text{其他}, \end{cases}$$

其中 θ 是未知参数,$X_1, X_2, \cdots, X_n$ 为来自总体 X 的简单随机样本. 若 $c\sum\limits_{i=1}^{n} X_i^2$ 是 θ^2 的无偏估计, 则 $c = $ _____.

解 $E\left(c\sum\limits_{i=1}^{n} X_i^2\right) = c\sum\limits_{i=1}^{n} E(X_i^2) = c\sum\limits_{i=1}^{n} E(X^2)$
$= cn\int_{-\infty}^{+\infty} x^2 f(x) dx = cn\int_{\theta}^{2\theta} x^2 \cdot \dfrac{2x}{3\theta^2} dx = cn \cdot \dfrac{5}{2}\theta^2.$

因为 $c\sum\limits_{i=1}^{n} X_i^2$ 是 θ^2 的无偏性估计,所以 $E\left(c\sum\limits_{i=1}^{n} X_i^2\right) = \theta^2$.

即 $cn \cdot \dfrac{5}{2}\theta^2 = \theta^2$,所以 $c = \dfrac{2}{5n}$.

故应填 $\dfrac{2}{5n}$.

【4.12】 设总体 X 服从 $[0, \theta]$ 上的均匀分布,θ 未知($\theta > 0$),X_1, X_2, X_3 是取自 X 的一个样本.

(1) 试证 $\hat{\theta}_1 = \dfrac{4}{3}\max\limits_{1 \leqslant i \leqslant 3} X_i$, $\hat{\theta}_2 = 4\min\limits_{1 \leqslant i \leqslant 3} X_i$ 都是 θ 的无偏估计;

(2) 上述两个估计中哪个更有效?

证 (1) 设 $F(x)$ 是 X 的分布函数,则

$$F(x) = \begin{cases} 1, & x > \theta \\ \dfrac{x}{\theta}, & 0 \leqslant x \leqslant \theta \\ 0, & x < 0 \end{cases}$$

$$Y = \max_{1 \leq i \leq 3} X_i, \quad Z = \min_{1 \leq i \leq 3} X_i,$$

$$F_Y(x) = [F(x)]^3, \quad f_Y(x,\theta) = \begin{cases} 3\left(\dfrac{x}{\theta}\right)^2 \cdot \dfrac{1}{\theta}, & 0 \leq x \leq \theta \\ 0, & \text{其他} \end{cases}$$

故 $\quad EY = \dfrac{3}{\theta^3}\displaystyle\int_0^\theta x^3 \,\mathrm{d}x = \dfrac{3}{4}\theta$，则 $E(\hat{\theta}_1) = E\left(\dfrac{4}{3}\max X_i\right) = \theta$，

同理 $\quad EZ = \dfrac{3}{\theta^3}\displaystyle\int_0^\theta x(\theta-x)^2 \,\mathrm{d}x = \dfrac{1}{4}\theta$，则 $E(\hat{\theta}_2) = E(4\min X_i) = \theta$.

(2) $DY = EY^2 - (EY)^2 = \dfrac{3}{\theta}\displaystyle\int_0^\theta x^2\left(\dfrac{x}{\theta}\right)^2 \mathrm{d}x - \left(\dfrac{3}{4}\theta\right)^2 = \dfrac{3}{80}\theta^2$，

故 $\quad D(\hat{\theta}_1) = D\left(\dfrac{4}{3}\max X_i\right) = \dfrac{16}{9}DY = \dfrac{1}{15}\theta^2$，

同理 $\quad DZ = \dfrac{3}{80}\theta^2$，故 $D(\hat{\theta}_2) = D(4\min X_i) = 16DZ = \dfrac{3}{5}\theta^2 > D(\hat{\theta}_1)$，

故 $\hat{\theta}_1$ 更有效.

【4.13】 设随机变量 X 与 Y 相互独立且分别服从正态分布 $N(\mu, \sigma^2)$ 与 $N(\mu, 2\sigma^2)$，其中 σ 是未知参数且 $\sigma > 0$，记 $Z = X - Y$.

(1) 求 Z 的概率密度 $f(z)$；

(2) 设 $Z_1, Z_2, \cdots, Z_n$ 为来自总体 Z 的简单随机样本，求 σ^2 的最大似然估计量 $\hat{\sigma}^2$；

(3) 证明 $\hat{\sigma}^2$ 为 σ^2 的无偏估计量.

解 (1) 因为 X 与 Y 相互独立且分别服从正态分布 $N(\mu, \sigma^2)$ 与 $N(\mu, 2\sigma^2)$，则 $Z = X - Y$ 服从正态分布 $N(0, 3\sigma^2)$，故 Z 的概率密度

$$f(z) = \dfrac{1}{\sqrt{6\pi}\sigma} \mathrm{e}^{-\frac{z^2}{6\sigma^2}}, \quad -\infty < z < +\infty.$$

(2) 设 $z_1, z_2, \cdots, z_n$ 是样本 $Z_1, Z_2, \cdots, Z_n$ 所对应的一个样本值，则似然函数为

$$L(\sigma^2) = \prod_{i=1}^n f(z_i) = \dfrac{1}{(\sqrt{6\pi})^n (\sigma^2)^{\frac{n}{2}}} \mathrm{e}^{-\frac{\sum\limits_{i=1}^n z_i^2}{6\sigma^2}},$$

$$\ln L(\sigma^2) = -\dfrac{n}{2}\ln(6\pi) - \dfrac{n}{2}\ln\sigma^2 - \dfrac{1}{6\sigma^2}\sum_{i=1}^n z_i^2$$

令 $\dfrac{\mathrm{d}\ln L(\sigma^2)}{\mathrm{d}(\sigma^2)} = \dfrac{1}{6\sigma^4}\displaystyle\sum_{i=1}^n z_i^2 - \dfrac{n}{2\sigma^2} = 0$，

得 $\sigma^2 = \dfrac{1}{3n}\displaystyle\sum_{i=1}^n z_i^2$

故 σ^2 的最大似然估计量为 $\hat{\sigma}^2 = \dfrac{1}{3n}\displaystyle\sum_{i=1}^n Z_i^2$.

(3) 因为 $E(\hat{\sigma}^2) = E\left(\dfrac{1}{3n}\displaystyle\sum_{i=1}^n Z_i^2\right) = \dfrac{1}{3n}E\left(\displaystyle\sum_{i=1}^n Z_i^2\right) = \dfrac{1}{3}E(Z^2) = \dfrac{1}{3}D(Z) = \sigma^2$，

故 $\hat{\sigma}^2$ 为 σ^2 的无偏估计量.

【4.14】 设总体 X 的概率分布为

X	1	2	3
P	$1-\theta$	$\theta-\theta^2$	θ^2

其中参数 $\theta \in (0,1)$ 未知,以 N_i 表示来自总体 X 的简单随机样本(样本容量为 n)中等于 i 的个数 $(i=1,2,3)$,试求常数 a_1, a_2, a_3,使 $T = \sum_{i=1}^{3} a_i N_i$ 为 θ 的无偏估计量,并求 T 的方差.

解 根据简单随机样本的性质,样本 $X_1, X_2, \cdots, X_n$ 相互独立且与总体 X 同分布,因此,$P\{X_i = 1\} = 1-\theta, P\{X_i \neq 1\} = \theta, i = 1, 2, \cdots, n$,则在 n 次独立观测中取 1 的个数 N_1 是个随机变量,且 $N_1 \sim B(n, 1-\theta)$,同理 $N_2 \sim B(n, \theta-\theta^2)$,$N_3 \sim B(n, \theta^2)$,所以

$$ET = E\left(\sum_{i=1}^{3} a_i N_i\right) = a_1 EN_1 + a_2 EN_2 + a_3 EN_3$$
$$= a_1 n(1-\theta) + a_2 n(\theta-\theta^2) + a_3 n\theta^2$$
$$= na_1 + n(a_2 - a_1)\theta + n(a_3 - a_2)\theta^2$$

由 T 是 θ 的无偏估计量,可知 $ET = \theta$,

则 $\begin{cases} na_1 = 0, \\ n(a_2 - a_1) = 1, \\ n(a_3 - a_2) = 0, \end{cases}$ 即 $\begin{cases} a_1 = 0, \\ a_2 = \dfrac{1}{n}, \\ a_3 = \dfrac{1}{n}. \end{cases}$

故 $T = 0 \times N_1 + \dfrac{1}{n} \times N_2 + \dfrac{1}{n} \times N_3 = \dfrac{1}{n}(N_2 + N_3) = \dfrac{1}{n}(n - N_1)$.

$DT = D\left[\dfrac{1}{n}(n - N_1)\right] = \dfrac{1}{n^2} DN_1 = \dfrac{1}{n^2} \cdot n \cdot (1-\theta) \cdot \theta = \dfrac{1}{n}\theta(1-\theta)$.

【4.15】 设 X_1, X_2, X_3, X_4 是来自均值为 θ 的指数分布总体的样本,其中 θ 未知.设有估计量

$$T_1 = \dfrac{1}{6}(X_1 + X_2) + \dfrac{1}{3}(X_3 + X_4), \quad T_2 = \dfrac{X_1 + 2X_2 + 3X_3 + 4X_4}{5},$$
$$T_3 = \dfrac{X_1 + X_2 + X_3 + X_4}{4}.$$

(1) 指出 T_1, T_2, T_3 中哪几个是 θ 的无偏估计量;

(2) 在上述 θ 的无偏估计中指出哪一个较为有效.

解 (1) $ET_1 = \dfrac{1}{6}(EX_1 + EX_2) + \dfrac{1}{3}(EX_3 + EX_4) = \dfrac{1}{6}(\theta+\theta) + \dfrac{1}{3}(\theta+\theta) = \theta$,

$ET_2 = \dfrac{1}{5}(EX_1 + 2EX_2 + 3EX_3 + 4EX_4) = \dfrac{1}{5}(\theta + 2\theta + 3\theta + 4\theta) = 2\theta$,

$ET_3 = \dfrac{1}{4}(EX_1 + EX_2 + EX_3 + EX_4) = \dfrac{1}{4}(\theta + \theta + \theta + \theta) = \theta$.

故 T_1, T_3 为 θ 的无偏估计量.

(2) $DT_1 = \dfrac{1}{36}(DX_1 + DX_2) + \dfrac{1}{9}(DX_3 + DX_4) = \dfrac{1}{36}(\theta^2 + \theta^2) + \dfrac{1}{9}(\theta^2 + \theta^2) = \dfrac{5}{18}\theta^2$,

$DT_3 = \dfrac{1}{16}(DX_1 + DX_2 + DX_3 + DX_4) = \dfrac{1}{16}(\theta^2 + \theta^2 + \theta^2 + \theta^2) = \dfrac{1}{4}\theta^2$,

$DT_1 > DT_3$.

故 T_3 较 T_1 更有效.

【4.16】 设 $\hat{\theta}$ 是参数 θ 的无偏估计,且有 $D(\hat{\theta}) > 0$,试证 $(\hat{\theta})^2$ 不是 θ^2 的无偏估计.

证 $E(\hat{\theta}^2) = D(\hat{\theta}) + (E\hat{\theta})^2 = D(\hat{\theta}) + \theta^2 > \theta^2$ $(D(\hat{\theta}) > 0)$,

所以 $\hat{\theta}^2$ 不是 θ^2 的无偏估计量.

【4.17】 设总体 X 的均值为 μ,统计量 $\hat{\mu}_1$ 和 $\hat{\mu}_2$ 是参数 μ 的两个无偏估计量,它们的方差分别为 σ_1^2, σ_2^2,相关系数为 ρ,试确定常数 $c_1 > 0, c_2 > 0, c_1 + c_2 = 1$,使得 $c_1 \hat{\mu}_1 + c_2 \hat{\mu}_2$ 有最小方差.

解 $D(c_1 \hat{\mu}_1 + c_2 \hat{\mu}_2) = c_1^2 D(\hat{\mu}_1) + c_2^2 D(\hat{\mu}_2) + 2c_1 c_2 \text{Cov}(\hat{\mu}_1, \hat{\mu}_2)$
$= c_1^2 \sigma_1^2 + c_2^2 \sigma_2^2 + 2c_1 c_2 \rho \sigma_1 \sigma_2$,

利用高等数学知识,求 $D(c_1 \hat{\mu}_1 + c_2 \hat{\mu}_2)$ 在 $c_1 + c_2 = 1 (c_1 > 0, c_2 > 0)$ 条件下的最小值点,一种方法是使用拉格朗日乘数法,另一种方法是将 $c_2 = 1 - c_1$ 代入化成无条件极值问题,最终解得

$$c_1 = \frac{\sigma_2(\sigma_2 - \rho\sigma_1)}{\sigma_1^2 - 2\rho\sigma_1\sigma_2 + \sigma_2^2}, \qquad c_2 = \frac{\sigma_1(\sigma_1 - \rho\sigma_2)}{\sigma_1^2 - 2\rho\sigma_1\sigma_2 + \sigma_2^2}.$$

此时 $c_1 \hat{\mu}_1 + c_2 \hat{\mu}_2$ 的方差达到最小.

【4.18】 设总体 $X \sim U(\theta, 2\theta)$,其中 $\theta > 0$ 是未知参数,又 $X_1, X_2, \cdots, X_n$ 为取自该总体的样本,证明 $\hat{\theta} = \frac{2}{3}\overline{X}$ 是 θ 的无偏估计和相合估计.

证 $E(\hat{\theta}) = \frac{2}{3}E(\overline{X}) = \frac{2}{3}E(X) = \frac{2}{3} \cdot \frac{\theta + 2\theta}{2} = \theta$,

故 $\hat{\theta}$ 是 θ 的无偏估计.

$$D(\hat{\theta}) = \frac{4}{9}D(\overline{X}) = \frac{4}{9} \cdot \frac{D(X)}{n} = \frac{4}{9n} \cdot \frac{\theta^2}{12} = \frac{\theta^2}{27n}.$$

当 $n \to \infty$ 时,$D(\hat{\theta}) \to 0$,故 $\hat{\theta}$ 是 θ 的相合估计.

【4.19】 设 $X_1, X_2, \cdots, X_n$ 是总体为 $N(\mu, \sigma^2)$ 的简单随机样本,记

$$\overline{X} = \frac{1}{n}\sum_{i=1}^{n} X_i, \quad S^2 = \frac{1}{n-1}\sum_{i=1}^{n}(X_i - \overline{X})^2, \quad T = \overline{X}^2 - \frac{1}{n}S^2,$$

(1) 证明 T 是 μ^2 的无偏估计量;
(2) 当 $\mu = 0, \sigma = 1$ 时,求 DT.

证 (1) $E(T) = E(\overline{X}^2 - \frac{1}{n}S^2) = E\overline{X}^2 - E(\frac{1}{n}S^2) = E\overline{X}^2 - \frac{1}{n}\sigma^2$,

因为 $X \sim N(\mu, \sigma^2), \overline{X} \sim N(\mu, \frac{\sigma^2}{n})$,而

$$E\overline{X}^2 = D\overline{X} + (E\overline{X})^2 = \frac{1}{n}\sigma^2 + \mu^2, \quad E(T) = \frac{1}{n}\sigma^2 + \mu^2 - \frac{1}{n}\sigma^2 = \mu^2,$$

所以 T 是 μ^2 的无偏估计.

解 (2) $DT = ET^2 - (ET)^2, E(T) = 0, ET^2 = E\left(\overline{X}^4 - \frac{2}{n}\overline{X}^2 \cdot S^2 + \frac{S^4}{n^2}\right)$,

因为 $\overline{X} \sim N(0, \frac{1}{n})$, $\dfrac{\overline{X}}{\frac{1}{\sqrt{n}}} \sim N(0,1)$,

令 $X = \dfrac{\overline{X}}{\frac{1}{\sqrt{n}}}$, $E(X^4) = \int_{-\infty}^{+\infty} \dfrac{x^4}{\sqrt{2\pi}} e^{-\frac{x^2}{2}} dx = \int_{-\infty}^{+\infty} \dfrac{3x^2}{\sqrt{2\pi}} e^{-\frac{x^2}{2}} dx = 3EX^2 = 3$,

所以 $E\overline{X}^4 = \dfrac{3}{n^2}$,

$$E\left(\dfrac{2}{n}\overline{X}^2 \cdot S^2\right) = \dfrac{2}{n} E\overline{X}^2 \cdot ES^2 = \dfrac{2}{n}[D\overline{X} + (E\overline{X})^2] = \dfrac{2}{n}(\dfrac{1}{n} + 0) = \dfrac{2}{n^2},$$

$$E(\dfrac{S^4}{n^2}) = \dfrac{1}{n^2} ES^4, \quad ES^4 = DS^2 + (ES^2)^2 = DS^2 + 1.$$

因为 $W = \dfrac{(n-1)S^2}{\sigma^2} \sim \chi^2(n-1)$,且 $\sigma^2 = 1$,

所以 $DW = (n-1)^2 DS^2 = 2(n-1)$, $DS^2 = \dfrac{2}{n-1}$, $ES^4 = \dfrac{2}{n-1} + 1 = \dfrac{n+1}{n-1}$,

故 $ET^2 = \dfrac{3}{n^2} - \dfrac{2}{n^2} + \dfrac{1}{n^2} \cdot \dfrac{n+1}{n-1} = \dfrac{2}{n(n-1)}$.

题型2:关于区间估计

【4.20】 从长期生产实践知道,某厂生产的100W灯泡的使用寿命 $X \sim N(\mu, 100^2)$(单位:h),现从某一批灯泡中抽取5只,测得使用寿命如下:

$$1455 \quad 1502 \quad 1370 \quad 1610 \quad 1430$$

试求这批灯泡平均使用寿命 μ 的置信区间(α 分别为 0.1 和 0.05).

解 由样本值得

$$\overline{X} = \dfrac{1}{5}(1455 + 1502 + 1370 + 1610 + 1430) = 1473.4,$$

当 $\alpha = 0.1$,查表得 $u_{\frac{\alpha}{2}} = 1.64$,故

$$\overline{X} - u_{\frac{\alpha}{2}} \dfrac{\sigma}{\sqrt{n}} = 1473.4 - 1.64 \times \dfrac{100}{\sqrt{5}} = 1400.1,$$

$$\overline{X} + u_{\frac{\alpha}{2}} \dfrac{\sigma}{\sqrt{n}} = 1473.4 + 1.64 \times \dfrac{100}{\sqrt{5}} = 1546.7,$$

于是置信度 90% 下,平均使用寿命 μ 的置信区间为 $[1400.1, 1546.7]$.

当 $\alpha = 0.05$ 时,查表得 $u_{\frac{\alpha}{2}} = 1.96$,故

$$\overline{X} - u_{\frac{\alpha}{2}} \dfrac{\sigma}{\sqrt{n}} = 1473.4 - 1.96 \times \dfrac{100}{\sqrt{5}} = 1385.7,$$

$$\overline{X} + u_{\frac{\alpha}{2}} \dfrac{\sigma}{\sqrt{n}} = 1473.4 + 1.96 \times \dfrac{100}{\sqrt{5}} = 1561.1,$$

于是置信度 95% 下,平均使用寿命 μ 的置信区间为 $[1385.7, 1561.1]$.

【4.21】 设总体 $X \sim N(\mu, \sigma^2)$, $x_1, x_2, \cdots, x_{15}$ 是其一组样本值,已知

$$\sum_{i=1}^{15} x_i = 8.7, \quad \sum_{i=1}^{15} x_i^2 = 25.05,$$

求置信水平为 0.95 的 μ 和 σ^2 的置信区间.

解 $\overline{x} = \dfrac{1}{15}\sum\limits_{i=1}^{15} x_i = \dfrac{1}{15} \times 8.7 = 0.58,$

$$S^2 = \dfrac{1}{14}\sum_{i=1}^{15}(x_i - \overline{x})^2 = \dfrac{1}{14}\Big(\sum_{i=1}^{15} x_i^2 - 15\,\overline{x}^2\Big) = 1.429,$$

查表得 $\quad t_{\frac{\alpha}{2}}(n-1) = t_{0.025}(14) = 2.1448,$

$$\chi^2_{1-\frac{\alpha}{2}}(n-1) = \chi^2_{0.975}(14) = 5.629, \quad \chi^2_{\frac{\alpha}{2}}(n-1) = \chi^2_{0.025}(14) = 26.119,$$

代入公式可得置信区间为

$$\mu:\Big[\overline{X} \pm t_{\frac{\alpha}{2}}(n-1)\dfrac{S}{\sqrt{n}}\Big] = [-0.082, 1.242],$$

$$\sigma^2:\Big[\dfrac{(n-1)S^2}{\chi^2_{\frac{\alpha}{2}}(n-1)},\ \dfrac{(n-1)S^2}{\chi^2_{1-\frac{\alpha}{2}}(n-1)}\Big] = [0.766, 3.554].$$

【4.22】 假如 0.50,1.25,0.80,2.00 是来自总体 X 的简单随机样本值,已知 $Y = \ln X$ 服从正态分布 $N(\mu,1)$.

(1) 求 X 的数学期望 EX(记 EX 为 b);

(2) 求 μ 的置信度为 0.95 的置信区间;

(3) 利用上述结果求 b 的置信度为 0.95 的置信区间.

分析 本题是一个正态总体方差已知时求期望值 μ 的置信区间问题. 在 μ 的置信区间解得的情况下,利用 b 的表达式中含有 μ 这一特点,代入 μ 的置信区间即可得 b 的置信区间.

解 (1) 由题意知 Y 的概率密度为

$$f(y) = \dfrac{1}{\sqrt{2\pi}} e^{-\frac{(y-\mu)^2}{2}}.$$

又由 $Y = \ln X$,得 $X = e^Y$,故

$$b = EX = Ee^Y = \int_{-\infty}^{+\infty} \dfrac{1}{\sqrt{2\pi}} e^y e^{-\frac{(y-\mu)^2}{2}}\,\mathrm{d}y$$

$$= e^{\mu+\frac{1}{2}}\int_{-\infty}^{+\infty}\dfrac{1}{\sqrt{2\pi}} e^{-\frac{1}{2}[y-(\mu+1)]^2}\,\mathrm{d}y = e^{\mu+\frac{1}{2}}.$$

(2) 经过分析,μ 的置信区间公式为 $\Big(\overline{Y} - \dfrac{\sigma}{\sqrt{n}}u_{\frac{\alpha}{2}},\ \overline{Y} + \dfrac{\sigma}{\sqrt{n}}u_{\frac{\alpha}{2}}\Big).$

由 $1 - \alpha = 0.95$,查表得 $u_{\frac{\alpha}{2}} = 1.96.$

代入 $\sigma = 1, n = 4, \overline{y} = \dfrac{1}{4}(\ln 0.5 + \ln 1.25 + \ln 0.8 + \ln 2) = 0,$

得 $\Big(-\dfrac{1}{2}\times 1.96,\ \dfrac{1}{2}\times 1.96\Big).$

故 μ 的置信度为 0.95 的置信区间为 $(-0.98, 0.98).$

(3) 由(1) 可知,$b = EX = e^{\mu+\frac{1}{2}}$,又由(2) 知,$\mu$ 的置信区间为 $(-0.98, 0.98)$,

因为 e^x 为严格增函数,所以 b 的置信区间为 $(e^{-0.98+\frac{1}{2}},\ e^{0.98+\frac{1}{2}}),$

即为 $(e^{-0.48},\ e^{1.48}).$

【4.23】 随机地取某种炮弹 9 发做实验,得炮口速度的样本标准差 $s = 11(\text{m/s})$,设炮口速度服从正态分布,求这种炮弹的炮口速度的标准差 σ 的置信度为 0.95 的置信区间.

解 由 σ^2 的置信区间公式知,σ 的置信度为 0.95 的置信区间为

$$\left(\frac{\sqrt{n-1}S}{\sqrt{\chi^2_{\frac{\alpha}{2}}(n-1)}}, \frac{\sqrt{n-1}S}{\sqrt{\chi^2_{1-\frac{\alpha}{2}}(n-1)}} \right).$$

其中 $s = 11, n-1 = 8, 1-\alpha = 0.95, \alpha = 0.05, \frac{\alpha}{2} = 0.025.$

查表得 $\chi^2_{\frac{\alpha}{2}}(8) = 17.535, \chi^2_{1-\frac{\alpha}{2}}(8) = 2.180$,代入得到 σ 的置信区间为 $(7.4, 21.1)$.

【4.24】 分别使用金球和铂球测定引力常数(单位:$10^{-11}\,\text{m}^3 \cdot \text{kg}^{-1} \cdot \text{s}^{-1}$).

(1) 用金球测定观察值为 6.683, 6.681, 6.676, 6.678, 6.679, 6.672.

(2) 用铂球测定观察值为 6.661, 6.661, 6.667, 6.667, 6.664.

设测定值总体为 $N(\mu, \sigma^2)$,μ, σ^2 均为未知,试就 (1),(2) 两种情况分别求 μ 的置信度为 0.9 的置信区间,并求 σ^2 的置信度为 0.9 的置信区间.

解 (1) μ, σ^2 均未知时,μ 的置信度为 0.9 的置信区间为

$$\left[\overline{X} - \frac{S}{\sqrt{n}} t_{\frac{\alpha}{2}}(n-1), \quad \overline{X} + \frac{S}{\sqrt{n}} t_{\frac{\alpha}{2}}(n-1) \right],$$

这里 $1-\alpha = 0.9, \alpha = 0.1, \frac{\alpha}{2} = 0.05, n_1 = 6, n_2 = 5, n_1 - 1 = 5, n_2 - 1 = 4.$

$$\overline{x}_1 = \frac{1}{6} \sum_{i=1}^{6} x_i = \frac{1}{6}(6.683 + \cdots + 6.672) = 6.678,$$

$$s_1^2 = \frac{1}{5} \sum_{i=1}^{6} (x_i - \overline{x}_1)^2 = 0.15 \times 10^{-4},$$

$$\overline{x}_2 = \frac{1}{5} \sum_{i=1}^{5} x_i = \frac{1}{5}(6.661 + \cdots + 6.664) = 6.664,$$

$$s_2^2 = \frac{1}{4} \sum_{i=1}^{5} (x_i - \overline{x}_2)^2 = 0.9 \times 10^{-5},$$

$$t_{\frac{\alpha}{2}}(5) = 2.0150, \quad t_{\frac{\alpha}{2}}(4) = 2.1318.$$

代入得,用金球测定时,μ 的置信区间是 $[6.675, 6.681]$.

用铂球测定时,μ 的置信区间为 $[6.661, 6.667]$.

(2) μ, σ^2 均未知时,σ^2 的置信度为 0.9 的置信区间为

$$\left[\frac{(n-1)S^2}{\chi^2_{\frac{\alpha}{2}}(n-1)}, \quad \frac{(n-1)S^2}{\chi^2_{1-\frac{\alpha}{2}}(n-1)} \right],$$

这里 $n_1 - 1 = 5, n_2 - 1 = 4, \frac{\alpha}{2} = 0.05.$

查表得:$\chi^2_{\frac{\alpha}{2}}(5) = 11.071, \chi^2_{\frac{\alpha}{2}}(4) = 9.488, \chi^2_{1-\frac{\alpha}{2}}(5) = 1.145, \chi^2_{1-\frac{\alpha}{2}}(4) = 0.711.$

将这些值以及上面 (1) 中算得的 S_1^2, S_2^2 代入上区间得

用金球测定时,σ^2 的置信区间是 $[6.774 \times 10^{-6}, 6.550 \times 10^{-5}]$.

用铂球测定时,σ^2 的置信区间是 $[3.794 \times 10^{-6}, 5.063 \times 10^{-5}]$.

【4.25】 设 $x_1, x_2, \cdots, x_n$ 为来自总体 $N(\mu, \sigma^2)$ 的简单随机样本,样本均值 $\overline{x} = 9.5$,参数 μ 的

置信度为 0.95 的双侧置信区间的置信上限为 10.8，则 μ 的置信度为 0.95 的双侧置信区间为 _____.

解 设 $X \sim N(\mu, \sigma^2)$，其中 σ^2 未知，则 μ 的置信区间为

$$\left(\overline{x} - t_{\frac{\alpha}{2}}(n-1)\frac{S}{\sqrt{n}}, \overline{x} + t_{\frac{\alpha}{2}}(n-1)\frac{S}{\sqrt{n}} \right).$$

已知 $\overline{x} = 9.5$，置信上限为 10.8，则

$t_{\frac{\alpha}{2}}(n-1)\frac{S}{\sqrt{n}} = 1.3$，置信下限为 8.2.

故应填 $(8.2, 10.8)$.

【4.26】 设某种清漆的 9 个样品，其干燥时间（单位:h）分别为

6.0　5.7　5.8　6.5　7.0　6.3　5.6　6.1　5.0

设干燥时间总体服从正态分布 $N(\mu, \sigma^2)$，求 μ 的置信度为 0.95 的置信区间.

(1) 若由以往经验知 $\sigma = 0.6$（小时）；

(2) 若 σ 为未知.

解 (1) 当方差 σ^2 已知时，μ 的置信度为 0.95 的置信区间为

$$\left[\overline{X} - \frac{\sigma}{\sqrt{n}} u_{\frac{\alpha}{2}}, \overline{X} + \frac{\sigma}{\sqrt{n}} u_{\frac{\alpha}{2}} \right],$$

这里，$1-\alpha = 0.95, \alpha = 0.05, \frac{\alpha}{2} = 0.025, n = 9, \sigma = 0.6, \overline{x} = \frac{1}{9}(6.0+5.7+\cdots+5.0) = 6$，

查正态分布表得 $u_{\frac{\alpha}{2}} = 1.96$.

将这些值代入公式得 $[5.608, 6.392]$.

(2) 当方差 σ^2 未知时，μ 的置信度为 0.95 的置信区间为

$$\left[\overline{X} - \frac{S}{\sqrt{n}} t_{\frac{\alpha}{2}}(n-1), \overline{X} + \frac{S}{\sqrt{n}} t_{\frac{\alpha}{2}}(n-1) \right],$$

这里，$1-\alpha = 0.95, \alpha = 0.05, \frac{\alpha}{2} = 0.025, n-1 = 8$.

查表得 $t_{\frac{\alpha}{2}}(n-1) = 2.3060$，

$\overline{x} = \frac{1}{9}(6.0+5.7+\cdots+5.0) = 6$，　$s^2 = \frac{1}{n-1}\sum_{i=1}^{n}(x_i - \overline{x})^2 = 0.33$.

将这些值代入公式得 $[5.558, 6.442]$.

【4.27】 随机地从 A 批导线中抽取 4 根，又从 B 批导线中抽取 5 根，测得电阻（单位:Ω）为

A 批导线：0.143　0.142　0.143　0.137

B 批导线：0.140　0.142　0.136　0.138　0.140

设测定数据分别来自分布 $N(\mu_1, \sigma^2), N(\mu_2, \sigma^2)$，且两样本相互独立，又 μ_1, μ_2, σ^2 均为未知，试求 $\mu_1 - \mu_2$ 的置信度为 0.95 的置信区间.

解 $\mu_1 - \mu_2$ 的置信区间为

$$\left[\overline{X} - \overline{Y} - t_{\frac{\alpha}{2}}(n_1+n_2-2)S_w\sqrt{\frac{1}{n_1}+\frac{1}{n_2}}, \overline{X} - \overline{Y} + t_{\frac{\alpha}{2}}(n_1+n_2-2)S_w\sqrt{\frac{1}{n_1}+\frac{1}{n_2}} \right],$$

在这里 $\overline{X} = \frac{1}{4}\sum_{i=1}^{4} X_i = \frac{1}{4}(0.143 + \cdots + 0.137) = 0.1413$,

$$\overline{Y} = \frac{1}{5}(0.140 + \cdots + 0.140) = 0.1392,$$

$n_1 = 4, n_2 = 5, n_1 + n_2 - 2 = 7; 1 - \alpha = 0.95, \alpha = 0.05, \frac{\alpha}{2} = 0.025.$

查表得 $t_{\frac{\alpha}{2}}(7) = 2.3646$,

$$s_w^2 = \frac{(n_1 - 1)s_1^2 + (n_2 - 1)s_2^2}{n_1 + n_2 - 2} = 6.509 \times 10^{-6}, \quad s_w = \sqrt{6.509 \times 10^{-6}} = 2.551 \times 10^{-3}.$$

将这些值代入上区间得 $(-0.002, 0.006)$.

【4.28】 研究两种固体燃料火箭推进器的燃烧率,设两者都服从正态分布,并且已知燃烧率的标准差均近似地为 0.05cm/s,取样本容量为 $n_1 = n_2 = 20$,得燃烧率的样本均值分别为 $\overline{x}_1 = 18 \text{cm/s}, \overline{x}_2 = 24 \text{cm/s}$,求两燃烧率总体均值差 $\mu_1 - \mu_2$ 的置信度为 0.99 的置信区间.

解 在此题中, $\sigma_1 = \sigma_2 = 0.05$,因此, $\mu_1 - \mu_2$ 的置信度为 0.99 的置信区间

$$\left(\overline{X}_1 - \overline{X}_2 - u_{\frac{\alpha}{2}} \sigma \sqrt{\frac{1}{n_1} + \frac{1}{n_2}}, \quad \overline{X}_1 - \overline{X}_2 + u_{\frac{\alpha}{2}} \sigma \sqrt{\frac{1}{n_1} + \frac{1}{n_2}} \right),$$

这里 $n_1 = n_2 = 20, \alpha = 0.01, \frac{\alpha}{2} = 0.005$.

查表得 $u_{\frac{\alpha}{2}} = 2.58$. 代入上区间得 $(-6.04, -5.96)$.

【4.29】 设两位化验员 A, B 独立地对某种聚合物含氯量用相同的方法各作 10 次测定,其测定值的样本方差依次为 $S_A^2 = 0.5419, S_B^2 = 0.6065$. 设 σ_A^2, σ_B^2 分别为 A, B 所测定的测定值总体的方差,设总体均为正态分布,求方差比 $\frac{\sigma_A^2}{\sigma_B^2}$ 的置信度为 0.95 的置信区间.

解 $\frac{\sigma_A^2}{\sigma_B^2}$ 的置信区间为

$$\left[\frac{S_A^2}{S_B^2} \frac{1}{F_{\frac{\alpha}{2}}(n_1 - 1, n_2 - 1)}, \quad \frac{S_A^2}{S_B^2} \frac{1}{F_{1-\frac{\alpha}{2}}(n_1 - 1, n_2 - 1)} \right],$$

这里 $1 - \alpha = 0.95, \alpha = 0.05, \frac{\alpha}{2} = 0.025$. 查表得 $F_{\frac{\alpha}{2}}(9, 9) = 4.03, F_{1-\frac{\alpha}{2}}(9, 9) = \frac{1}{4.03}$.

代入上式得 $(0.222, 3.601)$.

【4.30】 (1) 求【4.26】题中 μ 的置信度为 0.95 的单侧置信上限;

(2) 求【4.27】题中 $\mu_1 - \mu_2$ 的置信度为 0.95 的单侧置信下限;

(3) 求【4.29】题中方差比 $\frac{\sigma_A^2}{\sigma_B^2}$ 的置信度为 0.95 的单侧置信上限.

解 (1) σ^2 已知时,此时 $\frac{\overline{X} - \mu}{\frac{\sigma}{\sqrt{n}}} \sim N(0, 1)$,于是

$$P\left\{ \frac{\overline{X} - \mu}{\frac{\sigma}{\sqrt{n}}} > u_{1-\alpha} \right\} = 1 - \alpha, \quad 即 \quad P\left\{ \frac{\overline{X} - \mu}{\frac{\sigma}{\sqrt{n}}} > -u_\alpha \right\} = 1 - \alpha.$$

于是，μ 的置信度为 $1-\alpha$ 的单侧置信区间为 $\left(-\infty, \overline{X}+u_\alpha \cdot \dfrac{\sigma}{\sqrt{n}}\right)$.

则 $\overline{X}+u_\alpha \cdot \dfrac{\sigma}{\sqrt{n}}$ 为其单侧置信上限. 此时 $\alpha=0.05$，查表得 $u_\alpha=1.65, \overline{X}=6, \sigma=0.6, n=9$. 代入上式得 $\overline{\mu}=\overline{x}+u_\alpha \cdot \dfrac{\sigma}{\sqrt{n}}=6.33$.

方差 σ^2 未知，此时 $\dfrac{\overline{X}-\mu}{\frac{S}{\sqrt{n}}} \sim t(n-1)$. 于是 $P\left\{\dfrac{\overline{X}-\mu}{\frac{S}{\sqrt{n}}}>t_{1-\alpha}(n-1)\right\}=1-\alpha$，得

$$\dfrac{\overline{X}-\mu}{\frac{S}{\sqrt{n}}}>t_{1-\alpha}(n-1), \quad \mu<\overline{X}-t_{1-\alpha}(n-1)\dfrac{S}{\sqrt{n}}=\overline{X}+t_\alpha(n-1)\dfrac{S}{\sqrt{n}}.$$

此处 $\overline{X}=6, S^2=0.33, n=9$. 查表得 $t_{0.05}(8)=1.8598$.

代入上式得 $\overline{\mu}=\overline{x}+t_\alpha(n-1) \cdot \dfrac{s}{\sqrt{n}}=6.356$.

(2) σ 未知，此时

$$\dfrac{(\overline{X}-\overline{Y})-(\mu_1-\mu_2)}{S_w\sqrt{\dfrac{1}{n_1}+\dfrac{1}{n_2}}} \sim t(n_1+n_2-2),$$

$$P\left\{\dfrac{(\overline{X}-\overline{Y})-(\mu_1-\mu_2)}{S_w\sqrt{\dfrac{1}{n_1}+\dfrac{1}{n_2}}}<t_\alpha(n_1+n_2-2)\right\}=1-\alpha=0.95,$$

由此得 $\mu_1-\mu_2$ 的置信度为 0.95 的单侧置信下限为

$$\overline{X}-\overline{Y}-S_w\sqrt{\dfrac{1}{n_1}+\dfrac{1}{n_2}} \cdot t_\alpha(n_1+n_2-2).$$

将【4.27】题中的 $\overline{X},\overline{Y},S_w$ 代入上式得（$t_\alpha(n_1+n_2-2)=1.8946$），

$$\overline{x}-\overline{y}-s_w\sqrt{\dfrac{1}{n_1}+\dfrac{1}{n_2}} \cdot t_\alpha(n_1+n_2-2)=-0.0012.$$

(3) 此时 $\dfrac{\dfrac{S_1^2}{\sigma_1^2}}{\dfrac{S_2^2}{\sigma_2^2}} \sim F(n_1-1,n_2-1)$，于是

$$P\left\{\dfrac{\dfrac{S_1^2}{\sigma_1^2}}{\dfrac{S_2^2}{\sigma_2^2}}>F_{1-\alpha}(n_1-1,n_2-1)\right\}=1-\alpha,$$

由此得 $\dfrac{\sigma_1^2}{\sigma_2^2}$ 的置信度为 0.95 的单侧置信上限为

$$\dfrac{S_1^2}{S_2^2}\dfrac{1}{F_{1-\alpha}(n_1-1,n_2-1)}=\dfrac{S_1^2}{S_2^2} \cdot F_\alpha(n_2-1,n_1-1),$$

查表得 $F_\alpha(n_2-1,n_1-1)=3.18$.

将【4.29】题中的 S_1^2, S_2^2 值及 $F_\alpha(n_2-1,n_1-1)$ 代入上式得，单侧置信上限为 2.84.

【4.31】 为研究某种汽车轮胎的磨损特性,随机地选择 16 只轮胎,每只轮胎行驶到磨坏为止,记录所行驶路径(以公里计) 如下:

41250　40187　43175　41010　39265　41872　42654　41287

38970　40200　42550　41095　40680　43500　39775　40400

假设这些数据来自正态总体 $N(\mu,\sigma^2)$,其中 μ,σ^2 未知,试求 μ 的置信度为 0.95 的单侧置信下限.

解　σ 未知,此时

$$\frac{\overline{X}-\mu}{\frac{S}{\sqrt{n}}} \sim t(n-1), \quad P\left\{\frac{\overline{X}-\mu}{\frac{S}{\sqrt{n}}} < t_\alpha(n-1)\right\} = 1-\alpha,$$

由此得 μ 的置信度为 $1-\alpha$ 的单侧置信下限为 $\overline{X} - t_\alpha(n-1) \cdot \frac{S}{\sqrt{n}}$,

这里 $\overline{x} = \frac{1}{16}(41250 + \cdots + 40400) = 41117, s = 1347,$

查表得 $t_{0.05}(15) = 1.7531$,代入上式得 $\overline{x} - t_\alpha(n-1) \cdot \frac{s}{\sqrt{n}} = 40526.$

题型 3:与置信度、样本容量及区间长度有关的题目

【4.32】 从正态总体 $N(\mu, 6^2)$ 中抽取容量为 n 的样本.若保证 μ 的 95% 的置信区间的长度不大于 2,问 n 至少应取多大?

解　由 $\sigma^2 = 6^2$ 得 $\frac{\overline{X}-\mu}{6}\sqrt{n} \sim N(0,1)$,故置信区间为

$$\left[\overline{X} - u_{\frac{\alpha}{2}}\frac{\sigma}{\sqrt{n}}, \quad \overline{X} + u_{\frac{\alpha}{2}}\frac{\sigma}{\sqrt{n}}\right].$$

从而得均值 μ 的置信区间的长度为

$$2u_{\frac{\alpha}{2}} \cdot \frac{\sigma}{\sqrt{n}} \leqslant 2,$$

即 $n \geqslant (u_{\frac{\alpha}{2}} \cdot \sigma)^2 = (1.96 \times 6)^2 \approx 139.$

【4.33】 设总体 $X \sim N(\mu, 8), (X_1, \cdots, X_{36})$ 为其简单随机样本,若 $[\overline{X}-1, \overline{X}+1]$ 作为 μ 的置信区间,则置信度为_____.

解　本题属于已知 σ^2,估计 μ 的类型.

μ 的满足置信度为 $1-\alpha$ 的置信区间应为

$$\left[\overline{X} - u_{\frac{\alpha}{2}}\frac{\sigma}{\sqrt{n}}, \quad \overline{X} + u_{\frac{\alpha}{2}}\frac{\sigma}{\sqrt{n}}\right].$$

由题意,$u_{\frac{\alpha}{2}}\frac{\sigma}{\sqrt{n}} = 1$,且 $\sigma = \sqrt{8}, n = 36.$

故 $u_{\frac{\alpha}{2}} = 2.12$,查表可得置信度 $1-\alpha = 0.966.$

【4.34】 设 $X \sim N(\mu, \sigma^2), \sigma^2$ 已知,若样本容量 n 和置信度 $1-\alpha$ 均不变,则对于不同的样本观测值,μ 的置信区间长度(　　).

(A) 变长　　　　(B) 变短　　　　(C) 保持不变　　　　(D) 不能确定

解 μ 的置信区间是

$$\left[\overline{X}-u_{\frac{\alpha}{2}}\frac{\sigma}{\sqrt{n}},\ \overline{X}+u_{\frac{\alpha}{2}}\frac{\sigma}{\sqrt{n}}\right],$$

因为 n 和 $1-\alpha$ 不变，所以长度 $l=2u_{\frac{\alpha}{2}}\frac{\sigma}{\sqrt{n}}$ 保持不变.

故应选(C).

【4.35】 设样本 $(X_1,X_2,\cdots,X_n)$ 为总体 $X\sim N(\mu,\sigma^2)$ 的样本，其中 μ,σ^2 为未知参数，设随机变量 L 是关于 μ 的置信度为 $1-\alpha$ 的置信区间的长度，求 $E(L^2)$.

解 取 $T=\dfrac{\overline{X}-\mu}{S}\sqrt{n}$，则 $T\sim t(n-1)$.

由 $P\{|T|<t_{\frac{\alpha}{2}}(n-1)\}=1-\alpha$ 可得 μ 的 $1-\alpha$ 置信区间为

$$\left(\overline{X}-t_{\frac{\alpha}{2}}(n-1)\cdot\frac{S}{\sqrt{n}},\ \overline{X}+t_{\frac{\alpha}{2}}(n-1)\cdot\frac{S}{\sqrt{n}}\right),$$

易见区间长度 $L=2t_{\frac{\alpha}{2}}(n-1)\cdot\dfrac{S}{\sqrt{n}}$，

故 $E(L^2)=E\left[4t_{\frac{\alpha}{2}}^2(n-1)\cdot\dfrac{S^2}{n}\right]=\dfrac{4}{n}t_{\frac{\alpha}{2}}^2(n-1)\cdot\sigma^2.$

【4.36】 假定到某地旅游的一个游客的消费额 X 服从正态分布 $N(\mu,\sigma^2)$，且 $\sigma=500$，μ 未知. 要对平均消费额 μ 进行估计，使这个估计的绝对误差小于 50 元，且置信度不小于 0.95，问至少需要随机调查多少个游客？

解 本题是求样本容量的最小值，因此，不妨设 $X_1,X_2,\cdots,X_n$ 是取自该总体的样本. 样本均值为 $\overline{X}$，且已知 $\hat{\mu}=\overline{X}$，依题意，即可由 $P\{|\overline{X}-\mu|<50\}\geqslant 0.95$ 去求最小样本容量.

设 n 为需要调查的游客人数，要使

$$P\{|\overline{X}-\mu|<50\}\geqslant 0.95,\quad 即\quad P\left\{\frac{|\overline{X}-\mu|}{\frac{\sigma}{\sqrt{n}}}<\frac{50}{\frac{\sigma}{\sqrt{n}}}\right\}\geqslant 0.95,$$

因为 $\dfrac{\overline{X}-\mu}{\frac{\sigma}{\sqrt{n}}}=U\sim N(0,1)$，由 $P\{|U|<u_{\frac{\alpha}{2}}\}=1-\alpha=0.95$，其中 $\alpha=0.05$，得

$$\frac{50}{\frac{\sigma}{\sqrt{n}}}\geqslant u_{\frac{0.05}{2}}\Rightarrow\sqrt{n}\geqslant\frac{1.96\sigma}{50}\Rightarrow n\geqslant\left(\frac{1.96\sigma}{50}\right)^2=\left(\frac{1.96\times 500}{50}\right)^2=384.16.$$

这就是随机调查游客人数不少于 385 人，就有不小于 0.95 的把握，使得用调查所得的 $\overline{x}$ 去估计平均消费额的真相 μ，其绝对误差小于 50 元.

第八章　假设检验

§1. 假设检验基本概念

知 识 要 点

1. 假设检验

对总体的分布类型或分布中的某些未知参数作出假设,然后抽取样本并选择一个合适的检验统计量,利用检验统计量的观察值和预先给定的误差 α,对所作假设成立与否作出定性判断,这种统计推断称为假设检验. 若总体分布已知,只对分布中未知参数提出假设并作检验,这种检验称为参数检验.

2. 假设检验基本思想的依据是小概率原理

小概率原理是指概率很小的事件在试验中发生的频率也很小,因此小概率事件在一次试验中不可能发生.

当对问题提出待检假设 H_0,并要检验它是否可信时,先假定 H_0 正确. 在这个假定下,经过一次抽样,若小概率事件发生了,就作出拒绝 H_0 的决定;否则,若小概率事件未发生,则接受 H_0.

3. 假设检验基本概念

在显著性水平 α 下,检验假设.

$$H_0: \mu = \mu_0, \qquad H_1: \mu \neq \mu_0.$$

H_0 称为原假设或零假设. H_1 称为备择假设.

当检验统计量取某个区域 C 中的值时,我们拒绝原假设 H_0,则称区域 C 为拒绝域(或否定域).

4. 假设检验过程

(1) 提出原假设和备择假设;

(2) 选取检验统计量;

(3) 确定拒绝原假设的域;

(4) 计算检验统计量的观察值并作出判断.

5. 两类错误

人们作出判断的依据是一个样本,样本是随机的,因而人们进行假设检验判断 H_0 可信与否时,不免发生误判而犯两类错误.

第一类错误:H_0 为真,而检验结果将其否定,这称为"弃真"错误;

第二类错误:H_0 不真,而检验结果将其接受,这称为"取伪"错误.

分别记犯第一、二类错误的概率为 α, β,即 $\alpha = P\{拒绝 H_0 \mid H_0 \text{ 为真}\}, \beta = P\{接受 H_0 \mid H_0 \text{ 不真}\}$. 当样本容量 n 固定时,α 越小,β 就越大. 一般采取的原则是:固定 α,通过增加样本容量 n 降低 β.

6. 假设检验与区间估计的联系

假设检验与区间估计是从不同角度来对同一问题的回答,其解决问题的途径相通.

下面以正态总体 $N(\mu,\sigma_0^2)$,其中 σ_0^2 已知,关于 μ 的假设检验和区间估计为例加以说明:

假设 $H_0:\mu=\mu_0$,当 H_0 为真时,则 $U=\dfrac{\overline{X}-\mu_0}{\dfrac{\sigma}{\sqrt{n}}}\sim N(0,1)$,对于给定的显著性水平 α,$P\{|U|\leqslant u_{\frac{\alpha}{2}}\}=1-\alpha$,那么 H_0 的接受域为 $\left(\overline{X}\pm u_{\frac{\alpha}{2}}\dfrac{\sigma_0}{\sqrt{n}}\right)$,即认为以 $1-\alpha$ 的概率接受 H_0,事实上这个接受域也是 μ 的置信度为 $1-\alpha$ 的置信区间.这充分说明两者解决问题的途径相同,假设检验判断的是结论是否成立,而参数估计解决的是范围问题.

基 本 题 型

题型 1:关于两类错误

【1.1】 在假设检验中,记 H_1 为备择假设,则称(　　)为犯第一类错误.

(A)H_1 真,接受 H_1　　　　(B)H_1 不真,接受 H_1
(C)H_1 真,拒绝 H_1　　　　(D)H_1 不真,拒绝 H_1

解 应选(B),(B) 相当于 H_0 为真,但拒绝 H_0,为第一类错误.

【1.2】 对假设检验,显著性水平 $\alpha=0.05$,其意义是(　　).

(A) 原假设不成立,经过检验而被拒绝的概率
(B) 原假设成立,经过检验而被拒绝的概率
(C) 原假设不成立,经过检验不能拒绝的概率
(D) 原假设成立,经过检验不能拒绝的概率

解 应选(B),α 即第一类错误"弃真"的概率.

【1.3】 在假设检验中,H_0 表示原假设,H_1 为备择假设,则称为犯第二类错误是(　　).

(A)H_1 不真,接受 H_1　　　　(B)H_1 不真,接受 H_0
(C)H_0 不真,接受 H_1　　　　(D)H_0 不真,接受 H_0

解 应选(D).

【1.4】 假设 $X_1,X_2,\cdots,X_{36}$ 是来自正态总体 $N(\mu,0.04)$ 的简单随机样本,其中 μ 为未知参数,记 $\overline{X}=\dfrac{1}{36}\sum\limits_{i=1}^{36}X_i$,现对检验问题 $H_0:\mu=0.5,H_1:\mu=\mu_1>0.5$,并取检验否定域 $D=\{(x_1,x_2,\cdots,x_{36}):\overline{X}>C\}$,检验显著性水平 $\alpha=0.05$. 试计算:

(1) C;　　(2) 若 $\alpha=0.05,\mu_1=0.65$ 时,犯第二类错误的概率是多少?

解 (1) 若假设 H_0 成立,即 $\mu=0.5$,那么总体 $X\sim N(0.5,0.04)$,$\overline{X}\sim N(0.5,\dfrac{1}{900})$.

根据题意知

$$\alpha=P\{\text{拒绝 }H_0\mid H_0\text{ 为真}\}=P\{\overline{X}>C\}=1-P\{\overline{X}\leqslant C\}$$
$$=1-P\left\{\dfrac{\overline{X}-0.5}{\dfrac{1}{30}}\leqslant\dfrac{C-0.5}{\dfrac{1}{30}}\right\}=1-\Phi(30C-15)=0.05.$$

那么 $\Phi(30C-15)=0.95$，查表得 $30C-15=1.645$，即 $C=0.5548$。

(2) 若假设 H_1 成立，即 $\mu=\mu_1=0.65$，那么总体 $X \sim N(0.65, 0.04)$，$\overline{X} \sim N(0.65, \frac{1}{900})$。

根据题意知

$$\beta = P\{接受 H_0 \mid H_0 \text{ 不真}\} = P\{\overline{X} < C\}$$

$$= P\left\{\frac{\overline{X}-0.65}{\frac{1}{30}} < \frac{C-0.65}{\frac{1}{30}}\right\} = \Phi(30 \times (0.5548-0.65))$$

$$= \Phi(-2.855) = 1-\Phi(2.86) = 1-0.9979 = 0.0021.$$

§2. 正态总体参数的假设检验

知识要点

1. 一个正态总体的假设检验

设 $X \sim N(\mu, \sigma^2)$，$(X_1, X_2, \cdots, X_n)$ 为其样本，

(1) σ^2 已知，检验假设 $H_0: \mu=\mu_0$；$H_1: \mu \neq \mu_0$。

检验步骤为：

① 提出待检假设 $H_0: \mu=\mu_0$（μ_0 已知）；

② 选取样本 $(X_1, X_2, \cdots, X_n)$ 的统计量 $U = \dfrac{\overline{X}-\mu_0}{\frac{\sigma_0}{\sqrt{n}}}$（$\sigma_0$ 已知），在 H_0 成立时，$U \sim N(0,1)$；

③ 对给定的显著性水平 α，查表确定临界值 $u_{\frac{\alpha}{2}}$，使得 $P\{|U| > u_{\frac{\alpha}{2}}\} = \alpha$，计算检验统计量 U 的观察值并与临界值 $u_{\frac{\alpha}{2}}$ 比较；

④ 作出判断：若 $|U| > u_{\frac{\alpha}{2}}$，则拒绝 H_0；若 $|U| < u_{\frac{\alpha}{2}}$，则接受 H_0。

(2) σ^2 未知，检验假设 $H_0: \mu=\mu_0$；$H_1: \mu \neq \mu_0$。

选取统计量 $T = \dfrac{\overline{X}-\mu_0}{\frac{S}{\sqrt{n}}}$，其中 $S^2 = \dfrac{1}{n-1}\sum_{i=1}^{n}(X_i - \overline{X})^2$，当 H_0 为真时，$T \sim t(n-1)$。

拒绝域为 $|T| > t_{\frac{\alpha}{2}}(n-1)$。

(3) μ 已知，检验假设 $H_0: \sigma^2=\sigma_0^2$；$H_1: \sigma^2 \neq \sigma_0^2$。

选取统计量 $\chi^2 = \dfrac{\sum_{i=1}^{n}(X_i-\mu_0)^2}{\sigma_0^2} \sim \chi^2(n)$，

拒绝域为 $\chi^2 > \chi^2_{\frac{\alpha}{2}}(n)$ 或 $\chi^2 < \chi^2_{1-\frac{\alpha}{2}}(n)$。

(4) μ 未知，检验假设 $H_0: \sigma^2=\sigma_0^2$；$H_1: \sigma^2 \neq \sigma_0^2$。

选取统计量 $\chi^2 = \dfrac{(n-1)S^2}{\sigma_0^2}$。当 H_0 为真时，$\chi^2 \sim \chi^2(n-1)$，

拒绝域为 $\chi^2 > \chi^2_{\frac{\alpha}{2}}(n-1)$ 或 $\chi^2 < \chi^2_{1-\frac{\alpha}{2}}(n-1)$.

2. 两个正态总体的假设检验

设 $X \sim N(\mu_1, \sigma_1^2)$，$Y \sim N(\mu_2, \sigma_2^2)$，$(X_1, X_2, \cdots, X_{n_1})$ 和 $(Y_1, Y_2, \cdots, Y_{n_2})$ 分别是来自总体 X 和 Y 的样本，$\overline{X}$、S_1^2 和 $\overline{Y}$、S_2^2 是相应的样本的均值和方差，

(1) σ_1^2, σ_2^2 已知，检验假设 $H_0: \mu_1 = \mu_2$；$H_1: \mu_1 \neq \mu_2$.

选取统计量 $U = \dfrac{\overline{X} - \overline{Y}}{\sqrt{\dfrac{\sigma_1^2}{n_1} + \dfrac{\sigma_2^2}{n_2}}} \sim N(0, 1)$.

拒绝域为 $|U| > u_{\frac{\alpha}{2}}$.

(2) σ_1^2, σ_2^2 未知，检验假设 $H_0: \mu_1 = \mu_2$；$H_1: \mu_1 \neq \mu_2$. 常见的三种特殊情形：

① 当 n_1, n_2 较大时：

选取统计量 $U = \dfrac{\overline{X} - \overline{Y}}{\sqrt{\dfrac{S_1^2}{n_1} + \dfrac{S_2^2}{n_2}}} \xrightarrow{\text{近似}} N(0, 1)$.

拒绝域为 $|U| > u_{\frac{\alpha}{2}}$.

② $\sigma_1^2 = \sigma_2^2$ 时：

选取检验统计量 $T = \dfrac{\overline{X} - \overline{Y}}{\sqrt{\dfrac{(n_1-1)S_1^2 + (n_2-1)S_2^2}{n_1+n_2-2}} \sqrt{\dfrac{1}{n_1} + \dfrac{1}{n_2}}}$，当 H_0 为真时，$T \sim t(n_1+n_2-2)$，

显著性水平为 α 的拒绝域为 $|T| > t_{\frac{\alpha}{2}}(n_1+n_2-2)$.

③ $\sigma_1^2 \neq \sigma_2^2$，但 $n_1 = n_2$（配对问题）：

令 $D_i = X_i - Y_i (i=1, 2, \cdots, n)$，则 $D_i \sim N(\mu_D, \sigma_D^2)$，其中 $\mu_D = \mu_1 - \mu_2$，$\sigma_D^2 = \sigma_1^2 + \sigma_2^2$（未知）.

此时检验假设等价于 $H_0: \mu_D = 0$；$H_1: \mu_D \neq 0$.

选取统计量 $T = \dfrac{\overline{D} - \mu_D}{\dfrac{S_D}{\sqrt{n}}} \sim t(n-1)$.

拒绝域为 $|T| > t_{\frac{\alpha}{2}}(n-1)$.

(3) μ_1, μ_2 已知，检验假设 $H_0: \sigma_1^2 = \sigma_2^2$；$H_1: \sigma_1^2 \neq \sigma_2^2$.

选取统计量 $F = \dfrac{\dfrac{\sum_{i=1}^{n_1}(X_i - \mu_1)^2}{n_1}}{\dfrac{\sum_{j=1}^{n_2}(Y_j - \mu_2)^2}{n_2}} \sim F(n_1, n_2)$，

拒绝域为 $F > F_{\frac{\alpha}{2}}(n_1, n_2)$ 或 $F < F_{1-\frac{\alpha}{2}}(n_1, n_2)$.

(4) μ_1, μ_2 未知，检验假设 $H_0: \sigma_1^2 = \sigma_2^2$；$H_1: \sigma_1^2 \neq \sigma_2^2$.

选取检验统计量 $F = \dfrac{S_1^2}{S_2^2}$，当 H_0 为真时 $F \sim F(n_1-1, n_2-1)$，

显著性水平为 α 的拒绝域为 $F > F_{\frac{\alpha}{2}}(n_1-1, n_2-1)$ 或 $F < F_{1-\frac{\alpha}{2}}(n_1-1, n_2-1)$.

3. 单侧检验

在假设检验中，如果只关心总体参数是否偏大或偏小，此时可将拒绝域确定在某一侧，这种检验称为单侧检验. 单侧检验可由双侧检验修改转化而得到. 常用基本类型举例：

(1) σ^2 已知，检验假设 $H_0: \mu \leqslant \mu_0; H_1: \mu > \mu_0$（有时也写成 $H_0: \mu = \mu_0; H_1: \mu > \mu_0$）

选取 $U = \dfrac{\overline{X} - \mu_0}{\dfrac{\sigma}{\sqrt{n}}}$，拒绝域为 $U > u_\alpha$.

(2) σ^2 已知，检验假设 $H_0: \mu \geqslant \mu_0; H_1: \mu < \mu_0$

选取 $U = \dfrac{\overline{X} - \mu_0}{\dfrac{\sigma}{\sqrt{n}}}$，拒绝域为 $U < -u_\alpha$.

(3) σ^2 未知，检验假设 $H_0: \mu \leqslant \mu_0; H_1: \mu > \mu_0$

选取 $T = \dfrac{\overline{X} - \mu_0}{\dfrac{S}{\sqrt{n}}}$，拒绝域为 $T > t_\alpha(n-1)$.

(4) σ^2 未知，检验假设 $H_0: \mu \geqslant \mu_0; H_1: \mu < \mu_0$

选取 $T = \dfrac{\overline{X} - \mu_0}{\dfrac{S}{\sqrt{n}}}$，拒绝域为 $T < -t_\alpha(n-1)$.

(5) μ 未知，检验假设 $H_0: \sigma^2 \leqslant \sigma_0^2; H_1: \sigma^2 > \sigma_0^2$

选取 $\chi^2 = \dfrac{(n-1)S^2}{\sigma_0^2}$，拒绝域为 $\chi^2 > \chi_\alpha^2(n-1)$.

(6) μ 未知，检验假设 $H_0: \sigma^2 \geqslant \sigma_0^2; H_1: \sigma^2 < \sigma_0^2$

选取 $\chi^2 = \dfrac{(n-1)S^2}{\sigma_0^2}$，拒绝域为 $\chi^2 < \chi_{1-\alpha}^2(n-1)$.

(7) μ_1, μ_2 未知，检验假设 $H_0: \sigma_1^2 \leqslant \sigma_2^2; H_1: \sigma_1^2 > \sigma_2^2$

选取 $F = \dfrac{S_1^2}{S_2^2}$，拒绝域为 $F > F_\alpha(n_1-1, n_2-1)$.

(8) μ_1, μ_2 未知，检验假设 $H_0: \sigma_1^2 \geqslant \sigma_2^2; H_1: \sigma_1^2 < \sigma_2^2$

选取 $F = \dfrac{S_1^2}{S_2^2}$，拒绝域为 $F < F_{1-\alpha}(n_1-1, n_2-1)$.

其他类型可仿照上述类型得到解决.

基 本 题 型

题型1：正态总体均值的检验

【2.1】已知某炼铁厂铁水含碳量服从正态分布 $N(4.55, 0.108^2)$，现在测定了9种铁水，其

平均含碳量为 4.61. 若估计方差没有变化,可否认为现在生产的铁水平均含碳量仍为 4.55($\alpha = 0.05$)?

解 根据题意,建立检验假设 $H_0:\mu = \mu_0 = 4.55, H_1:\mu \neq \mu_0$.
由于已知 $\sigma^2 = 0.108^2$,故在 H_0 成立条件下选取统计量

$$U = \frac{\overline{X} - \mu_0}{\frac{\sigma_0}{\sqrt{n}}} \sim N(0,1).$$

已知 $\alpha = 0.05$,查表知 $u_{\frac{\alpha}{2}} = 1.96$.
由于 $\overline{X} = 4.61, n = 9, \sigma = 0.108$. 故 U 的观测值为 $|U| = 1.67 < 1.96 = u_{\frac{\alpha}{2}}$.
因此接受 H_0,即认为现在生产的铁水平均含碳量仍为 4.55.

【2.2】 设某次考试的考生成绩服从正态分布,从中随机地抽取 36 位考生的成绩,算得平均成绩为 66.5 分,标准差为 15 分.问在显著性水平 0.05 下,是否可以认为这次考试全体考生的平均成绩为 70 分? 并给出检验过程.

解 设该次考试的考生成绩为 X,则 $X \sim N(\mu,\sigma^2)$,且 σ^2 未知.
根据题意建立假设 $H_0:\mu = 70, H_1:\mu \neq 70$,选取检验统计量

$$T = \frac{\overline{X} - \mu_0}{\frac{S}{\sqrt{n}}},$$

当 H_0 成立时,有 $T = \frac{\overline{X} - 70}{S}\sqrt{36} \sim t(35)$,

计算 $\overline{X} = 66.5, S = 15$,从而 $t = \frac{66.5 - 70}{15}\sqrt{36} = -1.4$.
查表可得 $t_{0.025}(35) = 2.0301$. 因为 $|t| = 1.4 < 2.0301$,所以接受 H_0.
即在显著性水平 0.05 下可以认为这次考试全体考生的平均成绩为 70 分.

【2.3】 用甲、乙两种方法生产同一种药品,其成品得率的方差分别为 $\sigma_1^2 = 0.46, \sigma_2^2 = 0.37$. 现测得甲方法生产的药品得率的 25 个数据,$\overline{X} = 3.81$;乙方法生产的药品得率的 30 个数据,$\overline{Y} = 3.56$.设得率服从正态分布.问甲、乙两种方法的平均得率是否有显著的差异?($\alpha = 0.05$)

解 根据题意,建立检验假设 $H_0:\mu_1 = \mu_2, H_1:\mu_1 \neq \mu_2$.
由于方差已知,故在 H_0 成立时,选取统计量

$$U = \frac{\overline{X} - \overline{Y}}{\sqrt{\frac{\sigma_1^2}{n_1} + \frac{\sigma_2^2}{n_2}}} \sim N(0,1).$$

$\alpha = 0.05$,查表得 $u_{0.025} = 1.96$.

计算 $|u| = \left|\frac{3.81 - 3.56}{\sqrt{\frac{0.46}{25} + \frac{0.37}{30}}}\right| = 1.426 < 1.96$.

因此接受 H_0,即认为两种方法的平均得率没有显著差异.

【2.4】 某烟厂生产甲、乙两种香烟,独立地随机抽取容量大小相同的烟叶标本,测量尼古丁含量的毫克数,一实验室分别做了 6 次测定,数据记录如下:

甲	25	28	23	26	29	22
乙	28	23	30	25	21	27

假定尼古丁含量服从正态分布且具有相同的方差,试问在显著性水平 $\alpha = 0.05$ 下,这两种香烟的尼古丁含量有无显著差异?

解 提出待检假设 $H_0: \mu_1 = \mu_2$, $H_1: \mu_1 \neq \mu_2$. 由于 σ_1^2, σ_2^2 未知,但相等.
选取统计量,

$$T = \frac{\overline{X} - \overline{Y}}{\sqrt{\frac{(n_1-1)S_1^2 + (n_2-1)S_2^2}{n_1+n_2-2}}\sqrt{\frac{1}{n_1}+\frac{1}{n_2}}},$$

其中 $n_1 = n_2 = 6$,当 H_0 为真时,$T \sim t(6+6-2) = t(10)$;

对 $\alpha = 0.05$,拒绝域为 $|T| \geq t_{\frac{0.05}{2}}(10) = 2.2281$,且 $\overline{X} = 25.5, \overline{Y} = 25.67, S_1^2 = 7.5, S_2^2 = 11.07$,那么

$$|T| = \left|\frac{25.5 - 25.67}{\sqrt{\frac{5 \times (7.5+11.07)}{10}}\sqrt{\frac{1}{6}+\frac{1}{6}}}\right| \approx 0.099,$$

因为 $|T| \approx 0.099 < 2.2281 = t_{0.025}(10)$,从而接受 H_0,即认为两种香烟的尼古丁含量无显著差异.

【2.5】 要求一种元件使用寿命不得低于 1000h,生产者从一批这种元件中随机抽取 25 件,测量其寿命的平均值为 950h,已知该种元件寿命服从标准差为 $\sigma = 100$h 的正态分布,试在显著水平 $\alpha = 0.05$ 下确定这批元件是否合格? 设总体均值为 μ,即需检验假设 $H_0: \mu \geq 1000, H_1: \mu < 1000$.

解 $H_0: \mu \geq 1000, H_1: \mu < 1000$.
此题中,$\sigma^2 = 10000$ 为已知,因此此检验问题的拒绝域为

$$U = \frac{\overline{X} - \mu_0}{\frac{\sigma}{\sqrt{n}}} \leq -u_\alpha \quad (单边检验, \alpha 不分半);$$

计算 $\alpha = 0.05, \overline{x} = 950, \sigma = 100, n = 25, u_{0.05} = 1.645$,

$$u = \frac{950 - 1000}{\frac{100}{\sqrt{25}}} = -2.5 < -1.645,$$

u 落在拒绝域中,所以拒绝 H_0,即认为这批元件不合格.

【2.6】 下面列出的是某厂随机选取的 20 只部件的装配时间(分):

9.8　10.4　10.6　9.6　9.7　9.9　10.9　11.1　9.6　10.2

10.3　9.6　9.9　11.2　10.6　9.8　10.5　10.1　10.5　9.7

设装配时间的总体服从正态分布 $N(\mu, \sigma^2), \mu, \sigma^2$ 均未知,是否可以认为装配时间的均值显著大于 10 $(\alpha = 0.05)$?

解 需要检验的假设为 $H_0: \mu \leq 10, H_1: \mu > 10$.

σ^2 未知,因此,拒绝域的形式为

$$T = \frac{\overline{X} - \mu_0}{\frac{S}{\sqrt{n}}} \geqslant t_\alpha(n-1),$$

现在 $n = 20, \alpha = 0.05$, 查表得 $t_\alpha(n-1) = 1.7291$. 算得 $\overline{x} = 10.2, s^2 = 0.26, s = 0.51$.

$$t = \frac{10.2 - 10}{\frac{0.51}{\sqrt{20}}} = 1.7537 > 1.7291.$$

因为 t 落在拒绝域之内,故应拒绝 H_0,即认为装配时间的均值显著大于 10(分).

题型 2:正态总体方差的检验

【2.7】已知维尼纶纤度在正常条件下服从正态分布 $N(\mu, 0.048^2)$. 某日抽取 5 根纤维,测得其纤度为 $1.32, 1.55, 1.36, 1.40, 1.44$. 问这一天纤度总体方差是否正常?($\alpha = 0.05$)

解 根据题意,建立检验假设 $H_0: \sigma^2 = \sigma_0^2 = 0.048^2$, $H_1: \sigma^2 \neq \sigma_0^2$.

由于 μ 未知,故在 H_0 成立条件下选取统计量如下

$$\chi^2 = \frac{(n-1)S^2}{\sigma_0^2} \sim \chi^2(n-1),$$

$\alpha = 0.05$, 自由度为 $n - 1 = 5 - 1 = 4$. 查 χ^2 分布表得 $\chi^2_{0.025}(4) = 11.1$, $\chi^2_{0.975}(4) = 0.484$,

其中 $(n-1)S^2 = \sum_{i=1}^n (X_i - \overline{X})^2 = \sum_{i=1}^5 X_i^2 - 5\overline{X}^2 = 0.03142$, 则

$$\frac{(n-1)S^2}{\sigma_0^2} = \frac{0.03142}{0.048^2} \approx 13.64 > \chi^2_{0.025}(4).$$

因此拒绝 H_0,即认为这一天纤度方差有显著变化.

【2.8】(接上例)若规定加工精度 σ^2 不能超过 0.048^2, 试在 $\alpha = 0.05$ 下检验该日产品的精度是否正常?

解 建立检验假设 $H_0: \sigma^2 \leqslant \sigma_0^2 = 0.048^2$, $H_1: \sigma^2 > 0.048^2$.

(或者 $H_0: \sigma^2 = \sigma_0^2 = 0.048^2$, $H_1: \sigma^2 > 0.048^2$.)

由于 μ 未知,当 H_0 成立时

$$\chi^2 = \frac{(n-1)S^2}{\sigma_0^2} \sim \chi^2(n-1),$$

$\alpha = 0.05$, 自由度为 $n - 1 = 5 - 1 = 4$. 查 χ^2 分布表得 $\chi^2_{0.05}(4) = 9.488$,

其中 $(n-1)S^2 = \sum_{i=1}^5 (x_i - \overline{x})^2 = 0.03142$, 则

$$\frac{(n-1)S^2}{\sigma_0^2} = \frac{0.03142}{0.048^2} \approx 13.64 > 9.488 = \chi^2_{0.05}(4).$$

因此拒绝 H_0,认为这一天产品的精度不正常.

点评 【2.7】和【2.8】是在期望未知的情形下,对正态总体方差的检验问题. 比较【2.7】和【2.8】,可知单侧检验与双侧检验所用统计量及其计算是一样的. 只是拒绝域不同.

【2.9】一种混杂的小麦品种,株高的标准差为 $\sigma_0 = 14$cm,经提纯后随机抽取 10 株,它们的株高(以 cm 计)为

90　　105　　101　　95　　100　　100　　101　　105　　93　　97

考虑提纯后群体是否比原群体整齐? 取显著性水平 $\alpha=0.01$, 并设小麦株高服从 $N(\mu,\sigma^2)$.

解 需假设检验$(\alpha=0.01)$, $H_0:\sigma\geqslant\sigma_0$, $H_1:\sigma<\sigma_0(\sigma_0=14)$.

采用 χ^2 检验法. 拒绝域为

$$\chi^2=\frac{(n-1)S^2}{\sigma_0^2}<\chi^2_{1-\alpha}(9),$$

现在 $n=10, \chi^2_{1-0.01}(9)=2.088, s^2=24.233,$

$$\chi^2=\frac{(n-1)s^2}{\sigma_0^2}=\frac{218.1}{14^2}=1.11<2.088.$$

落在拒绝域内,故拒绝 H_0,认为提纯后的群体比原群体整齐.

【2.10】 某一橡胶配方中,原用氧化锌5克,现减为1克,若分别用两种配方做一批试验. 5克配方测 9 个橡胶伸长率,其样本方差为 $s_1^2=63.86$. 1克配方测10个橡胶伸长率,其样本方差为 $s_2^2=236.8$. 设橡胶伸长率遵从正态分布,问两种配方伸长率的总体标准差有无显著差异? $(\alpha=0.10, \alpha=0.05)$.

解 设 X,Y 分别为5克配方,1克配方的橡胶伸长率,

$$X\sim N(\mu_1,\sigma_1^2),\quad Y\sim N(\mu_2,\sigma_2^2),\quad n_1=9,\quad n_2=10.$$

假设为 $H_0:\sigma_1^2=\sigma_2^2$, $H_1:\sigma_1^2\neq\sigma_2^2$. 应选取检验统计量为 $F=\dfrac{S_1^2}{S_2^2}$.

当 H_0 成立时, F 服从自由度为 (n_1-1, n_2-1) 的 F 分布, 查 $F(8,9)$ 分布表得

$\alpha=0.10$ 时, $F_{\frac{0.10}{2}}(8,9)=3.23,\quad F_{1-\frac{0.10}{2}}(8,9)=0.295,$

$\alpha=0.05$ 时, $F_{\frac{0.05}{2}}(8,9)=4.10,\quad F_{1-\frac{0.05}{2}}(8,9)=0.2294,$

所以

当 $\alpha=0.10$ 时, 否定域为　$F\geqslant 3.23$　或　$F\leqslant 0.295$,

当 $\alpha=0.05$ 时, 否定域为　$F\geqslant 4.10$　或　$F\leqslant 0.2294$,

由题设中条件,计算得 $F=0.2697$, 故在 $\alpha=0.10$ 时,否定 H_0; 在 $\alpha=0.05$ 时,不能否定 H_0.

【2.11】 为比较不同季节出生的女婴体重的方差,从某年12月和6月出生的女婴中分别随机地选取 6 名及 10 名,测其体重(单位:g)如下表所示

12月 X	3520	2960	2560	2960	3260	3960				
6月 Y	3220	3220	3760	3000	2920	3740	3060	3080	2940	3060

假定冬、夏新生女婴体重分别服从正态分布 $N(\mu_1,\sigma_1^2), N(\mu_2,\sigma_2^2)$, 试在显著性水平 $\alpha=0.05$ 下, 检验假设 $H_0:\sigma_1^2\leqslant\sigma_2^2$, $H_1:\sigma_1^2>\sigma_2^2$.

解 在 $\alpha=0.05$ 下,检验假设 $H_0:\sigma_1^2\leqslant\sigma_2^2$.

选取检验统计量 $F=\dfrac{S_1^2}{S_2^2}$, 当 H_0 为真时, $F\sim F(n_1-1, n_2-1)$.

对 $\alpha=0.05$, 拒绝域为

$$F>F_\alpha(n_1-1, n_2-1)=F_{0.05}(5,9)=3.48,$$

而由题意可知 $S_1^2=505667, S_2^2=93956$, 那么检验统计量 F 的观察值为

$$F = \frac{S_1^2}{S_2^2} = \frac{505667}{93956} = 5.382 > 3.48 = F_{0.05}(5,9),$$

作出判断:F 落入拒绝域内,故拒绝 H_0,即认为新生女婴体重的方差冬季不比夏季的小.

题型 3:配对问题

【2.12】 为了试验两种不同谷物的种子的优劣,选取了 10 块土质不同的土地,并将每块土地分为面积相同的两部分,分别种植 A、B 两种子,设在每块土地的两部分人工管理等条件完全一样,下面给出各块土地上的单位面积产量.

土地编号	1	2	3	4	5	6	7	8	9	10
种子 $A(x_i)$	23	35	29	42	39	29	37	34	35	28
种子 $B(y_i)$	26	39	35	40	38	24	36	27	41	27

设 $D_i = X_i - Y_i (i=1,2,\cdots,10)$ 是来自正态总体 $N(\mu_D, \sigma_D^2)$ 的样本,μ_D,σ_D^2 均未知,问以这两种种子种植的谷物的产量是否有显著的差异(取 $\alpha = 0.05$)?

解 设 $D = X - Y \sim N(\mu_D, \sigma_D^2)$, $D_i = X_i - Y_i$.

检验假设 $H_0: \mu_D = 0$, $H_1: \mu_D \neq 0$.

该检验的拒绝域为 $|t| = \left|\dfrac{\overline{D} - 0}{\frac{S}{\sqrt{n}}}\right| \geq t_{\frac{\alpha}{2}}(n-1)$,此处 $\alpha = 0.05$,$\dfrac{\alpha}{2} = 0.025$,$n = 10$,

查表知 $t_{\frac{\alpha}{2}}(n-1) = 2.2622$,计算得 $\overline{d} = -0.2$,$s^2 = 19.822$,$s = 4.45$,

于是 $|t| = \left|\dfrac{-0.2 - 0}{\frac{4.45}{\sqrt{10}}}\right| = 0.1424 < 2.2622$.

t 没落在拒绝域,故接受 H_0,认为没有显著差异.

【2.13】 为了比较用来做鞋子后跟的两种材料的质量,选取了 15 个男子(他们的生活条件各不相同),每个人穿一双新鞋,其中一只是以材料 A 做后跟,另一只以材料 B 做后跟,其厚度均为 10mm,过了一个月再测量厚度,得到数据如下:

男子	1	2	3	4	5	6	7	8	9	10	11	12	13	14	15
材料 $A(x_i)$	6.6	7.0	8.3	8.2	5.2	9.3	7.9	8.5	7.8	7.5	6.1	8.9	6.1	9.4	9.1
材料 $B(y_i)$	7.4	5.4	8.8	8.0	6.8	9.1	6.3	7.5	7.0	6.5	4.4	7.7	4.2	9.4	9.1

设 $D_i = X_i - Y_i (i = 1, 2, \cdots, 15)$ 是来自正态总体 $N(\mu_D, \sigma_D^2)$ 的样本,μ_D,σ_D^2 均未知,问是否可以认为用材料 A 制作的后跟比用材料 B 制作的耐穿($\alpha = 0.05$)?

解 成对试验 $D = X - Y \sim N(\mu_D, \sigma_D^2)$, $D_i = X_i - Y_i$.

检验假设 $H_0: \mu_D \leq 0$, $H_1: \mu_D > 0$.

因 σ_D^2 未知,拒绝域为 $t = \dfrac{\overline{D} - 0}{\frac{S_D}{\sqrt{n}}} \geq t_{\alpha}(n-1)$,这里 $n = 15$,$\alpha = 0.05$,$t_{0.05}(14) = 1.7613$,

计算得 $\overline{D} = 0.553, S_D^2 = (1.0225)^2$，于是 $t = \dfrac{0.553 - 0}{\frac{1.0225}{\sqrt{15}}} = 2.0958 > 1.7613$，

t 落在拒绝域中，拒绝 H_0，认为 A 比 B 耐穿.

§3. 综合提高题型

题型 1：正态总体参数的假设检验

【3.1】 设 $X_1, X_2, \cdots, X_n$ 是来自正态总体 $N(\mu, \sigma^2)$ 的简单随机样本，其中参数 μ 和 σ^2 未知，记

$$\overline{X} = \frac{1}{n}\sum_{i=1}^{n} X_i, \qquad Q^2 = \sum_{i=1}^{n}(X_i - \overline{X})^2,$$

则假设 $H_0: \mu = 0$ 的 t 检验使用统计量 _____.

解 因为 σ^2 未知，故取统计量 $t = \dfrac{\overline{X} - \mu_0}{\frac{S}{\sqrt{n}}}$，由 $\mu = 0, S^2 = \dfrac{Q^2}{n-1}$，得 $t = \dfrac{\overline{X}}{Q}\sqrt{n(n-1)}$.

故应填 $\dfrac{\overline{X}}{Q}\sqrt{n(n-1)}$.

【3.2】 已知总体 $X \sim N(\mu, \sigma^2)$，其中 μ 是未知参数，$X_1, X_2, \cdots, X_{16}$ 是其样本，$\overline{X}$ 为样本均值，如果对检验 $H_0: \mu = \mu_0$，取拒绝域 $\{|\overline{X} - \mu_0| > k\}$，则 $k = $ _____ $(\alpha = 0.05)$.

解 $P\{|\overline{X} - \mu_0| > k\} = 0.05$，则

$$P\left\{\left|\dfrac{\overline{X} - \mu_0}{\frac{\sigma}{\sqrt{n}}}\right| > k \cdot \dfrac{\sqrt{n}}{\sigma}\right\} = 0.05,$$

即 $k \cdot \dfrac{4}{\sigma} = u_{0.025} = 1.96$，从而 $k = 0.49\sigma$.

故应填 0.49σ.

【3.3】 设总体 $X \sim N(\mu, \sigma^2)$，现对 μ 进行假设检验，如在显著性水平 $\alpha = 0.05$ 下接受了 $H_0: \mu = \mu_0$，则在显著性水平 $\alpha = 0.01$ 下（   ）.

(A) 接受 H_0 (B) 拒绝 H_0
(C) 可能接受，可能拒绝 H_0 (D) 第一类错误概率变大

解 无论 σ^2 已知或未知，即无论选取 U 统计量还是 T 统计量，当 α 变小时，拒绝域更小，在原显著性水平下能接受 H_0，现在也能接受.

故应选 (A).

【3.4】 设总体 $X \sim N(\mu, 8), X_1, \cdots, X_n$ 是其样本，如果在 $\alpha = 0.05$ 水平上检验 $H_0: \mu = \mu_0$，$H_1: \mu \neq \mu_0$，其拒绝域为 $|\overline{X} - \mu_0| \geqslant 1.96$，则样本容量 $n = $ _____.

解 当 $\sigma^2 = 8$ 时，检验 $H_0: \mu = \mu_0, H_1: \mu \neq \mu_0$，拒绝域应为 $|U| \geqslant u_{\frac{\alpha}{2}}$，即

$$\left|\frac{\overline{X}-\mu_0}{\frac{\sigma}{\sqrt{n}}}\right| \geqslant u_{0.025} = 1.96.$$

由题意 $\frac{\sigma}{\sqrt{n}} = 1$,故 $n = \sigma^2 = 8$.

【3.5】 设总体 $X \sim N(\mu_1,\sigma_1^2), Y \sim N(\mu_2,\sigma_2^2)$,检验假设 $H_0:\sigma_1^2 = \sigma_2^2, H_1:\sigma_1^2 \neq \sigma_2^2, \alpha = 0.10$. 从 X,Y 分别抽取容量为 $n_1 = 12, n_2 = 10$ 的样本,算得 $S_1^2 = 118.4, S_2^2 = 31.93$. 则正确的检验为(   ).

(A) 用 t 检验法,拒绝 H_0　　　　　(B) 用 t 检验法,接受 H_0
(C) 用 F 检验法,拒绝 H_0　　　　　(D) 用 F 检验法,接受 H_0

解 μ_1,μ_2 未知,检验两个正态总体方差相等,应选 F 检验法.

$$F = \frac{S_1^2}{S_2^2} \sim F(n_1-1, n_2-1),$$

因为 $\frac{S_1^2}{S_2^2} = \frac{118.4}{31.93} = 3.71$, $F_{0.05}(11,9) = 3.10$, 所以 $f > F_{0.05}(11,9)$, 应拒绝 H_0.

故应选(C).

【3.6】 某批矿砂的5个样品中的镍含量,经测定为(%)　3.24　3.27　3.24　3.26　3.24. 设测定值总体服从正态分布,但参数均未知,问在 $\alpha = 0.01$ 下能否接受假设:这批矿砂的镍含量的均值为3.25.

解 按题意需检验 $H_0:\mu = 3.25$, $H_1:\mu \neq 3.25$.

此题 σ^2 未知,此检验问题的拒绝域为

$$|t| = \left|\frac{\overline{x}-3.25}{\frac{s}{\sqrt{n}}}\right| \geqslant t_{\frac{\alpha}{2}}(n-1),$$

这里 $n=5, \alpha=0.01, \frac{\alpha}{2}=0.005$,查表得 $t_{\frac{\alpha}{2}}(n-1) = 4.6041$,计算得 $\overline{x} = 3.252, s^2 = 170 \times 10^{-6}, s = 0.013$,

$$|t| = \left|\frac{3.252-3.25}{\frac{0.013}{\sqrt{5}}}\right| = 0.343 < 4.6041,$$

t 不落在拒绝域中,故接受 H_0,即认为这批矿砂的镍含量的均值为3.25.

【3.7】 如果一矩形的宽度 w 与长度 l 的比 $\frac{w}{l} = \frac{1}{2}(\sqrt{5}-1) \approx 0.618$,这样的矩形称为黄金矩形,这种尺寸的矩形使人们看上去有良好的感觉. 现代的建筑构件(如窗架),工艺品(如图片镜框),甚至司机的执照,商业的信用卡等常常都是采用黄金矩形. 下面列出某工艺品厂随机取的20个矩形的宽度与长度的比值.

0.693　0.749　0.654　0.670　0.662　0.672　0.615　0.606　0.690　0.628
0.668　0.611　0.606　0.609　0.601　0.553　0.570　0.844　0.576　0.933

设这一工厂生产矩形的宽度与长度的比值总体服从正态分布,其均值为 μ,方差为 σ^2, μ, σ^2 均未

知.试检验假设(取 $\alpha = 0.05$) $H_0: \mu = 0.618$,$H_1: \mu \neq 0.618$.

解 $H_0: \mu = 0.618$,$H_1: \mu \neq 0.618$.

此题方差 σ^2 未知,因此检验问题的拒绝域为

$$|t| = \left|\frac{\overline{x} - \mu_0}{\frac{s}{\sqrt{n}}}\right| \geq t_{\frac{\alpha}{2}}(n-1),$$

$n = 20$,$\alpha = 0.05$,$\frac{\alpha}{2} = 0.025$,查表得 $t_{\frac{\alpha}{2}}(n-1) = 2.0930$,计算得 $\overline{x} = 0.6605$,$s^2 = 85.58 \times 10^{-4}$,$s = 0.0925$,

$$|t| = \left|\frac{0.6605 - 0.618}{\frac{0.0925}{\sqrt{20}}}\right| = 2.0548 < 2.0930,$$

t 不落在拒绝域之内,故接受 H_0.

【3.8】 在【3.7】题中记总体的标准差为 σ,试检验假设(取 $\alpha = 0.05$)

$$H_0: \sigma^2 = 0.11^2, H_1: \sigma^2 \neq 0.11^2.$$

解 在【3.7】题中,$X \sim N(\mu, \sigma^2)$,μ,σ^2 均未知,关于 σ^2 的检验要用 χ^2-检验法.
检验假设 $H_0: \sigma^2 = \sigma_0^2$,$H_1: \sigma^2 \neq \sigma_0^2$.
H_0 为真时,检验统计量:

$$\chi^2 = \frac{(n-1)S^2}{\sigma_0^2} \sim \chi^2(n-1),$$

拒绝域为:

$$\chi^2 \geq \chi^2_{\frac{\alpha}{2}}(n-1) \quad \text{或} \quad \chi^2 \leq \chi^2_{1-\frac{\alpha}{2}}(n-1).$$

计算:$s^2 = 0.0925^2$,$n = 20$,$\sigma_0^2 = 0.11^2$,得 $\chi^2 = 13.435$,
查表:$\alpha = 0.05 \Rightarrow \chi^2_{\frac{\alpha}{2}}(n-1) = \chi^2_{0.025}(19) = 32.852$, $\chi^2_{1-\frac{\alpha}{2}}(n-1) = \chi^2_{0.975}(19) = 8.907$,
因为 $8.907 < 13.435 < 32.852$,χ^2 落在拒绝域之外,接受 H_0.

【3.9】 某种导线,要求其电阻的标准差不得超过 0.005(单位:Ω).今在生产的一批导线中取样品9根,测得 $s = 0.007(\Omega)$.设总体为正态分布,参数均未知,问在显著性水平 $\alpha = 0.05$ 下能否认为这批导线的标准差显著地偏大?

解 需检验的假设为 $H_0: \sigma \leq 0.005$,$H_1: \sigma > 0.005$.
该检验的拒绝域为

$$\chi^2 = \frac{(n-1)S^2}{\sigma_0^2} \geq \chi^2_\alpha(n-1),$$

这里 $\alpha = 0.05$,$n = 9$,查表得 $\chi^2_\alpha(n-1) = 15.507$,

$$\chi^2 = \frac{8 \times 0.007^2}{0.005^2} = 15.68 > 15.507.$$

χ^2 落在拒绝域内,故应拒绝 H_0.即认为在水平 $\alpha = 0.05$ 下这批导线的标准差显著偏大.

【3.10】 测定某种溶液中的水份,它的10个测定值给出 $s = 0.037\%$,设测定值总体为正态分布,σ^2 为总体方差,σ^2 未知,试在显著性水平 $\alpha = 0.05$ 下检验假设:$H_0: \sigma \geq 0.04\%$,$H_1: \sigma < 0.04\%$.

解 $H_0: \sigma \geqslant 0.0004$, $H_1: \sigma < 0.0004$.

此题 μ 未知. 故拒绝域为
$$\chi^2 = \frac{(n-1)S^2}{\sigma_0^2} \leqslant \chi_{1-\alpha}^2(n-1),$$

这里 $\alpha = 0.05, n = 10$, 查表 $\chi_{1-\alpha}^2(9) = \chi_{0.95}^2(9) = 3.325$, 计算
$$\chi^2 = \frac{9 \times (0.00037)^2}{(0.0004)^2} = 7.7006 > 3.325.$$

χ^2 没落在拒绝域内. 故应接受 H_0.

【3.11】 按规定, 100g 罐头番茄汁中的平均维生素 C 含量不得少于 21mg/g. 现从工厂的产品中抽取 17 个罐头, 其 100g 番茄汁中, 测得维生素 C 含量(mg/g)记录如下:
16 25 21 20 23 21 19 15 13 23 17 20 29 18 22 16 22
设维生素含量服从正态分布 $N(\mu, \sigma^2)$, μ, σ^2 均未知, 问这批罐头是否符合要求(取显著性水平 $\alpha = 0.05$).

解 本题需检验假设: $H_0: \mu \geqslant 21$, $H_1: \mu < 21$.

σ^2 未知, 因此拒绝域的形式为
$$t = \frac{\overline{x} - \mu_0}{\frac{s}{\sqrt{n}}} < -t_\alpha(n-1).$$

现在 $n = 17, \overline{x} = 20, s = 3.984, t_{0.05}(16) = 1.7459$,
$$t = \frac{20 - 21}{\frac{3.984}{\sqrt{17}}} = -1.035 > -1.7459.$$

t 不落在拒绝域内, 故接受 H_0, 认为这批罐头是符合规定的.

【3.12】 下表分别给出两个文学家马克·吐温(Mark Twain) 的 8 篇小品文以及斯诺特格拉斯(Snodgrass) 的 10 篇小品中由 3 个字母组成的词的比例

马克·吐温	0.225 0.262 0.217 0.240 0.230 0.229 0.235 0.217
斯诺特格拉斯	0.209 0.205 0.196 0.210 0.202 0.207 0.224 0.223 0.220 0.201

设两组数据分别来自正态总体, 且两总体方差相等但参数均未知, 两样本相互独立, 问两个作家的小品文中包含由 3 个字母组成的词的比例是否有显著的差异(取 $\alpha = 0.05$)?

解 需要检验的假设为 $H_0: \mu_1 = \mu_2$, $H_1: \mu_1 \neq \mu_2$.

这里 $\sigma_1^2 = \sigma_2^2$ 未知, 该检验的拒绝域为
$$|t| = \left| \frac{\overline{X} - \overline{Y}}{S_w \sqrt{\frac{1}{n_1} + \frac{1}{n_2}}} \right| \geqslant t_{\frac{\alpha}{2}}(n_1 + n_2 - 2),$$

这里 $n_1 = 8, n_2 = 10, \alpha = 0.05, \frac{\alpha}{2} = 0.025$, 查表知 $t_{\frac{\alpha}{2}}(n_1 + n_2 - 2) = 2.1199$.

计算 $\overline{x} = 0.232, \overline{y} = 0.2097, s_1^2 = 0.000215, s_2^2 = 0.000094$,
$$s_w^2 = \frac{(n_1-1)s_1^2 + (n_2-1)s_2^2}{n_1 + n_2 - 2} = 145.32 \times 10^{-6}, \quad s_w = 0.0121,$$

即
$$|t| = \left| \frac{0.232 - 0.2097}{0.0121\sqrt{\frac{1}{8} + \frac{1}{10}}} \right| = 3.918 > 2.1199.$$

t 落在拒绝域中,因而拒绝 H_0,即有显著差异.

【3.13】 在【3.12】中分别记两个总体的方差为 σ_1^2 和 σ_2^2,试检验假设(取 $\alpha = 0.05$)
$$H_0: \sigma_1^2 = \sigma_2^2, \quad H_1: \sigma_1^2 \neq \sigma_2^2$$
以说明在【3.12】中我们假设 $\sigma_1^2 = \sigma_2^2$ 是合理的.

解 $H_0: \sigma_1^2 = \sigma_2^2, H_1: \sigma_1^2 \neq \sigma_2^2$.

μ_1, μ_2 未知. H_0 为真时 $F = \dfrac{S_1^2}{S_2^2} \sim F(n_1 - 1, n_2 - 1)$,

拒绝域为
$$F \geqslant F_{\frac{\alpha}{2}}(n_1 - 1, n_2 - 1) \quad \text{或} \quad F \leqslant F_{1-\frac{\alpha}{2}}(n_1 - 1, n_2 - 1),$$

这里 $n_1 = 8, n_2 = 10, \alpha = 0.05, F_{0.025}(7,9) = 4.20, F_{0.975}(7,9) = \dfrac{1}{F_{0.025}(9,7)} = \dfrac{1}{4.82} = 0.207$,

由【3.12】知 $s_1^2 = 0.000215, s_2^2 = 0.000094$,计算得 $F = \dfrac{S_1^2}{S_2^2} = 2.287$.

因为 $0.207 < F < 4.20$,故应接受 H_0.

【3.14】 在 20 世纪 70 年代后期人们发现,在酿造啤酒时,在麦芽干燥过程中形成致癌物质亚硝基二甲胺(NDMA),到了 20 世纪 80 年代初期开发了一种新的麦芽干燥过程.下面给出分别在新老两种过程中形成 NDMA 含量(以 10 亿份中的份数计).

老过程	6	4	5	5	6	5	5	6	4	6	7	4
新过程	2	1	2	2	1	0	3	2	1	0	1	3

设两样本分别来自正态总体,两总体方差相等,两样本独立,分别以 μ_1, μ_2 记对应于老、新过程的总体的均值,试检验假设(取 $\alpha = 0.05$):$H_0: \mu_1 - \mu_2 \leqslant 2, H_1: \mu_1 - \mu_2 > 2$.

解 $H_0: \mu_1 - \mu_2 \leqslant 2, H_1: \mu_1 - \mu_2 > 2$.

σ_1^2, σ_2^2 未知,该检验的拒绝域为
$$t = \frac{\bar{x} - \bar{y} - 2}{s_w\sqrt{\dfrac{1}{n_1} + \dfrac{1}{n_2}}} \geqslant t_\alpha(n_1 + n_2 - 2),$$

$n_1 = 12, n_2 = 12, \alpha = 0.05$. 查表知 $t_\alpha(n_1 + n_2 - 2) = 1.7171$.

计算得 $\bar{x} = 5.25, \quad \bar{y} = 1.5$,
$$s_w^2 = \frac{(n_1 - 1)s_1^2 + (n_2 - 1)s_2^2}{n_1 + n_2 - 2} = \frac{10.252 + 11}{22} = (0.9828)^2,$$
$$t = \frac{5.25 - 1.5 - 2}{0.9828\sqrt{\dfrac{1}{12} + \dfrac{1}{12}}} = 4.362 > 1.7171.$$

t 在拒绝域中,故应拒绝 H_0.

【3.15】 有两台机器生产金属部件. 分别在两台机器所生产的部件中各取一容量 $n_1 = 60$，$n_2 = 40$ 的样本，测得部件重量（以 kg 计）的样本方差分别为 $s_1^2 = 15.46$，$s_2^2 = 9.66$. 设两样本相互独立. 两总体分别服从 $N(\mu_1, \sigma_1^2)$，$N(\mu_2, \sigma_2^2)$ 分布，$\mu_i, \sigma_i^2 (i = 1,2)$ 均未知，试在水平 $\alpha = 0.05$ 下检验假设 $H_0: \sigma_1^2 \leqslant \sigma_2^2$，$H_1: \sigma_1^2 > \sigma_2^2$.

解 检验假设 $H_0: \sigma_1^2 \leqslant \sigma_2^2$，$H_1: \sigma_1^2 > \sigma_2^2$.

由于两总体均服从正态分布，又 $\mu_1, \sigma_1^2, \mu_2, \sigma_2^2$ 未知，H_0 为真时检验统计量

$$F = \frac{S_1^2}{S_2^2} \sim F(n_1 - 1, n_2 - 1),$$

拒绝域为

$$F \geqslant F_\alpha(n_1 - 1, n_2 - 1),$$

$n_1 = 60, n_2 = 40, F_\alpha(n_1 - 1, n_2 - 1) = F_{0.05}(59, 39) = 1.64$.

计算 $F = \dfrac{15.46}{9.66} = 1.60$.

因为 $F = 1.60 < 1.64$，故应接受 H_0，可以认为 $\sigma_1^2 \leqslant \sigma_2^2$.

【3.16】 两种小麦从播种到抽穗所需的天数如下：

| x | 101 | 100 | 99 | 99 | 98 | 100 | 98 | 99 | 99 | 99 |
| y | 100 | 98 | 100 | 99 | 98 | 99 | 98 | 98 | 99 | 100 |

设两样本依次来自正态总体 $N(\mu_1, \sigma_1^2)$，$N(\mu_2, \sigma_2^2)$，$\mu_i, \sigma_i^2 (i=1,2)$ 均未知，两样本相互独立.

(1) 试检验假设 $H_0: \sigma_1^2 = \sigma_2^2$，$H_1: \sigma_1^2 \neq \sigma_2^2$（取 $\alpha = 0.05$）；

(2) 若能接受 H_0，接着检验假设 $H_0': \mu_1 = \mu_2$，$H_1': \mu_1 \neq \mu_2$（取 $\alpha = 0.05$）.

解 本题需检验

(1) $H_0: \sigma_1^2 = \sigma_2^2$，$H_1: \sigma_1^2 \neq \sigma_2^2 (\alpha = 0.05)$；

(2) $H_0': \mu_1 = \mu_2$，$H_1': \mu_1 \neq \mu_2 (\alpha = 0.05)$.

令 $n_1 = 10, n_2 = 10, \bar{x}_1 = 99.2, s_1^2 = 0.84, \bar{x}_2 = 98.9, s_2^2 = 0.77$.

(1) $\dfrac{s_1^2}{s_2^2} = 1.09$，而 $F_{0.025}(9,9) = 4.03$，$F_{0.975}(9,9) = \dfrac{1}{4.03}$，

$$\frac{1}{4.03} < 1.09 < 4.03.$$

故接受 H_0，认为两者方差相等.

(2) $s_w^2 = \dfrac{9 \times 0.84 + 9 \times 0.77}{18} = 0.805$，

$$|t| = \frac{99.2 - 98.9}{\sqrt{0.805}\left(\sqrt{\dfrac{1}{10} + \dfrac{1}{10}}\right)} = 0.748 < t_{0.025}(18) = 2.1009.$$

故接受 H_0'，认为所需天数相同.

【3.17】 用一种叫"混乱指标"的尺度去衡量工程师的英语文章的可理解性，对混乱指标的打分越低表示可理解性越高，分别随机选取 13 篇刊载在工程杂志上的论文，以及 10 篇未出版的

学术报告,对它们的打分列于下表:

工程杂志上的论文(数据 I)	1.79	1.75	1.67	1.65	1.87	1.74	1.94
	1.62	2.06	1.33	1.96	1.69	1.70	
未出版的学术报告(数据 II)	2.39	2.51	2.86	2.56	2.29	2.49	2.36
	2.58	2.62	2.41				

设数据 I,II 分别来自正态总体 $N(\mu_1,\sigma_1^2), N(\mu_2,\sigma_2^2)$,$\mu_1,\mu_2,\sigma_1^2,\sigma_2^2$ 均未知,两样本独立.
(1) 试检验假设 $H_0:\sigma_1^2 = \sigma_2^2$,$H_1:\sigma_1^2 \neq \sigma_2^2$(取 $\alpha = 0.1$);
(2) 若能接受 H_0,接着检验假设 $H'_0:\mu_1 = \mu_2$,$H'_1:\mu_1 \neq \mu_2$(取 $\alpha = 0.1$).

解 (1) $n_1 = 13, n_2 = 10, s_1^2 = 0.034, s_2^2 = 0.0264, \alpha = 0.1, F_{0.05}(12,9) = 3.07$,

$$F_{1-0.05}(12,9) = \frac{1}{F_{0.05}(9,12)} = \frac{1}{2.80} = 0.357, \frac{s_1^2}{s_2^2} = 1.288.$$

由于 $0.357 < \frac{s_1^2}{s_2^2} < 3.07$,故接受 H_0,认为两总体方差相等.

(2) 由(1)可认为 $\sigma_1^2 = \sigma_2^2$,接着来检验 $H'_0:\mu_1 = \mu_2$,$H'_1:\mu_1 \neq \mu_2$.
经计算 $\bar{x}_1 = 1.752, \bar{x}_2 = 2.507$,

$$s_w^2 = \frac{12 \times 0.034 + 9 \times 0.0264}{13 + 10 - 2} = 0.0307,$$

$$|t| = \left|\frac{1.752 - 2.507}{\sqrt{0.0307}\left(\sqrt{\frac{1}{13} + \frac{1}{10}}\right)}\right| = 10.244.$$

而 $t_{0.05}(13+10-2) = t_{0.05}(21) = 1.7207$,故拒绝 H'_0,认为杂志上刊载的论文与未出版的学术报告的可理解性有显著差异.

点评 在采用 t 检验法检验有关两个正态总体均值差的假设时,如方差未知,先要检查一下两总体的方差是否相等.若在题目中未指明两总体方差相等时,需先用 F 检验法来检验方差,只有当经 F 检验认为两总体方差相等时,才能用 t 检验法来检验有关均值差的假设,如上面【3.16】,【3.17】所示.

【3.18】 随机地选 8 个人,分别测量了他们在早晨起床时和晚上就寝时的身高(cm),得到以下的数据

序号	1	2	3	4	5	6	7	8
早上(x_i)	172	168	180	181	160	163	165	177
晚上(y_i)	172	167	177	179	159	161	166	175

设各对数据的差 $D_i = X_i - Y_i (i=1,2,\cdots,8)$ 是来自正态总体 $N(\mu_D, \sigma_D^2)$ 的样本,μ_D, σ_D^2 均未知. 问是否可以认为早晨的身高比晚上的身高要高(取 $\alpha = 0.05$)?

解 设总体 X 表示早晨起床时身高,Y 表示晚上就寝时身高,$D = X - Y, D_i = X_i - Y_i$,$D \sim N(\mu_D, \sigma_D^2), \sigma_D^2$ 未知,用 $t-$ 检验法.
检验假设 $H_0:\mu_D \leqslant 0, H_1:\mu_D > 0$.

作差 $d_i = x_i - y_i$,得

序号	1	2	3	4	5	6	7	8
d	0	1	3	2	1	2	-1	2

H_0 为真时 $t = \dfrac{\overline{D} - 0}{\dfrac{S_D}{\sqrt{n}}} \sim t(n-1)$.

拒绝域为 $t \geqslant t_\alpha(n-1)$,而 $n = 8, \alpha = 0.05, t_{0.05}(7) = 1.8946$.

计算得 $\overline{d} = 1.25$,

$$s^2 = \frac{1}{7}\left(\sum_{i=1}^{8} d_i^2 - 8\overline{d}^2\right) = \frac{1}{7}(24 - 12.5) = 1.643, \qquad s = 1.282,$$

$$t = \frac{1.25}{\dfrac{1.282}{\sqrt{8}}} = 2.758 > 1.8946.$$

t 落在拒绝域中,因而拒绝 H_0,故接受 H_1,即认为早晨的身高比晚上高.

题型 2:关于两类错误和拒绝域的题目

【3.19】 设总体 $X \sim N(\mu, 2^2), X_1, \cdots, X_{16}$ 是一组样本值,已知假设 $H_0: \mu = 0, H_1: \mu \neq 0$ 在显著性水平 α 下的拒绝域是 $|\overline{X}| > 1.29$,问此检验的显著性水平 α 的值是多少?犯第一类错误的概率是多少?

解 σ^2 已知检验 μ,应选统计量 $U = \dfrac{\overline{X} - \mu}{\dfrac{\sigma}{\sqrt{n}}} \sim N(0,1)$,拒绝域为 $|U| > u_{\frac{\alpha}{2}}$,

因此 $\left|\dfrac{\overline{X} - 0}{\dfrac{2}{\sqrt{16}}}\right| > u_{\frac{\alpha}{2}}$,即 $|\overline{X}| > \dfrac{u_{\frac{\alpha}{2}}}{2}$,

由题意知 $u_{\frac{\alpha}{2}} = 2 \times 1.29 = 2.58$,则 $\Phi(2.58) = 1 - \dfrac{\alpha}{2} = 0.995$,故 $\alpha = 0.01$.

犯第一类错误的概率即 $\alpha = 0.01$.

【3.20】 假设总体 $X \sim N(\mu, \sigma_0^2)$,其中 σ_0^2 已知,检验假设 $H_0: \mu = \mu_0, H_1: \mu > \mu_0$. 如果取 H_0 的拒绝域为 $\{(x_1, \cdots, x_n): \overline{X} > c\}$,其中 $\overline{X}$ 为样本均值.那么对固定的样本容量 n,犯第一类错误的概率 α( ).

(A) 随 c 的增大而减小　　　　　(B) 随 c 的增大而增大
(C) 随 c 的增大保持不变　　　　(D) 随 c 的增大增减性不定

解 当 H_0 成立时 $X \sim N(\mu_0, \sigma_0^2)$, $\overline{X} \sim N(\mu_0, \dfrac{\sigma_0^2}{n})$,那么犯第一类错误的概率为

$$\alpha = P\{弃真\} = P\{\overline{X} > c \mid H_0 \text{ 成立}\} = P\{\overline{X} > c\} = 1 - P\{\overline{X} \leqslant c\}$$
$$= 1 - \Phi\left(\frac{\sqrt{n}(c - \mu_0)}{\sigma_0}\right),$$

固定 n, μ_0 和 σ_0,$\Phi\left(\dfrac{\sqrt{n}(c - \mu_0)}{\sigma_0}\right)$ 关于 c 递增,从而 α 关于 c 递减.

故选(A).

【3.21】 设总体 $X \sim N(\mu,\sigma^2)$, σ^2 已知, $X_1,X_2,\cdots,X_n$ 为其样本, 对假设检验 $H_0:\mu=\mu_0$, $H_1:\mu=\mu_1(\mu_1>\mu_0)$. 已知拒绝域为

$$\left\{\frac{\overline{X}-\mu_0}{\frac{\sigma}{\sqrt{n}}}>1.64\right\} \quad (\alpha=0.05),$$

求犯第二类错误的概率 β(用 $\Phi(x)$ 表示).

解 $\beta=P\{\text{接受 } H_0 \mid H_1 \text{ 为真}\}$

$$=P\left\{\frac{\overline{X}-\mu_0}{\frac{\sigma}{\sqrt{n}}}\leqslant 1.64 \mid \mu=\mu_1\right\}=P\left\{\frac{\overline{X}-\mu_1}{\frac{\sigma}{\sqrt{n}}}\leqslant 1.64-\frac{\mu_1-\mu_0}{\frac{\sigma}{\sqrt{n}}}\right\}$$

$$=\Phi\left(1.64-\frac{\mu_1-\mu_0}{\frac{\sigma}{\sqrt{n}}}\right).$$

【3.22】 设总体 $X \sim N(\mu,16)$, X_1,X_2,X_3,X_4 为其样本, 检验假设 $H_0:\mu=5$, $H_1:\mu\neq 5$, $\alpha=0.05$, 则 $\overline{X}$ 的接受域为_____. 若 $\mu=6$, 犯第二类错误的概率 $\beta=$_____.

解 因为 $U=\frac{\overline{X}-\mu}{\frac{\sigma}{\sqrt{n}}} \sim N(0,1)$, 所以接受域为 $|U|<u_{\frac{\alpha}{2}}$, 即 $|\overline{X}-5|<u_{\frac{\alpha}{2}}\frac{\sigma}{\sqrt{n}}=3.92$,

故 $\overline{X}$ 的接受域为 $(1.08,8.92)$.

而 $\mu=6$ 相当于 H_0 不真, 此时 $\frac{\overline{X}-6}{\frac{\sigma}{\sqrt{n}}} \sim N(0,1)$, 所以

$$\beta=P\{\text{接受 } H_0 \mid H_0 \text{ 不真}\}=P\{1.08<\overline{X}<8.92\}=\Phi(1.46)-\Phi(-2.46)=0.9209.$$

【3.23】 设需要对某一正态总体的均值进行假设检验

$$H_0:\mu\geqslant 15, \quad H_1:\mu<15.$$

已知 $\sigma^2=2.5$, 取 $\alpha=0.05$. 若要求当 H_1 中的 $\mu\leqslant 13$ 时犯第二类错误的概率不超过 $\beta=0.05$, 求所需的样本容量.

解 该检验的接受域为 $\frac{\overline{X}-\mu_0}{\frac{\sigma}{\sqrt{n}}}>-u_\alpha$. 在数学期望为 μ 条件下, 该事件的概率

$$P(\mu)=P\left\{\frac{\overline{X}-\mu_0}{\frac{\sigma}{\sqrt{n}}}>-u_\alpha\right\}=P\left\{\overline{X}>-u_\alpha\frac{\sigma}{\sqrt{n}}+\mu_0\right\}$$

$$=P\left\{\frac{\overline{X}-\mu}{\frac{\sigma}{\sqrt{n}}}>-u_\alpha+\frac{\mu_0-\mu}{\frac{\sigma}{\sqrt{n}}}\right\}\leqslant\beta,$$

则 $\quad -u_\alpha+\frac{\mu_0-\mu}{\frac{\sigma}{\sqrt{n}}}\geqslant u_\beta, \quad (\mu_0-\mu)\sqrt{n}\leqslant(u_\beta+u_\alpha)\sigma, \quad \sqrt{n}\geqslant\frac{u_\beta+u_\alpha}{\mu_0-\mu}\sigma,$

代入计算 $\sqrt{n} \geq \dfrac{1.645+1.645}{15-13}\sqrt{2.5}$，即 $n \geq 6.765$. 取 $n=7$ 即可.

【3.24】 电池在货架上滞留的时间不能太长,下面给出某商店随机选取的 8 只电池的货架滞留时间（以天计）：108 124 124 106 138 163 159 134. 设数据来自正态总体 $N(\mu,\sigma^2)$，μ,σ^2 未知.

(1) 试检验假设 $H_0:\mu \leq 125$，$H_1:\mu > 125$，取 $\alpha = 0.05$；

(2) 若要求在上述 H_1 中 $\dfrac{(\mu-125)}{\sigma} \geq 1.4$ 时,犯第二类错误的概率不超过 $\beta = 0.1$，求所需的样本容量.

解 (1) $H_0:\mu \leq 125$，$H_1:\mu > 125$.

拒绝域为 $\dfrac{\overline{x}-\mu_0}{\dfrac{s}{\sqrt{n}}} \geq t_\alpha(n-1)$，这里 $\alpha=0.05$，查表知 $t_\alpha(n-1)=1.895$，

算得 $\overline{x}=132$，$s^2=444.286$，$s=21.08$，$t=\dfrac{132-125}{\dfrac{21.08}{\sqrt{8}}}=0.939 < t_\alpha(n-1)=1.895$，

因此 t 没落在否定域之内,故应接受 H_0.

(2) 此题中 $\alpha=0.05$，$\beta=0.1$，$\dfrac{\mu-\mu_0}{\sigma}=1.4$，仿照【3.23】可得 $n=7$.

故所需样本容量 $n \geq 7$.

【3.25】 设总体 $X \sim N(\mu,\sigma^2)$，$x_1,x_2,\cdots,x_n$ 是取自总体 X 的简单随机样本,据此样本检验假设：$H_0:\mu=\mu_0$，$H_1:\mu \neq \mu_0$，则_____.

(A) 如果在检验水平 $\alpha=0.05$ 下拒绝 H_0，那么在检验水平 $\alpha=0.01$ 下必拒绝 H_0

(B) 如果在检验水平 $\alpha=0.05$ 下拒绝 H_0，那么在检验水平 $\alpha=0.01$ 下必接受 H_0

(C) 如果在检验水平 $\alpha=0.05$ 下接受 H_0，那么在检验水平 $\alpha=0.01$ 下必拒绝 H_0

(D) 如果在检验水平 $\alpha=0.05$ 下接受 H_0，那么在检验水平 $\alpha=0.01$ 下必接受 H_0

解 因为检验水平从 0.05 变为 0.01，导致拒绝域变小,从而接受域变大,在 $\alpha=0.05$ 下接受 H_0，那么在 $\alpha=0.01$ 下必接受 H_0.

故应选 (D).

题型 3：非正态总体参数的假设检验

方法与技巧 若总体非正态或者总体分布未知时,可采用大样本（样本容量一般大于 50），利用中心极限定理,按照正态近似对参数进行假设检验.

【3.26】 某车间承担了生产额定抗拉强度为 105 的合金线的任务,从该车间生产出的合金线产品中随机地抽出 100 根,测得抗拉强度均值 $\overline{x}=104.5$，标准差 $s=1.8$，问这批产品是否符合标准？（$\alpha=0.05$）

解 $H_0:\mu \geq 105$，$H_1:\mu < 105$.

选统计量 $T=\dfrac{\overline{X}-\mu_0}{\dfrac{S}{\sqrt{n}}}$，因为 $n=100$ 属于大样本,所以近似地 $T \sim N(0,1)$.

对 $\alpha = 0.05$,拒绝域为 $T < -u_\alpha$,查得 $u_\alpha = u_{0.05} = 1.645$,

求出 $t = \dfrac{104.5 - 105}{\frac{1.8}{10}} = -2.778 < -1.645$,

故拒绝 H_0,接受 H_1,即认为这批产品不符合标准.

【3.27】 设有一大批产品,从中任取 100 件,经检验有正品 92 件,问能不能说这批产品的正品率高于 90%?($\alpha = 0.05$)

解 这是 $(0-1)$ 分布总体的参数 p 的假设检验问题.

因为 $X_i \sim (0-1)$ 分布,$i = 1,2,\cdots,100$,由中心极限定理

$$\overline{X} = \frac{1}{n}\sum_{i=1}^{n} X_i \xrightarrow{\text{近似}} N\left(p, \frac{p(1-p)}{n}\right).$$

提出假设 $H_0: p \leqslant p_0 = 0.9$,$H_1: p > p_0$.

选统计量

$$U = \frac{\overline{X} - p_0}{\sqrt{\dfrac{p_0(1-p_0)}{n}}} \xrightarrow{\text{近似}} N(0,1)$$

拒绝域为 $U > u_\alpha$.

查得 $u_\alpha = u_{0.05} = 1.645$,算出 $u = \dfrac{\overline{x} - 0.9}{\sqrt{\dfrac{0.9 \times 0.1}{100}}} = \dfrac{\dfrac{92}{100} - 0.9}{\sqrt{\dfrac{0.9 \times 0.1}{100}}} \approx 0.6667$.

因为 $0.6667 < 1.645$,即 $u < u_\alpha$,

故接受 H_0,拒绝 H_1,不能说正品率高于 90%.